"十四五"职业教育国家规划教材

职业院校电类"十三五"
微课版规划教材

电工电子技术

第5版 | 微课版

曾令琴 薛冰 / 主编　曾赟 李锐 李媛 / 副主编

ELECTRICITY

人民邮电出版社
北京

图书在版编目（CIP）数据

电工电子技术 : 微课版 / 曾令琴, 薛冰主编. -- 5版. -- 北京 : 人民邮电出版社, 2021.1
职业院校机电类“十三五”微课版规划教材
ISBN 978-7-115-53727-0

Ⅰ. ①电… Ⅱ. ①曾… ②薛… Ⅲ. ①电工技术—高等职业教育—教材②电子技术—高等职业教育—教材 Ⅳ. ①TM②TN

中国版本图书馆CIP数据核字(2020)第052294号

内 容 提 要

本书共分电工技术基础和电子技术基础两篇。其中，电工技术基础篇包括电路分析部分（包括电路分析基础、正弦交流电路、三相交流电路）、磁路与变压器、异步电动机及其控制；电子技术基础篇包括半导体基础知识，共发射极放大电路、共集电极放大电路、功率放大器、差动放大电路等基本放大电路，以及集成运算放大器、组合逻辑电路、触发器和时序逻辑电路。

全书体系新颖，内容先进，概念清楚，注重实际，行文流畅；不仅可作为职业院校技工学校的教材，也可供相关工程技术人员和电工电子爱好者学习参考。

◆ 主　　编　曾令琴　薛　冰
副 主 编　曾　赟　李　锐　李　媛
责任编辑　王丽美
责任印制　马振武

◆ 人民邮电出版社出版发行　　北京市丰台区成寿寺路 11 号
邮编　100164　　电子邮件　315@ptpress.com.cn
网址　https://www.ptpress.com.cn
三河市祥达印刷包装有限公司印刷

◆ 开本：787×1092　1/16
印张：19　　2021 年 1 月第 5 版
字数：467 千字　　2024 年 12 月河北第 14 次印刷

定价：59.80 元

读者服务热线：(010)81055256　印装质量热线：(010)81055316
反盗版热线：(010)81055315
广告经营许可证：京东市监广登字 20170147 号

前言

《电工电子技术》教材自出版以来，已经修订了 3 次，特别是 2016 年修订的第 4 版是微课版教材，内含 100 多个高质量微课视频的二维码，将信息化资源与纸质教材有机结合在一起，充分体现出“三教”改革的要求，提升了教材的内涵与质量，为读者学习教材中的知识带来了极大的便利。

《电工电子技术（第 4 版）》教材论述严谨、重点突出，对理论概念的引入循序渐进、深入浅出，富有较强的启发性，符合学生认知规律，既适合教师教学，又适合学生自学，因此，教材中的知识结构趋于成熟和稳定。

本次修订，目的是加快推进党的二十大精神进教材、进课堂、进头脑，以社会主义核心价值观为引领，传承中华优秀传统文化，坚定文化自信。对教材中的内容进行精练和文字上的进一步优化调整，特别是作者要重新制作更高水平的微课视频，使教材内容更加先进，更加适合教师的教学和学生的自学。

具体修订包括以下几个方面。

一、对已经过时的数据进行更新，以保证教材的先进性。

二、进一步优化教材内容，精练文字，使之更加通俗易懂，让所有使用教材的学生都能更易看懂并理解其中的诸多概念，轻松学会并掌握其中的理论和分析方法，确保教材的正确性、指导性和实践性。

三、全面贯彻党的二十大精神，落实立德树人根本任务。教材设置“学海领航”或“素质拓展题”，通过对老一辈科学家以及先进代表人物事迹的弘扬，教育学生时刻牢记科技兴则民族兴、科技强则民族强，核心科技是国之重器的理念，培养德智体美劳全面发展的社会主义建设者和接班人。

四、微课辅助课堂教学是职业教育教学的重大变革，它既能提高教学效率，满足学生线上自主学习和发展的需要，也为教师的线下课堂提供了一定的指导作用。鉴于第 4 版教材中的微课视频质量不太高，编者重新制作了全部微课视频，以使教师更方便授课、学生更容易学习。

五、本次修订工作，凝聚了编者多年来进行教学研究和教学改革的经验和体会，其中的微课更是一个视频针对一个知识点，针对性强，重点、难点分析透彻，无论是线上还是线下，学习可操作性和适用性更强。

本书由黄河水利职业技术学院曾令琴、薛冰担任主编，黄河水利职业技术学院曾赟、常州工程职业技术学院李锐、武汉城市职业学院李媛担任副主编，黄河水利职业技术学院的赵转莉、王瑨参与了本书的修订工作，黄河水利职业技术学院的闫曾对微课视频进行了剪辑与制作。全书由曾令琴统稿。

本版微课版教材定会给读者带来不一样的感受，希望能得到广大读者的认可和欢迎。限于编者水平，教材中若有疏漏和不足，敬请广大读者批评指正。

编　者

2023年5月

目录

第一篇　电工技术基础

第二篇　电子技术基础

第一篇

电工技术基础

在现代工业、农业、军事、科学技术领域及人们的日常生活中，电工技术得到了极其广泛的应用，并且伴随着现代科学技术飞速发展的步伐，其向各专业的知识渗透也越来越深入。因此，教授电工技术基础知识的任务越来越繁重，内容也越来越广泛。很多为某些专业所特有的理论和技术已经上升为各专业的共有理论和共有技术。学习电工技术基础，可为非电专业的工程师和技术人员提供必要的电工技术知识。

近代电磁现象研究工作进展

电工电子技术课程导学

电工在生活中的应用

第1章　电路分析基础

直流电路是电路的最基本形式，直流电路中的一些定律与定理在其他应用电路中同样适用。掌握直流电路的分析方法是研究其他电路的基础。

直流电路中的很多内容在高中物理学课程中已经涉及，但物理学分析问题的侧重点通常是对物理现象的剖析，并作为学习自然科学的基础知识介绍给学生。电工电子技术课程和物理学研究问题的侧重点不同，电学在阐述问题时往往从工程应用的角度出发，侧重于分析和解决与生产实际相关的问题，是实用电工电子技术的基础知识。

本章是电工电子技术课程的重要理论基础，将从工程应用的角度对电路参量、电路变量，电气设备额定值及电路状态，欧姆定律和基尔霍夫定律等问题进一步深入阐述和探讨。要求学习者能够深刻领会，在理解的基础上掌握电路的分析方法，为后续各章的学习打下良好基础。

目的和要求　正确理解电路的基本概念及理想电路元件、电路模型在电路分析中的作用，熟悉电路的组成及其功能；了解电气设备额定值的概念，熟悉电路常见的 3 种工作状态及其特点；深刻理解参考方向在电路分析中的作用；掌握电路中电压和电位的不同点及测量方法；理解叠加定理及其适用范围；熟悉戴维南定理的解题思路。

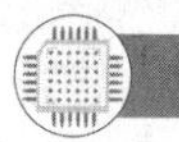

1.1　电路分析基础知识

学习目标

了解导体、绝缘体和半导体的概念及物质结构的区别；熟悉电路的基本组成及各部分的作用；从工程应用的角度重新理解电压、电流、电功率等概念；理解电压、电流参考方向在电路分析中的作用；掌握测量电压、电流的技能。

导体、绝缘体和半导体

1. 导体、绝缘体和半导体

自然界中的一切物质都是由分子或原子组成的。原子又由一个带正电的原子核和在它周围高速旋转着的带有负电的电子组成。不同的原子，其原子核内部结构和它周围的电子数量也各不相同。物质原子最外层电子数量的多少，往往决定着该种物质的导电性能。按照物质导电性能的不同，自然界中的物质大体可分为 3 类。

① 导体：最外层电子数通常是 1~3 个，且电子距原子核较远，受原子核的束缚较小。由于外界影响，最外层电子获得一定能量后，极易挣脱原子核的束缚而游离到空间成为自由电子。因此，导体在常温下存在大量的自由电子，具有良好的导电能力。常用的导体材料有银、铜、铝、金等。

② 绝缘体：最外层电子数往往是 6~8 个，且电子距原子核较近，受原子核的束缚较强，其外层电子不易挣脱原子核的束缚，因而绝缘体在常温下具有极少的自由电子，导电能力很差或几乎不导电。常用的绝缘材料有橡胶、云母、陶瓷等。

③ 半导体：最外层电子数一般为 4 个，在常温下存在的自由电子数介于导体和绝缘体之间，因而在常温下半导体的导电能力也介于导体和绝缘体之间。虽然半导体的导电性能并没有导体的导电性能好，但在外界条件发生变化时，其导电能力将随之变化很大；当掺入某些杂质后，半导体的导电能力还会成千上万倍地增大。半导体本身的这些特殊性使半导体材料的应用越来越广泛。常用的半导体材料有硅、锗、硒等。

由上述各类物质的导电性能可知，导体可使电流顺利通过，因此传输电流的导线芯都采用导电性能良好的铜、铝制成。绝缘体阻碍电流通过，所以导线外面通常包一层橡胶或塑料等绝缘材料，作为导线的保护，使用时比较安全。实际上导体和绝缘体之间并没有绝对的界限，而且条件变了还可以转化。例如，导体氧化后其导电性能变差，甚至不导电；而绝缘体在温度升高或湿度增大时，绝缘性能也会变差；实际中常说的电气设备漏电现象，实质上就是绝缘性能下降所造成的。当绝缘体受潮或受到高温、高压时，还有可能完全失去绝缘能力，这种现象称为绝缘击穿。

2. 电路的组成与功能

电流所经过的路径称为电路。把一些电气设备或元器件用导线连成的网络统称为电路，电流通过这些网络时，能够按照人们的实际需求，实现期望达到的功能。

（1）电路的组成

电路的组成和各部分功能

电路通常由电源、负载和中间环节 3 部分组成。

电源：向电路提供电能的设备，如发电机、信号源、电池等。

负载：在电路中接收电能的设备，如电灯、电炉、空调、电动机等，负载是各类用电器的统称。

中间环节：把电源和负载连成通路的导线、控制电路通断的开关、监测和保护电路的控制设备及仪器仪表设施，统称为中间环节。

（2）电路的功能

实际电路的种类繁多，形式和结构也各不相同，但根据其功能的不同，通常可分为两种应用电路：一是电力系统的应用电路，一般由发电机、变压器、开关、电动机等元器件用导线连接而成，主要功能是对发电厂发出的电能进行传输、分配和转换等；二是电子技术的应用电路，常由电阻、电容、二极管、晶体管、集成芯片等元器件用导线连接而成，主要功能是实现对各种电信号的传输、存储和处理等。

电力系统的应用电路是用来传送电能的强电电路，特征是电源波形较单一且频率低、容量大；电子技术的应用电路是产生、处理或传送信号的弱电电路，其特征是信号波形复杂且频率高、容量小。

3. 电路模型和电路元件

实际电路在结构、外形和材料等方面都具有各自的特点，是看得见、摸得着的非常具体的各种电气部件的组合，这些实际电气部件的电磁特性通常是多元的、复杂的。为了便于对实际电路的复杂电磁特性进行分析和计算，电学中往往对实际电路采用“模型化”处理：排除实际电路中对电路性态和功能影响不大的次要因素，抓住能体现实际电路性态和功能的主要电磁特性，用统一规定符号表示的理想电路元件及其组合来近似模拟实际电路中各元器件和设备器件端钮上的电磁特性，再根据这些器件的连接方式，用理想导线将模拟的理想电路元件进行并联或串联，从而得到该电路的电路模型。

电路模型中的理想电路元件简称**电路元件**，其电磁特性单一、精确。例如，电阻元件只具有耗能的电特性，电感元件只具有储存磁场能量的电特性，电容元件只具有储存电场能量的电特性。以电路元件代替实际的电路器件，可以突出主要矛盾，使电路的分析与设计简单化。

一个实体电路元器件仅用一个电路元件进行模拟常难以确切表述其真实电特性，这时就需要用几个电路元件串联、并联后的电路模型来模拟这一实体电路元器件的真实电特性。例如，工频交流电路中的电感线圈，可用电阻元件和电感元件的串联组合作为其电路模型。其中，电阻元件反映了线圈通电发热的电特性，电感元件反映了线圈在交变电路中储存磁场的电特性。电路模型的构成和复杂程度一般视实际应用电路分析精度的要求而定。

电路分析中常见的电路元件有电阻元件 R、电感元件 L、电容元件 C、电压源 U_S、电流源 I_S 等，当它们的参数均为常数时，称为线性元件，这些线性元件都有两个外接引出端子，统称为二端元件。理想二端元件分无源二端元件和有源二端元件两大类，其电路图形符号及文字符号如图 1-1 所示。

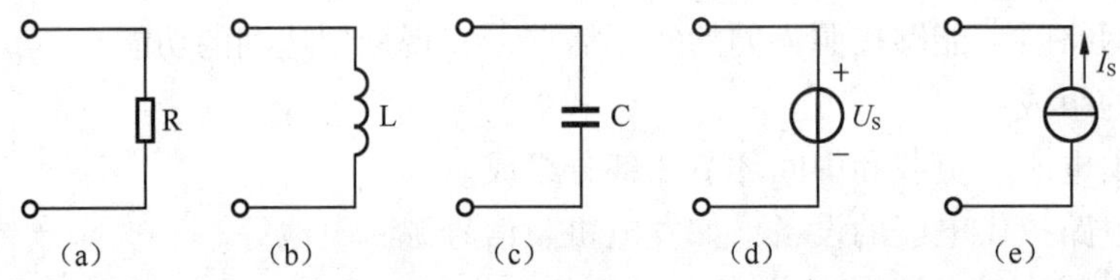

图 1-1　理想电路元件

图 1-1（a）所示为电阻元件。电阻元件是实际电路中耗能特性的抽象和反映。所谓耗能，指的是元件吸收电能转换为其他形式能量的过程是不可逆的。由于电阻元件只向电路吸收和消耗能量，不可能给出能量，因此电阻元件属于无源二端元件。

图 1-1（b）所示为电感元件。电感元件是实际电路中建立磁场、储存磁能电特性的抽象和反映。电感元件在电路中只进行能量交换而不耗能，也属于无源二端元件。

图 1-1（c）所示为电容元件。电容元件是实际电路中建立电场、储存电能电特性的抽象和反映。电容元件在电路中只进行能量交换而不耗能，同样属于无源二端元件。

图 1-1（d）所示为理想电压源，简称电压源。电压源是以电压方式对电路供电的实际电源的电路模型和抽象。电压源供出的电压值恒定，电压源对外供出的电流由它和与它相连的外电路共同决定，显然电压源属于有源二端元件。

图 1-1（e）所示为理想电流源，简称电流源。电流源是以电流方式对电路供电的实际电源的电路模型和抽象。电流源对外电路供出的电流值恒定，电流源两端的电压由它和与它相连的外电路共同决定，与电压源相同，电流源也是有源二端元件。

图 1-2（a）所示为常用的手电筒电路，实际元件有干电池、小灯泡、开关和导线。图 1-2（b）所示为手电筒的电路模型：电阻 R 是小灯泡的电路抽象，理想电压源 U_S 和与其相串联的电阻 R_S 是干电池的电路抽象。此外，导线和开关 S 是中间环节。

电路模型

必须指出的是，电路在进行上述模型化处理时是有条件的。条件是：实际电路中各部分的基本电磁现象可以分别研究，并且相应的电磁过程都集中在电路元件内部进行，这种电路称为集中参数元件的电路。

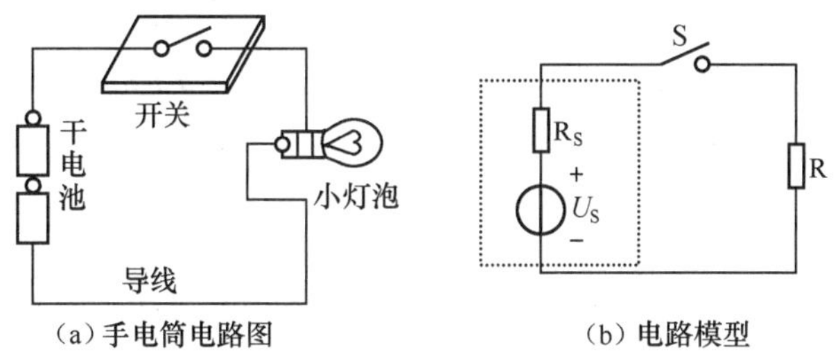

图 1-2　手电筒电路及其电路模型

电路中电流和电压的出现，就其实质来说，均为电磁场传播的结果。电磁场传播的速度为3×10^8m/s，和光速相同。任何实际的电路元器件尺寸与这样长的波长相比都是微不足道的。这种情况下电路上各点电场强度实际上处处相等，因此，流进电路元器件一端的电流必定等于从它另一端流出的电流，电路元器件两端的电压也可以准确测出，就元器件本身的功能而言，仿佛集中在电路的一点，表征其性质的参数也集中在这一点上，所以称为集中参数电路。只有集中参数元件的实际电路才可进行上述模型化处理。

在工程应用中，为了保证集中参数电路有效地描述实际电路，获得有意义的分析效果，要求实际电路的几何尺寸远小于工作电磁波的波长。集中参数电路实际上也是绝大多数电类教材的对象电路，本教材中所讨论的电路如无特殊说明，均为集中参数电路。

4. 电路中的电压、电流及其参考方向

无论是电能的传输和转换电路，还是信号的传递和变换电路，其中电源或信号源向电路输入的电压和电流起推动电路工作的作用，称为**激励**。激励在电路中各部分引起的电压和电流输出称为**响应**。对一个实际电路进行分析的过程，实质上就是分析激励和响应之间的关系。为此，我们必须对电路中的电压和电流有一个明确认识。

电路中的电流和电压

(1) 电流

导体中存在大量的自由电子，当导体两端处在外电场作用下时，导体内的自由电子就会定向移动而形成电流，其大小通常用电流 i 来描述，定义式为

$$i=\frac{\mathrm{d}q}{\mathrm{d}t} \tag{1-1}$$

式中，电量 q 的单位是库仑（C）；时间 t 的单位是秒（s）；电流 i 的单位是安培（A）。

电流的大小和方向均不随时间变化时为稳恒直流电，简称直流电。表达式可改写为

$$I=\frac{Q}{t} \tag{1-2}$$

注意电学中各量的表示方法及正确书写：按照惯例，不随时间变动的恒定电量或其他参量用大写字母表示，如直流电压和直流电流分别用“U”和“I”表示；随时间变动的电量或其他参量通常用小写字母表示，如交变电压和交变电流分别用“u”和“i”表示。

电力系统中，某些电流可高达几千安培，电子技术中的电流往往仅为千分之几安培，

因此电流的单位还有毫安（mA）、微安（μA）和纳安（nA）等，电流各单位之间的换算关系为

$$1\text{A} = 10^{-3}\text{kA} = 10^{3}\text{mA} = 10^{6}\ \mu\text{A} = 10^{9}\text{nA}$$

习惯上把正电荷定向移动的方向规定为电流的实际方向。

(2) 电压

电路中两点电位的差值称为电压，电压是产生电流的根本原因。这和水路中形成水流的原因（水路中存在水位差）类似。电压的大小反映了电路中电场力做功的本领，定义式表述为

$$u_{ab} = \frac{dw_{ab}}{dq} \tag{1-3}$$

式中，电功 w_{ab} 的单位是焦耳（J）；电量 q 的单位是库仑（C）；电压 u_{ab} 的单位是伏特（V）。

在大小和方向都不随时间变化的直流电路中，电压用“U”表示。电学中规定电压的实际方向由电位高的“+”端指向电位低的“-”端，即电位降低的方向。

强电领域中的电压通常用伏和千伏表示，弱电领域中的电压通常用伏和毫伏表示，各单位之间的换算关系为

$$1\text{V} = 10^{-3}\text{kV} = 10^{3}\text{mV}$$

(3) 电流、电压的参考方向

参考方向

在分析和计算较为复杂的电路时，往往难以事先判断某些支路电流或元件端电压的实际方向和真实极性，这就造成我们在对电路列写方程式时，无法判断这些电压、电流在方程式中的正、负号。为解决这一难题，电学中通常采用参考方向的方法：在待分析的电路模型图中预先假定出各支路电流或各元件两端电压的方向和极性，称为参考方向。支路电流的参考方向一般用带箭头的线段标示，元件端电压的参考方向一般用“+”“-”号标示（也可用带箭头的线段标示，箭头方向规定为从“+”到“-”的方向）。依据这些参考方向，可方便地确定出各支路电流及其元件端电压在方程式中的正、负号。

参考方向原则上可以任意假定。因此，参考方向不一定与各电流、电压的实际方向相符。但是，这并不影响我们求解电路的结果。依据电路图上标示的电压、电流参考方向，列写出相关电路方程式对电路进行分析、计算。如果计算结果为正值，表明选定的参考方向与其实际方向相同；若计算结果为负值，则表示电路图上假设的参考方向与其实际方向相反。这是计算电路的一条基本原则。

注意：只有在电压、电流参考方向选定之后，方程式中各量的正负取值才有意义。

例如，图1-3所示电路中，元件的电压、电流参考方向已经标出，若已知图1-3（a）中电流 $I=5\text{A}$，电压 $U=-10\text{V}$，电流在参考方向下是正值，说明电流的实际方向与图中参考方向相同；若电压是负值，表明电压的实际方向与图中参考方向相反。

电路分析中，规定电流沿电位降低方向取向时为关联参考方向，即电流与电压取向一致时的参考方向为关联参考方向。这种约定比较自然、合理，如图1-3（a）所示的电压、电流取关联参考方向，说明我们把图中元件视为负载，应用欧姆定律或功率计算式时，显然方程式各量前面均取正号，这样可降低出错的可能。图1-3（b）中电压、电流的参考方向非关联，说明我们设立参考方向时把元件视为一个电源。

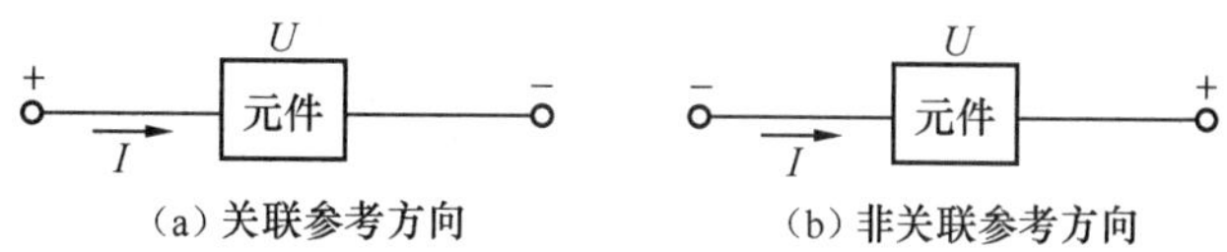

图 1-3 电压、电流参考方向

5. 电能、电功率和效率

(1) 电能

电流所具有的能量称为电能。电能可以用电度表来测量，其国际单位是焦耳（J），常用的单位是千瓦时（kW · h，俗称“度”），单位换算关系为

$$1\text{kW}\cdot\text{h}=3.6\times10^6\text{J}$$

电能转换为其他形式能量的过程实际上就是电流做功的过程，因此电能的多少可以用电功来度量。电功的计量公式为

$$W = UIt \tag{1-4}$$

式中，当电压 U 的单位取伏特（V），电流 I 的单位取安培（A），时间 t 的单位取秒（s）时，电能（电功）W 的单位为焦耳（J）。实际应用中，电度表是用千瓦时来表示的，因此电压 U 的单位应取千伏（kV），电流 I 的单位取安培（A），时间 t 的单位取小时（h）。式（1-4）表明，在用电器两端加上电压，就会有电流通过用电器，通电时间越长，电能转换为其他形式的能量越多，电功也越大；若通电时间短，电能转换就少，电功也小。

(2) 电功率

在电工技术中，电流在单位时间内消耗的电能（或电流在单位时间里所做的功）称为电功率，用“P”表示，即

$$P = \frac{W}{t} = \frac{UIt}{t} = UI \tag{1-5}$$

电功率的单位是瓦特（W）和千瓦（kW）。各类用电器铭牌上标示的瓦特数就是表征用电器本身能量转换本领的参数。

(3) 效率

电路在转换和输送电能的过程中存在着各种损耗，因此输出的功率 P_2 总是要小于输入的电功率 P_1。工程应用中，把输出功率与输入电功率比值的百分数称为效率，即

$$\eta = \frac{P_2}{P_1} \times 100\% = \frac{P_2}{P_2 + \Delta P} \times 100\% \tag{1-6}$$

式中，ΔP 为电路中损耗的功率。

【例 1.1】已知 0.2s 内通过某一导体横截面的电荷是 0.4C，电流做功 1.2J，求通过导体的电流为多少，导体两端电压为多少。当导体两端的电压增加至 6V 时，求导体的电阻为多少。

【解】由电流定义式可得

$$I = \frac{Q}{t} = \frac{0.4}{0.2} = 2(\text{A})$$

导体两端电压由电功的公式 $W=UIt$ 可得

$$U = \frac{W}{It} = \frac{1.2}{2 \times 0.2} = 3(\text{V})$$

导体的电阻并不随电压的增加而发生变化，由欧姆定律可得

$$R=\frac{U}{I}=\frac{3}{2}=1.5(\Omega)$$

【例1.2】如果在图1-4（a）中，U=12V，I=-5A；在图1-4（b）中，U=12V，I=5A，试分析元件实际是输出功率还是吸收功率，各为多少。

【解】图1-4（a）：电压与电流取关联参考方向，因此

$$P=UI=12\times(-5)=-60(\text{W})$$

电功率为负值，说明元件实际向外输出功率。

图1-4（b）：电压与电流取非关联参考方向，因此

$$P=-UI=-12\times5=-60(\text{W})$$

电功率为负值，说明元件实际向外输出功率。

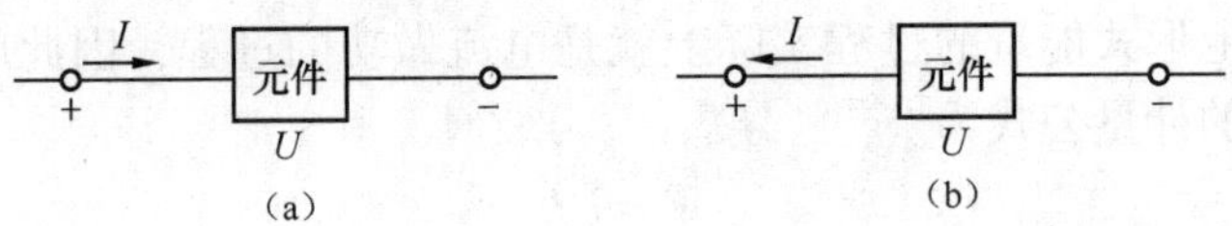

图1-4　例1.2电路图

检验学习结果

1. 电路由哪几部分组成？电路的功能如何？

2. 电路元件与实体电路元器件有何不同？何谓电路模型？

3. 在电路中已经定义了电流、电压的实际方向，为什么还要引入参考方向？参考方向与实际方向有何区别和联系？

4. 在图1-5中，5个二端元件分别代表电源或负载。其中的3个元件上电流和电压的参考方向已标出，在参考方向下通过测量得到：$I_1=-2\text{A}$，$I_2=6\text{A}$，$I_3=4\text{A}$，$U_1=80\text{V}$，$U_2=-120\text{V}$，$U_3=30\text{V}$。试判断哪些元件是电源，哪些是负载。

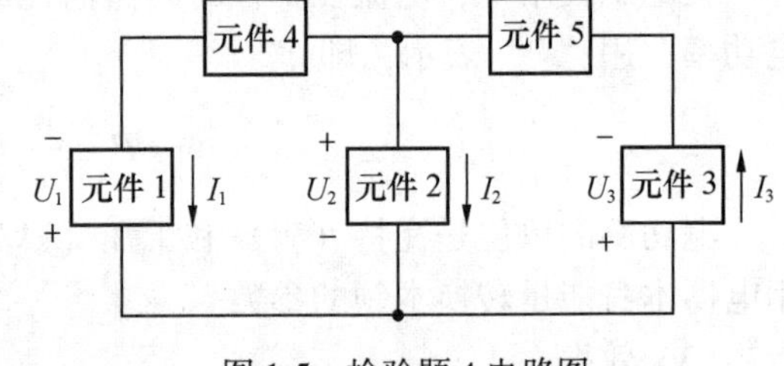

图1-5　检验题4电路图

技能训练

学习用双路直流稳压电源、电压表、电流表、电阻箱等构成直流电路的方法，并学会测量电阻电路中的电压和电流；学会使用数字万用表，学会用万用表测量电阻。

1.2　电气设备的额定值及电路的工作状态

学习目标

理解电气设备额定值的概念；熟悉电路的3种工作状态及其特点；了解电源的外特性。

1. 电气设备的额定值

电气设备的额定值是根据设计、材料及制造工艺等因素，由制造厂家给出的设备各项性能指标和技术数据。按照额定值使用电气设备时，既安全可靠，又经济合理。例如，熔

断器的额定电流通常取线路电流的 1.25 倍，而且作短路保护的熔断器必须安装在导线、电缆的进线端。

电气设备的额定值

电气设备的额定电功率，是指用电器加额定电压时产生或吸收的电功率。电气设备的实际功率指用电器在实际电压下产生或吸收的电功率。铭牌数据上电气设备的额定电压和额定电流，均为电气设备长期、安全运行时的最高限值。任何电气设备和元件都有各自的额定电压和额定电流，对电阻性负载而言，其额定电流和额定电压的乘积就等于它的额定功率。例如，额定值为“220V、40W”的白炽灯，表示此灯两端加 220V 电压时，其电功率为 40W；当灯两端实际电压为 110V 时，此灯消耗的实际功率只有 10W。

一般情况下，当实际电压等于额定电压时，实际功率才等于额定功率，此时用电器正常工作；当用电器上所加实际电压小于额定电压时，用电器上的实际功率小于额定功率，此时用电器不能正常工作；当用电器上所加实际电压大于额定电压时，实际功率将大于额定功率，用电器不但不能正常工作，而且有被烧坏的可能。

只有当用电器两端的实际电压等于或稍小于它的额定电压时，用电器才能安全使用。

2. 电路的 3 种工作状态

电路的工作状态有 3 种：通路、开路和短路，如图 1-6 所示。

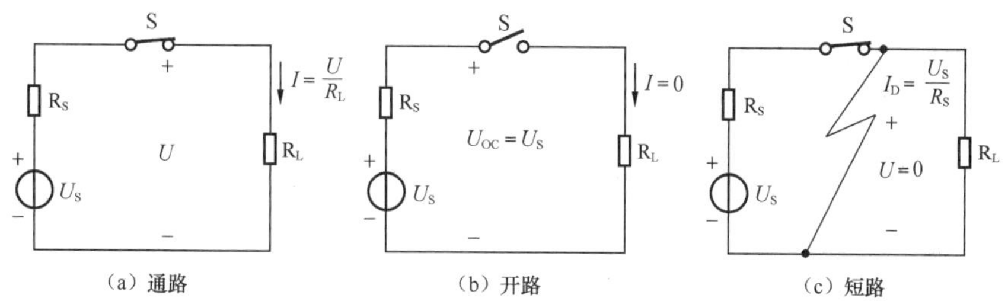

图 1-6　电路的 3 种工作状态

(1) 通路

在图 1-6 (a) 所示电路中，电源与负载通过中间环节连接成闭合通路后，电路中的电流和电压分别为

电路的 3 种工作状态

$$I = \frac{U_S}{R_S + R_L}$$

$$U = U_S - IR_S = U_S - U_0$$

式中，R_L 为负载电阻；R_S 为电源内阻，通常 R_S 很小。负载两端的电压 U 也是电源端电压。由上式可知，随着电源输出电流 I 的增大，电源内阻 R_S 上的压降 $U_0=IR_S$ 也增大，电源端电压 U 随之降低。电源端电压 U 随输出电流变化的关系曲线称为电源的外特性，由图 1-7 所示曲线来描述。一般情况下，我们希望电源具有稳定的输出电压，即希望电源的外特性曲线尽量趋于平直。显然，要使电源输出特性平稳，就要尽量减小电源的内阻 R_S，从而使电源内部的损耗得以限制，提高电源设备的利用率。因此，实际电压源的内阻都是非常小的。

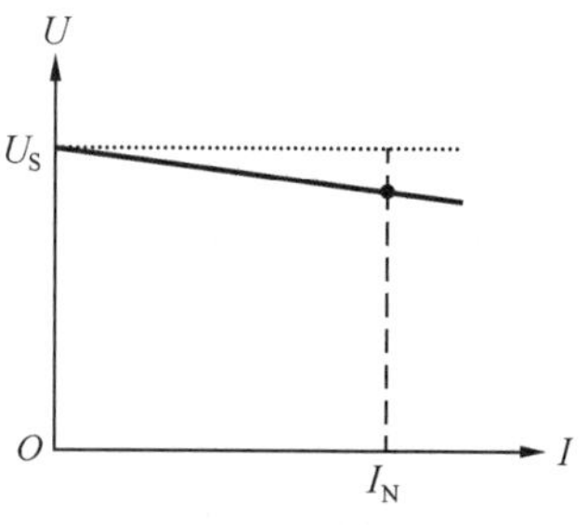

图 1-7　电源的外特性

（2）开路

在图1-6（b）所示电路中，开关S断开，电源未与负载接通，电源处于开路状态。若元器件的一根引脚断了可以说成是元器件开路。开路状态下，电路中（或元器件中）无电流通过，即$I=0$，此时电源端电压$U_{OC}=U_S$。

（3）短路

短路可以用图1-6（c）所示电路来说明。电路中，负载电阻R_L的两根引脚被导线接通，称作负载被短路；又因为短路导线两端与电源两端也直接相连，因此也可称为电源被短路。电路发生短路时，本来流过负载的电流不再通过负载，而是通过短路的导线直接流回电源。由此可知，短路将使电流的流动回路发生改变。一般情况下，R_L远大于R_S，因此短路电流为

$$I_D=\frac{U_S}{R_S}\gg I_N=\frac{U_S}{R_S+R_L}$$

电源将由于过热而被烧毁。因此电源短路现象不允许发生，通常电路中都应有短路保护设施。

电工电子技术中为了某种需要，常常改变一些参数的大小，有时也会将部分电路或某些元件两端予以技术上的短接，这种人为的短接，应和短路事故相区别。

【例1.3】有一电源设备，额定输出功率为400W，额定电压为110V，电源内阻$R_S=1.38\Omega$，当负载电阻分别为50Ω和10Ω或发生短路事故时，求U_S及在各种情况下电源输出的功率。

【解】电源向外电路供给的额定电流为

$$I_N=\frac{P_N}{U_N}=\frac{400}{110}\approx 3.64(\text{A})$$

电压源电压：

$$U_S=U_N+I_NR_S=110+3.64\times 1.38\approx 115(\text{V})$$

（1）当负载为50Ω时：

$$I=\frac{U_S}{R_S+R_L}=\frac{115}{1.38+50}\approx 2.24(\text{A})<I_N\rightarrow \text{电源轻载}$$

电源输出的功率：

$$P_{R_L}=UI=I^2R_L=2.24^2\times 50=250.88(\text{W})<P_N$$

（2）当负载为10Ω时：

$$I=\frac{U_S}{R_S+R_L}=\frac{115}{1.38+10}\approx 10.11(\text{A})>I_N\quad\rightarrow \text{电源过载，应避免}$$

此时电源输出的功率为

$$P_{R_L}=UI=I^2R_L=10.11^2\times 10\approx 1022.12(\text{W})>P_N$$

（3）当电源发生短路时：

$$I_D=\frac{U_S}{R_S}=\frac{115}{1.38}\approx 83.33(\text{A})\approx 23I_N$$

如此大的短路电流，如不采取保护措施迅速切断电路，电源及导线等将立即烧毁。

电源短路是非常危险的事故状态，为防止由于短路所引起的后果，线路中应有自动切断短路电流的设备，如熔断器和低压断路器等。生活与生产中最简单的短路保护

装置是熔断器，俗称保险丝。熔断器是一种熔点很低（60～70℃）的合金。粗细不同的熔断器，其额定熔断值存在差异。当电流超过额定值时，由于温度升高，熔断器会自动熔断，从而保护电路不被损坏。在实际应用中，必须根据电路中电流的大小，正确选用熔断器。

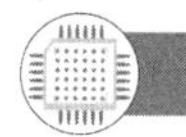

检验学习结果

1. 将图 1-7 所示的电源外特性曲线继续延长直至与横轴相交，则交点处电流是多少？此时相当于电源工作在哪种状态？

2. 标有“1W、100Ω”的金属膜电阻，在使用时电流和电压不得超过多大数值？

3. 额定电流为 100A 的发电机，只接了 60A 的照明负载，还有 40A 去哪了？

4. 电源的开路电压为 12V，短路电流为 30A，求电源的参数 U_S 和 R_S。

1.3 线性电路元件及其伏安特性

学习目标

了解线性电路的概念，熟悉常用线性电路元件的图形符号和文字符号，理解和掌握它们各自代表的电特性及其伏安特性。

电阻元件

1. 电阻元件

电阻元件的参数用 R 表示，其图形符号如图 1-8（a）所示。其定义式为

$$R = \frac{U}{I} \tag{1-7}$$

显然，电阻元件的伏安关系就是欧姆定律，可用图 1-8（b）所示曲线表示。即电阻元件上的瞬时电压与瞬时电流总是成线性正比变化关系，因此，它们的波形完全相同。

习惯上我们把导体对于电流所呈现的阻力称为电阻，所以日常生产、生活中常用的电炉、电阻器、白炽灯等均可用电阻元件来模拟。但电学中电阻元件的概念和意义更加广泛，它代表了实际电路中所有消耗电能的现象，如电能转换为机械能、化学能、光能或声能等，这些耗能现象显然无法用对电流呈现的阻力来描述，但用电压与电流之比定义电阻后，这些耗能现象均可归属到电阻上。因此，电阻元件不仅可以模拟固体、液体或气体所呈现的电阻，也可以表征一切消耗电能的各种物理现象，是电路中所有耗能电特性的抽象及理想化模型。

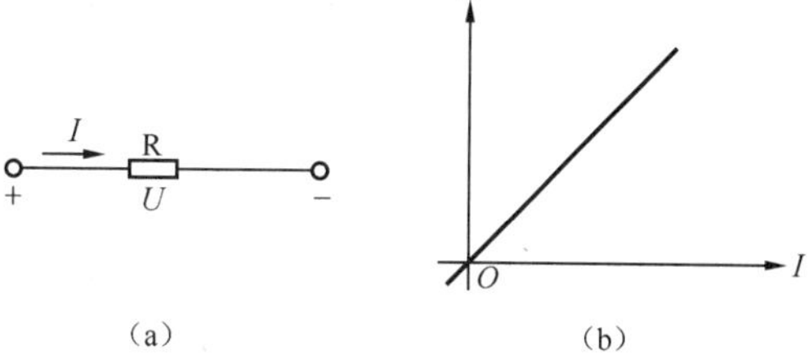

图 1-8　线性电阻元件图形符号及伏安特性曲线

由电阻元件的伏安关系可得，其两端电压与通过它的电流在任一瞬时都存在即时对应的线性正比关系，因此常把电阻元件称为**即时元件**。

电阻元件上消耗的电功率为

$$P = UI = I^2R = \frac{U^2}{R} \tag{1-8}$$

2. 电感元件和电容元件

(1) 电感元件

许多电机电器的主要部件就是一个电感线圈，收音机的接收电路、电视机的高频头也都包含许多电感线圈。图 1-9（a）所示为用导线绕制的实际电感线圈，通入电流 i 后会产生磁通 Φ，若磁通 Φ 与线圈 N 匝相交链，则磁通链 $\psi_L=N\Phi$。根据法拉第电磁感应定律，电感元件两端电压和通过电感元件的电流为关联参考方向时，则有

$$u_L=N\frac{d\Phi}{dt}=\frac{d\psi_L}{dt}=L\frac{di}{dt} \tag{1-9}$$

式中，电压 u_L 的单位为伏特（V），电流 i 的单位为安培（A），磁通链 ψ_L 的单位为韦伯（Wb）；时间 t 的单位为秒（s）时，电感量 L 的单位是亨利（H）。电感量 L 是表征电感线圈储存磁场能量本领的物理量，是从制造厂出来时就确定了的，电感量的大小通常定义为

$$L=\frac{\psi_L}{i}$$

式（1-9）同时表明，对一定 L 值的线性电感线圈而言，任意时刻元件两端产生的自感电压与该时刻通过元件的电流变化率成正比。电感线圈上的这种微分（或积分）的伏安关系说明，当通入电感元件中的电流是稳恒直流电时，由于电流变化率为零，电感元件两端的自感电压 u_L 也为零，即直流下电感元件相当于短路；当电感电压 u_L 为有限值时，通入元件的电流变化率也必为有限值，此时电感元件中的电流不能跃变，只能连续变化。即电流变化时伴随着自感电压的存在，因此又把电感线圈称为**动态元件**。

任意时刻，如果元件上的韦安关系均可用 ψ-i 平面上一条不随时间变化的、通过原点的直线表征，如图 1-9（c）所示，则可称其为线性电感元件。本书中只讨论线性电感元件。线性电感元件的理想化模型图形符号如图 1-9（b）所示，参数用 L 表征。

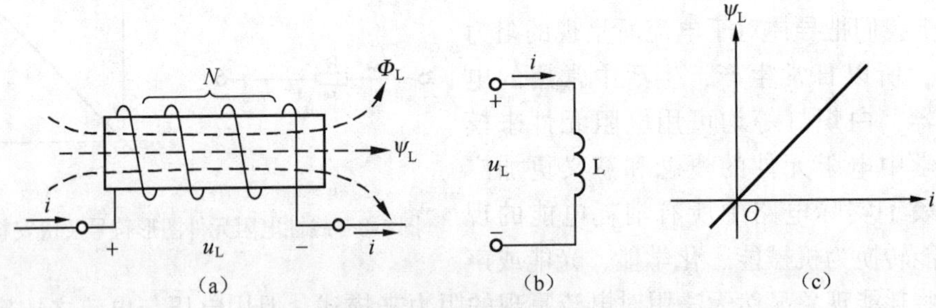

图 1-9　电感元件的图形符号及韦安特性

理想电感元件不耗能，是电路中存储磁能器件的理想化模型，存储的磁能为

$$W_L=\frac{1}{2}Li^2 \tag{1-10}$$

式中，电感量 L 的单位为亨利（H），电流 i 的单位为安培（A）时，磁能 W_L 的单位是焦耳（J）。式（1-10）说明，关联参考方向下，电感元件总是向电路吸收电能的，并把吸收的电能转换成磁能的形式存储于元件周围。

实际电感线圈和理想的电感元件具有一定的差距：实际电感线圈通电后总要发热，即

存在耗能的电特性，在电路的某些频率段中，实际线圈的匝间分布电容也是客观存在的，即实际电感线圈的电特性是多元的、复杂的；而电感元件无论在任何条件下，都只具有存储磁能的单一电特性。

(2) 电容元件

电容元件

在工矿企业车间里，我们常常会看到许多电力电容并联在一起，形成一个庞大的电容器组；当打开一个电子仪器时，首先映入眼帘的也是五颜六色的电解、聚苯乙烯、云母、纸介等微型电容器。电容器种类繁多，制造材料各不相同，但其结构原理基本相同：在两片很长的金属薄膜中间夹着不同的介质，而后卷折、密封，即成为常见的电容器。

电容元件是实际电容器的理想化电路模型，图 1-10（a）所示为电容元件的图形符号，电容元件的参数用电容量 C 表示。当电容元件两端的电压与电容充、放电电流为关联参考方向时，则电容器极板上的电荷与电容器两端的电压具有下述关系：

$$q = Cu \text{ 或 } C = \frac{q}{u} \tag{1-11}$$

式中，C 是电容元件的电容量，简称电容。电容 C 的大小反映了电容元件储存电能的本领，与电感元件的电感量 L 相同，也是从制造厂出来该值就是确定的。当电压 u 的单位为伏特（V），电量q的单位为库仑（C）时，电容 C 的单位为法拉（F）。

在电子技术中，法拉这一单位太大，较小的单位还有微法、纳法和皮法，各种单位之间的换算关系为

$$1\text{F} = 10^6\ \mu\text{F} = 10^9\text{nF} = 10^{12}\text{pF}$$

如果电容元件在任意时刻，其库伏关系能用 q-u 平面上通过坐标原点的一条直线表示，如图 1-10（b）所示，则称其为线性电容。本书中只要不加说明，讨论的均为线性电容元件。

图 1-10　电容元件的图形符号及库伏特性

实际电容器的主要工作方式就是充电、放电。当电容元件两端电压和其支路电流取关联参考方向时，其充电、放电电流与电容元件极间电压的伏安关系式为

$$i = C\frac{\mathrm{d}u}{\mathrm{d}t} \tag{1-12}$$

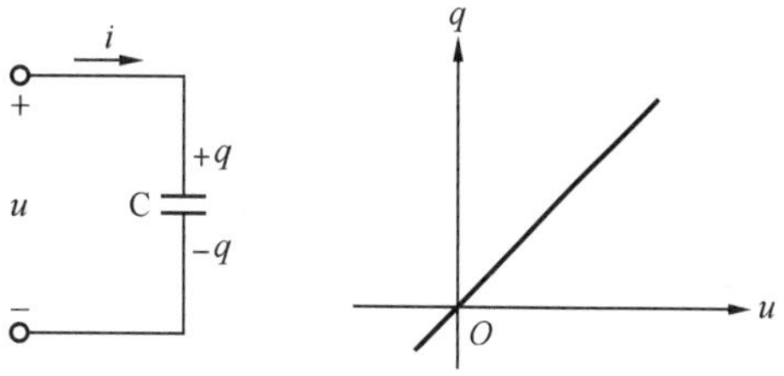

式（1-12）表明，对一定电容量 C 的电容元件而言，任意时刻，元件中通过的电流与该时刻电压的变化率成正比。显然电容元件与电感元件具有对偶关系，也是**动态元件**。

由式（1−12）还可知，只要电容元件中的电流不为零，它一定是在充电（或放电）状态下，充电时极间电压随着充电的过程逐渐增加；放电时极间电压随着放电的过程不断减小。当电容元件极间电压不发生变化，即电压变化率等于零时，电容支路电流也为零，说明直流稳态情况下电容元件相当于开路。只要通过电容元件的电流为有限值，电容元件两端的电压变化率也必定为有限值，又说明电容元件的极间电压不能发生跃变，只能连续变化。

电容元件是电路中存储电场能器件的理想化模型，元件上存储的电能为

$$W_C = \frac{1}{2}Cu^2 \tag{1-13}$$

式中，电容 C 的单位是法拉（F），电压 u 的单位是伏特（V）时，电能 W_C 的单位为焦耳(J)。式（1-13）说明，关联参考方向下，电容元件总是向电路吸收电能的，并把吸收的电能转换成场的形式存储在元件的极板上。

3. 有源元件

有源元件指能对电压、电流起控制和变换作用的单元，按其供电形式的不同，可分为电压源和电流源两种。

（1）电压源

实际电源总是存在内阻的，当电源向外提供电压时，我们希望其内阻越小越好，这样可以提高电源供电的利用率，当实际电压源的内阻为零时，即成为理想电压源，简称电压源。电压源是实际电源的一种理想化模型，其图形符号如图 1-11（a）所示，伏安特性如图1-11（b)所示，电压源的参数用 U_S 表示。忽略发电机、蓄电池等实际电源的内部损耗时，它们就可视为理想电压源，其 U_S 的大小反映了电源设备将其他形式的能量转换为电能的本领，数值上等于电源电动势 E。由电压源伏安特性可知它具有以下特点。

理想电压源和理想电流源

① 电压源输出的电压恒定，由自身情况决定，与流经它的电流大小、方向无关。

② 电压源输出的电流由它与外接电路的情况共同决定。

③ 当电压源的电压值等于零时，电压源相当于短路。

（2）电流源

光电池等电源元件在向外提供能量时，输出的电流基本不随负载的变化而变化，这时可用理想电流源作为其电路模型。理想电流源简称**电流源**，其图形符号如图 1-12（a）所示，参数用 I_S 表征，电流源的伏安特性如图 1-12（b）所示。

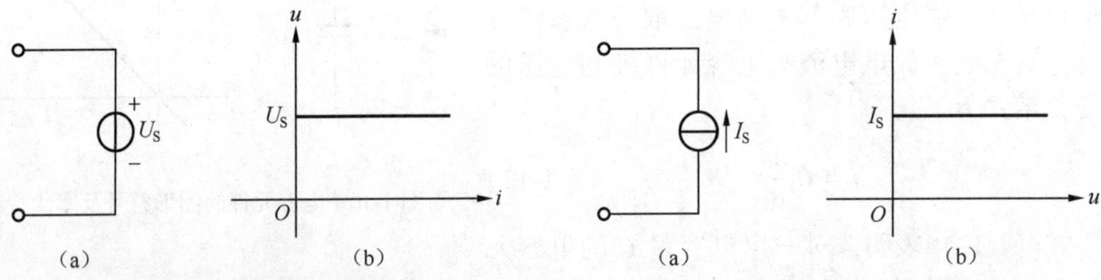

图 1-11　理想电压源图形符号及伏安特性　　图 1-12　理想电流源图形符号及伏安特性

观察电流源的伏安特性，可得出它具有以下特点。

① 电流源输出的电流值 I_S 恒定，由自身情况确定，与其端电压的大小、方向无关。

② 电流源两端的电压由它与外部电路的情况共同决定。

③ 若电流源的电流值 $I_S=0$，电流源相当于开路。

（3）两种电源模型之间的等效变换

实际电源和上述两种理想化电源模型之间总是存在一定差距。理想电压源内阻为零，理想电流源内阻无穷大，均属于无穷大功率源，因此它们

实际电源与电源模型

之间是不能等效变换的。实际电源由于都存在内阻，因此向外供出的能量总是有限值。

实际电源的电路模型通常有两种形式：一个电压源 U_S 和一个电阻 R_{SU} 相串联时，可构成实际电源的电压源模型；一个电流源 I_S 和电阻 R_{SI} 相并联时，可构成实际电源的电流源模型，如图 1-13 所示。

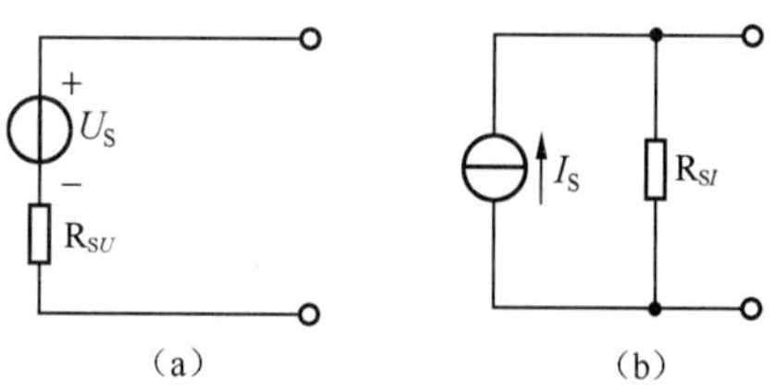

图 1-13　与实际电源相对应的两种电源模型

实际电源究竟用哪种模型表示，视其向外电路供电的主要形式而定。在电路分析中，一个实际电源的电路模型原则上可任意选择。显然，同一电源用两种不同电路模型表示时，对其外部连接电路而言，两种电源模型的作用效果必然相同，即它们之间可以进行“**等效变换**”。在进行等效变换时应注意以下几点。

① 等效变换只能对外电路等效，对内电路则不等效。

② 把电压源模型等效变换为电流源模型时，$I_S=\dfrac{U_S}{R_{SU}}$，I_S 的方向应保持与电压源 U_S 对外输出电流的方向一致，电流源模型的内阻 $R_{SI}=R_{SU}$，即两电源模型内阻不变。

③ 把电流源模型等效变换为电压源模型时，$U_S=I_SR_{SI}$，注意 U_S 由“−”到“+”的方向应保持与 I_S 方向相同，电压源模型的内阻 $R_{SU}=R_{SI}$。

【例 1.4】已知图 1-14（a）所示电路中 $R_{U1}=1\Omega$，$R_{U2}=0.6\Omega$，$R=24\Omega$，$U_{S1}=130V$，$U_{S2}=117V$。利用电源模型之间的等效变换求出 R 中流过的电流 I。

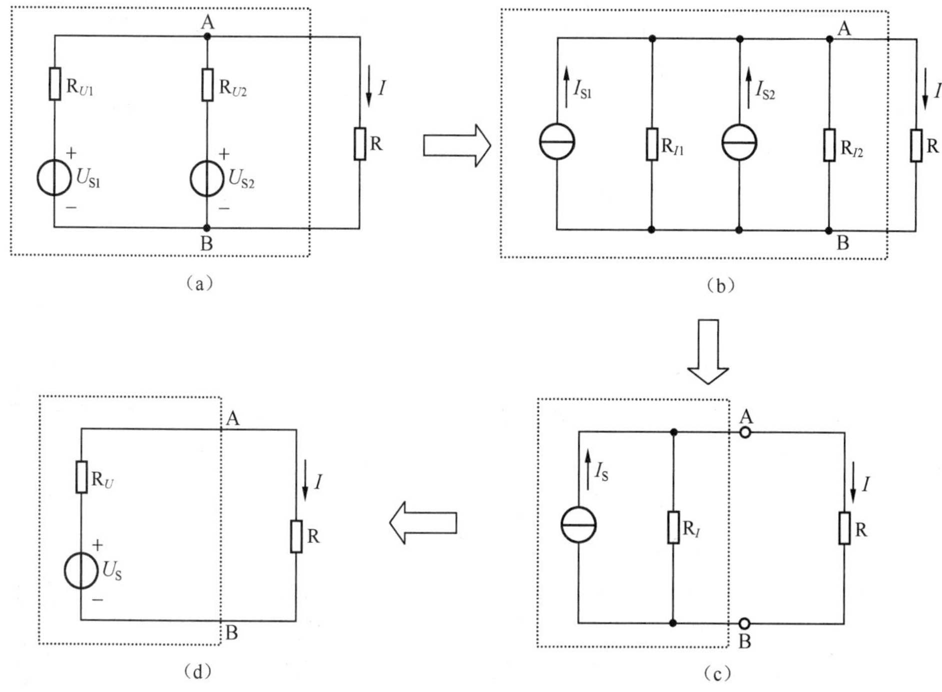

图 1-14　例 1.4 电路图

【解】首先把图 1-14（a）中的两个电压源模型等效变换为图 1-14（b）所示电路中的两个电流源模型，其中：

$$I_{S1}=\frac{U_{S1}}{R_{U1}}=\frac{130}{1}=130(\mathrm{A})\qquad R_{I1}=R_{U1}=1(\Omega)$$

$$I_{S2}=\frac{U_{S2}}{R_{U2}}=\frac{117}{0.6}=195(\mathrm{A})\qquad R_{I2}=R_{U2}=0.6(\Omega)$$

在变换的过程中，应注意电流的箭头方向要始终与电压由“-”到“+”的参考方向保持一致。随后对图1-14（b）所示电路中的两电流源模型进行合并，可得图1-14（c）所示电路，其中：

$$I_S=I_{S1}+I_{S2}=130+195=325(\mathrm{A})$$

$$R_I=R_{I1}\ /\!/\ R_{I2}=1\ /\!/\ 0.6=\frac{1\times 0.6}{1+0.6}=0.375(\Omega)$$

再利用电源模型之间的等效变换将图1-14（c）变换为图1-14（d），其中：

$$U_S=I_S R_I=325\times 0.375=121.875(\mathrm{V})\qquad R_U=R_I=0.375(\Omega)$$

最后求得

$$I=\frac{U_S}{R_U+R}=\frac{121.875}{0.375+24}=5(\mathrm{A})$$

检验学习结果

1. 如果一个电感元件两端的电压为零，其储能是否也一定等于零？如果一个电容元件中的电流为零，其储能是否也一定等于零？

2. 一个实际的电感线圈接在直流电路中，测得其两端电压为12V，通过线圈的电流为3A，试画出此时该线圈的等效电路模型。

3. 电感元件在直流情况下相当于短路，是否可认为此时电感量$L=0$？电容元件在直流情况下相当于开路，是否可认为此时电容量$C=\infty$？

4. 电压源和电流源与实际电源的两种电路模型有何区别？理想的电压源和电流源之间能否等效变换？实际电源的两种电路模型之间等效变换的条件是什么？

技能训练

电阻的检测技术

1. 用数字万用表测电阻器

数字万用表由转换开关、测量电路、模数转换器、数字显示电压表等几大部分组成。用数字万用表测量电阻时，两个表笔应接触待测电阻的两个引出端子，其量程调节在适当的欧姆挡位即可读出电阻值。如测200Ω以下电阻时选用200Ω量程，测量200Ω~2kΩ电阻时选用2kΩ量程，等等。

万用表的使用

测量电阻时，不能在线测量，也不能带电测量。如果是在线测量，测量的结果受电路的影响，并不是电阻的真实阻值，应先将电阻的一根引脚断开，然后再用万用表两表笔接触该电阻两引线端，此时的测量值才是该电阻的阻值。而带电测量时易使电表的表头烧坏，因此，测量电阻时，必须在断开电源的情况下进行测量。在不知道待测电阻的数值时，通常选择较大量程，但量程选大了又会损失测量结果的有效数位。因此，应根据大量程读数及时调整至合适的量程，以求测得较为准确的阻值。而万用表量程选小时，测得值会无法正确显示。

注意：数字万用表的红表笔与表内电池正极相连、黑表笔与表内电池负极相连。

2. 用数字万用表测电感器

电感器的检测

检测电感器时，首先要进行外观检查：看线圈有无松散，引脚有无折断、生锈现象，然后用万用表的欧姆挡测线圈的直流电阻，若为无穷大，说明线圈（或与引出线间）有断路；若比正常值小很多，说明有局部短路；若为零，则线圈被完全短路。对于有金属屏蔽罩的电感器线圈，还需检查它的线圈与屏蔽罩间是否短路；对于有磁芯的可调电感器，螺纹配合要好。

3. 用指针万用表测电容器

电容器的检测

对电容器进行性能检查，应视型号和电容量的不同而采取不同的方法。

（1）电解电容器的检测

对电解电容器的性能测量，最主要的是电容量和漏电流的测量。对正、负极标志脱落的电容器，还应进行极性判别。

用万用表测量电解电容器的漏电流时，可用万用表电阻挡测电阻的方法，量程可以用估测的方法选择。例如，估测一个 100μF/250V 的电容器时可用一个 100μF/25V 的电容器来参照，只要它们指针摆动最大幅度一样，即可断定电容量一样；估测皮法级电容量大小要用“R×10k”挡，但只能测到1000pF以上的电容。对 1000pF 或稍大一点的电容，只要表针稍有摆动，即可认为电容量够了。万用表的黑表笔应接电容器的“+”极，红表笔接电容器的“-”极，此时表针迅速向右摆动，然后慢慢退回，待指针不动时其指示的电阻值越大表示电容器的漏电流越小；若指针根本不向右摆，说明电容器内部已断路或电解质已干涸而失去电容量。

用上述方法还可以鉴别电容器的正、负极。对失掉正、负极标志的电解电容器，或先假定某极为“+”，让其与万用表的黑表笔相接，另一个电极与万用表的红表笔相接，同时观察并记住表针向右摆动的幅度；将电容器放电后，把两只表笔对调重新进行上述测量。哪一次测量中，表针最后停留的摆动幅度较小，说明该次对其正、负极的假设是对的。

（2）对中、小容量电容器的测试

中、小型电容器的特点是无正、负极之分，绝缘电阻很大，因而其漏电电流很小。若用万用表的电阻挡直接测量其绝缘电阻，则表针摆动范围极小不易观察，用此法主要是检查电容器的断路情况。

对于 0.01μF 以上的电容器，必须根据电容量的大小，分别选择万用表的合适量程，才能正确加以判断。例如，测 300μF 以上的电容器可选择“R×10k”或“R×1k”挡；测 0.47~10μF 的电容器可用“R×1k”挡；测 0.01~0.47μF 的电容器可用“R×10k”挡；等等。具体方法是，用两表笔分别接触电容器的两根引线（注意双手不能同时接触电容器的两极），若表针不动，将表针对调再测，仍不动说明电容器断路。

对于 0.01μF 以下的电容器不能用万用表的欧姆挡判断其是否断路，只能用其他仪表（如 Q 表）进行鉴别。

（3）可变电容器的测试

对可变电容器主要是测量它是否发生碰片（短接）现象。选择万用表的电阻“R×1”

挡，将表笔分别接在可变电容器的动片和定片的连接片上。旋转电容器动片至某一位置时，若发现有直通（即表针指零）现象，说明可变电容器的动片和定片之间有碰片现象，应予以排除后再使用。

（4）测电容器是否漏电

对1000μF以上的电容，可先用“R×10”挡将其快速充电，并初步估测电容量，然后改到“R×1k”挡继续测一会儿，这时指针不应回返，而应停在或十分接近∞处，否则就是有漏电现象。对一些几十微法以下的定时电容器或振荡电容器（如彩电开关电源的振荡电容器），对其漏电特性要求非常高，只要稍有漏电就不能用，这时可在“R×1k”挡充完电后再改用“R×10k”挡继续测量，同样表针应停在或十分接近∞处而不应回返。

1.4 电路定律及电路基本分析方法

学习目标

了解电阻串、并联的实际应用，进一步熟悉欧姆定律的应用；理解基尔霍夫两定律阐述的内容，初步掌握基尔霍夫两定律的应用；熟悉负载上获得最大功率的条件。

1. 电阻的串联和并联

实际电路中的元器件可以串联连接，也可以并联连接，其中电阻元件的串、并联电路是最基本的电路连接方式。

（1）电阻的串联

电路中几个电阻元件依次相接，构成一条电流的通路，这种连接方式称为电阻的串联，如图1-15（a）所示。

电阻串联和并联

图1-15（b）所示电路中的电阻R是图1-15（a）所示电路中两电阻的等效电阻，根据“等效”的概念可知，两电路的端口电压和端子上通过的电流相等。

电阻串联电路的主要特点如下。

① 串联各电阻中通过的电流相同。

② 等效电阻等于各串联电阻之和。

③ 串联电阻可以分压，各电阻上分得的电压与其阻值成正比，即

$$U_1 = U\frac{R_1}{R_1 + R_2} \quad U_2 = U\frac{R_2}{R_1 + R_2} \tag{1-14}$$

④ 等效电阻吸收的功率等于各串联电阻吸收的功率之和。

实际应用中电阻串联的例子很多，如在负载额定电压低于电源电压的情况下，通常采用串联电阻的方法，让串联电阻分得一部分电压，以保证负载上所加电压不超过其额定值。电压表扩大量程时也是采用串联电阻的方法得以实现的。有时为了限制负载中通过的电流，常在负载上串联一个限流电阻。如果需要调节电路中的电流，一般也可以在电路中串接一个变阻器来进行调节。

（2）电阻的并联

电路中有两个或两个以上的电阻，把它们各自其中的一个端子连在一起，另一个端子也连在一起，然后把这两个连接点接在电路中的两点之间，这种连接方式称为电阻的并联，如图1-16（a）所示。

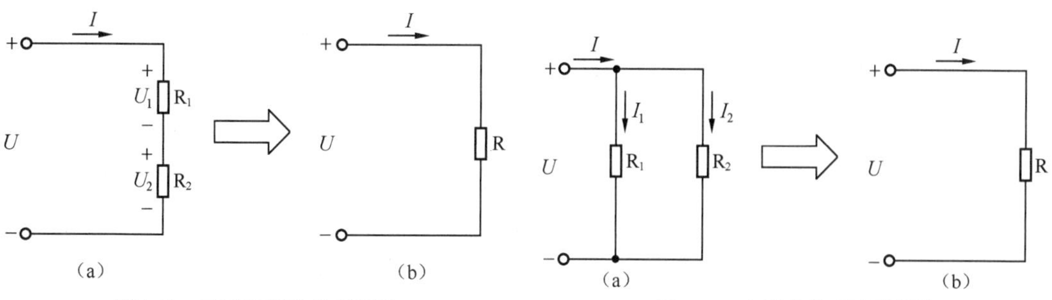

图 1-15　电阻的串联及其等效　　图 1-16　电阻的并联及其等效

图 1-16（b）所示电路中的电阻 R 是图 1-16（a）所示电路中两电阻的等效电阻。电阻并联电路的主要特点如下。

① 并联各电阻的端电压相同。

② 两个（或几个）电阻的并联等效电阻为各并联电阻倒数之和的倒数，即

$$R=\frac{1}{\frac{1}{R_1}+\frac{1}{R_2}+\cdots+\frac{1}{R_n}} \tag{1-15}$$

当只有两个电阻相并联时，等效电阻可用下式计算：

$$R=\frac{R_1R_2}{R_1+R_2}$$

若 n 个阻值相同的电阻相并联，其等效电阻：

$$R=\frac{R_1}{n}$$

③ 并联电阻可以分流，各电阻上的电流与其阻值成反比，即

$$I_1=I\frac{R_2}{R_1+R_2} \qquad I_2=I\frac{R_1}{R_1+R_2} \tag{1-16}$$

④ 等效电阻吸收的功率等于各并联电阻吸收的功率之和。

日常生活中，家用电器和办公设备都是并联运行的。用电器并联运行时，处在同一电压之下，任何一个用电器的工作情况基本上不受其他用电设备的影响。当电网上负载增加时，并联的负载电阻增多，其等效电阻减小，电路中的总电流和总功率增大，但每个负载上的电流和功率基本保持不变。利用电阻的并联，可以扩大电流表的量程。

【例 1.5】计算图 1-17（a）所示电路中的电流 I_1。已知电路中 $R_1=10\Omega$，$R_2=8\Omega$，$R_3=2\Omega, R_4=6\Omega$，电路端电压 $U=140\text{V}$。

【解】由简化电路图 1-17（b）得

$$R_{34}=R_3+R_4=2+6=8\ (\Omega)$$

由简化电路图 1-17（c）得

$$R_{\text{ab}}=\frac{R_2R_{34}}{R_2+R_{34}}=\frac{8\times8}{8+8}=4\ (\Omega)$$

由简化电路图 1-17（d）得

$$R=R_1+R_{\text{ab}}=10+4=14\ (\Omega)$$

最后得出：

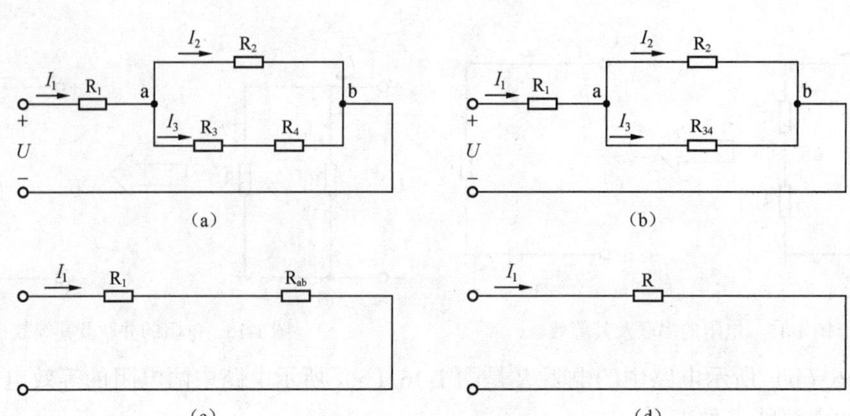

图 1-17　例 1.5 电路图及简化电路图

$$I_1 = \frac{U}{R} = \frac{140}{14} = 10(\mathrm{A})$$

【例 1.6】计算 1Ω 电阻和 40Ω 电阻的串联等效电阻值和并联等效电阻值。

【解】

$$R_{串} = 1+40 = 41\ (\Omega)$$

$$R_{并} = \frac{1\times 40}{1+40} \approx 0.98\ (\Omega)$$

由例 1.6 可看出，当两个电阻阻值相差很大且串联连接时，其等效电阻约等于大电阻的阻值。因此，在电阻串联电路的分析过程中，应注意大电阻是电路中的主要矛盾；当这两个电阻相并联时，等效电阻约等于小电阻的阻值，即在电阻并联电路的分析中，小电阻是主要矛盾。

2. 电路名词

① 支路：一个或几个二端元件相串联组成的无分岔电路称为支路。同一支路上各元件通过的电流相同。含有电源的支路称为有源支路，如图1-18所示的 acb、adb 两条支路；不含电源元件的支路称为无源支路，如中间支路 ab。

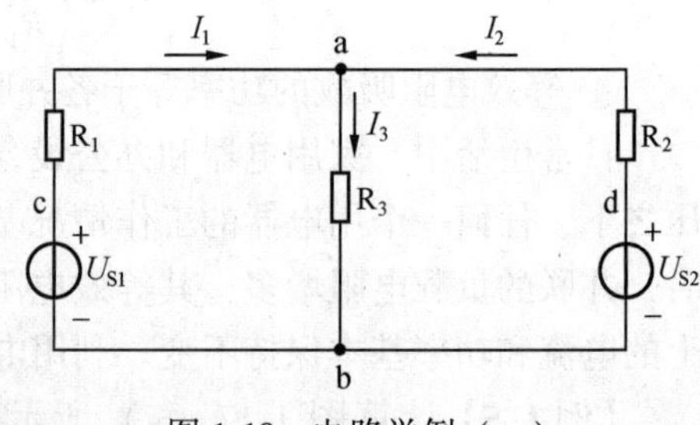

图 1-18　电路举例（一）

② 节点：3 条或 3 条以上支路的汇交连接处称为节点，如图 1-18 所示的 a 和 b。

③ 回路：电路中的任意闭合路径都是回路。图 1-18中有 acba、abda 和 acbda 3 个回路。

④ 网孔：内部不含有其他支路的回路称为网孔，如图 1-18 所示电路中的 acba 和 abda。显然，网孔都是回路，回路不一定是网孔。

3. 基尔霍夫第一定律（KCL）

德国物理学家基尔霍夫在 1845 年提出了电路参数计算的两定律，其中基尔霍夫第一定律（也称基尔霍夫电流定律）的英文缩写是 KCL，内容表述为：在集中参数电路中，任一时刻流入节点的支路电流的代数和恒等于零，其表达式为

$$\sum I = 0 \tag{1-17}$$

KCL 指出了电路任意一个节点上电流之间应该遵循的规律，因此又被称为节点电流定律。KCL 提出的依据是电流的连续性原理：电路中的任意一点或节点处，电流都是连续的，即电荷进出始终平衡，任意瞬间都不应发生电荷的积累或减少现象。根据基尔霍夫第一定律的约束，图 1-18 所示电路中的节点 a，汇集于该节点的电流应满足下列关系：

$$I_1 + I_2 - I_3 = 0$$

显然，这一方程是在遵循了指向节点的电流取正号，背离节点的电流取负号的约定下，根据电路图上各电流的参考方向列出的。

如果把流出节点的电流 I_3 移到方程式的右边，则 KCL 又可表述为：在集中参数电路中，任一时刻流入节点电流的代数和恒等于流出节点电流的代数和。

应用 KCL 时应注意以下几点。

① 列写 KCL 方程时，必须事先对电流的正、负提出一个约定，然后依据电路图上标定的电流参考方向正确写出。

② KCL 不仅适用于线性电路，而且也适用于非线性电路，比欧姆定律适用范围更广。

③ KCL 不仅适用于电路中的节点，也可以推广应用于包围电路的任一假想封闭曲面。

4. 基尔霍夫第二定律（KVL）

KVL 指出：在集中参数电路中，任一时刻，沿任意回路绕行一周（顺时针方向或逆时针方向），回路上各段电压的代数和恒等于零，即

$$\sum U = 0 \qquad (1\text{-}18)$$

KVL 描述的是电路中任一回路上各段电压之间应该遵循的规律，因此又被称为回路电压定律。如图1-19所示，3 个回路的参考绕行方向均选择顺时针，并且约定：沿回路绕行方向，凡元件端电压从“+”到“-”的参考方向与绕行方向一致时取正，相反时取负。依据此约定，根据 KVL 对 3 个回路可分别列出如下方程式：

对左回路　　$I_1R_1+I_3R_3-U_{S1}=0$

对右回路　　$-I_2R_2-I_3R_3+U_{S2}=0$

对大回路　　$I_1R_1-I_2R_2+U_{S2}-U_{S1}=0$

KVL 提出的依据是电位的单值性原理：从电路中某点开始绕行，当回到该点时所经历的电压降代数和必然是零，因为计算回路绕行一周的电压降实际上就是计算同一点的电位值，并且与选择的绕行方向无关。

应用 KVL 应注意以下几点。

① 列写方程式之前，也必须先在电路图上标出各元件端电压的参考方向和回路参考绕行方向，根据与绕行方向一致的电压降取正、与绕行方向相反的电压降取负的约定，最后列出相应的 KVL 方程式。当约定相反时，KVL 仍不失其正确性，会得到同样的结果。

② KVL 和 KCL 一样，不仅适用于线性电路，也适用于非线性电路。

③ KVL 可推广应用于回路的部分电路。下面以图 1-20 所示电路为例加以说明。

把端口处两点视为连接一个电压源，其数值等于端口电压 U，根据图中参考方向可列出 KVL 方程：

$$IR + U_S - U = 0$$

或 

$$U = IR + U_S$$

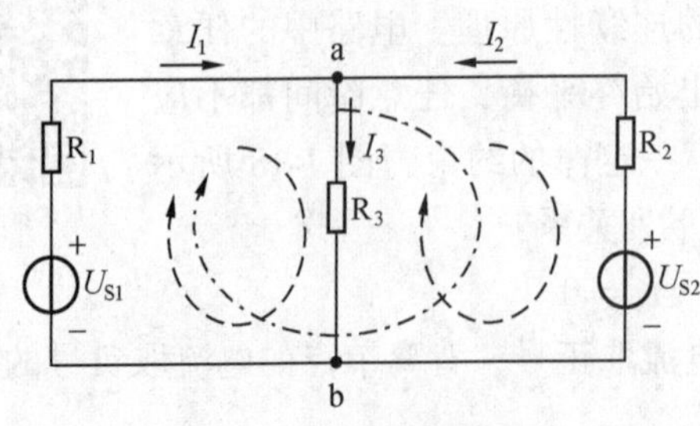

图 1-19　电路举例（二）

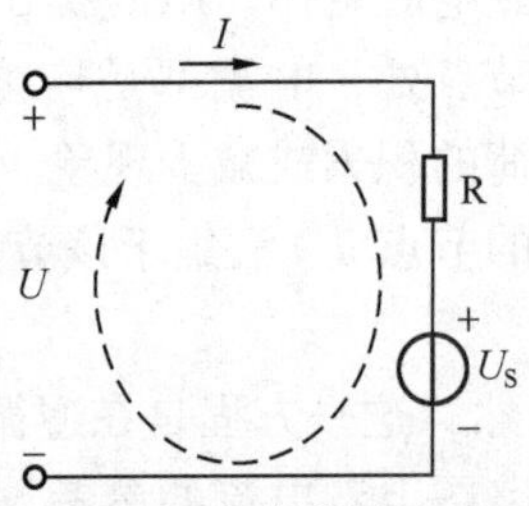

图 1-20　电路举例（三）

欧姆定律和 KCL、KVL 统称为电路的三大基本定律，是分析和计算电路的主要依据。熟练掌握三大基本定律，就能对许多实际电路进行分析、计算和设计。

图 1-19 所示电路可看作汽车中发电机、蓄电池和车灯组成的并联电路，U_{S1} 和 R_1 表示发电机的电动势和内阻，U_{S2} 和 R_2 表示蓄电池的电动势和内阻，R_3 表示车灯的负载电阻。当汽车以一定的速度行驶时，由发电机对蓄电池和车灯供电；当汽车低速行驶或停止时，通过逆流自动断路器把发电机支路断开，此时由蓄电池对车灯供电。若已知 $U_{S1}=15\text{V}$，$U_{S2}=12\text{V}$，$R_1=1\Omega$，$R_2=0.5\Omega$，$R_3=10\Omega$，求各支路上电流，可根据三大基本定律解得

由 KCL 对 a 点列方程：　$I_1+I_2-I_3=0$

由 KVL 对左右两回路列方程：　$I_1R_1+I_3R_3-U_{S1}=0$

$$-I_2R_2-I_3R_3+U_{S2}=0$$

将数值代入后联立求解可得：$I_1=2.42\text{A}$，$I_2=-1.16\text{A}$，$I_3=1.26\text{A}$

其中 I_2 得负值，说明其实际方向与参考方向相反，此时蓄电池处于充电状态，不再是一个电源，而是相当于一个负载。

5. 负载获得最大功率的条件

负载上获得最大功率的条件

任何一个实际的电源，由于其内阻的存在，向外电路输出的最大功率总是有限的。在电子技术中，总是希望负载上得到的功率越大越好，那么，在什么条件下，负载能从电源处获得最大功率呢？

设电压源模型与负载连接的电路如图 1-21 所示。电源电压为 U_S，内阻为 R_S，可变的负载电阻为 R_L。据图 1-21 可得电路中电流 $I=\dfrac{U_S}{R_S+R_L}$，负载上所得功率为

$$P=I^2R_L=\left(\frac{U_S}{R_S+R_L}\right)^2R_L=\frac{U_S^2R_L}{(R_S+R_L)^2}$$

为讨论方便，把上式化为

$$P=\frac{U_S^2}{4R_S+\dfrac{(R_S-R_L)^2}{R_L}}$$

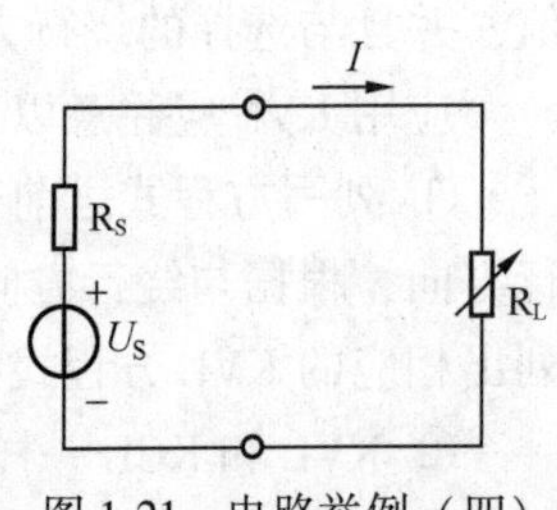

图 1-21　电路举例（四）

对一个实际的电源来说，参数 U_S 和 R_S 为常量。因此，分子及分母的第 1 项不变。显然，负载上获得的功率大小仅由分母中的第 2 项来决定。当 $R_L=R_S$ 时，$R_S-R_L=0$，即分母的第 2 项得零，此时分母最小为 $4R_S$，则负载上可获得最大功率。

由此得出结论：负载获得最大功率的条件是负载电阻等于电源内阻。这一原理在电子技术的许多实际问题中得到了广泛应用。负载上的最大功率为

$$P_{max}=\frac{U_S^2}{4R_S}$$

不难发现，当负载获得最大功率时，电源内部耗散了同样多的功率，即电源的利用率只有 50%，这在强电领域中是绝不允许的。电力系统中的发电机、电池等不能在负载电阻与电源内阻相近的情况下工作，电源内阻必须远小于负载电阻。但在电子技术中，微弱的信号源效率不再是主要矛盾，放大器电路中的负载上能够获得最大功率是人们所期望的，因此要求负载电阻与放大器输出端电阻（对负载而言相当于电源内阻）相匹配。

检验学习结果

1. 两个电阻 $R_1=10\Omega$，$R_2=10k\Omega$。问：若两电阻相串联，其等效电阻约等于哪一个电阻的阻值；当它们相并联时，其等效电阻又约等于哪一个电阻的阻值？

2. 计算图 1-22 所示各电路的等效电阻 R_{ab}。

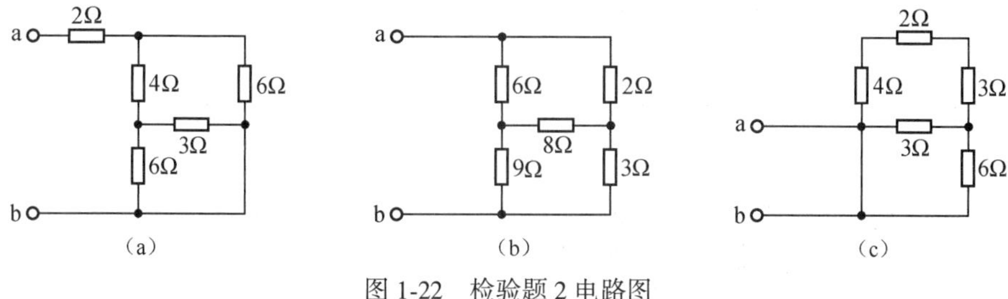

图 1-22　检验题 2 电路图

3. 负载获得最大功率的条件是什么？

4. 3 个电阻相并联，$R_1=30\Omega$，$R_2=20\Omega$，$R_3=60\Omega$，其等效电阻是多少？若 R_3 发生短路，此时 3 个电阻的并联等效电阻值又是多少？

5. 一根额定熔断电流为 5A 的熔断器，电阻为 0.015Ω，求其熔断时，熔断器两端的电压是多少？

6. 要在 12V 的直流电源上使 6V、50mA 的小灯泡正常发光，应该采用图 1-23 中哪一种连接方法？

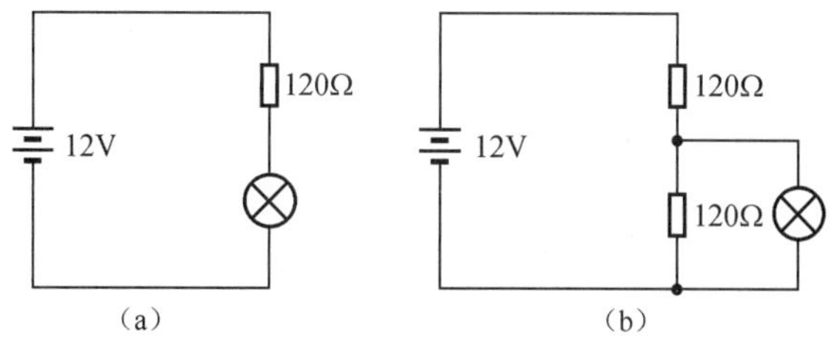

图 1-23　检验题 6 电路图

7. 白炽灯的灯丝烧断后搭上，反而更亮，说说为什么。

8. 电阻炉的炉丝断裂，绞接后仍可短时应急使用，但时间不长绞接处又会被再次烧断，说说为什么。

技能训练

学会用实验室设备验证基尔霍夫定律的方法。

1.5 电路中的电位及其计算

学习目标

理解电路中电压与电位的区别和联系；掌握电路中电位的计算方法；熟悉电位的测量方法。

1. 电位的概念

电路中只要讲到电位，就会涉及电路参考点。电力工程中常选大地为参考点，在电子线路中则常以多数支路汇集的公共点为参考点，通常电路中的公共连接点均与机壳相连后“接地”，因此也常把参考点称为“地点”。参考点在电路图中常用接地符号“⊥”标示。实际上，电路中某点电位就是该点到参考点之间的电压。电压在电路中用“U”表示，通常采用双注脚；电位用“V”表示，一般只用单注脚。电子电路中，为简化电路图，常把某点与公共点之间的电压用电位符号“V”表示，所以图1-24中的电压表示为“V_{CC}”。

在电工技术中，大多数场合都用电压的概念，如电灯端电压为220V，电动机所用电压是380V等。而在电子技术中，电位的概念则得到普遍应用。因为绝大多数电子电路中，许多支路都汇集到一点上，通常把这个汇集点选为电位参考点，其他各点都相对这一参考点，说明各自电位的高低。这样做不仅简化了电路的分析与计算，还给测量带来很大方便。

实际应用中，为简化电路常常不画出电源元件，而标明电源正极或负极的电位值。尤其在电子线路中，连接的元件较多，电路较为复杂，采用这种画法常常可使电路更加清晰明了，分析问题更加方便。图1-24所示电路为一个晶体管放大电路的直流通道，其晶体管的发射极为电路参考点，并标以“接地”符号，注意这里的“接地”并非真与“大地”相接。

图1-25（a）所示电路图也是采用了电子电路的习惯画法，对初学者来说，这种画法常常不易看懂，因而影响了对电路的分析计算。但如果把图1-25（b）所示的一般电路画法与电子电路习惯画法多做对照，熟悉电子电路的习惯画法并不是难事。

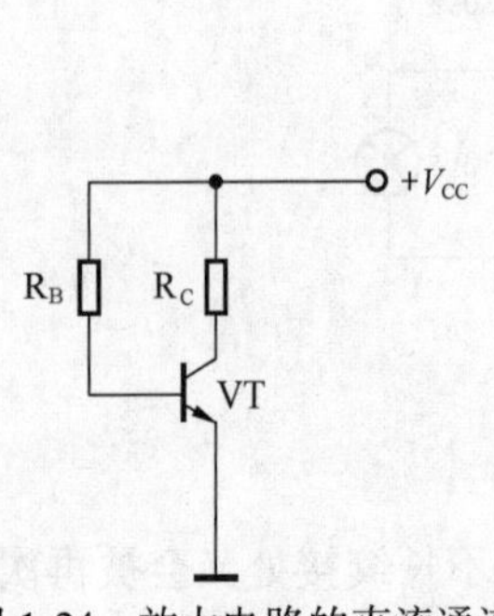

图1-24 放大电路的直流通道

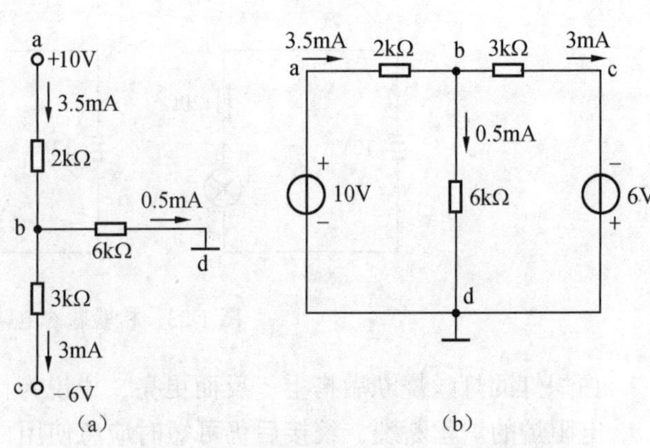

图1-25 电子电路习惯画法和一般电路画法

2. 电位的计算

对电工电子技术中的电路进行分析，常常要利用电位的概念使其分析过程简单化。因此理解和掌握电位的概念及其计算方法很有必要。下面举例说明计算电位的方法。

【例 1.7】 电路如图 1-25 所示，当我们分别以 d、b 作为参考点时，求 U_{ab}、U_{bc}和 U_{ca}。

电位的计算

【解】 以 d 点为参考点，即 $V_d=0$ 时，有

$$V_a = 10(\text{V})$$

$$V_b = 6 \times 0.5 = 3(\text{V})$$

$$V_c = -6(\text{V})$$

则

$$U_{ab} = V_a - V_b = 10 - 3 = 7(\text{V})$$

$$U_{bc} = V_b - V_c = 3 - (-6) = 9(\text{V})$$

$$U_{ca} = V_c - V_a = -6 - 10 = -16(\text{V})$$

若以 b 点为参考点，即 $V_b=0$ 时，则

$$V_a = 3.5 \times 2 = 7(\text{V})$$

$$V_c = -3 \times 3 = -9(\text{V})$$

$$V_d = -0.5 \times 6 = -3(\text{V})$$

则

$$U_{ab} = V_a - V_b = 7 - 0 = 7(\text{V})$$

$$U_{bc} = V_b - V_c = 0 - (-9) = 9(\text{V})$$

$$U_{ca} = V_c - V_a = -9 - 7 = -16(\text{V})$$

由例 1.7 可以看出，参考点选择不同时，电路中各点的电位随之改变，但是任意两点间的电压值不变。即电位的高低正负具有相对性，均相对于参考点而定；而两点间的电压值仅取决于电路中两点电位的差值，其大小与参考点无关。

【例 1.8】 在图 1-26 所示电路中，当开关 S 断开和闭合时，求 a 点的电位 V_a。

【解】（1）S 断开时，电路为单一支路，3 个电阻上通过同一电流，则

$$I=\frac{12-(-12)}{6+4+20}=0.8\ (\text{mA})$$

电流方向由下向上，有 $12-V_a=I\times20$，故

$$V_a = 12 - 0.8 \times 20 = -4(\text{V})$$

（2）S 闭合时，由于 b 点电位为 0，4kΩ 电阻和 20kΩ 电阻流过的电流相同，则

$$V_a = 12 - \frac{12}{4+20} \times 20 = 2(\text{V})$$

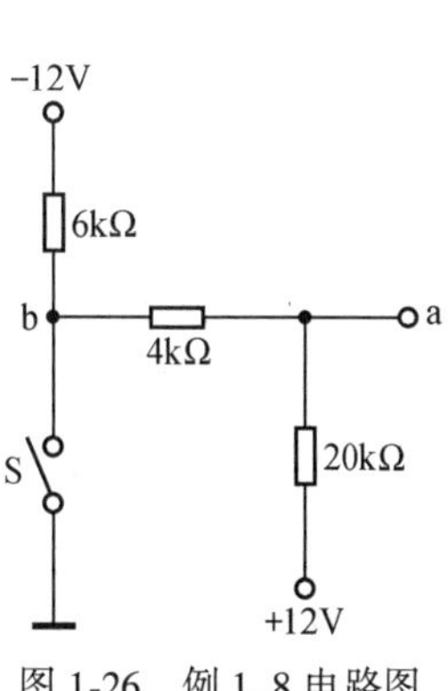

图 1-26　例 1.8 电路图

检验学习结果

1. 在图 1-27 所示电路中，若选定 C 点为电路参考点，当开关 S 断开和闭合时，判断 A、B、D 各点的电位值。

2. 试述电压和电位这两个概念的异同，若电路中某两点电位都很高，则这两点间电压是否也一定很高？

3. 求图 1-28 所示电路中开关 S 闭合和断开时 B 点的电位。

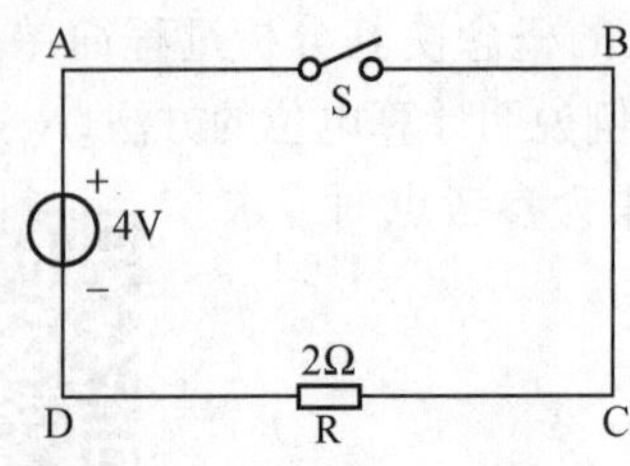

图 1-27　检验题 1 电路图

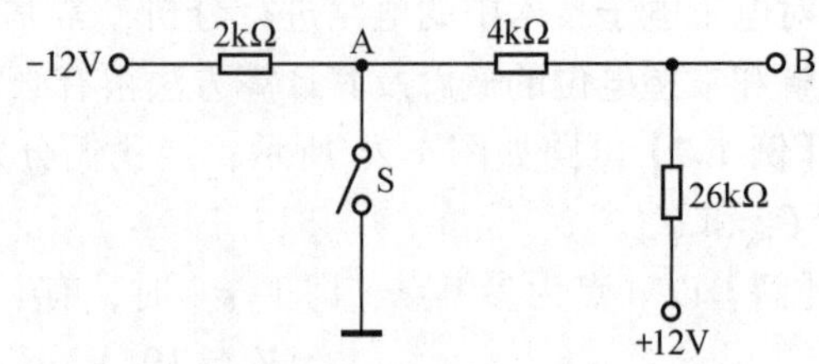

图 1-28　检验题 3 电路图

技能训练

1. 电流的测量

测量直流电流通常采用磁电式电流表，测量交流电流主要采用电磁式电流表。

实际测量时，如果无法正确估算电流值的范围，均应把电流表先打到最大量程，再根据实际测量值调整到合适的量程（为使测量值误差最小，应使测量值在指针偏转的 2/3 及以上处）。

电流的测量

在电路理论分析中，为了简化分析问题的步骤，通常把电流表理想化，即把电流表的内阻视为零。实际上电流表的内阻总是存在的，根据各电流表内阻的不同，通常把电流表划分为不同等级的精度，精度越高的电流表其内阻越小。

由于电流表的内阻总的来说数值都非常小，因此在测量时不允许把电流表跨接在电源两端，以免过大的电流把电流表烧毁，即电流表必须串接在被测支路中。如果使用中误将电流表与被测支路相并联，就会因其内阻很小造成过电流而把电流表烧损。

此外，测量直流电流时还要注意电流表的极性不要接反（交流无极性选择）。

2. 电压的测量

电路中测量电压时应选用电压表或万用表的电压挡。理想电压表的内阻无穷大，实际电压表的内阻是有限值，根据电压表内阻的不同，其精度也各不相同，精度越高的电压表，其内阻值越大。

电压的测量

在测量电路中某两点间的电压时，电压表必须与被测支路相并联。如果使用中误将电压表与被测电路相串联，则由于其高内阻而电压表不动作。此外，测量直流电压时一定要注意仪表的极性。

3. 电位的测量

电位的测量

电位的测量方法与电压的测量方法类似。因为电压等于两点电位的差值，所以测量一点的电位时首先要选一个参考点作为零电位点，然后用电压表选择合适的量程，让黑表笔与参考点（电路中的公共连接点）相接触，红表笔与待测点相接触，此时电压表指示值即为待测电位值。

检测电路和查找电路故障时广泛采用了电位的测量方法。

1.6 叠加定理

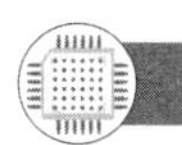

学习目标

明确叠加定理的适用范围；熟悉当一个电源单独作用时其他电源的处理方法；明确功率不能叠加的道理；深刻理解线性电路的叠加性。

介绍叠加定理之前，首先明确线性电路的概念：电路中的元件都是线性元件，通过电路元件中的电流与加在元件两端的电压成正比变化。

叠加定理指出：在多个电源共同作用的线性电路中，任意一支路的响应（即电流或电压）都可以看成由各个激励（电压源或电流源）单独作用时在该支路中所产生的响应的代数和。

叠加定理体现了线性电路的基本特性，是线性电路分析中的一个重要定理。我们以图 1-29所示电路为例，对叠加定理进行研究和说明。

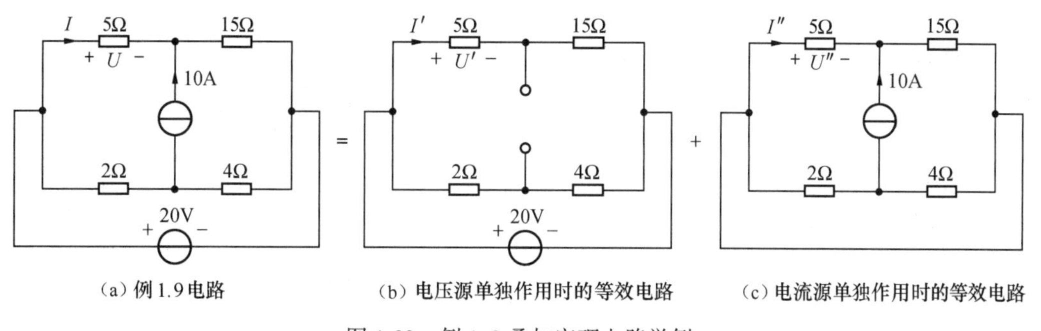

图 1-29　例 1.9 叠加定理电路举例

【例 1.9】应用叠加原理求出图 1-29（a）所示电路中 5Ω 电阻的端电压 U、电流 I 及其消耗的功率 P。

【解】根据叠加定理，我们可以把原电路［见图 1-29（a）］看作是由理想电压源单独作用时的等效电路［见图 1-29（b）］和由理想电流源单独作用时的等效电路［见图 1-29（c）］的叠加。

第 1 步，计算出在 20V 理想电压源单独作用下，5Ω 电阻上产生的电压 U'和电流 I'：

$$U' = 20 \times \frac{5}{5+15} = 5(\mathrm{V}) \qquad I' = \frac{5}{5} = 1(\mathrm{A})$$

第 2 步，计算在 10A 理想电流源单独作用下，5Ω 电阻上产生的电压 U''和电流 I''：

$$I'' = -10 \times \frac{15}{5+15} = -7.5(\mathrm{A}) \qquad U'' = -7.5 \times 5 = -37.5(\mathrm{V})$$

将两个结果叠加可得

$$U = U' + U'' = 5 + (-37.5) = -32.5(\mathrm{V})$$

$$I = I' + I'' = 1 + (-7.5) = -6.5(\mathrm{A})$$

电压、电流均得负值，说明它们的实际方向与电路图上标示的参考方向相反。由电压、电流可得出 5Ω 电阻上消耗的功率，U、I 仍为关联参考方向，故

$$P = UI = 32.5 \times 6.5 = 211.25(\mathrm{W})$$

假如功率也应用叠加定理分别求解后叠加，则

$$P' = U'I' = 5 \times 1 = 5(\text{W})$$

$$P'' = U''I'' = 37.5 \times 7.5 = 281.25(\text{W})$$

$$P = P' + P'' = 5 + 281.25 = 286.25(\text{W})$$

所得结果不对。应用叠加原理只能求解电路响应（电压或电流），用叠加定理求解功率就会出现错误，这是为什么？请读者思考。

应用叠加定理求解电路时要注意以下几点。

① 叠加定理只适用于线性电路，对包含非线性元件的二极管电路、晶体管电路等不适用。对线性电路应用叠加定理也只能用来求解电压和电流，不能用它计算功率，因为功率与电压或电流的关系均为二次函数关系，不是一次函数的线性关系。

② 对响应进行叠加时，一般要注意使各电流、电压分量的参考方向与原电流、电压的参考方向保持一致。若选取不一致，在叠加时就要注意各电流、电压的正、负号：与原电流、电压的参考方向一致的电流、电压分量取正，相反取负。

③ 当某个独立源单独作用时，不作用的电压源应短路处理，不作用的电流源应开路处理。

④ 叠加时，还要注意电路中所有电阻及受控源的连接方式都不能任意改动。

叠加定理可以把一个复杂电路分解为多个简单电路，从而把复杂电路的分析计算变为简单电路的分析计算。它的重要性还在于：当线性电路中含有多种信号源激励时，它为研究响应与激励的关系提供了必要的理论依据和方法。另外，线性电路的许多定理都可以从叠加定理导出。

检验学习结果

1. 说明叠加定理的适用范围。它是否仅适用于直流电路而不适用于交流电路的分析和计算？
2. 电流和电压可以应用叠加定理进行分析和计算，功率为什么不行？
3. 从叠加定理的学习中，可以掌握哪些基本分析方法？

1.7 戴维南定理

学习目标

进一步理解电路"等效"的概念；熟悉"有源二端网络"和"无源二端网络"的概念；深刻理解戴维南定理的内容，并掌握用戴维南定理分析和计算电路的方法。

戴维南定理

无论电路结构多么复杂，只要它具有两个引出端子，都可称为二端网络。若二端网络内部含有电源，就称为有源二端网络，如图 1-30（b）所示；若二端网络内部不包含电源，则称为无源二端网络，如图 1-30（c）所示。

戴维南定理是简化有源二端网络的一条著名定理，它指出：任何一个线性有源二端网络，对外电路而言，均可以用一个理想电压源与一个电阻元件相串联的有源支路（也称为戴维南等效电路）等效代替。等效代替的条件是：有源支路的电压源电压 U_S 等于原有源二端网络

的开路电压 U_{OC}；有源支路的电阻元件的阻值等于原有源二端网络除源后的入端电阻 R_0。

戴维南定理给计算复杂电路带来极大方便。下面举例说明该定理的应用方法。

【例 1.10】 应用戴维南定理求解图 1-30（a）所示电路中电阻 R_L 支路上通过的电流 I。已知 $R_1=2\Omega$，$R_2=3\Omega$，$R_L=1.8\Omega$，$U_{S1}=40V$，$U_{S2}=30V$。

【解】 根据戴维南定理，首先把待求支路从原电路中分离并拿掉，得到图 1-30（b）所示有源二端网络，对其求解开路电压 U_{OC}，使之等于戴维南等效电路的 U_S：

$$U_S=U_{OC}=\frac{U_{S1}-U_{S2}}{R_1+R_2}\times R_2+U_{S2}=\frac{40-30}{2+3}\times 3+30=36(V)$$

再对有源二端网络除源：把电路中两个电压源视为不存在，它们的位置用短接线代替，得到图 1-30（c）所示的无源二端网络，对其求解其入端电阻 R_0：

$$R_0=\frac{R_1R_2}{R_1+R_2}=\frac{2\times 3}{2+3}=1.2(\Omega)$$

上面两步所得结果，即为原有源二端网络的戴维南等效电路的参数，如图 1-30（d）左半部所示。此时，在原来断开处再把待求支路接上，即可求出负载上通过的电流 I，即

$$I=\frac{U_S}{R_0+R_L}=\frac{36}{1.2+1.8}=12(A)$$

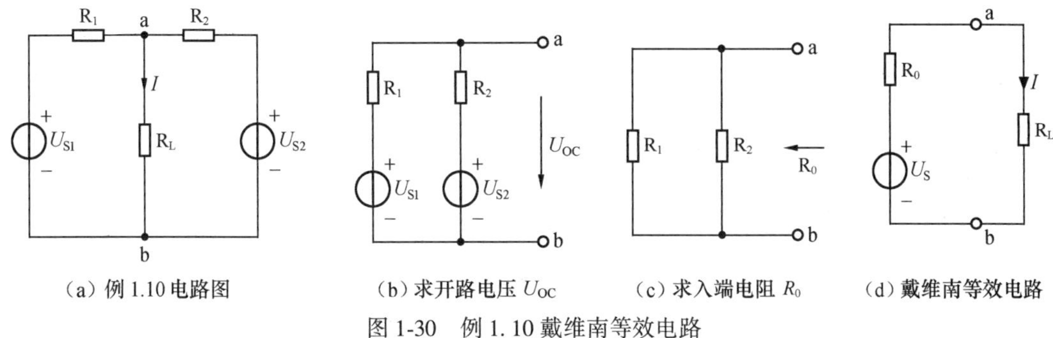

图 1-30　例 1.10 戴维南等效电路

戴维南定理求解电路的步骤可归纳如下。

① 将待求支路与有源二端网络分离，对断开的两个端钮分别标以记号（如 a 和 b）。

② 对有源二端网络求解其开路电压 U_{OC}。

③ 把有源二端网络进行除源处理，其中电压源用短接线代替，电流源开路处理，然后对无源二端网络求解其入端电阻 R_0。

④ 让开路电压 U_{OC} 等于戴维南等效电路的电压源电压 U_S，入端电阻 R_0 等于戴维南等效电路的内阻 R_0，在戴维南等效电路两端断开处重新把待求支路接上，根据欧姆定律求出待求响应。

显然，当只需求出电路中某一支路电流时，应用戴维南定理有突出的优越性。

检验学习结果

1. 什么是二端网络、有源二端网络、无源二端网络？
2. 应用戴维南定理求解电路的过程中，电压源、电流源如何处理？

3. 戴维南定理适用于哪些电路的分析和计算？是否对所有的电路都适用？

4. 如何求解戴维南等效电路的电压源电压 U_S 及内阻 R_0？戴维南定理的实质是什么？

技能训练

1. 螺丝刀的用途及操作方法

螺丝刀的用途及使用方法

螺丝刀也称为螺丝起子、螺钉旋具、改锥等，用来紧固或拆卸螺钉。它的种类很多，按照头部形状的不同，常见的可分为一字形和十字形两种；按照手柄的材料和结构的不同，可分为木柄、塑料柄、夹柄和金属柄 4 种；按照操作形式可分为自动、电动和风动等形式。

（1）十字形螺丝刀的使用

十字形螺丝刀主要用来旋转十字槽形的螺钉、木螺钉和自攻螺钉等。产品有多种规格，通常说的大、小螺丝刀是用手柄以外的刀体长度来表示的，常用的有 100mm、150mm、200mm、300mm 和 400mm 等几种。使用时应注意根据螺钉的大小选择不同规格的螺丝刀。使用十字形螺丝刀时，应注意使旋杆端部与螺钉槽相吻合，否则容易损坏螺钉的十字槽。

（2）一字形螺丝刀的使用

一字形螺丝刀主要用来旋转一字槽形的螺钉、木螺钉和自攻螺钉等。产品规格与十字形螺丝刀类似，常用的也有 100mm、150mm、200mm、300mm 和 400mm 等几种。使用时应注意根据螺钉的大小选择不同规格的螺丝刀。若用型号较小的螺钉刀来旋拧大号的螺钉很容易损坏螺丝刀。

螺丝刀的具体使用方法如图 1-31 所示。

当所旋螺钉不需用太大力量时，握法如图 1-31（a）所示；当旋转螺钉需较大力气时，握法如图 1-31（b）所示。拧紧螺钉时，手紧握柄，用力顶住，使刀紧压在螺钉上，以顺时针的方向旋转为拧紧，逆时针为拆卸。穿心柄式螺丝刀，可在尾部敲击，但禁止用于有电的场合。

用力方向　（a）　用力方向　（b）

图 1-31　螺丝刀的使用方法

2. 低压验电器的使用方法

验电笔及其使用方法

为便于携带，低压验电器通常做成笔状，前段是金属探头，内部依次装有安全电阻、氖管和弹簧。弹簧与笔尾的金属体相接触。低压验电器分为笔式验电器（即验电笔）和螺钉旋具式验电器，它们的正确握法如图 1-32 所示。图 1-32（a）所示为验电笔的握法；图 1-32（b）所示为螺钉旋具式验电器的握法。

低压验电器能检查低压线路和电气设备的外壳是否带电。使用时，手应与验电器尾部的金属体相接触。验电器的测电压范围为 60～500V（严禁测高压电）。使用前，务必先在正常电源上查看氖管能否正常发光，以确认验电器验电可靠。由于氖管发光微弱，在明亮的光线下测试时，应当避光检测。

检测线路或电气设备外壳是否带电时，应用手指触及其尾部金属体，氖管背光朝向使用者，以便验电时观察氖管辉光情况。

当被测带电体与大地之间的电位差超过60V时，用验电器测试带电体，验电器中的氖管就会发光。对验电器的使用要求如下。

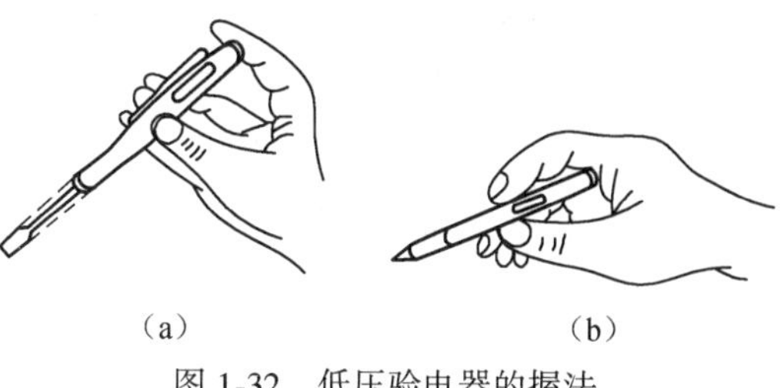

图1-32　低压验电器的握法

① 验电器使用前应在确有电源处测试检查，确认验电器良好后方可使用。

② 验电时应将验电器逐渐靠近被测体，直至氖管发光。只有在氖管不发光时，并在采取防护措施后，才能与被测物体直接接触。

3. 钢丝钳的用途及操作方法

钢丝钳的主要用途是用手夹持或切断金属导线，带刃口的钢丝钳还可以用来切断钢丝。钢丝钳的规格有150mm、175mm、200mm 3种，均带有橡胶绝缘套管，可适用于500V以下的带电作业。图1-33所示为钢丝钳实物图及使用方法简图。

钢丝钳的用途及操作方法

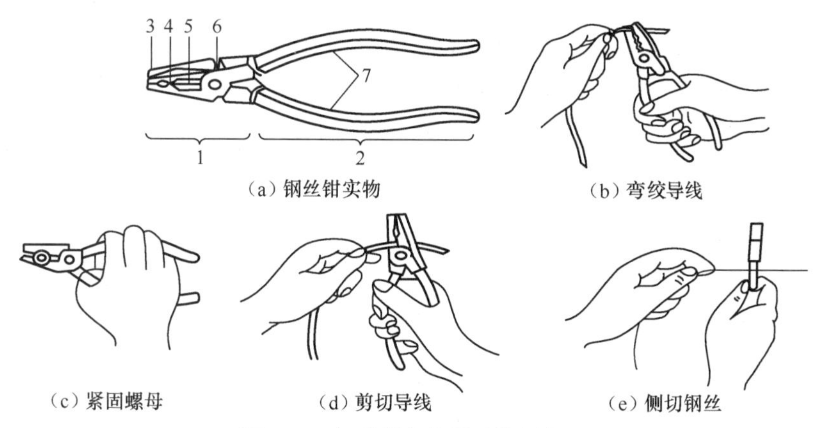

图1-33　钢丝钳实物图及使用方法

1—钳头部分　2—钳柄部分　3—钳口　4—齿口　5—刀口　6—铡口　7—绝缘套管

使用钢丝钳时应注意以下几点。

① 使用钢丝钳之前，应注意保护绝缘套管，以免划伤失去绝缘作用。绝缘手柄的绝缘性能良好可以保证带电作业时的人身安全。

② 用钢丝钳剪切带电导线时，严禁用刀口同时剪切相线和零线，或同时剪切两根相线，以免发生短路事故。

③ 不可将钢丝钳当锤使用，以免刀口错位、转动轴失灵，影响正常使用。

4. 尖嘴钳的用途及操作方法

尖嘴钳也是电工（尤其是内线电工）常用的工具之一。尖嘴钳的主要用途是夹捏工件或导线，剪切线径较小的单股与多股线，以及给单股导线

尖嘴钳的用途及操作方法

接头弯圈、剥塑料绝缘层等。尖嘴钳特别适宜于狭小的工作区域。规格有130mm、160mm、180mm 3种。电工用的尖嘴钳带有绝缘导管。有的带有刀口，可以剪切细小零件。使用方法及注意事项与钢丝钳基本相同。尖嘴钳的握法如图1-34所示。

5. 电工刀的用途及操作方法

电工刀的用途及操作方法

电工刀在电工安装维修中主要用来切削导线、电缆的绝缘层及木槽板等。普通的电工刀由刀片、刀刃、刀把、刀挂等构成。

电工刀的规格有大号、小号之分。大号刀片长112mm，小号刀片长88mm。有的电工刀上带有锯片和锥子，可用来锯小木片和锥孔。电工刀没有绝缘保护，禁止带电作业。

电工刀在使用时应避免切割坚硬的材料，以保护刀口。刀口用钝后，可用油石磨。如果刀刃部分损坏较重，可用砂轮磨，但需防止退火。

使用电工刀时，切忌面向人体切削，如图1-35所示。用电工刀剖削电线绝缘层时，可把刀略微翘起一些，用刀刃的圆角抵住线芯。切忌把刀刃垂直对着导线切割绝缘层，因为这样容易割伤电线线芯。电工刀刀把无绝缘保护，不能接触或剖削带电导线及器件。新电工刀刀口较钝，应先开启刀口然后再使用。电工刀使用后应随即将刀片折进刀把内，注意避免伤手。

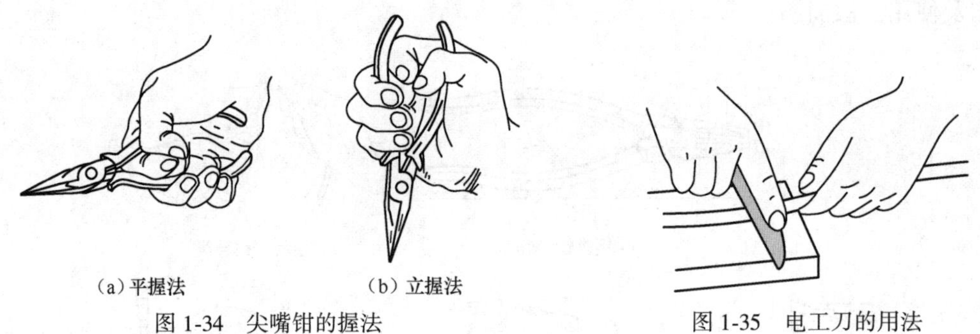
（a）平握法　（b）立握法

图1-34　尖嘴钳的握法

图1-35　电工刀的用法

6. 剥线钳的用途及操作方法

剥线钳的用途及使用方法

剥线钳是内线电工及电机修理、仪器仪表电工常用的工具之一。剥线钳适用于直径3mm及以下的塑料或橡胶绝缘电线、电缆芯线的剥皮。

剥线钳由钳口和钳柄两部分组成。剥线钳钳口有0.5~3mm多种直径的切口，与不同规格线芯线直径相匹配，剥线钳也装有绝缘套。

剥线钳使用的方法是：将待剥皮的线头置于钳头的某相应刃口中，用手将两钳柄果断地一捏，随即松开，绝缘皮便与芯线脱开。

剥线钳在使用时要注意选好刀刃孔径，当刀刃孔径选得过大时难以剥离绝缘层，当刀刃孔径选得过小时又会切断芯线，只有选择合适的孔径才能达到剥线钳的使用目的。

7. 活络扳手的用途及操作方法

活络扳手的用途及使用方法

活络扳手又叫活扳手，主要用来旋紧或拧松有角螺钉或螺母，也是常用的电工工具之一。电工常用的活络扳手有200mm、250mm、300mm 3种尺寸，实际应用中应根据螺母的大小选配合适的活络扳手。

图1-36所示为活络扳手的使用方法，图1-36（a）所示为一般握法，

显然，手越靠后，扳动起来越省力。

图 1-36（b）所示为调整扳口大小的方法：用右手大拇指调整蜗轮，不断地转动蜗轮扳动小螺母，根据需要调节扳口的大小，调节时手应握在靠近头部的位置。

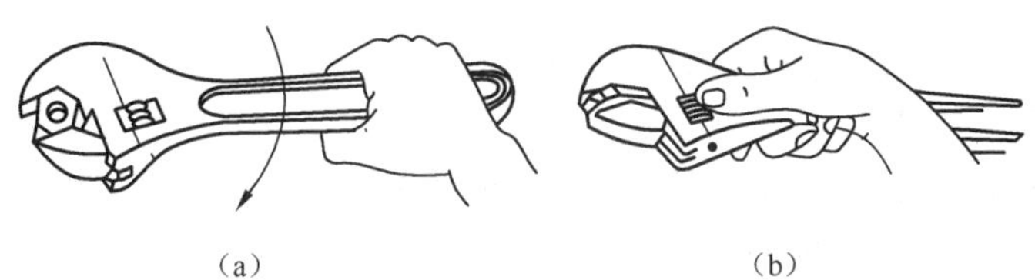

（a）　　　　（b）

图 1-36　活络扳手的使用方法

使用活络扳手时，应右手握手柄，在扳动生锈的螺母时，可在螺母上滴几滴煤油或机油，这样便于拧动。若拧不动螺母，切不可采用钢管套在活络扳手的手柄上来增加扭力，因为这样极易损伤活络扳唇。也不可把活络扳手当锤子用，以免损坏。

学海领航	了解张连钢从普通码头技术工人到全国敬业奉献模范的不凡历程，激发学习能力和创新能力，坚定文化自信，发扬爱国、奉献、奋斗、创新、勇攀高峰的时代精神，培养工匠精神和创新思维。

检测题（共 100 分，120 分钟）

一、填空题（每空 0.5 分，共 20 分）

1. 电源和负载的本质区别是：电源是把________能量转换成________能的设备，负载是把________能转换成________能量的设备。

2. 对电阻负载而言，当电压一定时，负载电阻越小，则负载________，通过负载的电流和负载上消耗的功率就________；反之，负载电阻越大，说明负载________。

3. 实际电路中的元器件，其电特性往往________而________，而理想电路元件的电特性则是________和________的。

4. 电力系统中构成的强电电路，其特点是________、________；电子技术中构成的弱电电路的特点则是________、________。

5. 常见的无源电路元件有________、________和________；常见的有源电路元件是________和________。

6. 元件上电压和电流关系成正比变化的电路称为________电路。此类电路中各支路上的________和________均具有叠加性，但电路中的________不具有叠加性。

7. 电流沿电压降低的方向取向称为________方向，这种方向下计算的功率为正值时，说明元件________电能；电流沿电压升高的方向取向称为________方向，这种方向下计算的功率为正值时，说明元件________电能。

8. 电源向负载提供最大功率的条件是________与________的数值相等，这种情况称为电源与负载相________，此时负载上获得的最大功率为________。

9. ________是产生电流的根本原因。电路中任意两点之间电位的差值等于这两点间________。电路中某点到参考点间的________称为该点的电位，电位具有________性。

10. 线性电阻元件上的电压、电流关系，任意瞬间都受________定律的约束；电路中各支路电流任意时刻均遵循________定律；回路上各电压之间的关系则受________定律的约束。这三大定律是电路分析中应牢固掌握的________规律。

二、判断题（每小题1分，共10分）

1. 电路分析中描述的电路都是实际中的应用电路。 （ ）
2. 电源内部的电流方向总是由电源负极流向电源正极。 （ ）
3. 大负载是指在一定电压下，向电源吸取电流大的设备。 （ ）
4. 电压表和功率表都应串接在待测电路中。 （ ）
5. 实际电压源和电流源的内阻为零时，即为理想电压源和理想电流源。 （ ）
6. 电源短路时输出的电流最大，此时电源输出的功率也最大。 （ ）
7. 线路上负载并联得越多，其等效电阻越小，因此取用的电流也越小。 （ ）
8. 负载上获得最大功率时，电源的利用率最高。 （ ）
9. 电路中两点的电位都很高，这两点间的电压也一定很大。 （ ）
10. 可以把1.5V和6V的两个电池相串联后作为7.5V电源使用。 （ ）

三、选择题（每小题2分，共20分）

1. 当元件两端电压与通过元件的电流取关联参考方向时，假设该元件（ ）功率；当元件两端电压与通过元件的电流取非关联参考方向时，假设该元件（ ）功率。

A. 吸收　　B. 发出

2. 一个输出电压几乎不变的设备有载运行，当负载增大时，是指（ ）。

A. 负载电阻增大　　B. 负载电阻减小　　C. 电源输出的电流增大

3. 电流源开路时，该电流源内部（ ）。

A. 有电流，有功率损耗　　B. 无电流，无功率损耗

C. 有电流，无功率损耗

4. 某电阻元件的额定数据为“1kΩ、2.5W”，正常使用时允许流过的最大电流为（ ）。

A. 50mA　　B. 2.5mA　　C. 250mA

5. 有“220V、100W”和“220V、25W”两只白炽灯泡，串联后接入220V交流电源，其亮度情况是（ ）。

A. 100W灯泡较亮　　B. 25W灯泡较亮　　C. 两只灯泡一样亮

6. 已知电路中A点的对地电位是65V，B点的对地电位是35V，则U_{BA}=（ ）。

A. 100V　　B. −30V　　C. 30V

7. 图1-37所示电路中电流表内阻极低，电压表电压极高，电池内阻不计，如果电压表被短接，则（ ）。

A. 灯D将被烧毁　　B. 灯D特别亮　　C. 电流表被烧

8. 图1-37所示电路中如果电流表被短接，则（ ）。

A. 灯D不亮　　B. 灯D将被烧

C. 不发生任何事故

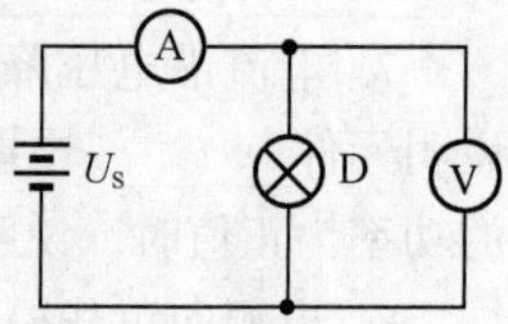

图1-37

9. 如果图1-37所示电路中灯D的灯丝被烧断，则（ ）。

A. 电流表读数不变，电压表读数为零

B. 电压表读数不变，电流表读数为零　　C. 电流表和电压表的读数都不变

10. 如果图 1-37 所示电路中电压表内部线圈烧断，则（　　）。

A. 电流表烧毁　　B. 灯 D 不亮

C. 灯 D 特别亮　　D. 以上情况都不发生

四、简述题（每小题 3 分，共 24 分）

1. 将一个内阻为 0.5Ω、量程为 1A 的电流表误认为成电压表，接到电压源为 10V、内阻为 0.5Ω 的电源上，试问此时电流表中通过的电流为多大？会发生什么情况？你能说说使用电流表应注意哪些问题吗？

2. 在 4 只灯泡串联的电路中，除 2 号灯不亮外，其他 3 只灯泡都亮。当把 2 号灯从灯座上取下后，剩下 3 只灯泡仍亮，电路中出现了什么故障？为什么？

3. 如何理解电路的激励和响应？当电感元件和电容元件向外释放能量时，能否将它们看作电路激励？

4. 两个数值不同的电压源能否并联后“合成”一个向外供电的电压源？两个数值不同的电流源能否串联后“合成”一个向外电路供电的电流源？为什么？

5. 何谓二端网络？何谓有源二端网络？何谓无源二端网络？对有源二端网络除源时应遵循什么原则？

6. 什么叫一度电？一度电有多大作用？

7. 如何测量某元件两端电压？如何测量某支路电流？

8. 直流电路是否都是线性电路？线性电路的概念如何正确表述？

五、计算题（共 26 分）

1. 在图 1-38 所示电路中，已知 $I=10\text{mA}$，$I_1=6\text{mA}$，$R_1=3\text{k}\Omega$，$R_2=1\text{k}\Omega$，$R_3=2\text{k}\Omega$。求电流表 A_4 和 A_5 的读数是多少。（8 分）

2. 在图 1-39 所示电路中，有几条支路、几个节点？U_{ab} 和 I 各等于多少？（8 分）

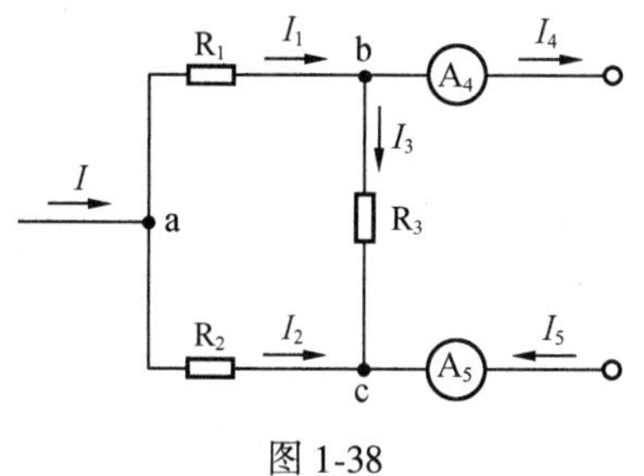

图 1-38

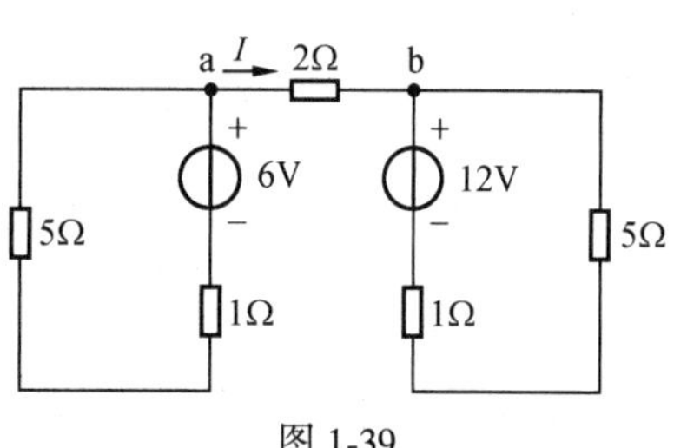

图 1-39

3. 分别用叠加定理和戴维南定理求解图 1-40 所示电路中的电流 I_3。设 $U_{S1}=30\text{V}$，$U_{S2}=40\text{V}$，$R_1=4\Omega$，$R_2=5\Omega$，$R_3=2\Omega$。（10 分）

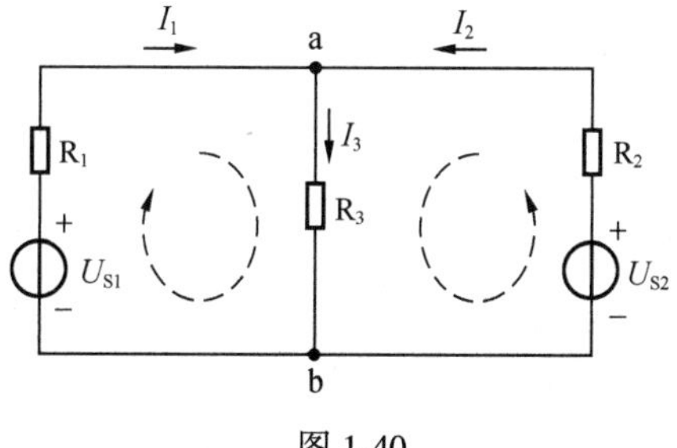

图 1-40

第2章 正弦交流电路

在许多电路中，电压、电流是随时间变化的，其中应用最广泛的是发电厂生产出来的随时间按正弦规律变化的交流电。工厂中的电动机在交流电驱动下带动生产机械运转；日常生活中的照明灯具通常由交流电点亮；收音机、电视机、计算机及各种办公设备也都广泛采用正弦交流电作电源。即使在必须使用直流电的场合，如电解、电镀、某些电子设备等，往往也要通过整流装置将交流电转换为直流电供人们使用。无论从电能生产的角度还是用户使用的角度来说，正弦交流电都是最方便的能源，因而得到广泛应用，学习交流电的一些基本知识也就显得格外重要。

目的和要求 正弦交流电路的基本理论和基本分析方法是学习电工电子技术的重要基础，应很好地掌握。通过对本章的学习，要求读者熟悉和理解正弦交流电的基本概念；掌握一般正弦交流电路的分析方法——相量法；牢固掌握单一参数电路的电压、电流关系及功率情况；理解多参数组合正弦交流电路的分析方法。

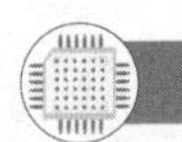

2.1 正弦交流电路的基本概念

学习目标

正弦量的三要素

理解正弦交流电三要素的概念；了解正弦交流电路中相位、相位差的概念，熟悉同频率正弦量之间同相、反相、超前和正交等名词的含义；掌握正弦交流电有效值的概念。

1820 年奥斯特发现了电能生磁的现象后，又经过十多年，英国学徒出身的物理学家法拉第在 1831 年通过大量实验证实了磁能生电的现象，向人们揭示了电和磁之间的联系。从此，开创了普遍利用交流电的新时代。

电磁感应现象奠定了交流发电机的理论基础。现代发电厂（站）的交流发电机都是基于电磁感应的原理工作的：发电机的原动机（汽轮机或水轮机等）带动磁极转动，与固定不动的发电机定子绕组相切割从而在定子绕组中产生感应电动势，与外电路接通后即可供出交流电。

1. 正弦交流电的频率、周期和角频率

发电厂发电机产生的交流电，其大小和方向均随时间按正弦规律变化。交流电随时间变化的快慢程度可以由频率、周期和角频率从不同的角度来反映。

(1) 频率

单位时间内，正弦交流电重复变化的循环数称为频率。频率用“f”表示，单位是赫兹(Hz)，简称“赫”，习惯上频率也称为“周波”或“周”。如我国电力工业的交流电频率规定为50Hz，简称“工频”；也有一些国家采用的工频为60Hz。在无线电工程中，频率常

用兆赫（MHz）来计量。如无线电广播的中波段频率为 0.535～1.65MHz，电视广播的频率是几十兆赫到几百兆赫。显然，频率越高，交流电随时间变化越快。

（2）周期

交流电每重复变化一个循环所需要的时间称为周期，如图 2-1 所示。周期用“T”表示，单位是秒（s）。

显然，周期和频率互为倒数关系，即

$$f = \frac{1}{T} \text{ 或 } T = \frac{1}{f} \tag{2-1}$$

式（2-1）表明，周期越短，频率越高。周期的大小同样可以反映正弦量随时间变化的快慢程度。

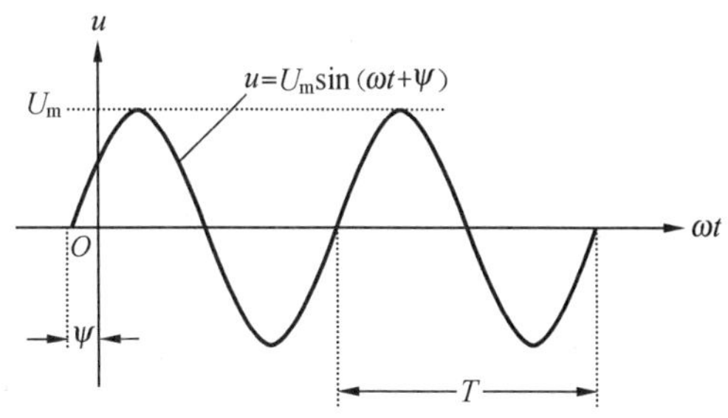

图 2-1　正弦交流电示意图

（3）角频率

正弦函数总是与一定的电角度相对应，所以正弦交流电变化的快慢除了用周期和频率描述外，还可以用角频率“ω”表征。角频率 ω 是正弦量 1s 内所经历的弧度数。由于正弦量每变化一周所经历的电角弧度是 2π，因此角频率为

$$\omega = 2\pi f = \frac{2\pi}{T} \tag{2-2}$$

角频率的单位是弧度/秒（rad/s）。频率、周期和角频率从不同的角度反映了同一个问题：正弦量随时间变化的快慢程度。式（2-2）反映了三者之间的数量关系。在实际应用中，频率的概念用得最多。

2. 正弦交流电的瞬时值、 最大值和有效值

（1）瞬时值

交流电每时每刻均随时间变化，它在任一时刻对应的数值称为**瞬时值**。瞬时值是随时间变化的量，因此要用英文小写斜体字母表示，如 u、i 分别表示正弦交流电压、电流的瞬时值。图 2-1 所示的正弦交流电压的瞬时值可用正弦函数式表示为

$$u = U_{m}\sin(\omega t + \psi) \tag{2-3}$$

（2）最大值

交流电随时间按正弦规律变化振荡的过程中，出现的正、负两个极值点称为正弦量的振幅，其中的正向振幅称为正弦量的**最大值**，一般用大写斜体字母加下标 m 表示，如 U_{m}、I_{m} 分别表示正弦交流电压、电流的最大值。显然，最大值恒为正值。

（3）有效值

正弦交流电的瞬时值是变量，无法确切地反映正弦量的做功能力，用最大值表示正弦量的做功能力，显然夸大了其作用，因为正弦交流电在一个周期内只有两个时刻的瞬时值等于最大值的数值，其余时间的数值都比最大值小。为了确切地表征正弦量的做功能力和便于计算、测量正弦量的大小，实际应用中人们引入了有效值的概念。

有效值是根据电流的热效应定义的。不论是周期性变化的交流电流还是恒定不变的直流电流，只要它们的热效应相等，就可认为它们的电流值（或做功能力）相等。

如图 2-2 所示，让两个相同的电阻 R 分别通以正弦交流电流 i 和直流电流 I，如果在相同的时间 t 内，两种电流在两个相同的电阻上产生的热量相等（即做功能力相同），我们就把图 2-2（b）中的直流电流 I 定义为图 2-2（a）中交流电流 i 的有效值。显然，与正弦量热效应相等的直流电的数值，称为正弦量的**有效值**。

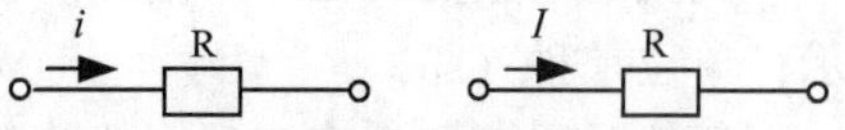

(a) 通交流电流的电路　(b) 通直流电流的电路

图 2-2　正弦量的有效值

正弦交流电的有效值是用热效应相同的直流电的数值来定义的，因此正弦交流电的有效值通常用与直流电相同的大写斜体字母来表示，如 U、I 分别表示正弦交流电压、电流的有效值。值得注意的是，正弦量的有效值和直流电虽然表示符号相同，但各自表达的概念是不同的。

实验结果和数学分析都表明，正弦交流电的最大值和有效值之间存在如下数量关系：

$$U_m = \sqrt{2}U \approx 1.414U$$

或

$$U = \frac{U_m}{\sqrt{2}} \approx 0.707U_m \tag{2-4}$$

同理

$$I_m = \sqrt{2}I \text{ 或 } I = \frac{I_m}{\sqrt{2}}$$

在电工电子技术中，通常所说的交流电数值如不做特殊说明，一般均指交流电的有效值。在测量交流电路的电压、电流时，仪表指示的数值也都是交流电的有效值。各种交流电气设备铭牌上的额定电压和额定电流一般均指其有效值。

正弦交流电的瞬时值表达式可以精确地描述正弦量随时间变化的情况。正弦交流电的最大值表征了其振荡的正向最高点，其有效值则确切地反映出正弦交流电的做功能力。显然，最大值和有效值可从不同的角度说明正弦交流电的“大小”。

3. 正弦交流电的相位、初相和相位差

(1) 相位

正弦量随时间变化的核心部分是其解析式中的 $\omega t+\psi$，它反映了正弦量随时间变化的进程，称为正弦量的**相位**。当相位随时间连续变化时，正弦量的瞬时值随之连续变化。

(2) 初相

对应 $t=0$ 时的相位 ψ 称为初相角，简称“**初相**”。初相确定了正弦量计时起点正弦量的状态。为保证正弦量解析式表示上的统一性，通常规定初相在 $-180°\sim+180°$ 范围内。

在上述规定下，初相为正角时，正弦量对应的初始值一定是正值；初相为负角时，正弦量对应的初始值则为负值。在波形图上，正值初相位于坐标原点左边零点（指波形由负值变为正值所经历的 0 点）与原点之间（见图 2-3 中 i_1 的初相）；负值初相位于坐标原点右边零点与原点之间（见图 2-3 中 i_2 的初相）。

(3) 相位差

为了比较两个同频率的正弦量在变化过程中的相位关系和先后顺序，我们引入相位差的概念，相位差用“φ”表示。图 2-3 所示的两个正弦交流电流的解析式分别为

$$i_1 = I_{1m}\sin(\omega t + \psi_1)$$

$$i_2 = I_{2m}\sin(\omega t + \psi_2)$$

则两电流的相位差为

$$\varphi = (\omega t + \psi_1) - (\omega t + \psi_2) = \psi_1 - \psi_2 \tag{2-5}$$

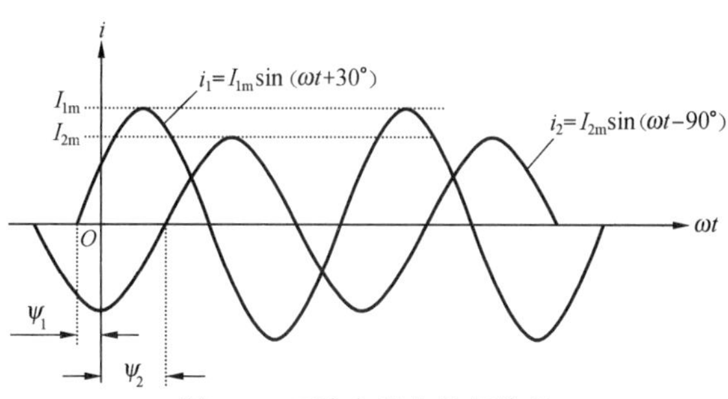

图 2-3　正弦交流电的相位差

可见，两个同频率正弦量的相位差等于它们的初相之差，与时间 t 无关。相位差是比较两个同频率正弦量之间相位关系的重要参数之一。

若已知 $\psi_1=30°$，$\psi_2=-90°$，则电流 i_1 与 i_2 在任意瞬时的相位差为

$$\varphi = (\omega t + 30°) - (\omega t - 90°) = 30° - (-90°) = 120°$$

相位差 φ 和初相的规定相同，其绝对值均不得超过 180°。

当两个同频率正弦量之间的相位差为零时，其相位上具有同相关系，只有电阻元件上的电压、电流关系为同相关系，因此同相的电压、电流只构成有功功率。当两个同频率正弦量之间的相位差为 90°时，它们在相位上具有正交关系，动态元件 L 和 C 上的电压、电流关系就是这种正交关系。因此，正交的电压和电流只构成无功功率（后面将详细讲述）。若两个同频率正弦量之间的相位差是 180°，称它们之间的相位关系为反相关系。除此之外，两个同频率正弦量之间还具有超前、滞后的相位关系。

【例 2.1】 已知工频电压有效值 $U=220\text{V}$，初相 $\psi_u=60°$；工频电流有效值 $I=22\text{A}$，初相 $\psi_i=-30°$。求其瞬时值表达式、波形图及它们的相位差。

【解】 工频电的角频率：　　　　$\omega=314\text{rad/s}$

电压的解析式为

$$u = 220\sqrt{2}\sin\left(314t + \frac{\pi}{3}\right)\text{V}$$

电流的解析式为

$$i = 22\sqrt{2}\sin\left(314t - \frac{\pi}{6}\right)\text{A}$$

电压与电流的波形图如图 2-4 所示。

电压与电流的相位差为

$$\varphi = \psi_u - \psi_i = \frac{\pi}{3} - \left(-\frac{\pi}{6}\right) = \frac{\pi}{2}$$

显然，一个正弦量的最大值（或有效值）、角频率（或频率、周期）及初相一旦确定后，它的解析式和波形图的表示就是唯一、确定的。我们把最大值（或有效值）、角频率（或频率、周期）、初相称之为正弦量的三要素。

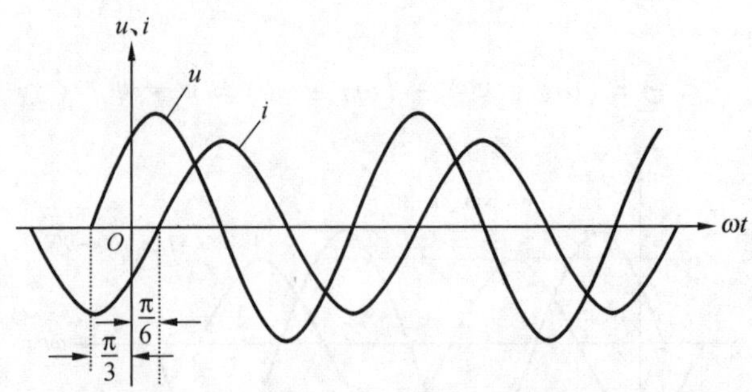

图 2-4　例 2.1 中电压、电流波形图

检验学习结果

1. 何谓正弦量的三要素？三要素各反映了正弦量的哪些方面？

2. 两个正弦交流电压 $u_1 = U_{1m}\sin(\omega t + 60°)$ V，$u_2 = U_{2m}\sin(2\omega t + 45°)$ V，哪个超前？哪个滞后？

3. 有一电容器，耐压值为 220V，它能否用在有效值为 180V 的正弦交流电源上？

技能训练

学习信号发生器、双踪示波器、电子毫伏表的使用方法，学会用信号发生器分别产生 50Hz、2V，500Hz、0.2V，1000Hz、80mV 的正弦波，用电子毫伏表测出其有效值，并用双踪示波器进行观察。

2.2 正弦交流电的相量表示法

学习目标

理解正弦交流电的相量表示方法；掌握相量的概念；熟悉复数运算法则。

瞬时值表达式和波形图都可以完整地表示正弦交流电随时间变化的情况，因此是正弦交流电的基本表示方法。但对正弦交流电路进行分析计算时，直接用解析式展开的三角函数式来加减乘除，过程将相当烦琐；采用波形图进行加减运算既费时又不准确。为方便正弦交流电路的分析和计算，电路分析中，常把正弦量用相量表示。

图 2-5（a）所示复平面中的带箭头线段 $\dot{U}_m$ 是复数形式的电压，简称**复电压**。复电压 $\dot{U}_m$ 的模值（即箭头的长度）对应图 2.5（b）波形图中正弦交流电压的最大值；复电压 $\dot{U}_m$ 的幅角（与正向实轴之间的夹角）对应图 2.5（b）波形图中正弦交流电压的初相；复电压 $\dot{U}_m$ 在复平面上逆时针旋转的角速度 ω 对应图 2.5（b）中正弦交流电压的角频率。显然，复电压 $\dot{U}_m$ 与正弦电压 u 之间具有一一对应的关系。在电学中，我们把与正弦交流电压具有对应关系的复电压 $\dot{U}_m$ 称为相应正弦交流电压的**最大值相量**。

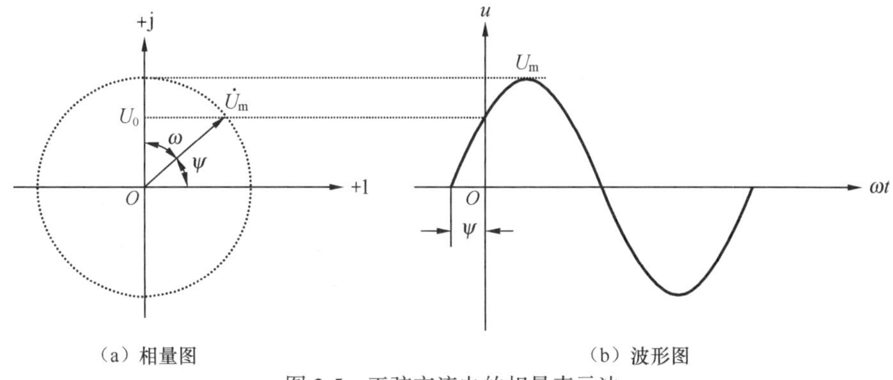

（a）相量图　　（b）波形图

图 2-5　正弦交流电的相量表示法

显然，相量表示法同样具有最大值、角频率和初相这 3 个正弦量的主要特征，因此完全可以用来描述正弦量。相量是用复数形式表示的，但它又不同于一般复数，相量特指与正弦交流电相对应的复数电压和复数电流。为区别相量与数学中的一般复数，电学中规定用电压、电流最大值符号上面加“˙”即 $\dot{U}_m$、$\dot{I}_m$ 表示正弦量的最大值相量，用电压、电流有效值符号上面加“˙”即 $\dot{U}$、$\dot{I}$ 表示正弦量的有效值相量，电路分析与计算中，有效值相量采用得较多。

相量和相量图

正弦量采用相量表示法时应注意以下几个问题。

① 相量特指表示正弦量的复数，不是所有的复数都能称为相量。

② 相量可以用有向线段来表示（相量图），也可以用相量式表示（复数式）。

③ 正弦量的相量只包含正弦量的两个要素——振幅（或有效值）和初相。这是因为，相量是作为分析和计算正弦交流电路的工具引入电学的，而同一电路中的所有正弦量当然都是同频率的，因此在正弦交流电路的分析中，频率这一要素可省略。

④ 只有同频率的正弦量才能表示在同一波形图中，同理，只有同频率的相量才能表示在同一相量图中。对同一正弦交流电路的相量模型而言，显然各相量都是同频率的。

【例 2.2】已知串联的工频正弦交流电路中，电压 $u_{AB}=120\sqrt{2}\sin(314t+36.9°)$V，$u_{BC}=160\sqrt{2}\sin(314t+53.1°)$V，求总电压 u_{AC}，并画出电压相量图。

【解】

解题方法一

① 根据相量与正弦量之间的对应关系，把两电压有效值表示为有效值相量：

$$\begin{aligned}\dot{U}_{AB}&=120\angle 36.9°\\&=120\times\cos36.9°+\mathrm{j}120\times\sin36.9°\\&\approx 96+\mathrm{j}72(\mathrm{V})\end{aligned}$$

$$\begin{aligned}\dot{U}_{BC}&=160\angle 53.1°\\&=160\times\cos53.1°+\mathrm{j}160\times\sin53.1°\\&\approx 96+\mathrm{j}128(\mathrm{V})\end{aligned}$$

② 把两电压有效值相量用带箭头线段表示在复平面上，然后利用平行四边形法则对两

相量求和，画出相应相量图，如图 2-6 所示。

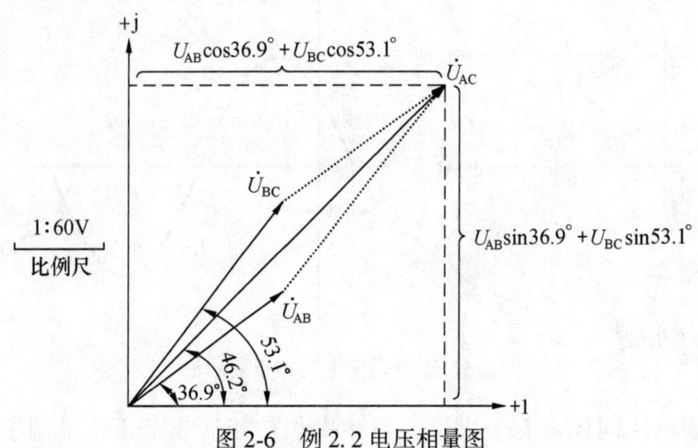

图 2-6　例 2.2 电压相量图

由相量图分析可知，总电压 u_{AC} 的有效值为

$$U_{AC}=\sqrt{(120\cos36.9^\circ+160\cos53.1^\circ)^2+(120\sin36.9^\circ+160\sin53.1^\circ)^2}$$
$$\approx\sqrt{192^2+200^2}\approx277(\mathrm{V})$$

总电压有效值在实轴上的投影等于两电压有效值实轴上投影的代数和；总电压有效值在虚轴上的投影等于两电压有效值在虚轴上投影的代数和，根据三角形几何运算上的勾股定理，总电压有效值即等于它在实轴和虚轴上投影的平方和的开方。

③ 总电压有效值相量与正向实轴之间的夹角为

$$\varphi=\arctan\frac{120\sin36.9^\circ+160\sin53.1^\circ}{120\cos36.9^\circ+160\cos53.1^\circ}\approx\arctan\frac{200}{192}\approx46.2^\circ$$

④ 最后根据正弦量与相量之间的对应关系，写出总电压解析式，即

$$u_{AC}\approx277\sqrt{2}\sin(314t+46.2^\circ)\,\mathrm{V}$$

解题方法二

也可以用复数相加的运算方法解出总电压相量 $\dot{U}_{AC}$。

$$\begin{aligned}\dot{U}_{AC}&=\dot{U}_{AB}+\dot{U}_{BC}\\&\approx(96+\mathrm{j}72)+(96+\mathrm{j}128)\\&=96+96+\mathrm{j}(72+128)\\&=192+\mathrm{j}200\\&=\sqrt{192^2+200^2}\angle\arctan\frac{200}{192}\\&\approx277\angle46.2^\circ(\mathrm{V})\end{aligned}$$

然后根据相量与正弦量之间的对应关系，写出总电压的解析式，即

$$u_{AC}\approx277\sqrt{2}\sin(314t+46.2^\circ)\,\mathrm{V}$$

注意：我们求解的是正弦量，因此最后结果一定要用正弦量的解析式来表示。

由例 2.2 可知，用相量来表示正弦量，可使正弦量的分析与计算变得简单化。

检验学习结果

1. 将下列代数形式的复数化为极坐标形式的复数。

(1) 6+j8　　(2) −6+j8　　(3) 6−j8　　(4) −6−j8

2. 将下列极坐标形式的复数化为代数形式的复数。

(1) $50\angle 45^\circ$　　(2) $60\angle -45^\circ$　　(3) $-30\angle 180^\circ$

3. 由检验学习结果题 1 和题 2，说出相量的极坐标形式和代数形式之间变换时应注意的事项。

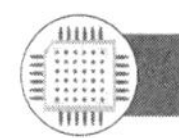

2.3 单一参数的正弦交流电路

学习目标

了解三大基本电路元件在正弦交流电路中的作用及相量模型；熟悉各元件上的伏安特性并理解电抗的概念；掌握瞬时功率、平均功率、有功功率、无功功率的概念。

在集中参数的正弦交流电路中，实际元器件的电特性往往多元而复杂。但是，一定条件下某一电特性为影响电路的主要因素时，其余电特性常常可以忽略，即构成单一参数的正弦交流电路模型。

1. 电阻元件

电阻元件

电路中导线和负载上产生的热损耗，通常归结于电阻；用电器上吸收的电能转换为其他形式的能量，当其转换过程不可逆时，也归结于电阻。因此，电学中的电阻元件意义更加广泛，是实际电路中耗能因素的抽象和表征，电阻元件的参数用“R”表示。实际应用中的白炽灯、电炉、电烙铁、碳膜电阻等，虽然它们的材料和结构形式各不相同，但从电气性能上看，都与电阻元件的电特性很接近。因此，可直接用电阻元件作为它们的电路模型。

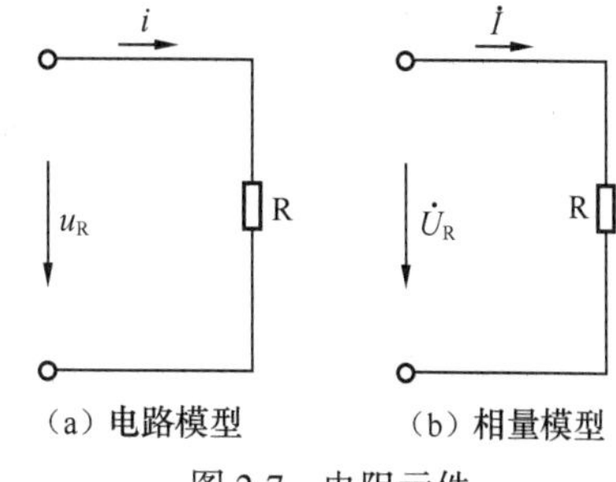

图 2-7　电阻元件

(1) 电压、电流的关系

图 2-7 (a) 所示为电阻元件在正弦交流电路中的电路模型。设加在电阻元件两端的电压为

$$u_R = U_m \sin\omega t \tag{2-6}$$

电压、电流取关联参考方向时，任一瞬间通过电阻元件上的电流与其端电压成正比，即

$$\begin{aligned} i &= \frac{u_R}{R} = \frac{U_{Rm}\sin\omega t}{R} \\ &= \frac{U_{Rm}}{R}\sin\omega t \\ &= I_m \sin\omega t \end{aligned} \tag{2-7}$$

式 (2-7) 说明，电阻元件上的瞬时电压和瞬时电流遵循欧姆定律的即时对应关系。

由式 (2-7) 可知，电阻元件上电压最大值与电流最大值之间的数量关系为

$$I_m = \frac{U_{Rm}}{R}$$

在等式两端同除以$\sqrt{2}$，即可得到电压与电流有效值之间的数量关系式为

$$I = \frac{U_R}{R} \tag{2-8}$$

式（2-8）与直流电路中欧姆定律的形式完全一样。但值得注意的是，这里的U和I指的是交流电压和交流电流的有效值，不能和直流电压、直流电流的概念相混淆。

比较式（2-6）和式（2-7）可知，电阻元件上电压和电流之间相位上存在同相关系。同相关系表明电阻元件电路中的电压、电流波形同时为零，同时达到最大值，如果用相量模型表示单一电阻参数电路，则可用图2-7（b）表示。

相量模型中，电压、电流均要用相量表示，电路参数规定用相应复数形式的电阻或电抗表示。图2-7（b）中的电阻R看起来和图2-7（a）中的电阻R没有什么区别，但实际上相量模型中的R表示的是一个复数，只是这个复数只有实部没有虚部罢了。

电阻元件上电压和电流的关系可用相量表达式表示为

$$\dot{I} = \frac{\dot{U}_R}{R} \tag{2-9}$$

显然，相量模型中的R等于电压相量和电流相量之比，与正弦电路模型中的R等于正弦电压和正弦电流之比是不同的。式（2-9）不仅反映了电阻元件上电压和电流的数量关系，同时也反映了它们的相位关系。

电阻元件上电压和电流的上述关系还可用图2-8所示的相量图定性表示。

归纳：电阻元件上的正弦电压和电流，数量上遵循欧姆定律，相位上为同相关系。

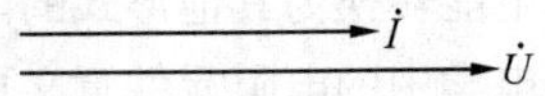

$\dot{I}$

$\dot{U}$

图2-8　电阻元件上的相量图

（2）电阻元件的功率

① 瞬时功率：由于任意时刻正弦交流电路中的电压和电流是随时间变化的，所以在不同时刻电阻元件上吸收的功率也各不相同。任意时刻的功率称为瞬时功率，用小写斜体英文字母“p”表示，即

$$\begin{aligned} p &= ui = U_m \sin\omega t \cdot I_m \sin\omega t \\ &= U_m I_m \sin^2\omega t \\ &= U\sqrt{2}I\sqrt{2}\,\frac{1-\cos2\omega t}{2} \\ &= UI - UI\cos2\omega t \end{aligned}$$

其中，UI是瞬时功率的恒定分量，$-UI\cos2\omega t$是瞬时功率的交变分量，瞬时功率p随时间变化的规律如图2-9所示。显然，电阻元件上瞬时功率总是大于或等于零。瞬时功率的单位为瓦特（W）。

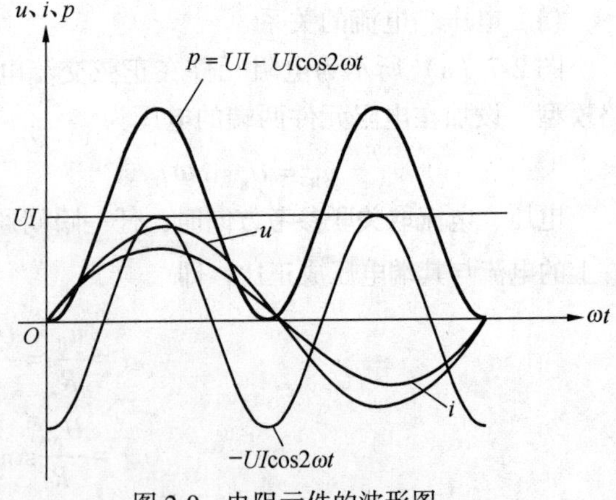

图2-9　电阻元件的波形图

瞬时功率为正值，说明元件吸收电能。从能量的观点来看，由于电阻元件上能量转换过程不可逆，俗称“总在耗能”，因此，电阻

元件是电路中的耗能元件。

② 平均功率：瞬时功率总随时间变动，因此无法确切地度量电阻元件上的能量转换规模。为此，电工技术中引入了平均功率的概念。平均功率用大写斜体英文字母“*P*”表示，即

$$P = UI = I^2R = \frac{U^2}{R} \tag{2-10}$$

显然，平均功率数量上等于瞬时功率在一个周期内的平均值，即瞬时功率的恒定分量。通常交流电气设备铭牌上所标示的额定功率指的就是平均功率。

平均功率也称为有功功率。所谓有功，实际上指的是能量转换过程不可逆的那部分功率，不可逆意味着消耗，这就是人们把电阻元件称为耗能元件的原因所在。

式（2-10）表明，平均功率等于电压、电流有效值的乘积。一般情况下，人们只关心电路的平均功率，因为可用它来计算实际能量消耗。

【例 2.3】 试求“220V、100W”和“220V、40W”两灯泡的灯丝电阻各为多少。

【解】 由式（2-10）可得 100W 灯泡的灯丝电阻为

$$R_{100} = \frac{U^2}{P} = \frac{220^2}{100} = 484(\Omega)$$

40W 灯泡的灯丝电阻为

$$R_{40} = \frac{U^2}{P} = \frac{220^2}{40} = 1210(\Omega)$$

例 2.3 告诉我们一个常识：在相同电压的作用下，负载功率的大小与其阻值成反比。实际应用中照明负载都是并联连接的，因此出厂时设计的额定电压相同。由于额定功率大的电灯灯丝电阻小，因此电压一定时通过的电流大、耗能多，灯亮；额定功率小的电灯灯丝电阻相应较大，因此电压一定时通过的电流就小，耗能也少，所以灯的亮度就差些。

电感元件

2. 电感元件

电机、变压器等电气设备，核心部件均包含用漆包线绕制而成的线圈，线圈通电时总要发热，因此具有电阻的成分；线圈通电后还要在线圈周围建立磁场，它又具有电感的成分。若一个线圈的发热电阻很小且可忽略不计，这个线圈的电路模型就可用一个理想的电感元件作为其电路模型，如图 2-10（a）所示。

（1）电压、电流的关系

设电感元件的电路模型中，电流为

$$i = I_m \sin\omega t \tag{2-11}$$

加在电感元件两端的电压与电流为关联参考方向，根据电感元件上的伏安关系可得

$$\begin{aligned} u_L &= L\frac{di}{dt} = L\frac{d(I_m \sin\omega t)}{dt} \\ &= I_m \omega L \cos\omega t \\ &= U_{Lm}\sin(\omega t + 90^\circ) \end{aligned} \tag{2-12}$$

由式（2-12）可得电感元件上电压最大值与电流最大值的数量关系为

$$U_{Lm} = I_m \omega L = I_m 2\pi f L$$

等式两端同除以$\sqrt{2}$，可得到电压有效值、电流有效值之间的数量关系式，即

$$I = \frac{U_L}{2\pi fL} = \frac{U_L}{\omega L} = \frac{U_L}{X_L} \tag{2-13}$$

式（2-13）称为电感元件上的欧姆定律关系式，它表明了电感元件上电压有效值和电流有效值之间的数量关系。式中的 $X_L = \omega L = 2\pi fL$ 称为电感元件的电感电抗，简称感抗。感抗反映了电感元件对正弦交流电流的阻碍作用。需要注意的是，这种阻碍作用与电阻的阻碍作用性质不同：电阻 R 是由于电荷定向运动与导体分子间碰撞摩擦引起的，其大小与电路频率无关；感抗 X_L 则是交变电流通过线圈时产生的电磁感应现象引起的，电路频率越高，电磁感应现象越剧烈，电感元件对交变电流产生的阻碍作用越大。例如，在稳恒直流电情况下，频率 $f=0$，则感抗 X_L 也为零，所以直流下电感元件相当于短路；高频情况下，电感元件往往对电路呈现极大的感抗，根据线圈在高频电路中的这种作用，人们形象地把用于高频电路中的滤波线圈称作扼流圈。显然，电感具有一定的选频能力，且感抗与频率成正比。感抗 X_L 的单位和电阻一样，也是欧姆（Ω）。

一个实际电感线圈的感抗 X_L，只有在一定频率下才是常量。由于实际电感线圈的发热电阻往往不能忽略，因此直流下可等效为一个电阻，阻值等于线圈的铜耗电阻值。

比较式（2-11）和式（2-12）可知，电感元件上的电压、电流存在着相位正交关系，并且电压总是超前电流 90°。电压超前电流的相位关系可从物理现象上理解：只要线圈中通过交变的电流，必然会在线圈中引起电磁感应现象，即在线圈两端产生自感电压 u_L，根据楞次定律，u_L 对通过线圈的电流起阻碍作用，阻碍作用不等于阻止，阻碍作用的结果只是推迟了线圈中电流通过的时间，用相位反映就是电流滞后电压 90°。

归纳：电感元件上电压有效值和电流有效值数量上符合欧姆定律的关系，其中阻碍电流的作用是感抗 X_L，X_L 与频率成正比；相位上电压、电流为正交关系。

单一参数的电感电路，其相量模型如图 2-10（b）所示。用相量表达式描述电感元件上电压和电流的关系，即

$$\dot{U}_L = j\dot{I}X_L = j\dot{I}\omega L \tag{2-14}$$

式中的复数感抗等于 jX_L，等于电压相量和电流相量的比值，是一个只有正值虚部而没有实部的复数。

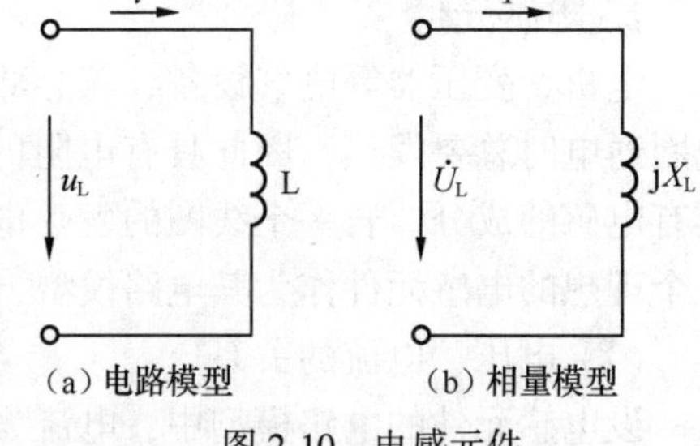

（a）电路模型　（b）相量模型

图 2-10　电感元件

电感元件上的电压、电流的关系还可用图 2-11 所示的相量图定性描述。

（2）电感元件的功率

① 瞬时功率：电感元件上的瞬时功率等于电压瞬时值与电流瞬时值的乘积，即

$$\begin{aligned} p = u_L i &= U_{Lm}\sin(\omega t + 90°)I_m\sin\omega t \\ &= U_{Lm}I_m\cos\omega t\sin\omega t \\ &= U_L\sqrt{2}I\sqrt{2}\,\frac{\sin 2\omega t}{2} \\ &= U_L I\sin 2\omega t \end{aligned}$$

显然，电感元件上的瞬时功率是以 2 倍于电压、电流的频率关系按正弦规律交替变化的，如图 2-12 所示。

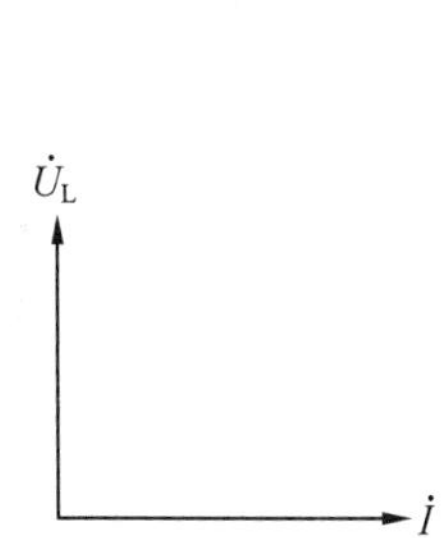

图 2-11　电感元件上电压、电流关系相量图

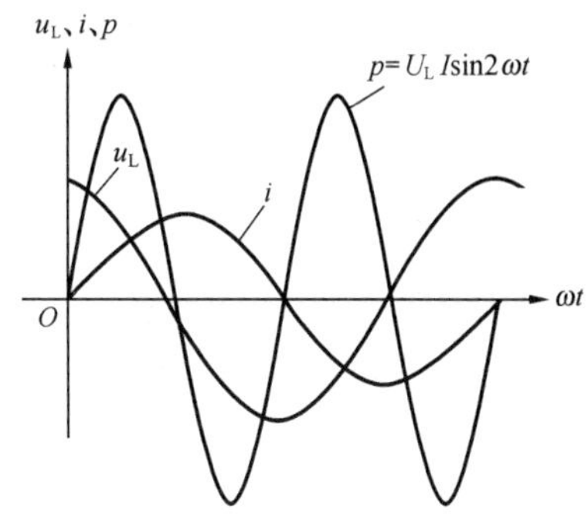

图 2-12　电感元件的波形图

由图 2-12 所示波形图可知，正弦交流电的第一、三个四分之一周期，电压、电流方向关联，因此元件在这两段时间内向电路吸收电能，并将吸收的电能转换成磁场能储存在元件周围，瞬时功率p 为正值；第二、四个四分之一周期，电压、电流方向非关联，元件向外供出能量，即把第一、三个四分之一周期内储存于元件周围的磁场能量释放出来送还给电路，因此瞬时功率 p 为负值。在一个周期内，瞬时功率交变两次，平均功率 P 等于零。

上述过程表明，单一参数的电感元件在电路中不断地进行能量转换，或将吸收的电能转换为磁场能，或把磁场能以电能的形式送还给电路，整个能量转换的过程可逆，即电感元件上只有能量转换而没有能量消耗。因此，电感元件是储能元件。

② 无功功率：电感元件虽然不耗能，但它与电源之间的能量转换客观存在。电工技术中，为衡量电感元件上能量转换的规模，引入了无功功率的概念：只转换不消耗的能量转换规模。电感元件上的无功功率用“Q_L”表示，其数量上等于瞬时功率的最大值，即

$$Q_L = U_L I = I^2 X_L = \frac{U_L^2}{X_L} \tag{2-15}$$

为区别于有功功率，无功功率的单位用乏（var）计量。

【例 2. 4】 已知某线圈的电感量 $L=0.127$H，发热电阻可忽略不计，把它接在电压为 120V 的工频交流电源上。求：(1) 感抗 X_L、电流 I 及无功功率 Q_L 各为多大；(2) 若频率增大为1000Hz，感抗 X'_L、电流 I'及无功功率 Q'_L又各为多大。

【解】(1) 由式（2-13）可得

$$X_L = 2\pi fL = 6.28 \times 50 \times 0.127 \approx 40(\Omega)$$

线圈中通过的电流：

$$I = \frac{U_L}{X_L} = \frac{120}{40} = 3(\mathrm{A})$$

无功功率：

$$Q_L = U_L I = 120 \times 3 = 360(\mathrm{var})$$

(2) 频率发生变化，电感元件对电路呈现的感抗随之发生改变：

$$X'_L = 2\pi f' L = 6.28 \times 1000 \times 0.127 \approx 800(\Omega)$$

线圈中通过的电流：

$$I' = \frac{U_L}{X'_L} = \frac{120}{800} = 0.15(\mathrm{A})$$

1000Hz 下的无功功率：

$$Q_L' = \frac{U_L^2}{X_L'} = \frac{120^2}{800} = 18(\text{var})$$

例 2.4 表明，频率对感抗的影响很大。频率越高，感抗越大，线圈中通过的电流越小，而元件上吸收的无功功率随着电流的减小而减小。

3. 电容元件

电工电子技术中应用的电容器，大多由于漏电及介质损耗很小，其电磁特性与理想电容元件很接近，因此，一般可用理想电容元件直接作为其电路模型。

(1) 电压、电流的关系

图 2-13 (a) 所示电路模型中，设电压为

$$u_C = U_{Cm}\sin\omega t \tag{2-16}$$

电容元件的极间电压按正弦规律交变。当电压随时间增大时，说明电容元件在充电，当电压随时间不断减小时，说明电容元件在放电。电容元件支路中的正弦电流实质上就是充放电电流。当取它们为图 2-13 (a) 所示的关联参考方向时，根据电容元件上的伏安关系可得

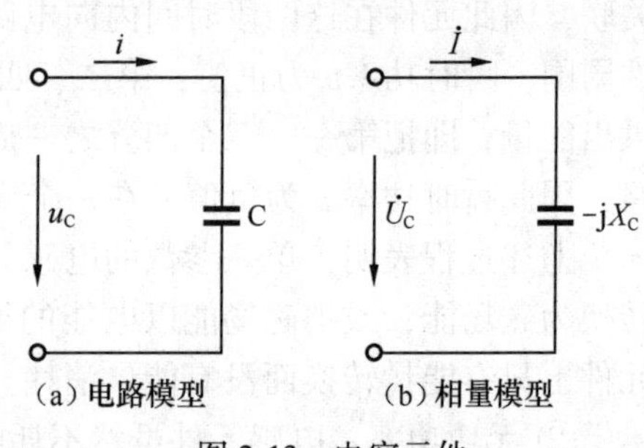

图 2-13 电容元件

$$\begin{aligned} i &= C\frac{du_C}{dt} = C\frac{U_{Cm}\sin\omega t}{dt} \\ &= U_{Cm}\omega C\cos\omega t \\ &= I_m\sin(\omega t + 90°) \end{aligned} \tag{2-17}$$

由式 (2-17) 可推出电容元件极间电压最大值与电流最大值的数量关系为

$$I_m = U_{Cm}\omega C$$

等式两端同除以$\sqrt{2}$，即得到电容元件上电压有效值、电流有效值之间的数量关系

$$I = U_C\omega C = \frac{U_C}{X_C} \tag{2-18}$$

其中

$$X_C = \frac{1}{\omega C} = \frac{1}{2\pi fC} \tag{2-19}$$

X_C 称为电容元件的电抗，简称“容抗”。容抗和感抗类似，反映了电容元件对正弦交流电流的阻碍作用，单位也是欧姆 (Ω)。

实际电容器的容抗值只有在频率一定时才是常量，即电容对频率具有一定的敏感性，或者说电容具有一定的选频能力。例如，电容元件接于稳恒直流电情况下，由于频率$f=0$，所以容抗 X_C 趋近无穷大，说明直流下电容元件相当于开路；高频情况下，容抗极小，电容元件又可视为短路。显然，在频率极低或极高时，容抗的差别将很大。通常人们说电容器具有“隔直通交”作用，实际上就是指频率对容抗的影响。

比较式 (2-16) 和式 (2-17) 可知，电容元件上的电压、电流之间存在着相位正交关系，且电流超前电压 90°。这种相位关系同样可从物理现象上理解：电容支路上首先要有移动的电荷存在，才能形成电容极间电压的变化。这种先后顺序的因果效应，用相位来反映

就是电流超前电压 90°电角。

电容元件上的电压、电流用相量表示，参数用复数阻抗表示时，我们可得到图 2-13（b）所示的相量模型。由相量模型可得

$$\dot{I}=\mathrm{j}\dot{U}_{C}\omega C=\frac{\dot{U}_{C}}{-\mathrm{j}X_{C}} \tag{2-20}$$

上述相量表达式中复数阻抗等于电压相量和电流相量的比值，与复数感抗相似，也是一个只有虚部而没有实部的复数，只是其虚部数值为负。

上述电容元件上的电压、电流关系还可用图 2-14 所示相量图进行定性描述。

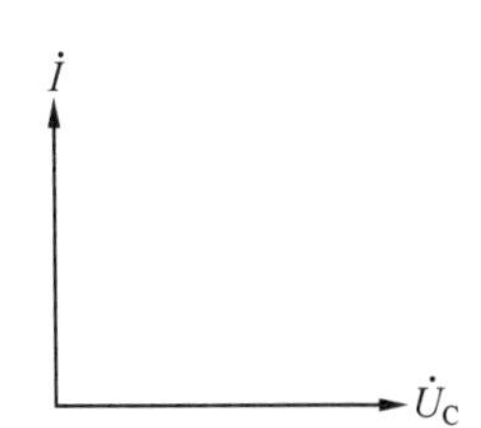

图 2-14　电容元件上电压、电流关系相量图

（2）电容元件的功率

① 瞬时功率：电容元件上的瞬时功率 p 等于电压瞬时值与电流瞬时值的乘积，即

$$\begin{aligned}p=u_{C}i&=U_{Cm}\sin\omega t I_{m}\sin(\omega t+90°)\\&=U_{Cm}I_{m}\sin\omega t\cos\omega t\\&=U_{C}\sqrt{2}I\sqrt{2}\,\frac{\sin2\omega t}{2}\\&=U_{C}I\sin2\omega t\end{aligned}$$

显然，电容元件上的瞬时功率 p 表达式的形式和电感元件类似，也是以 2 倍于电压、电流的频率按正弦规律交替变化的量。

由图 2-15 所示波形图可看出，正弦交流电流变化的第一、三个四分之一周期，电压、电流方向关联，说明电容元件从电源吸收电能，并将吸收的电能转换成极间电场能量储存在电容元件的极板上，显然这期间电容元件在充电，因此瞬时功率为正值；第二、四个四分之一周期，电压、电流方向非关联，说明电容元件将储存在极板上的电荷释放出来送还给电源，这期间电容元件在放电，因此瞬时功率为负值。电压、电流变化一周，瞬时功率交替变化两次，但整个周期内瞬时功率的平均功率值等于零。

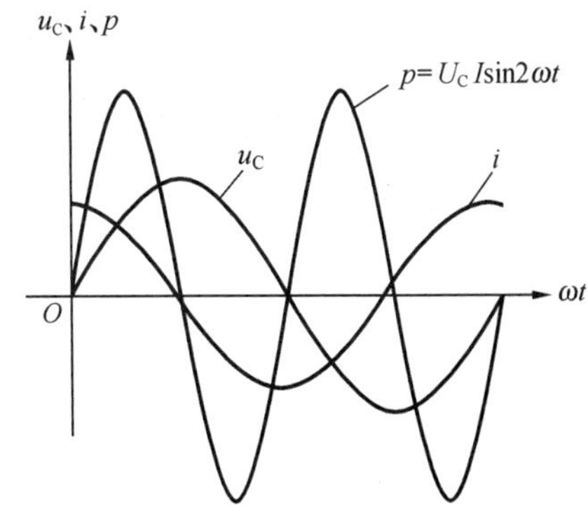

图 2-15　电容元件的波形图

电容元件的平均功率 $P=0$，说明电容元件不耗能。

② 无功功率：电容元件虽然不耗能，但它与电源之间的能量转换是客观存在的。为了衡量电容元件与电路之间能量转换的规模，我们引入无功功率“Q_C”，数值上电容元件的无功功率等于其瞬时功率的最大值，即

$$Q_{C}=U_{C}I=I^{2}X_{C}=\frac{U_{C}^{2}}{X_{C}} \tag{2-21}$$

Q_C 的单位也是乏（var）或千乏（kvar）。需要注意的是，在计算无功功率时，电感元件上的无功功率 Q_L 通常取正值，电容元件上的无功功率 Q_C 一般取负值，因此两种元件具有对偶关系：当它们串联时，电流相同，两元件上的电压反相；当它们并联时，电压相同，

两元件支路电流反相。反相意味着电容充电时，电感恰好释放磁场能量；电容放电时，电感恰好储存磁场能量。这样，两个元件之间的能量可以直接转换而不需要电源提供，不够部分再由电源提供，即电感元件和电容元件上的功率可以相互补偿。

【例 2.5】已知某电容器的电容量 $C=159\mu F$，损耗电阻可忽略不计，把它接在电压为120V 的工频交流电源上。求：（1）容抗 X_C、电流 I 及无功功率 Q_C 为多大；（2）若频率增大为1000Hz，容抗 X'_C、电流 I'及无功功率 Q'_C各为多大。

【解】（1）由式（2-19）可得

$$X_C=\frac{1}{2\pi fC}=\frac{10^6}{6.28\times 50\times 159}\approx 20(\Omega)$$

电容元件上的电流：

$$I=\frac{U_C}{X_C}=\frac{120}{20}=6(\text{A})$$

无功功率：

$$Q_C=U_CI=120\times 6=720(\text{var})$$

（2）频率增大，容抗减小，1000Hz 下电容元件对电路呈现的容抗：

$$X'_C=\frac{1}{2\pi f'C}=\frac{10^6}{6.28\times 1000\times 159}\approx 1(\Omega)$$

容抗减小，电压不变时电流增大，此时通过电容元件上的电流：

$$I'=\frac{U_C}{X'_C}=\frac{120}{1}=120(\text{A})$$

无功功率：

$$Q'_C=\frac{U_C^2}{X'_C}=\frac{120^2}{1}=14400(\text{var})$$

例 2.5 表明，电容支路上频率增高，容抗减小，电路中的电流与无功功率增大。

检验学习结果

1. 电容器的主要工作方式是什么？如何理解电容元件的“通交隔直”作用？

2. “只要加在电容元件两端的电压有效值不变，通过电容元件的电流也恒定不变”的说法对吗？为什么？

3. 有电感元件、电容元件的正弦交流电路中，无功功率是无用之功吗？如何正确理解？

4. 有功功率与无功功率的区别是什么？它们的单位相同吗？

5. 为什么把电阻元件称为即时元件、电感元件和电容元件称为动态元件？根据什么把电阻元件又称为耗能元件、电感元件和电容元件称为储能元件？

6. 感抗、容抗的概念与电阻有何不同？三者在哪些方面相同？

2.4 多参数组合的正弦交流电路

学习目标

熟悉多参数组合正弦交流电路的相量模型及其相量分析法；理解和掌握利用相量图定

性分析和计算正弦交流电路的步骤；了解功率因数提高的意义和方法。

串联电路的相量分析法

单一参数的正弦交流电路属于理想化电路，而实际电路往往由多参数组合而成。例如，电动机、继电器等设备都含有线圈，线圈通电后总要发热，说明实际线圈不仅具有电感，还存在发热电阻。又如电子设备中的放大器、信号源等电路，一般均含有电阻元件、电感元件及电容元件。因此分析多参数组合的正弦交流电路具有实际意义。

1. 串联正弦交流电路的相量分析法

图2-16（a）所示为多参数串联的正弦交流电路模型，其中电阻元件接于ab之间，电感元件接于bc之间，电容元件接于cd之间。在ad两端加正弦交流电压时，电路中就会通过一个按正弦规律变化的电流。对正弦交流电路通常采用相量分析法，图2-16（b）所示为RLC三元件相串联的正弦交流电路的相量模型。

应用相量分析法求解正弦交流电路，就是把原正弦交流电路中的电压和电流用相量表示，原电路参数用复数阻抗表示，则原正弦交流电路的复杂三角解析运算就成为较为简单的复数形式的代数运算，且直流电路所介绍的电路定律、定理在相量分析法中仍然适用，从而为分析正弦交流电路带来很大方便。

图2-16（b）所示串联电路的相量模型中，各复阻抗上通过的电流相量相同，因此以复电流$\dot{I}$为参考相量（参考相量的幅角为0°），根据单一参数上分析得到的电压、电流相量关系为

$$\dot{U}_R = \dot{I}R$$

$$\dot{U}_L = jX_L\dot{I}$$

$$\dot{U}_C = -jX_C\dot{I}$$

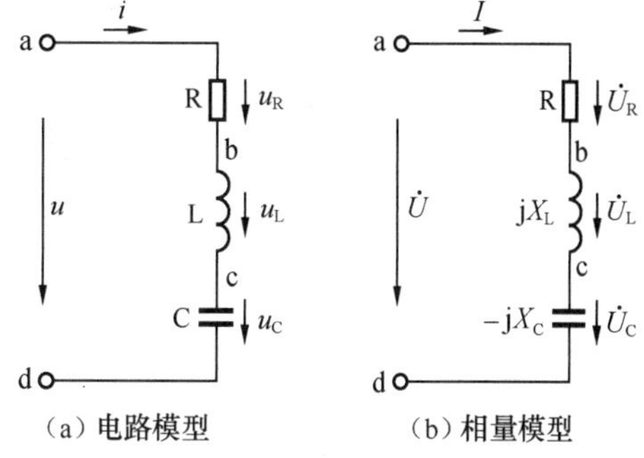

（a）电路模型　（b）相量模型

图2-16　多参数串联的相量模型

电路中电压相量和电流相量的参考方向如相量模型所示时，总电压相量等于各元件上电压相量之和，把相量模型看作一个假想的闭合回路时，依据KVL定律可对回路列写出的电压相量方程式为

$$\begin{aligned}\dot{U} &= \dot{U}_R + \dot{U}_L + \dot{U}_C \\ &= \dot{I}[R + j(X_L - X_C)] \\ &= \dot{I}\sqrt{R^2 + (X_L - X_C)^2}\,\angle \arctan\frac{X_L - X_C}{R} \\ &= \dot{I}|Z|\angle\varphi = \dot{I}Z \end{aligned} \tag{2-22}$$

式（2-22）中的复阻抗Z的模值$|Z|$反映了多参数串联电路中电阻和电抗对正弦交流电流所产生的总的阻碍作用，称为正弦交流电路的阻抗，即

$$|Z| = \sqrt{R^2 + (X_L - X_C)^2} \tag{2-23}$$

复阻抗Z的幅角φ对应正弦交流电路中电压超前电流的相位角，可表述为

$$\varphi = \arctan\frac{X_L - X_C}{R} \tag{2-24}$$

总电压相量和各分电压相量之间及它们与电流相量之间的关系还可以用相量图定性描述：以复电流为参考相量，画在水平位置上，电阻元件上电压相量与电流相量平行，反映了它们的同相关系，电压相量 $\dot{U}_R$ 由 a 指向 b；电感元件上电压相量由 b 出发向上指向 c，反映电感元件上电压超前电流 90°的相位关系；电容元件上电压相量由 c 出发向下指向 d，反映电容元件上电压滞后电流 90°的相位关系；电路中的总电压相量则由 a 指向 d。由于相量模型中各相量均按电路中的位置进行表述，因此构成的相量图称为相量位形图。

图 2-17（a）所示多参数相串联的相量位形图中，$\dot{U}_L>\dot{U}_C$，总电压相量 $\dot{U}$ 超前电流相量 $\dot{I}$ 一个 φ 角，其中 $0<\varphi<90°$，具有这种情况的电路呈感性；图 2-17（b）所示相量位形图中，$\dot{U}_L<\dot{U}_C$，总电压相量 $\dot{U}$ 滞后电流相量 $\dot{I}$ 一个 φ 角，具有这种情况的电路呈容性；图 2-17（c）所示相量位形图中，$\dot{U}_L=-\dot{U}_C$，则总电压相量等于电阻元件上的电压相量，在含有电抗元件 L 和 C 的电路中，出现了总电压相量 $\dot{U}$ 与电流相量 $\dot{I}$ 同相位（即$\varphi=0$）的特殊现象，这种情况我们称电路发生了串联谐振。

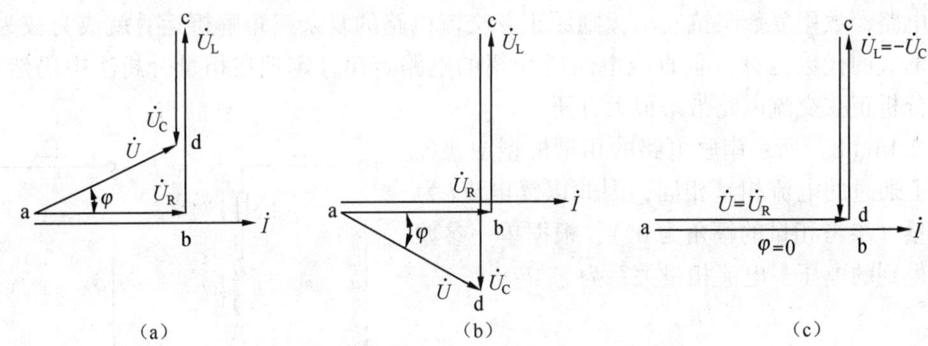

图 2-17　多参数串联组合电路的相量位形图

串联的多参数组合电路中发生谐振时，具有以下特点。

① 电路中的电抗为零，因此阻抗最小，数值上等于电阻 R。

② 电压有效值一定，由于阻抗最小，因而电路中电流最大。

③ 电路中的最大谐振电流通过 L 和 C 时引起过电压现象，即 $U_L=U_C=QU$。其中，Q 称为谐振电路的品质因数，Q 的大小反映了谐振电路的选频能力，数值一般为几十至上百。

串联谐振电路的上述特点使其在电子技术中得到了广泛应用。例如，收音机调谐电路就是利用串联谐振达到调谐选频目的的。

2. 多参数组合串联电路的功率

正弦电路的功率

由图 2-17 所示相量图可得到图 2-18（a）所示的电压三角形；如果让电压三角形的各条边同除以电流相量 $\dot{I}$，我们又可得到图 2-18（b）所示的阻抗三角形；将电压三角形的各条边同乘以电流相量 $\dot{I}$，还可得到图 2-18（c）所示的功率三角形。3 个三角形为相似三角形，分别表明了多参数组合的串联电路中，各正弦量、各参量及各功率之间的相位关系或数量关系。

观察几个三角形可以看出：图 2-18（a）所示电压三角形的各条边均带有箭头，说明它们都是相量，因此构成的三角形是相量图。相量图不仅反映了串联电路中各电压相量的数量关系，同时也反映了它们之间的相位关系；图 2-18（b）所示的阻抗三角形和图 2-18（c）所示的功率三角形，它们的各条边都不带箭头，因此这两个三角形不是相量图，仅仅反映了各参量之间的数量关系。

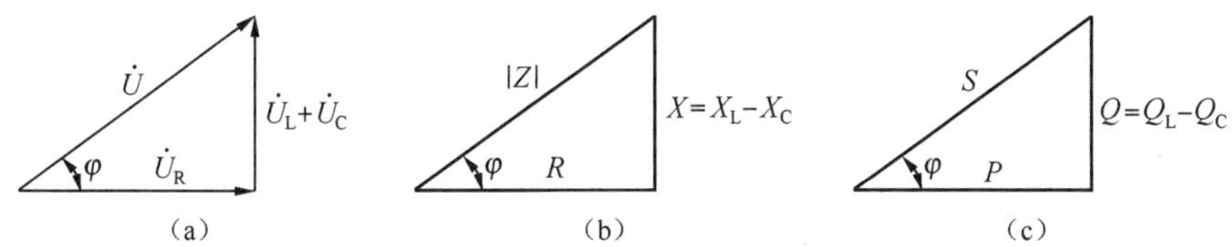

图 2-18　多参数组合串联电路的几个三角形

功率三角形的斜边 S 是电路的视在功率，反映了电路的总容量，视在功率 S 和有功功率 P、无功功率 Q 之间的关系为

$$S = \sqrt{P^2 + (Q_L - Q_C)^2} = UI \tag{2-25}$$

其中

$$P = UI\cos\varphi$$

$$Q_L = U_L I\sin\varphi,\ Q_C = U_C I\sin\varphi \tag{2-26}$$

注意各功率单位上的区别：有功功率的单位是瓦（W），无功功率的单位是乏（var），视在功率的单位是伏安（V·A）。

阻抗三角形中的阻抗角 φ、功率三角形中的功率角 φ，在数值上均等于电压三角形中的夹角 φ。由阻抗三角形可知，φ 角的大小是由电路中元件的参数决定的。

复阻抗和阻抗三角形

【例 2.6】将电阻为 6Ω、电感为 25.5mH 的线圈接在 120V 的工频电源上。求：(1) 线圈的感抗、阻抗及通过线圈的电流；(2) 线圈上的有功功率、无功功率和视在功率。

【解】(1) 先求出线圈的感抗：

$$X_L = 2\pi fL = 6.28 \times 50 \times 25.5 \times 10^{-3} \approx 8(\Omega)$$

电路的阻抗：

$$|Z| = \sqrt{R^2 + X_L^2} = \sqrt{6^2 + 8^2} = 10(\Omega)$$

电路通过的电流：

$$I = \frac{U}{|Z|} = \frac{120}{10} = 12(\mathrm{A})$$

(2) 电路中的有功功率：

$$P = I^2R = 12^2 \times 6 = 864(\mathrm{W})$$

电路中的无功功率：

$$Q = I^2X_L = 12^2 \times 8 = 1152(\mathrm{var})$$

电路中的视在功率：

$$S = UI = 120 \times 12 = 1440(\mathrm{V \cdot A})$$

【例 2.7】已知 RLC 串联电路中，$R=8\Omega$，$X_L=20\Omega$，$X_C=14\Omega$，接在工频电源 $U=220\text{V}$ 上。求：(1) 电路中的电流 I；(2) 各元件两端电压 U_R、U_L 和 U_C；(3) 有功功率 P 和功

率角 φ；(4) 定性画出电路相量图。

【解】(1) 先求电路中的电流：

$$I=\frac{U}{\sqrt{R^2+(X_L-X_C)^2}}=\frac{220}{\sqrt{8^2+(20-14)^2}}=22(\mathrm{A})$$

(2) 各元件端电压：

$$U_R=IR=22\times8=176(\mathrm{V})$$
$$U_L=IX_L=22\times20=440(\mathrm{V})$$
$$U_C=IX_C=22\times14=308(\mathrm{V})$$

(3) 电路消耗的有功功率：

$$P=I^2R=22^2\times8=3872(\mathrm{W})$$

功率角即等于电压、电流的相位差角，取决于电路参数：

$$\varphi=\arctan\frac{X_L-X_C}{R}=\arctan\frac{20-14}{8}=36.9°$$

(4) 画出图 2-19 所示的电路相量图。由相量图可看出，在多参数组合的串联交流电路中，有时候会出现储能元件 L 或 C 两端的电压大于总电压的情况。

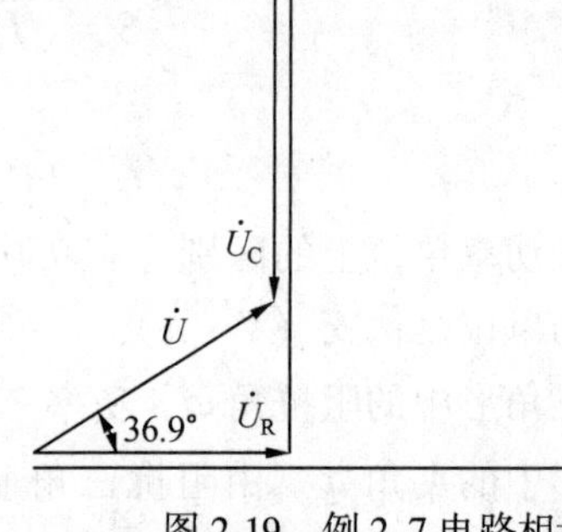

图 2-19　例 2.7 电路相量图

3. 功率因数

由功率三角形可得

$$\cos\varphi=\frac{P}{S}$$

该式表明，cosφ 值越大，电路中的有功功率占电源总功率的比例越大，电源的利用率越高；cosφ 值越小，电路中的有功功率占电源总功率的比例也越小，电源的利用率越低。

功率因数的提高

实际生产和生活中，用电器的大多数都属于感性设备，如电机、变压器等。感性设备建立磁场时需要向电源吸收一定的无功功率，因此会出现线路功率因数较低的现象。

【例 2.8】已知单相发电机输出端电压为 220V，额定视在功率为 220kV·A，向电压为 220V、功率因数为 0.6、总功率为 44kW 的工厂供电，则能供给几个这样的工厂用电？若把工厂的功率因数提高到 1，又能供给几个这样的工厂用电？

【解】发电机的额定电流为

$$I_N=\frac{S_N}{U_N}=\frac{220000}{220}=1000(\mathrm{A})$$

当工厂的功率因数为 0.6 时，一个工厂向电源取用的电流为

$$I=\frac{P}{U\cos\varphi}=\frac{44000}{220\times0.6}\approx333(\mathrm{A})$$

这种情况下发电机可供给用电的工厂数为

$$\frac{I_N}{I}=\frac{1000}{333}\approx3(\text{个})$$

若把工厂的功率因数提高到 1，此时一个工厂取用的电流变为

$$I' = \frac{P}{U\cos\varphi'} = \frac{44000}{220 \times 1} = 200(\text{A})$$

这时能供给用电的工厂数增加至

$$\frac{I_N}{I'} = \frac{1000}{200} = 5(个)$$

例 2.8 说明，用户的功率因数由 0.6 提高到 1，可使用一台发电机向外供出的电能由 3 个工厂增加至 5 个同样的工厂。显然，提高功率因数可使供电设备的利用率得以提高。

输电线上的电压等级和输电线上的功率常常是一定的，由 $P = UI\cos\varphi$ 可知，功率因数越小，线路上电流就会越大；功率因数越高，线路上的电流就会越小。发电厂和用户之间总是具有一定的距离，当输电线电阻 R_X 一定时，为了输送同样的功率，输电线上的损耗 $\Delta P = I^2R_X$ 将随输电线路的电流大大增加，从而造成负载端电压相应下降。因此，线路上的功率因数低是很不经济的。

【例 2.9】 某水电站以 22 万伏的高压向 $\cos\varphi = 0.6$ 的工厂输送 24 万千瓦的电力，若输电线路的总电阻为 10Ω，试计算当功率因数提高到 0.9 时，输电线上一年可以节约多少电能。

【解】 当 $\cos\varphi = 0.6$ 时，输电线上的电流为

$$I_1 = \frac{P}{U\cos\varphi_1} = \frac{24 \times 10^7}{22 \times 10^4 \times 0.6} \approx 1818(\text{A})$$

输电线上的损耗为

$$\Delta P_1 = I_1^2R = 1818^2 \times 10 \approx 33051(\text{kW})$$

当 $\cos\varphi = 0.9$ 时，输电线上的电流为

$$I_2 = \frac{P}{U\cos\varphi_2} = \frac{24 \times 10^7}{22 \times 10^4 \times 0.9} \approx 1212(\text{A})$$

输电线上的损耗为

$$\Delta P_2 = I_2^2R = 1212^2 \times 10 \approx 14689(\text{kW})$$

一年有 365×24 = 8760（h），所以，一年输电线上节约的电能为

$$\begin{aligned} W &= (\Delta P_1 - \Delta P_2) \times 8760 \\ &= (33051 - 14689) \times 8760 \\ &\approx 1.6 \times 10^8(\text{kW} \cdot \text{h}) \end{aligned}$$

例 2.9 表明，提高功率因数可以减少输电线上的功率损耗。

功率因数是电力技术经济中的一个重要指标。线路功率因数过低不仅会造成电力能源的浪费，还会增加线路上的功率损耗。为了更好地发展国民经济，电力系统要设法提高线路上的功率因数。

提高线路的功率因数，不但对供电部门有利，而且对用电单位也大有好处。用电单位提高功率因数，可以减少电费支出，提高设备利用率，减少用电装置的电能损失。

4. 提高功率因数的方法

提高功率因数一般有自然补偿和人工补偿两种调整方法。

自然补偿法调整主要从合理使用电气设备、改善运行方式、提高检修质量等方面着手，

如正确、合理地选择异步电动机的型号、规格和容量，限制电动机及电焊设备的空载并尽量避免轻载，调整轻负荷变压器，提高检修电气设备的质量等。例如，最常用的异步电动机，在空载时功率因数为0.2~0.3，而满载时的功率因数可达到0.8~0.85，所以电源实际输出的功率往往小于电源设备所具有的潜力（视在功率）。

功率因数不但是保证电网安全、经济运行的一项主要指标，同时也是工厂电气设备使用状况和利用程度的具有代表性的重要指标。仅靠供电部门提高功率因数的办法已经不能满足工厂对功率因数的要求，因此工厂自身也需装设补偿设备，对功率因数进行人工补偿。

采用人工补偿法调整时，一般是在感性线路两端并联适当容量的电容器。但对于功率因数很低的特大容量感性线路，采用并联电容补偿的方法也显得不太经济，实际应用中通常采用同步电动机过激磁来提高这类电路的功率因数。因为空载运行的过激磁同步电动机将产生一个较大的超前于电网电压的容性无功电流，这个容性无功电流恰好能补偿感性线路上所需的感性无功电流，从而提高了电路的功率因数。

【例2.10】已知某工厂的一台设备总功率为100kW，接于工频电压220V电源上。设备本身的功率因数为0.6，现在要把线路的功率因数提高到0.9，则需要在设备线路的两端并联多大容量的电容器？

【解】根据图2-20所示电路的相量模型，画出图2-21所示相量图并进行分析。由相量模型可知，设备中通过的电流为$\dot{I}_1$，电容支路中通过的电流为$\dot{I}_C$，电路中总电流为$\dot{I}$。由于两条支路是并联关系，所以电路相量图中应以端电压$\dot{U}$作为参考相量。

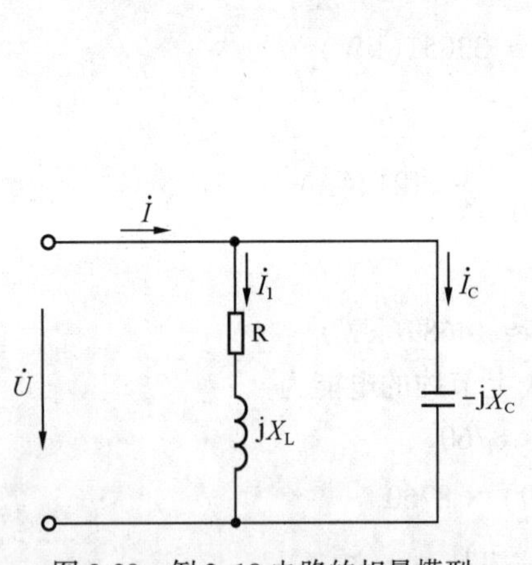

图2-20　例2.10电路的相量模型

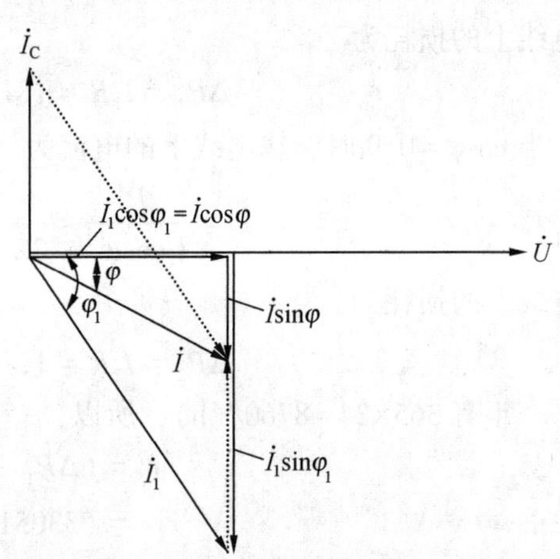

图2-21　例2.10相量图

感性设备中通过的电流总是滞后于电压的，设其电流$\dot{I}_1$滞后端电压$\dot{U}$的角度为φ_1，电容支路的电流$\dot{I}_C$比端电压U超前90°，总电流$\dot{I}$等于两条支路电流的相量和。其中

$$I_C = U\omega C = I_1\sin\varphi_1 - I\sin\varphi$$

并联电容器前后，负载上的有功功率是不变的，即

$$P = UI_1\cos\varphi_1 = UI\cos\varphi$$

感性设备支路电流、总电流分别为

$$I_1 = \frac{P}{U\cos\varphi_1}$$

$$I = \frac{P}{U\cos\varphi}$$

其中并联电容以前的功率因数角 φ_1 和并联电容以后的功率因数角 φ 分别为

$$\varphi_1 = \arccos 0.6 \approx 53.1^\circ$$

$$\varphi = \arccos 0.9 \approx 25.8^\circ$$

所以

$$\begin{aligned} C &= \frac{P}{U^2\omega}(\tan\varphi_1 - \tan\varphi) \\ &= \frac{100 \times 10^3}{220^2 \times 314}(\tan 53.1^\circ - \tan 25.8^\circ) \\ &\approx 6.58 \times 10^{-3} \times (1.332 - 0.483) \\ &\approx 5586(\mu\text{F}) \end{aligned}$$

检验学习结果

1. 已知交流接触器的线圈电阻为 200Ω，电感量为 7.3H，接到工频电压为 220V 的电源上，求线圈中的电流 I 是多少；如果误将此接触器接到 $U=220\text{V}$ 的直流电源上，线圈中的电流又为多少？如果此线圈允许通过的电流为 0.1A，将产生什么后果？

2. 在电扇电动机中串联一个电感线圈可以降低电动机两端的电压，从而达到调速的目的。已知电动机电阻为 190Ω，感抗为 260Ω，电源电压为工频 220V。现要使电动机上的电压降为 180V，求串联电感线圈的电感量应为多大（设其损耗电阻等于零）；能否用串联电阻来代替此电感线圈？试比较这两种方法的优、缺点。

3. 在含有储能元件 L 和 C 的多参数组合电路中，若出现了电压、电流同相位的现象，说明电路发生了什么？此时电路具有哪些特点？

4. 某工厂的配电室用安装电容器的方法来提高线路的功率因数。采取自动调控方式，即线路上吸收的无功功率不同时接入电容器的容量也各不相同，为什么？可不可以把全部电容器都接到电路上？这样做会出现什么问题？

技能训练

日光灯工作原理

1. 要求

学会利用电压表、电流表和功率表测试交流参数，了解日常照明电路配电盘的有关安装工艺常识，熟悉日光灯电路中各部分元器件的作用及日光灯电路的工作原理，掌握日光灯电路的安装连接工艺。

剖削导线绝缘层

2. 导线线头绝缘层的剖削

（1）塑料硬线绝缘层的剖削

① 用左手捏住电线，根据所需长短用钢丝钳口切割绝缘层，不可切到线芯。

② 用右手握住钢丝钳头部用力向外剥去塑料绝缘层。

③ 对线芯截面积大于 4mm² 的塑料硬线，应用电工刀以 45°角倾斜切入塑料绝缘层，然后刀面与线芯保持 25°左右，用力向线端推削，削去上面一层塑料绝缘，并把下面绝缘层向

后扳翻，用电工刀齐根削去。

（2）塑料软线绝缘层的剖削

导线线头绝缘层的剖削

塑料软线绝缘层只能用剥线钳或钢丝钳剖削，不能用电工刀剖削，方法同上。

（3）塑料护套线绝缘层的剖削

① 按所需长度用电工刀刀尖对准线芯的缝隙间划开护套层。

② 向后扳翻护套层，用电工刀齐根切去。

③ 用电工刀在距离护套层 5~10mm 处以 45°倾斜切入绝缘层，方法同上。

（4）橡皮线绝缘层的剖削

① 先把橡皮线编织保护层用电工刀刀尖划开，其方法与塑料硬线绝缘层的剖削相同。

② 用剖削塑料线绝缘层相同的方法剥去橡胶层。

③ 最后将棉纱层松散到根部，用电工刀切去。

（5）花线绝缘层的剖削

① 在所需长度处用电工刀在棉织物保护层四周割切一圈后拉去。

② 距棉纱织物保护层 10mm 处用钢丝钳刀口切割橡胶绝缘层，不能伤及线芯，右手握住钢丝钳头部，左手把花线用力抽拉，钳口勒出橡胶绝缘层。

③ 当露出棉纱层时，把棉纱层松散开束，用电工刀割除。

3. 导线的连接

连接导线

（1）单股铜芯导线的直线连接

① 把两根单股铜芯导线连接头绝缘层各剖削大约 70mm 后，呈“X”形交叉约 55mm 后互相绞绕 2 圈。

② 扳直两线头。

③ 将每个线头在对方的线芯上紧贴并绕 4~7 圈，最后用钢丝钳钳平线芯的末端即可。

（2）单股铜芯导线的“T”字形分支连接

将支路线芯的线头与干线线芯十字相交，使支路线芯根部留出 3~5mm，按顺时针方向缠绕支路线芯，缠绕 5~7 圈后，用钢丝钳切除余下的线芯，并钳平线芯末端。

（3）7 股铜芯导线的直线连接

① 除去绝缘层及氧化层的 2 根线头分别散开并拉直，在靠近绝缘层的 1/3 线芯处将该段线芯绞紧，把余下的 2/3 线头分散成伞状。

② 把两个分散成伞状的线头隔根对叉，再拉平两端对叉的线头。

③ 把一端的 7 股线芯按 2、2、3 股分成 3 组，把第 1 组的 2 股线芯扳起，垂直于线头，按顺时针方向紧密缠绕 2 圈，将余下的线芯向右与线芯平行方向扳平。

④ 再将第 2 组 2 股线芯扳成与线芯垂直方向，也按顺时针方向紧压着前两股拉平的线芯缠绕 2 圈，并将余下的线芯向右与线芯平行方向扳平。

⑤ 将第 3 组的 3 股线芯扳于线头垂直方向后按顺时针方向紧压线芯向右缠绕。

⑥ 缠绕 3 圈后，切去每组多余的线芯，钳平线端。

⑦ 用同样的方法缠绕另一边线芯。

（4）7 股铜芯线的“T”字分支连接

① 把除去绝缘层及氧化层的分支线芯散开钳直，在距绝缘层 1/8 线头处将线芯绞紧，

把余下部分的线芯分成两组：一组 4 股，另一组 3 股，排齐，然后用螺丝刀把已除去绝缘层的干线线芯撬分两组，把支路线芯中 4 股的一组插入干线两组线芯中间，把支线的 3 股线芯的一组放在干线线芯的前面。

② 把 3 股线芯的一组往干线一边按顺时针方向紧紧缠绕 3~4 圈，剪去多余线头，钳平线端后，把 4 股线芯的一组按逆时针方向往干线的另一边缠绕 4~5 圈，剪去多余线头，钳平线端。

4. 导线绝缘层的恢复

导线的绝缘层破损后必须恢复，导线连接后也需恢复绝缘，恢复后的绝缘强度不应低于原有绝缘层。通常用黄蜡带、涤纶薄膜带和黑胶带作为恢复绝缘层的材料。黄蜡带和黑胶带一般选用 20mm 宽较适宜，包缠也方便。

（1）绝缘带的包缠方法

将黄蜡带从导线左边完整的绝缘层上开始包缠，包缠两根带宽后方可进入无绝缘层的线芯部分，包缠时黄蜡带与导线保持 55°的倾斜角，每圈压叠带宽的 1/2。包缠一层黄蜡带后，将黑胶带接在黄蜡带的尾端，按另一斜叠方向包缠一层黑胶带，也要每圈压叠带宽的 1/2。

（2）注意事项

① 在 380V 线路上的导线恢复绝缘时，必须先包缠 1~2 层黄蜡带，然后再包缠一层黑胶带。

② 在 220V 线路上的导线恢复绝缘时，先包缠一层黄蜡带，然后再包缠一层黑胶带，或者只包缠两层黑胶带。

③ 包缠绝缘带时，不能过疏，更不允许露出线芯，以免造成触电或短路事故。

④ 绝缘带平时不可放在温度很高的地方，也不可浸渍油类。

学海领航	了解中国电阻器行业的发展，科技兴则民族兴，科技强则国家强，核心科技是国之重器。作为未来工程技术人员，我们必须牢记初心，砥砺前行。

检测题（共 100 分，120 分钟）

一、填空题（每空 0.5 分，共 20 分）

1. 正弦交流电的三要素是________、________和________。________值可用来确切反映交流电的做功能力，其值等于与交流电________相同的直流电的数值。

2. 已知正弦交流电压 $u = 380\sqrt{2}\sin(314t - 60°)\,\text{V}$，则它的最大值是________V，有效值是________V，频率为________Hz，周期是________s，角频率是________rad/s，相位为________，初相是________度，合________弧度。

3. 实际电气设备大多为________性设备，功率因数往往________。若要提高感性电路的功率因数，常采用人工补偿法进行调整，即在________________。

4. 电阻元件正弦电路的复阻抗是________；电感元件正弦电路的复阻抗是________；电容元件正弦电路的复阻抗是________；多参数串联电路的复阻抗是________。

5. 串联各元件上________相同，因此画串联电路相量图时，通常选择________作为参考相量；并联各元件上________相同，所以画并联电路相量图时，一般选择________作为参考相量。

6. 电阻元件上的伏安关系瞬时值表达式为________，因此称之为________元件；电感元件上伏安关系瞬时值表达式为________，电容元件上伏安关系瞬时值表达式为________，因此把它们称之为________元件。

7. 能量转换过程不可逆的电路功率常称为________功率；能量转换过程可逆的电路功率叫作________功率。这两部分功率的总和称为________功率。

8. 电网的功率因数越高，电源的利用率就越________，无功功率就越________。

9. 只有电阻元件和电感元件相串联的电路，电路性质呈________性；只有电阻元件和电容元件相串联的电路，电路性质呈________性。

10. 当 RLC 串联电路发生谐振时，电路中________最小且等于________；电路中电压一定时________最大，且与电路总电压________。

二、判断题（每小题1分，共10分）

1. 正弦量的三要素是指其最大值、角频率和相位。（　　）
2. 正弦量可以用相量表示，因此可以说，相量等于正弦量。（　　）
3. 正弦交流电路的视在功率等于有功功率和无功功率之和。（　　）
4. 电压三角形、阻抗三角形和功率三角形都是相量图。（　　）
5. 功率表应串接在正弦交流电路中，用来测量电路的视在功率。（　　）
6. 正弦交流电路的频率越高，阻抗就越大；频率越低，阻抗越小。（　　）
7. 单一电感元件的正弦交流电路中，消耗的有功功率比较小。（　　）
8. 阻抗由容性变为感性的过程中，必然经过谐振点。（　　）
9. 在感性负载两端并联电容就可提高电路的功率因数。（　　）
10. 电抗和电阻由于概念相同，所以它们的单位也相同。（　　）

三、选择题（每小题2分，共20分）

1. 已知工频正弦电压有效值和初始值均为380V，则该电压的瞬时值表达式为（　　）。

A. $u=380\sin 314t$V　　B. $u=537\sin(314t+45°)$V

C. $u=380\sin(314t+90°)$V

2. 一个电热器接在10V的直流电源上，产生的功率为P。若把它改接在正弦交流电源上，使其产生的功率为$P/2$，则正弦交流电源电压的最大值为（　　）。

A. 7.07V　　B. 5V　　C. 14V　　D. 10V

3. 提高供电线路的功率因数，下列说法正确的是（　　）。

A. 减少了用电设备中无用的无功功率

B. 可以节省电能

C. 减少了用电设备的有功功率，提高了电源设备的容量

D. 可提高电源设备的利用率，并减小输电线路中的功率损耗

4. 已知 $i_1=10\sin(314t+90°)$A，$i_2=10\sin(628t+30°)$A，则（　　）。

A. i_1超前$i_2$60°　　B. i_1滞后$i_2$60°　　C. 相位差无法判断

5. 纯电容正弦交流电路中，电压有效值不变，当频率增大时，电路中电流将（　　）。

A. 增大　　B. 减小　　C. 不变

6. 在RL串联电路中，$U_R=16$V，$U_L=12$V，则总电压为（　　）。

A. 28V　　　　B. 20V　　　　C. 2V

7. RLC 串联电路在 f_0 时发生谐振，当频率增加到 $2f_0$ 时，电路性质呈（　　）。

A. 电阻性　　　　B. 电感性　　　　C. 电容性

8. 串联正弦交流电路的视在功率表征了该电路的（　　）。

A. 电路中总电压有效值与电流有效值的乘积

B. 平均功率

C. 瞬时功率最大值

9. 实验室中的功率表用来测量电路中的（　　）。

A. 有功功率　　　　B. 无功功率　　　　C. 视在功率　　　　D. 瞬时功率

10. 在正弦交流电路中，当频率增大时，（　　）性质的电路阻抗随之增大。

A. 电阻　　　　B. 电感　　　　C. 电容　　　　D. 任何

四、简述题（每小题 3 分，共 12 分）

1. 有“110V、100W”和“110V、40W”两盏白炽灯，能否将它们串联后接在 220V 的工频交流电源上使用？为什么？

2. 试述提高功率因数的意义和方法。

3. 某电容器额定耐压值为 450V，能否把它接在交流 380V 的电源上使用？为什么？

4. 一位同学在做日光灯电路实验时，用万用表的交流电压挡测量电路各部分的电压，实测路端电压为 220V，灯管两端电压 $U_1 = 110V$，镇流器两端电压 $U_2 = 178V$，即总电压既不等于两分电压之和，又不符合 $U^2 = U_1^2 + U_2^2$，此实验结果如何解释？

五、计算题（共 38 分）

1. 试求下列各正弦量的周期、频率和初相，两者的相位差是多少？（5 分）

（1）$3\sin 314t$　　　　（2）$8\sin(5t+17°)$

2. 某电阻元件的参数为 8Ω，接在 $u = 220\sqrt{2}\sin 314t$V 的交流电源上，试求通过电阻元件的电流 i。如用电流表测量该电路中的电流，其读数为多少？电路消耗的功率为多少？若电源的频率增大一倍，电压有效值不变又如何？（8 分）

3. 某线圈的电感量为 0.1H，电阻可忽略不计，接在 $u = 220\sqrt{2}\sin 314t$V 的交流电源上，试求电路中的电流及无功功率。若电源频率为 100Hz，电压有效值不变又如何？写出电流的瞬时值表达式。（8 分）

4. 利用交流电流表、交流电压表和交流单相功率表可以测量实际线圈的电感量。设加在线圈两端的电压为工频 110V，测得流过线圈的电流为 5A，功率表读数为 400W，则该线圈的电感量为多大？（9 分）

5. 如图 2-22 所示电路中，已知电阻 $R = 6\Omega$，感抗 $X_L = 8\Omega$，电源端电压的有效值 $U_S = 220V$，求电路中电流的有效值 I。（8 分）

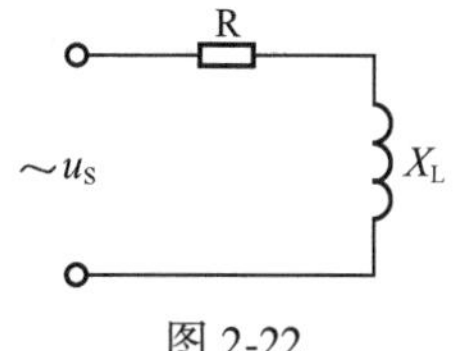

图 2-22

第3章 三相交流电路

现代电力工程上几乎都采用三相供电体制，实际生产和生活中通常采用的也是三相发电机及其输配电网所构成的三相四线制供电方式。三相交流供电系统之所以应用广泛，是因为三相输电线路比单相输电线路节省导线材料，且三相交流发电机比单相交流发电机的性能更好，经济效益更高。

本章主要介绍三相电路中电压、电流的相值和线值之间的关系，对称三相电源和负载的连接方式，三相电路的功率及安全用电常识等。

目的和要求 了解对称三相交流电的概念；熟悉三相电路中相电压、线电压、相电流、线电流及中线电流的概念；理解三相电路中相电压、线电压及相电流、线电流之间的数量关系；掌握对称三相电路的特点及其对称三相电路的分析方法；充分理解中线的作用；了解安全用电的常识。

3.1 三相电源的连接方式

学习目标

理解对称三相交流电的概念及其表示方法；掌握三相电源两种连接方式的特点；了解三相四线制供电体系的优越性。

对称三相交流电的概念

1. 对称三相交流电

三相交流电一般是由三相交流发电机产生的。在三相交流发电机中有3个相同的绕组，如图3-1所示。其中，A、B、C表示发电机三相绕组的首端，X、Y、Z表示三相绕组的尾端。三相绕组分别称为A相、B相和C相，它们在空间的位置彼此相隔120°，称为对称三相绕组。

当发电机由原动机拖动匀速转动时，各相绕组均与磁场相切割而产生感应电压，通常规定感应电压的参考正方向由发电机绕组的首端指向尾端。由于三相绕组的匝数相等、切割磁力线的角速度相同，且空间位置互差120°，所以三相绕组中感应电压的最大值相等，角频率相同，相位上互差120°，称为对称三相交流感应电压。

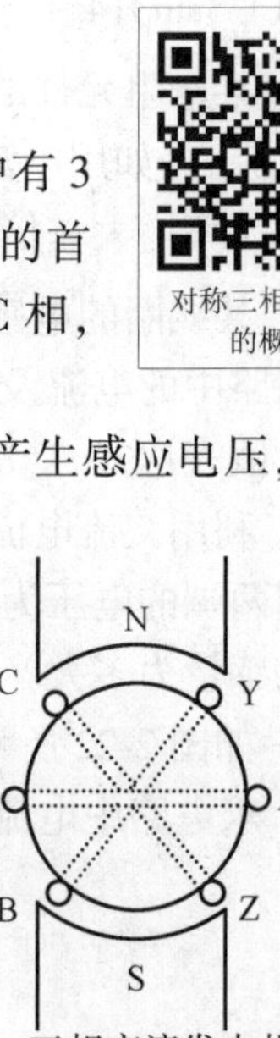

图3-1 三相交流发电机示意图

三相感应电压的解析式为

$$
\begin{aligned}
u_A &= U_m \sin\omega t \\
u_B &= U_m \sin(\omega t - 120^\circ) \\
u_C &= U_m \sin(\omega t - 240^\circ) \\
&= U_m \sin(\omega t + 120^\circ)
\end{aligned}
\tag{3-1}
$$

对称三相交流电压也可用图3-2所示的波形图和相量图表示。

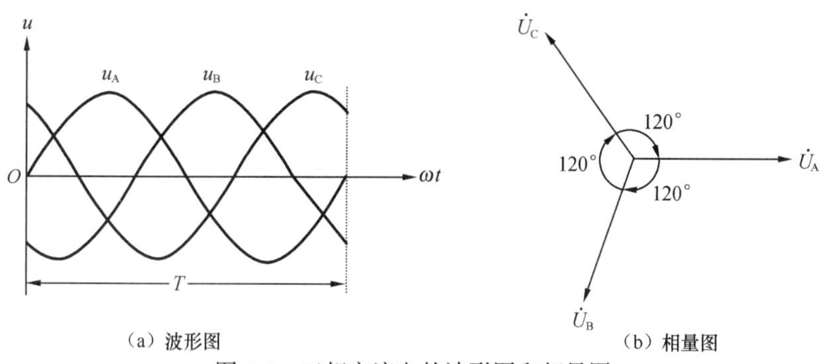

图 3-2 三相交流电的波形图和相量图

由图 3-2 可得三相对称交流电任一时刻的瞬时值之和恒等于零，相量和也恒等于零，即

$$u_A + u_B + u_C = 0 \tag{3-2}$$

$$\dot{U}_A + \dot{U}_B + \dot{U}_C = 0 \tag{3-3}$$

三相交流电在相位上的先后次序称为相序。相序指三相交流电达到最大值（或零值）的顺序。实际应用中常采用 A→B→C 的顺序作为三相交流电的正序，而把 C→B→A 的顺序称为负序。三相电源的引出端或母线通常用黄、绿、红 3 色标示 A、B、C 三相。

2. 三相电源的星形连接方式

三相电源的星形（Y）连接方式如图 3-3 所示：把三相电源绕组的尾端 X、Y、Z 连在一起向外引出一根输电线 N，称这根 N 线为电源的中性线，简称中线（俗称零线）；由三相电源绕组的首端 A、B、C 分别向外引出的 L_1、L_2、L_3 3 根输电线，称为电源的端线（或相线，俗称火线）。电源绕组按照图 3-3 所示Y连接方式向外供电的体制称为三相四线制。

三相四线制中，向负载供出的电压可以取自两根火线之间，也可以取自火线与零线之间。我们把火线与火线之间的电压称为线电压，分别用 u_{AB}、u_{BC}、u_{CA}表示，各线电压的注脚字母顺序表示各线电压的参考方向。火线与零线之间的电压叫作相电压，若忽略输电线上的阻抗，则 3 个相电压就等于发电机三相绕组的感应电压。相电压分别用 u_A、u_B、u_C表示。

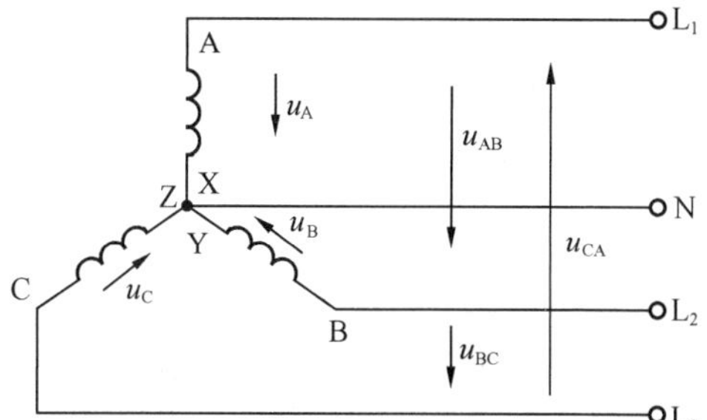

图 3-3 三相绕组的星形连接

线电压采用的是双注脚，因为它们取自两根火线之间；相电压之所以采用单注脚，原因是电源绕组中性点通常接“地”，各相火线端到零线端的电压实际上等于各相火线出线端的电位值。因为发电机发出来的三相电压通常是对称的，对称的 3 个相电压数量上相等，可用“U_P”统一表示。相电压对称的情况下，对应的 3 个线电压也是对称的，对称的 3 个线电压的数量可用“U_l”统一表示。

下面我们将分析三相电源绕组Y连接情况下，向外电路提供的两种电压之间的关系。

在电源中性点接“地”情况下，各相电压即等于 L_1、L_2、$L_3$3 根火线端的电位值，则 AB 两相间的线电压、BC 两相间的线电压和 CA 两相间的线电压分别为

$$\dot{U}_{AB} = \dot{U}_A - \dot{U}_B = \dot{U}_A + (-\dot{U}_B)$$

$$\dot{U}_{BC} = \dot{U}_B - \dot{U}_C = \dot{U}_B + (-\dot{U}_C)$$

$$\dot{U}_{CA} = \dot{U}_C - \dot{U}_A = \dot{U}_C + (-\dot{U}_A)$$

3 个相电压总是对称的，如图 3-4 所示。根据上述关系式，应用平行四边形法则相量求和的方法做出相量图，根据相量图上的几何关系可求得各线电压分别为

$$\dot{U}_{AB} = \sqrt{3}\,\dot{U}_A \angle 30^\circ$$

$$\dot{U}_{BC} = \sqrt{3}\,\dot{U}_B \angle 30^\circ$$

$$\dot{U}_{CA} = \sqrt{3}\,\dot{U}_C \angle 30^\circ$$

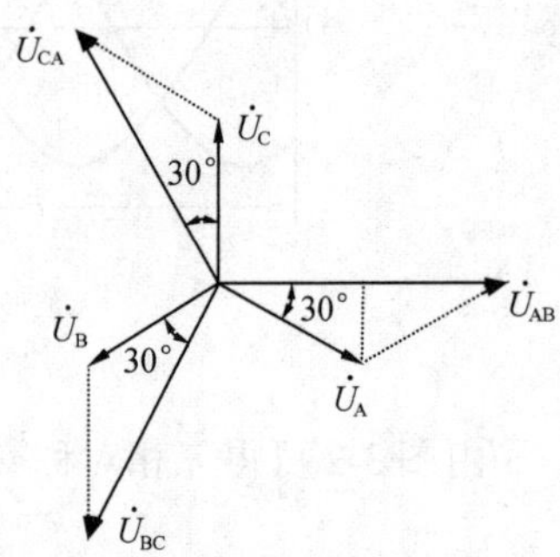

图 3-4　绕组Y连接时的电压相量图

上式说明，线电压在相位上超前于其相对应的相电压（即线电压、相电压的第 1 个注脚相同）30°，数量上是各相电压的$\sqrt{3}$倍。

线电压、相电压之间的数量关系可用下式表示：

$$U_l = \sqrt{3}\,U_P \approx 1.732U_P \tag{3-4}$$

如图 3-4 所示的电压相量图说明，三相四线制供电体系可向负载提供两种数值不同的电压，其中相电压数值上等于发电机一相绕组的感应电压，线电压则等于发电机一相绕组感应电压的 1.732 倍。这一点正是三相四线制供电体系的最大优越性。

一般低压供电系统中，经常采用的供电线电压为 380V，对应的相电压为 220V。生活和办公设备所用电器的额定电压一般均为 220V，因此应接在火线和零线之间，这就是我们常说的单相电源。显然，单相电源实际上引自于三相电源的火线和零线之间。必须注意，不加说明的三相电源和三相负载的额定电压通常都是指线电压的数值。

3. 三相电源的三角形连接方式

如图 3-5 所示，将三相电源绕组的 6 个引出端依次首尾相接连成一个闭环，由 3 个连接点分别向外引出 3 根火线 L_1、L_2 和 L_3 的供电方式称为三相电源的三角形（△）连接。显而易见，这种连接方式只能向负载提供一种电压，由于电压均取自两根火线之间，因此称为线电压。注意，电源△连接时的线电压，数值上等于一相电源绕组上的感应电压值，仅为电源做Y连接时线电压的 $1/\sqrt{3}$。电源绕组做△连接时，各相绕组的首尾端绝不能接反，否则将在电源内部引起较大的环流把电源烧损，读者可利用相量图自行分析。

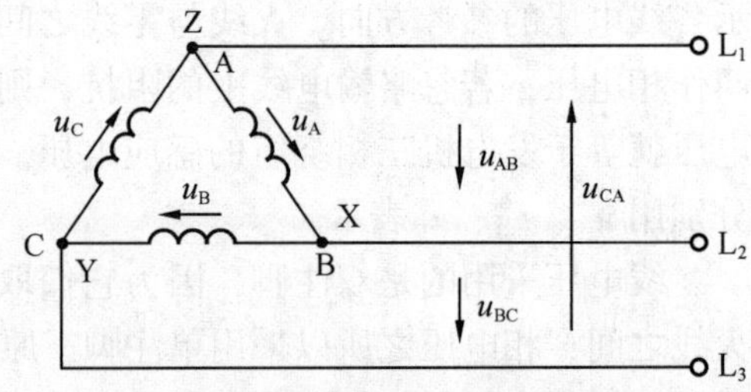

图 3-5　三相电源绕组的△连接

实际生产应用中，三相发电机和三相配电变压器的副边都可以作为负载的三相电源。发电机绕组很少接成△，一般都接成Y，而三相电力变压器的副边大多连接成三相四线制的Y接，少数情况下也有采用△连接的。

检验学习 结果

1. 如果给你一只验电笔或者一个量程为 400V 以上的交流电压表，你能用这些器件确定三相四线制供电线路中的火线和零线吗？应怎样做？

2. 三相供电线路的电压是 380V，则线电压是多少？相电压又是多少？

3. 三相电源绕组Y连接，设其中某两相间的电压 $u_{BC}=380\sqrt{2}\sin(314t-60^\circ)$ V，试写出其余两个线电压及 3 个相电压的解析式。

4. 三相电源绕组Y连接，已知三相绕组的感应电压对称。实际测量的结果是 $U_{AB}=380$V，$U_{BC}=U_{CA}=220$V，$U_A=U_B=U_C=220$V。线路连接上出现了什么问题？

5. 三相电源绕组△连接，不慎将一相绕组的首尾端接反时，会产生什么后果？为什么？

6. 试述三相四线制供电的优越性。

技能训练

参观发电厂或变电所，了解电能的产生、分配全过程，熟悉供电情况。

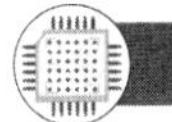

3.2 三相负载的连接方式

学习目标

了解线电流、相电流、中线电流的概念；掌握三相负载两种连接方式下线电压、相电压的关系，线电流、相电流的关系及中线的作用；掌握对称三相电路的分析方法。

对称三相电路的Y形连接

1. 负载的Y连接

负载Y连接时电路的相量模型如图 3-6 所示。忽略导线上的电阻，各相负载两端的电压相量等于电源相电压相量。显然，A 相负载和 A 相电源通过火线和零线构成一个独立的单相交流电路；B 相负载和 B 相电源通过火线和零线构成一个独立的单相交流电路；C 相负载和 C 相电源通过火线和零线构成一个独立的单相交流电路。其中 3 个单相交流电路均以中线作为它们的公共线。

在负载的Y连接电路中，我们把火线上通过的电流称为线电流，一般用“I_l”表示；把各相负载中通过的电流叫作相电流，用“I_P”表示。显然，负载Y连接时的线电流等于相电流，即

$$I_{lY}=I_{PY} \tag{3-5}$$

Y连接三相四线制电路的相量模型中，设各负载复阻抗分别为 Z_A、Z_B、Z_C，由于各相负载端电压相量等于电源相电压相量，因此各复阻抗中通过的电流相量为

$$\dot{I}_A=\frac{\dot{U}_A}{Z_A}\qquad \dot{I}_B=\frac{\dot{U}_B}{Z_B}\qquad \dot{I}_C=\frac{\dot{U}_C}{Z_C} \tag{3-6}$$

相量模型中，中线上通过的电流相量，根据相量形式的 KCL 可得

$$\dot{I}_N=\dot{I}_A+\dot{I}_B+\dot{I}_C \tag{3-7}$$

相量模型有如下两种情况。

（1）对称Y连接三相负载时

复阻抗符合 $Z_A=Z_B=Z_C=Z=|Z|\angle\varphi$ 的对称负载条件时，由于复阻抗端电压相量也是对称的，因此构成Y连接对称三相电路。对称三相电路中，3 个复阻抗中通过的电流相量也必然对称，因此中线电流相量：

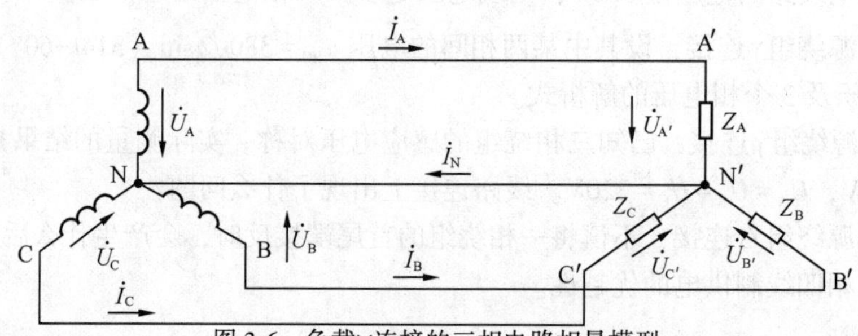

图 3-6　负载Y连接的三相电路相量模型

$$\dot{I}_N = \dot{I}_A + \dot{I}_B + \dot{I}_C = 0 \tag{3-8}$$

中线电流相量为零，说明中线中无电流通过，因此中线不起作用。这时中线的存在与否对电路不会产生影响。实际工程应用中的三相异步电动机、三相电炉和三相变压器等三相设备，都属于对称三相负载，因此把它们Y连接后与电路相连时，一般都不用中线。没有中线的三相供电方式称为三相三线制。

图 3-7 所示为三相电路常见的连接形式，其中图 3-7（a）所示为三相四线制Y连接；图 3-7（b）所示为三相三线制Y连接；图 3-7（c）所示为三相三线制△ 连接。

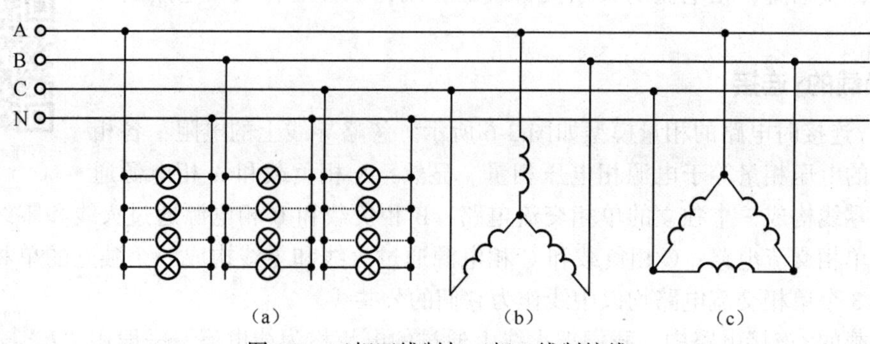

图 3-7　三相四线制与三相三线制接线

对称三相Y连接电路的分析可以归结为一相电路来分析。

【例 3.1】 在图 3-7（a）所示电路中，已知电源线电压为 380V，A、B、C 三相各装“220V、40W”白炽灯 50 盏。求三相灯负载全部使用时的各相电流及中线电流。

【解】 负载Y连接时，各相电压有效值等于电源的相电压，即

$$U_P = \frac{U_l}{\sqrt{3}} \approx \frac{380}{1.732} \approx 220(\text{V})$$

各相负载电阻为

$$R_P = \frac{U_P^2}{P \times 50} = \frac{220^2}{40 \times 50} = 24.2(\Omega)$$

各相负载电流为

$$I_P = \frac{U_P}{R_P} = \frac{220}{24.2} \approx 9.09(\text{A})$$

由于三相负载对称，所以三相负载中电流为对称三相交流电，此时：

$$I_N = I_A + I_B + I_C = 0$$

例 3.1 说明，三相负载对称时，只需对一相进行分析，若要求其余两项结果，也可根据对称关系直接写出。

（2）不对称Y连接三相负载时

三相电路的复阻抗模值不等或幅角不同时，都可构成不对称的Y连接三相电路。

Y接不对称三相电路的分析

【例 3.2】 图 3-8 所示照明电路，电源线电压与负载参数和例 3.1 相同。假设 A 相灯全部打开，B 相没有用电，而 C 相仅开了 25 盏灯。试分析有中线和中线断开两种情况下，各相负载上实际承受的电压分别为多大。

【解】 由于Y连接三相负载不对称，因此各相应分开计算。由题意可得

$$R_A = 24.2\Omega,\quad R_B = \infty,\quad R_C = 48.4\Omega$$

（1）有中线时，无论负载是否对称，各相负载承受的电压仍为相电压 220V。

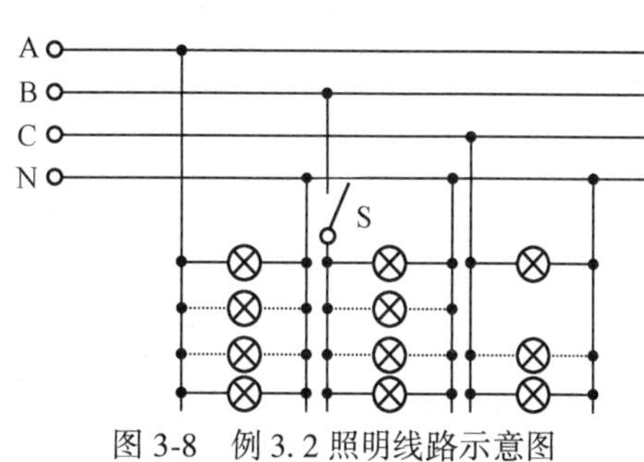

图 3-8　例 3.2 照明线路示意图

实际应用中，电力系统对照明电路均采用三相四线制供电方式，原因是照明电路通常都工作在不对称条件下。三相四线制供电系统中，由于电路存在中线，尽管负载不对称，但是加在各相负载上的端电压仍是火线与零线之间的相电压，因此三相Y连接不对称负载的端电压仍能继续保持平衡。当一相出现故障或断开时，其他两相照常使用。

（2）无中线且 B 相开路时，A、C 两相构成串联，接在两火线之间，有

$$I_A = I_C = \frac{U_{AC}}{R_A + R_C} = \frac{380}{24.2 + 48.4} \approx 5.23(\text{A})$$

两相负载串联时通过的电流相同，因此它们各自的端电压与其电阻成正比：

$$U_A = 5.23 \times 24.2 \approx 127(\text{V})$$
$$U_C = 5.23 \times 48.4 \approx 253(\text{V})$$

例 3.2 表明，在不对称三相电路中，中线不允许断开。如果中线一旦断开，Y连接三相不对称负载的端电压就会出现严重不平衡，低于额定电压的负载不能正常工作，高于额定电压的负载影响寿命，甚至有烧坏灯泡（包括用电器）的危险。

电力系统为保证中线不断开，要求中线采用机械强度较高的导线（通常采用钢芯铝线），而且要求连接良好，并规定中线上不得安装熔断器和开关。

2. 负载的△连接

三相负载的三角形连接

如图 3-9 所示，把三相负载的首、尾端依次相接连成一个闭环，再由各相的首端分别引出端线与电源的 3 根火线相连，即构成三相负载的△连接。

显然，图 3-9 中各相复阻抗均连接在两根火线之间，即其端电压等于电源的线电压：

$$U_{P\triangle} = U_{l\triangle} \tag{3-9}$$

各复阻抗中通过的电流分别为

$$\dot{I}_{AB} = \frac{\dot{U}_{AB}}{Z_{AB}}$$

$$\left.\begin{aligned}\dot{I}_{BC}&=\frac{\dot{U}_{BC}}{Z_{BC}}\\ \dot{I}_{CA}&=\frac{\dot{U}_{CA}}{Z_{CA}}\end{aligned}\right. \tag{3-10}$$

各火线上通过的电流根据相量模型中的 3 个节点，分别列出 KCL 定律为

$$\left.\begin{aligned}\dot{I}_A&=\dot{I}_{AB}-\dot{I}_{CA}=\dot{I}_{AB}+(-\dot{I}_{CA})\\ \dot{I}_B&=\dot{I}_{BC}-\dot{I}_{AB}=\dot{I}_{BC}+(-\dot{I}_{AB})\\ \dot{I}_C&=\dot{I}_{CA}-\dot{I}_{BC}=\dot{I}_{CA}+(-\dot{I}_{BC})\end{aligned}\right\} \tag{3-11}$$

三相负载对称时，各相电流必然对称。以 A 相负载电流作为参考相量，首先画出 3 个相电流相量，然后根据式（3-11）在相量图上定性分析，根据相量之间的平行四边形求和关系可得图 3-10 所示的△连接电流相量图。

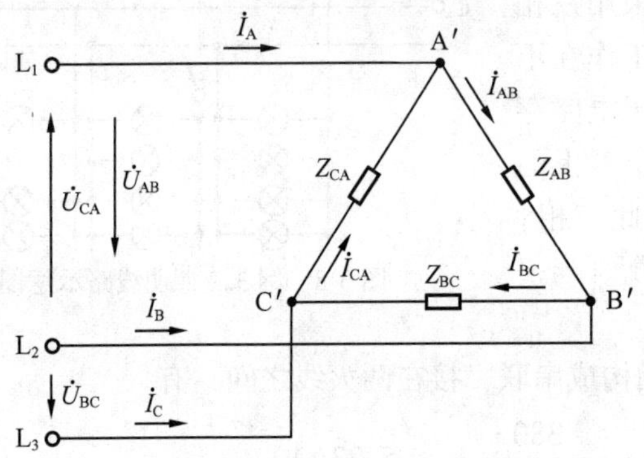

图 3-9　负载△连接的三相电路相量模型

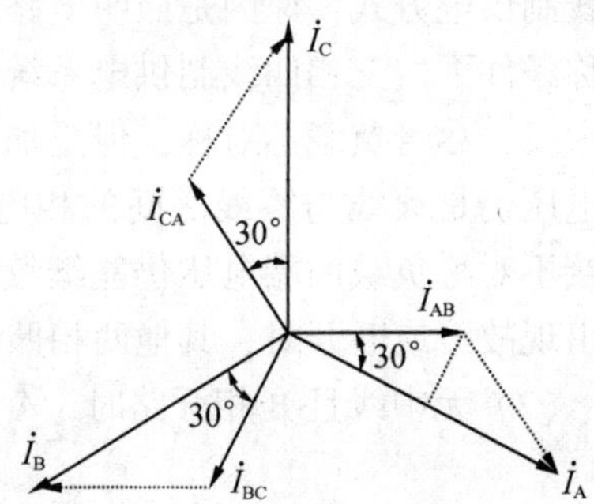

图 3-10　负载△连接时的电流相量图

由相量图可知，△连接的对称三相电路中，线电流在数量上是对应相电流的$\sqrt{3}$倍，即

$$I_l=\sqrt{3}I_P \tag{3-12}$$

在相位上，线电流滞后于其相对应的相电流 30°电角。

【例 3.3】 某三相用电器，已知各相等效电阻 $R=6\Omega$，感抗 $X_L=8\Omega$，试求下列两种情况下三相用电器的相电流和线电流，并比较所得结果。

（1）用电器的三相绕组Y连接，接于 $U_l=380\text{V}$ 的三相电源上。

（2）绕组△连接，接于 $U_l=220\text{V}$ 的三相电源上。

【解】（1）负载Y连接时：

$$U_P=\frac{U_l}{\sqrt{3}}\approx\frac{380}{1.732}\approx 220(\text{V})$$

$$I_P=\frac{U_P}{|Z_P|}=\frac{220}{\sqrt{6^2+8^2}}=22(\text{A})$$

$$I_l=I_P=22(\text{A})$$

（2）负载△连接时：

$$U_P=U_l=220(\text{V})$$

$$I_P = \frac{U_P}{|Z_P|} = \frac{220}{\sqrt{6^2 + 8^2}} = 22(\text{A})$$

$$I_l = \sqrt{3} I_P \approx 1.732 \times 22 \approx 38(\text{A})$$

例 3.3 表明，若实际应用中三相用电器额定电压标为 220V/380V，说明当电源线电压为 220V 时，用电器三相应连接成△；当电源线电压为 380V 时，负载三相应连接成Y。比较两种连接方式，负载端电压及通过负载的电流是相同的，因此负载在两种连接方式下均能正常工作。区别是，用电器△连接时的线电流是其Y连接线电流的$\sqrt{3}$倍。

【例 3.4】 三相对称负载，各相等效电阻 $R = 12\Omega$，感抗 $X_L = 16\Omega$，接在线电压为 380V 的三相四线制电源上。试分别计算负载Y连接和△连接时的相电流、线电流，并比较结果。

【解】（1）负载Y连接时：

$$U_P = \frac{U_l}{\sqrt{3}} \approx \frac{380}{1.732} \approx 220(\text{V})$$

$$I_P = \frac{U_P}{|Z_P|} = \frac{220}{\sqrt{12^2 + 16^2}} = 11(\text{A})$$

$$I_l = I_P = 11(\text{A})$$

（2）负载△连接时：

$$U_P = U_l = 380\text{V}$$

$$I_P = \frac{U_P}{|Z_P|} = \frac{380}{\sqrt{12^2 + 16^2}} = 19(\text{A})$$

$$I_l = \sqrt{3} I_P \approx 1.732 \times 19 \approx 33(\text{A})$$

比较结果可知，同一三相负载，在电源线电压相同时，做△连接时的负载端电压是做Y连接时负载端电压的$\sqrt{3}$倍。由于两种不同连接方式下负载端电压不同，造成通过各相负载的电流也不相同，通过火线上的线电流相差更大，△连接情况下通过的线电流是Y连接情况下线电流的 3 倍。这种结果说明，负载正常工作时的额定电压是确定的，当负载额定电压等于电源的线电压时，负载做Y连接就不能够正常工作；当负载的额定电压等于电源的相电压时，则负载做△连接就会由于过电压和过电流而造成损坏。

3. 三相负载的正确连接

三相负载究竟接成△还是接成Y，应根据三相负载的额定电压和电源的线电压来确定。因为实际电气设备的正常工作条件是加在设备两端的电压等于其额定电压。从供电方面考虑，我国低压供电系统的线电压一般采用 380V 的标准；从电气设备来考虑，我国低压电气设备的额定值一般多按 380V 或 220V 设计。因此，在电源线电压一定，电气设备又必须得到额定电压值的前提下，供用电协调的途径可用调整三相负载的连接方法。

既要保证电气设备正常工作，还要考虑三相负载的对称与否，这是确定在Y连接时是否要中线的前提。当三相电源的线电压为 380V，低压电气设备的额定电压也为 380V 时（通常指三相负载，如三相异步电动机、三相变压器、三相感应炉等一般都是按 380V 设计的），三相电气设备就应该连接成△；若三相负载的额定电压为 220V 时，负载就必须连接成Y。三相用电器一般都是对称的，所以即便是连接成Y，也可以把中线省略。

实际应用中，日常办公和生活中用到的照明电路、计算机、电扇、空调、吹风机等都属于单相用电设备。为了照顾供用电和安装的方便，常常把它们接在三相电源上，这些单相电气设备的额定电压一般采用220V电压标准。在三相四线制供电系统中，一般把它们接在三相电源的火线与零线之间，使之获得220V的电源相电压。在连接这些设备时，一般应考虑各相负载的对称，尽量使之相对均匀地分布在三相四线制电源上。这时的“三相负载”就是不对称的三相负载，连接成Y时必须要有中线。

检验学习结果

1. 某设备采用三相三线制供电，当因故断掉一相时，能否认为是两相供电？

2. 有3根额定电压为220V、功率为1kW的电热丝，与380V的三相电源相连接时，它们应采用哪一种连接方式？

3. 三相照明电路如图3-11所示，如果中线在×处断开，各相灯泡是否还有电流通过？当有电流通过时，各相灯负载还能正常发光吗？

4. 何谓对称三相交流电？

5. 安装照明负载时，为什么一定要求火线进开关？

6. 一般情况下，当人手触及中线时会不会触电？

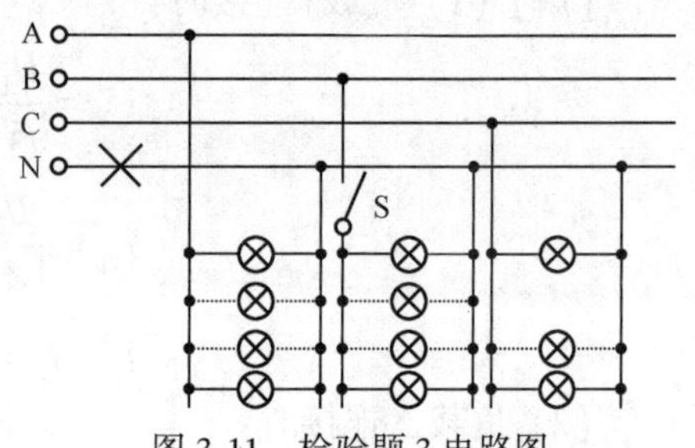

图3-11　检验题3电路图

技能训练

学习正确选择和使用漏电保护开关。

1. 漏电保护开关的作用

漏电保护开关是用来防止人身触电和漏电事故的一种接地保护装置。当电路设备漏电电流大于装置的整定电流，或人和动物发生触电危险时，漏电保护开关均能迅速动作，切断事故电源，避免事故扩大，从而保障人和设备的安全。

2. 漏电保护开关的正确选用

（1）根据使用目的选择

用于防止人身触电事故的漏电保护装置，一般根据直接接触保护和间接接触保护两种不同的要求选用。

① 直接接触保护是防止人体直接接触及电气设备的带电体而造成的触电事故。当人体和带电体直接接触时，在漏电保护装置动作切断电源之前，通过人体的触电电流完全由人体触电的电压和人体电阻所决定，漏电保护装置不能限制通过人体的触电电流。所以用于直接接触保护的漏电保护装置，必须具有小于0.1s的快速动作性能，或具有国际电工委员会（IEC）漏电保护装置标准规定的反时限特性。

② 间接接触保护是为了防止用电设备在发生绝缘损坏时，金属外壳等外露金属部件上存在危险的接触电压。因此，漏电保护开关的动作电流选择应和用电设备的接地电阻及允许的接触电压联系考虑。通常用电设备上的接触电压要小于规定值，漏电保护器的动作电流应小于允许接触电压与设备接触电阻的比值。如搅拌机、水泵、磨粉机等容易与人体接

触的电气设备，当其金属外壳的接地电阻在 500Ω 以下时，可选用 30~50mA、0.1s 以内动作的漏电保护装置；当用电设备金属外壳的接地电阻在 100Ω 以下时，可选用 200~500mA、0.1s 以内动作的漏电保护装置。对于较重要的用电设备，为了减少瞬间的停电事故，可选用动作电流为 0.2s 的延时型保护装置。家庭使用的用电设备，由于其插头较频繁地插入和拔出，极易发生触电事故，因此应在家庭进户线的电能表后面，安装动作电流为 30mA、0.1s 以内动作的高灵敏度的漏电保护开关。

（2）根据使用场所选择

在 380V/220V 低压线路中，如果用电设备的金属外壳或部件容易被人触及，这些用电设备又没有小于 4Ω 的接地电阻，应按照间接接触保护要求，在用电设备的供电回路中安装漏电保护装置，同时还要根据不同的使用场所，合理地选取不同动作电流的漏电开关，如潮湿场所适宜安装15~30mA并能在 0.1s 内动作的漏电保护装置。

（3）根据电路和用电设备的正常泄漏电流选择

① 漏电保护装置的动作电流选择得越低，漏电开关的灵敏度就越高。但是，任何供电回路和用电设备，绝缘电阻都不可能无穷大，总会存在一定的泄漏电流。所以，从保证电路的稳定运行和提供不间断供电的角度来讲，漏电保护装置的动作电流选择应受到电路正常泄漏电流的制约。

② 测定线路的泄漏电流时，必须有较复杂的测试方法或使用专用的测试设备进行测量。为选用方便，居民正常生活和办公使用的单相照明线路，通常可参照如下公式进行选择：

$$I_D \geqslant I_H/2000$$

对于动力线路及动力和照明混合线路而言，一般参照如下公式进行选择：

$$I_D \geqslant I_H/1000$$

式中，I_D 是漏电保护开关装置的动作电流；I_H 是供电线路的实际最大电流。原则上，在居民供电线路中的泄漏电流超过电路最大供电电流的 1/3000 时，就应马上对电路进行检修。

③ 农村电网中配置漏电保护开关时，为了保证电网的可靠运行，保证多级保护的选择性，下一级漏电保护动作电流应小于上一级漏电保护的动作电流，各级漏电保护动作电流应有 1.2~2.5 倍的级差。其中，第 1 级漏电保护装置应安装在配电变压器低压侧主干线出线端，该级保护的线路较长，叠加的泄漏电流较大，其漏电动作电流在未完善多级保护时，最大不得超过 100mA；在完善多级保护后，其漏电动作电流最大不得超过 300mA。第 2 级漏电保护装置应安装在各分支线路的出线端。由于被保护线路较短，泄漏电流相对较小，其漏电动作电流应介于上、下级保护的漏电动作电流之间，一般为 30~75mA。第 3 级漏电保护装置（通常指末级保护）用于保护用电设备及人身安全，被保护线路短，泄漏电流小，一般不超过 10mA。考虑到夏季人体比较容易出汗，皮肤的绝缘性能降低，人体电阻明显下降，当发生触电事故时，通过人体的电流必然会比天气干燥时大，危险性增高，因此，适宜安装 15~30mA（电流值不应大于 30mA，一般取 15~30mA），并能在 0.1s 内动作的漏电保护装置。

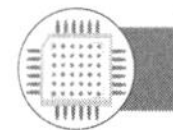

3.3　三相交流电路的功率

学习目标

掌握三相交流电路中有功功率、无功功率、视在功率的概念及计算方法；了解发配电概况和安全用电常识。

1. 三相交流电路的功率

三相电路的功率

在单相交流电路中，有功功率 $P=UI\cos\varphi$，无功功率 $Q=UI\sin\varphi$，视在功率 $S=UI=\sqrt{P^2+Q^2}$。三相交流电路的功率又如何计算呢？

三相交流电路可以视为3个单相交流电路的组合。因此，三相交流电路的有功功率、无功功率和视在功率均可用下式来计算：

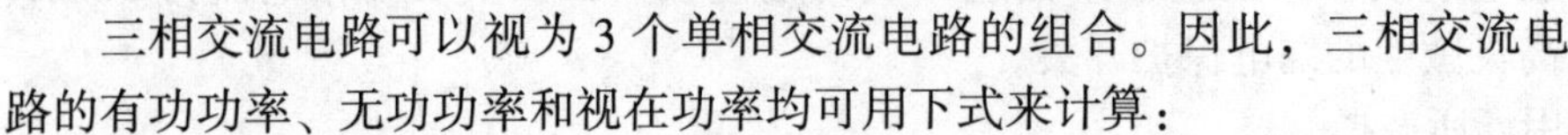

$$\left.\begin{aligned} P &= P_A + P_B + P_C \\ Q &= Q_A + Q_B + Q_C \\ S &= \sqrt{P^2 + Q^2} \end{aligned}\right\} \tag{3-13}$$

若三相负载对称，无论负载是Y连接还是△连接，各相功率都是相等的，此时三相总功率是各相功率的3倍，即

$$\left.\begin{aligned} P &= 3U_P I_P \cos\varphi = \sqrt{3}\,U_l I_l \cos\varphi \\ Q &= 3U_P I_P \sin\varphi = \sqrt{3}\,U_l I_l \sin\varphi \\ S &= 3U_P I_P = \sqrt{3}\,U_l I_l \end{aligned}\right\} \tag{3-14}$$

【例3.5】一台三相异步电动机，铭牌上额定电压是220V/380V，接线是△/Y，额定电流是11.2A/6.48A，$\cos\varphi=0.84$。试分别求出电源线电压为380V和220V时，输入电动机的电功率。

【解】（1）$U_l=380\text{V}$ 时，按铭牌规定，电动机定子绕组应Y连接，此时输入电功率为

$$\begin{aligned} P_1 &= \sqrt{3}\,U_l I_l \cos\varphi \\ &\approx 1.732\times 380\times 6.48\times 0.84 \\ &\approx 3582(\text{W}) \approx 3.6(\text{kW}) \end{aligned}$$

（2）$U_l=220\text{V}$ 时，按铭牌规定，电动机绕组应△连接，此时输入的电功率为

$$\begin{aligned} P_1 &= \sqrt{3}\,U_l I_l \cos\varphi \\ &\approx 1.732\times 220\times 11.2\times 0.84 \\ &\approx 3585(\text{W}) \approx 3.6(\text{kW}) \end{aligned}$$

例3.5表明，只要按照铭牌数据上的要求接线，输入电动机的功率将不变。

【例3.6】某台电动机的额定功率是2.5kW，绕组按△连接，如图3-12所示。当 $\cos\varphi=0.866$，线电压为380V时，求图中两个功率表的读数。说明：这是利用两个功率表测量三相电路功率的实例。图中功率表 W_1 的读数为 $P_1=U_{AB}I_A\cos(\varphi-30°)$，$W_2$ 的读数为 $P_2=U_{CB}I_C\cos(\varphi+30°)$，两个功率表读数之和等于三相总有功功率。

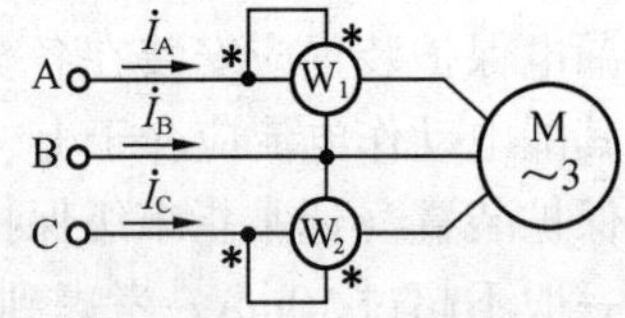

图3-12　例3.6电路图

【解】用二瓦计法（两个功率表）测量三相电路的功率，若要求得 P_1 和 P_2，需先求出电路中的线电流和功率因数角，即

$$\begin{aligned} I_l &= \frac{P_N}{\sqrt{3}\,U_l\cos\varphi} \\ &\approx \frac{2.5\times 10^3}{1.732\times 380\times 0.866} \end{aligned}$$

$$\approx 4.39(\mathrm{A})$$

$$\varphi = \arccos 0.866 \approx 30^\circ$$

代入上述功率计算公式可得两表读数分别为

$$P_1 = U_{AB}I_A\cos(\varphi - 30^\circ) = 380 \times 4.39 \times \cos 0^\circ = 1668.2(\mathrm{W})$$

$$P_2 = U_{BC}I_C\cos(\varphi + 30^\circ) = 380 \times 4.39 \times \cos 60^\circ = 834.1(\mathrm{W})$$

两功率表读数之和为

$$P = P_1 + P_2 = 834.1 + 1668.2 = 2502.3(\mathrm{W}) \approx 2.5(\mathrm{kW})$$

计算结果与给定的 2.5kW 基本相符，微小的误差是由计算的精度引起的。例 3.6 所述的二瓦计法只适用于三相三线制电路功率的测量，或三相四线制对称电路的功率测量。对三相四线制不对称电路，需要用 3 个功率表分别测量各相的功率，各功率表的连接方法与单相交流电功率测量时方法类似，最后将 3 个表所测结果相加即为三相总功率。

2. 发配电概况

认识电力系统

电能由发电厂产生，通过输电线做远距离或近距离的输送，最后分配给各个工农业生产单位及其他用户，从而构成了发电、输电和配电的完整系统。

按照能源的不同，发电方式主要分为火力发电、水力发电、风力发电和原子能发电等。火力发电厂大多以汽轮机作为原动机带动发电机运转发电，需要大量的煤和水，大多建在产煤区和水源充足或工业基地的附近。水力发电站以水轮机作为原动机。虽然水电站的投资较大，建设时间较长，但不需燃料是水力发电的优势，而且水力发电较清洁无污染。我国的长江、黄河、黑龙江等水利资源非常丰富，也为水力发电提供了优越的条件。水力发电还可以和水利枢纽工程相结合，起到综合利用的实效。

原子能发电站基本上与火力发电厂相同，只是以原子反应堆代替燃煤锅炉，以少量的“原子燃料”代替了大量的燃煤。另外，还有风力发电厂及潮汐发电站等。

中型和大型发电厂均安装有多台发电机，这些发电机的电压通常是 6.3kV、10.5kV；50000kW以上的发电机电压多采用 13.8kV 或 15.75kV，经过变压器升压后，把电能输送出去。输电电压的高低视输电容量的大小和距离的远近而定，输电容量越大，距离越远，输电电压也就越高。我国现在的输电电压有 10kV、35kV、110kV、220kV、330kV 和 500kV 等多个等级。

工厂车间为主要配电对象之一。在市场经济的今天，取得良好经济效益是每个工矿企业的首要任务。为保证工厂生产和生活用电的需要，并有效节约能源，工厂供电必须做到安全、可靠、优质、经济。这就需要有合理的工厂配电系统。

工厂配电系统的形式多种多样，各工厂配电网具体采用何种接线方式，需根据工厂负荷对供电可靠性的要求、投资的大小、运行维护方便及长远规划等原则具体分析确定。

3. 安全用电

安全用电基本知识

大多数低压电气设备使用 380V/220V 的额定电压，这个标准显然比安全电压 36V 大得多。因此，当某个低压电气设备的绝缘损坏时，造成的漏电现象可以使人触电。人体在地面或其他接地体上触及一相带电体时的触电方式称为单相触电；人体两处同时触及两相带电体时的触电方式称为两相触电。

“安全第一、预防为主”是安全用电的基本方针。为了使电气设备能正常运行，使人身不致遭受伤害，我们必须采取各种安全措施。目前采取的主要措施就是“接零保护”和“保护接地”。

（1）接零保护

保护接地和保护接零

在电源中性点直接接地的三相四线制低压系统中，凡由于绝缘损坏或其他原因而可能产生危险电压的金属部分，除另有规定外都应接零。应接零和不必接零的设备或部位与保护接地相同。凡是由单独配电变压器供电的厂矿企业，均应采用接零保护方式。接零保护规定用于380V/220V三相中性点直接接地的供电系统。接零保护原理线路图如图3-13所示。

接零保护就是将电气设备正常情况下不带电的金属部分用金属导体与系统中的零线连接起来，当设备绝缘损坏碰壳时，就形成单相金属性短路，短路电流流经相线-零线回路，而不经过电源中性点接地装置，从而产生足够大的短路电流，使过电流保护装置迅速动作，切断漏电设备的电源，以保障人身安全。其保护效果比保护接地好。

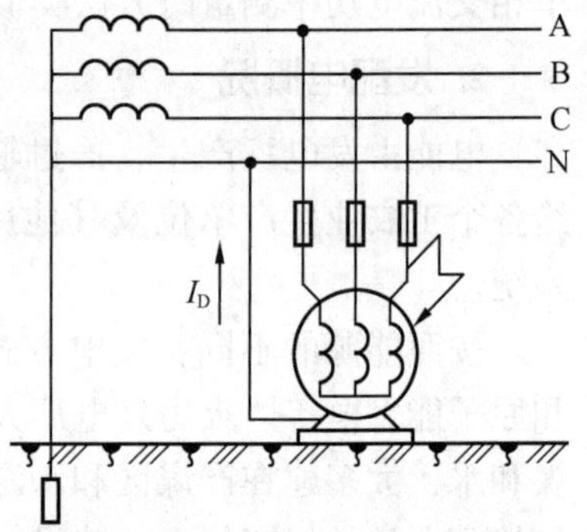

图3-13　接零保护原理线路图

接零保护能有效地防止触电事故。但在具体实施过程中，如稍有疏忽大意，仍会导致触电危险。因此，采取接零保护时需注意以下几点。

① 严防零线断线。

② 严防电源中性点接地线断开。

③ 保护接零系统零线应装设足够的重复接地。

一些家用电器常常没有接零保护，室内单相电源插座也往往没有保护零线插孔。这时在室内电源进线上，装设漏电保护自动开关，可以起到安全保护作用。

（2）保护接地

重复接地的作用

当设备带电部分某处绝缘损坏碰壳时，设备外壳就会带电，其电位与设备带电部分的电位相同。由于线路与大地之间存在电容，或者线路某处绝缘不好，当人体触及带电的设备外壳时，接地电流将全部流经人体，显然这种情况十分危险。采用保护接地的安全措施，就是将电气装置正常情况下不带电的金属部分与接地装置相连接，以防止该部分在故障情况下突然带电而造成对人体的伤害。保护接地规定用于中性点不接地的三相供电系统。

采取保护接地安全措施后，人若触及带电的电气设备外壳，则电流将同时沿着接地体与人体两条途径流过。因为人体电阻最小为800Ω，而接地体电阻小于4Ω，电流总是走捷径的，所以绝大部分电流从接地体流过，从而避免或减轻人体触电的伤害。

从电压的角度来看，采取保护接地后，故障情况下带电金属外壳的对地电压等于接地电流与接地电阻的乘积，其数值比相电压要小得多。接地电阻越小，外壳对地电压越低。当人体触及带电外壳时，人体承受的电压一般要小于外壳对地电压。

检验学习结果

1. 指出图3-14中各相负载的连接方式。

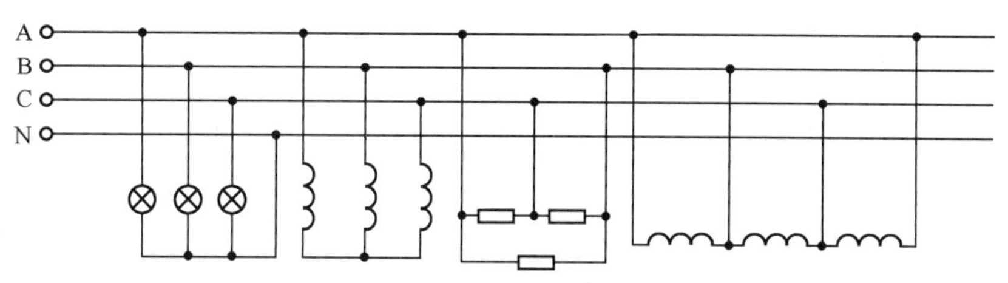

图 3-14　检验题 1 电路图

2. 何谓三相负载、单相负载和单相负载的三相连接？三相用电器有 3 根电源线接到电源的3 根火线上，称为三相负载；电灯有两根电源线，为什么不称为两相负载，而称为单相负载？

3. 三相交流电器铭牌上标示的功率是指额定的输入电功率吗？

4. 三相四线制照明电路中，设 A 相接 4 盏“220V、25W”的白炽灯，B 相接 3 盏“220V、100W”的白炽灯，C 相中没有负载，这时接通的白炽灯灯泡都能正常发光。如果不慎中线断开了，这两组灯泡是否还能正常发光？会出现什么现象？试通过分析计算来说明。

5. 三相照明电路的功率应如何测量？画出三相功率测量的电路连接图。三相动力电路的功率如何测量？画出其功率测量的电路接线图。

技能训练

利用电工实验室的实验装置，学习和掌握三相电路功率的测量方法。

检测题（共 100 分，120 分钟）

一、填空题（每空 0.5 分，共 20 分）

1. 对称三相交流电是指 3 个________相等、________相同、________上互差 120°的 3 个________的组合。

2. 三相四线制供电系统中，负载可从电源获取__________和__________两种不同的电压值。其中，________是________的$\sqrt{3}$倍，且相位上超前于其相对应的________30°。

3. 由发电机绕组首端引出的输电线称为________，由电源绕组尾端中性点引出的输电线称为________。________与________之间的电压是线电压，________与________之间的电压是相电压。电源绕组________接时，其线电压是相电压的________倍；电源绕组________接时，线电压是相电压的________倍。对称三相Y连接电路中，中线电流通常为________。

4. 有一对称三相负载Y连接，每相阻抗均为 22Ω，功率因数为 0.8，测出负载中的电流是 10A，那么三相电路的有功功率等于________，无功功率等于________，视在功率等于________。假如负载为感性设备，其等效电阻是________，等效电感量是________。

5. 实际生产和生活中，工厂的一般动力电源电压标准为________；生活照明电源电压的标准一般为__________；________V 以下的电压称为安全电压。

6. 三相三线制电路中，测量三相有功功率通常采用________法。

7. ________功率的单位是瓦特，________功率的单位是乏，________功率的单位是伏·安。

8. ________适用于系统中性点不接地的低压电网；________适用于系统中性点直接接地的电网。

9. 根据能源形式的不同，电能生产的主要方式有________、________、风力发电和________等。

10. 三相负载的额定电压等于电源线电压时，应________连接；额定电压约等于电源线电压的0.577时，三相负载应________连接。按照这样的连接原则，两种连接方式下，三相负载上通过的电流和获得的功率________。

二、判断题（每小题1分，共10分）

1. 三相四线制当负载对称时，可改为三相三线制而对负载无影响。（　　）
2. 三相负载Y连接时，总有 $U_l=\sqrt{3}U_P$。（　　）
3. 三相用电器正常工作时，加在各相上的端电压等于电源线电压。（　　）
4. 三相负载Y连接时，无论负载对称与否，线电流总等于相电流。（　　）
5. 三相电源向电路提供的视在功率为：$S=S_A+S_B+S_C$。（　　）
6. 人无论在何种场合，只要所接触电压为36V以下，就是安全的。（　　）
7. 中线的作用就是使不对称Y连接三相负载的端电压保持对称。（　　）
8. 三相不对称负载越接近对称，中线上通过的电流就越小。（　　）
9. 为保证中线可靠，不能安装熔丝和开关，且中线截面较粗。（　　）
10. 电能是一次能源。（　　）

三、选择题（每小题2分，共12分）

1. 对称三相电路是指（　　）。

A. 三相电源对称的电路　　B. 三相负载对称的电路

C. 三相电源和三相负载都对称的电路

2. 三相四线制供电线路，已知星形连接的三相负载中，A相为纯电阻，B相为纯电感，C相为纯电容，通过三相负载的电流均为10A，则中线电流为（　　）。

A. 30A　　B. 10A　　C. 7.32A

3. 在电源对称的三相四线制电路中，若三相负载不对称，则该负载各相电压（　　）。

A. 不对称　　B. 仍然对称　　C. 不一定对称

4. 三相发电机绕组接成三相四线制，测得3个相电压 $U_A=U_B=U_C=220\text{V}$，3个线电压 $U_{AB}=380\text{V}$，$U_{BC}=U_{CA}=220\text{V}$，这说明（　　）。

A. A相绕组接反了　　B. B相绕组接反了　　C. C相绕组接反了

5. 三相对称交流电路的瞬时功率是（　　）。

A. 一个随时间变化的量　　B. 一个常量，其值恰好等于有功功率　　C. 0

6. 三相四线制中，中线的作用是（　　）。

A. 保证三相负载对称　　B. 保证三相功率对称

C. 保证三相电压对称　　D. 保证三相电流对称

四、分析题（共30分）

1. 某教学楼照明电路发生故障，第2层和第3层楼的所有电灯突然暗下来，只有第1

层楼的电灯亮度未变，试问这是什么原因？同时发现第 3 层楼的电灯比第 2 层楼的还要暗些，这又是什么原因？你能说出此教学楼的照明电路是按何种方式连接的吗？这种连接方式符合照明电路安装原则吗？（8 分）

2. 对称三相负载△连接，在火线上串入 3 个电流表来测量线电流的数值，在线电压 380V 下，测得各电流表读数均为 26A。若 AB 之间的负载发生断路时，3 个电流表的读数各变为多少？当发生 A 火线断开故障时，各电流表的读数又是多少？（6 分）

3. 指出图 3-15 所示电路各表读数，已知 V_1 表的读数为 380V。（8 分）

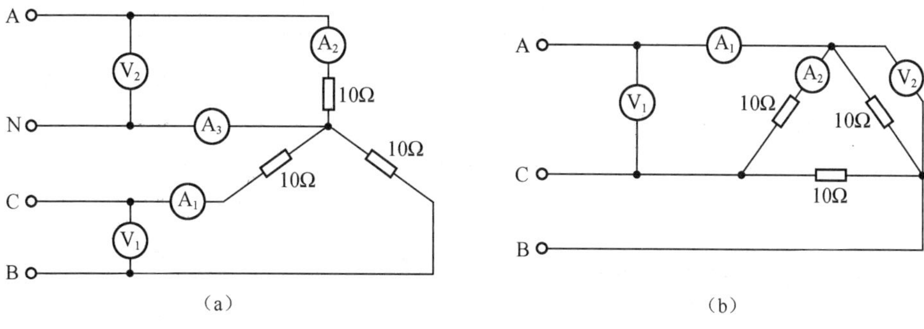

图 3-15

4. 手持电钻、手提电动砂轮机都采用 380V 交流供电方式。使用时要穿绝缘胶鞋、戴绝缘手套。既然它经常与人接触，为什么不用安全低压 36V 供电？（4 分）

5. 楼宇照明电路是不对称三相负载的实例，试说明在什么情况下三相灯负载的端电压对称，在什么情况下三相灯负载的端电压不对称。（4 分）

五、计算题（共 28 分）

1. 一台三相异步电动机，定子绕组按Y连接方式与线电压为 380V 的三相交流电源相连。测得线电流为 6A，总有功功率为 3kW。试计算各相绕组的等效电阻 R 和等效感抗 X_L 的数值。（8 分）

2. 已知三相对称负载连接成△，接在线电压为 220V 的三相电源上，火线上通过的电流均为 17.3A，三相功率为 4.5kW。求各相负载的电阻和感抗。（8 分）

3. 三相对称负载，已知 $Z = (3 + j4)\Omega$，接于线电压为 380V 的三相四线制电源上，试分别计算Y连接和△连接时的相电流、线电流、有功功率、无功功率、视在功率各是多少。（8 分）

4. 已知 $u_{AB} = 380\sqrt{2}\sin(314t + 60°)V$，试写出 u_{BC}、u_{CA}、u_A、u_B、u_C的解析式。（4 分）

六、素质拓展题

科技创新始终是一个国家、一个民族发展的重要力量，也始终是推动人类社会进步的重要力量。在变压器的发展方面，我国自主研发的±1100kV 换流变压器赶超了西门子，创造了世界纪录。请通过网络了解±1100kV 换流变压器的相关内容，分析其优势及应用场景。

第4章 磁路与变压器

变压器是一种既能变换电压，又能变换电流，还能变换阻抗的重要电气设备，在电力系统和电子电路中得到了广泛应用。由于变压器是依据电磁感应原理工作的，因此讨论变压器时，既会遇到电路问题，又会遇到磁路问题，其中磁路问题是掌握变压器原理的基础知识，也是后面学习电机、电器的理论基础。本章将在介绍磁路的基础上，对变压器的基本结构及工作原理进行分析。

目的和要求 了解变压器的基本结构，熟悉变压器的用途；理解变压器变换电压、变换电流及变换阻抗的工作原理。

4.1 铁心线圈、磁路

学习目标

了解铁磁材料的磁性能、分类及用途；理解磁路欧姆定律；掌握主磁通原理。

铁心线圈、磁路

磁路的基本物理量

1. 磁路的基本物理量

电流不仅具有热效应，同时还具有磁效应。空心的载流线圈产生的磁场较弱，不能满足电工设备的需要，若在空心线圈中套入铁心，则铁心线圈就会获得较强的磁场，从而满足电工设备小电流、强磁场的要求。

高中物理学中，我们知道了自然界中磁铁的周围空间和电流的周围空间存在着一种特殊物质——磁场。磁场中磁力作用的通路称为磁路。磁场在磁路中某点的强弱和方向可以用磁力线定性描述。

实际工程应用中，磁力线仅能定性描述磁场和磁路的情况，已经满足不了电工电子技术上的需求。因此，引入能够定量反映磁场和磁路基本性质与特征的以下几个物理量。

(1) 磁感应强度

磁感应强度 B 是描述某点磁场强弱和方向的物理量，其大小可用位于该点的通电导体所受磁场作用力来衡量。磁感应强度 B 的大小主要决定于磁场介质的性质，即 B 的大小反映了磁场的强弱和方向。磁感应强度的单位是特斯拉（T）。

(2) 磁通

垂直穿过磁场中每单位面积的磁力线总量称为磁通，用符号"Φ"表示。在电磁学中，我们常把磁通所经过的路径称作磁路。磁通定义为磁感应强度 B 与垂直于磁场方向的面积 S 的乘积，即

$$\Phi = BS \quad 或 \quad B = \frac{\Phi}{S} \tag{4-1}$$

当磁感应强度 B 的单位取 T、面积 S 的单位取 m^2 时，磁通 Φ 的单位是韦伯（Wb）。

（3）磁导率

磁导率 μ 是用来衡量物质导磁性能的物理量，单位是亨利/米（H/m）。自然界的物质根据其导磁性能的不同可分为铁磁物质（铁、镍、硅钢、铸钢、坡莫合金等）和非铁磁物质（空气、木材、铜、铝等）两大类。

为了便于比较各类物质的导磁能力，通常以真空的磁导率作为衡量的标准。实验测得真空的磁导率 $\mu_0 = 4\pi \times 10^{-7}(\mathrm{H/m})$，为一常量。

各种物质的磁导率与真空的磁导率相比，其比值能够很好地反映它们的导磁性能，这个比值称为相对磁导率，用 μ_r 表示，即

$$\mu_r = \frac{\mu}{\mu_0} \tag{4-2}$$

显然，相对磁导率 μ_r 是一个无量纲的数。非铁磁物质的相对磁导率均约等于 1。而铁磁物质的相对磁导率 $\mu_r \gg 1$，且各种铁磁物质之间的相对磁导率差别也很大。例如，铸铁的相对磁导率 μ_r 为200~400；铸钢的相对磁导率 μ_r 一般在 500~2200；硅钢片的相对磁导率 μ_r 通常达7000~10000；坡莫合金的相对磁导率 μ_r 则可高达 20000~200000。可见，在电流和其他条件不变的情况下，铁心线圈的磁场要比空心线圈的磁场强得多。

铁磁物质的磁导率不是常数，通常随磁场强度 H 的变化而改变。

（4）磁场强度

为了计算方便，引入磁场强度的概念，并把它定义为磁感应强度 B 与该处物质的磁导率 μ 之比，即

$$H = \frac{B}{\mu} \tag{4-3}$$

式（4-3）表明，磁场强度 H 仅描述了电流的磁场强弱和方向，与磁场所处介质无关。磁场强度 H 的单位是安/米（A/m）或安/厘米（A/cm），换算关系为

$$1\mathrm{A/m} = 10^{-2}\mathrm{A/cm}$$

2. 磁路欧姆定律

磁路欧姆定律

图 4-1 所示为交流铁心线圈示意图。电源和绕组构成铁心线圈的电路部分，铁心构成线圈的磁路部分。当铁心线圈两端加上正弦交流电压 u 时，则线圈电路中就会有按正弦规律变化的电流 i 通过。电流 i 通过 N 匝线圈时形成的磁动势 $F_m = iN$，磁动势在铁心中激发按正弦规律变化、沿铁心闭合的工作主磁通 Φ。

把电路与磁路进行比较：电路中流通的是电流 I，磁路中通过的是磁通 Φ；电动势是激发电流的因素，磁动势是激发磁通的因素；电阻阻碍电流，磁阻阻碍磁通。因此，磁路中的磁动势、磁通和磁阻三者之间的关系可比照电路欧姆定律写作：

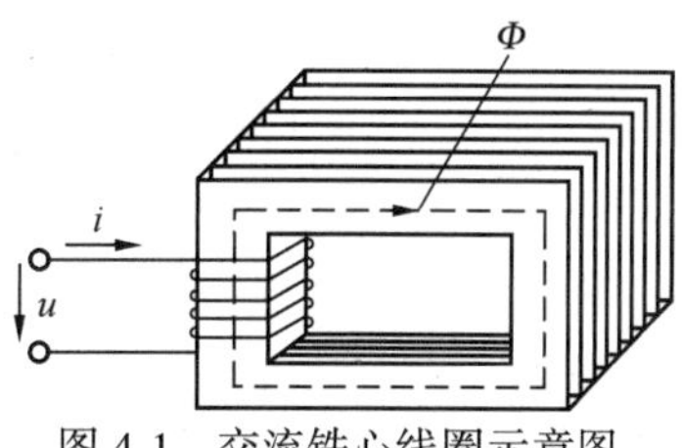

图 4-1　交流铁心线圈示意图

$$\Phi = \frac{F_m}{R_m} = \mu S \frac{NI}{l} \tag{4-4}$$

式（4-4）称为磁路欧姆定律。式中，磁阻 $R_m = \dfrac{l}{\mu S}$。

由于铁磁物质的磁导率 μ 是一个变量，因此磁阻 R_m 也不是常数，所以磁路欧姆定律远没有电路欧姆定律应用得那么广泛。磁路欧姆定律通常只用于对磁路进行定性分析。

由磁路欧姆定律可知，若铁心磁路中存在气隙，由于铁磁物质的磁导率 μ 要比真空磁导率 μ_0 大几百倍甚至几千倍，因此很小一段气隙的磁阻就会远大于整个铁心的磁阻。当铁心磁路的气隙增大时，必然造成磁路磁阻 R_m 大大增加。

3. 铁磁物质的磁性能

铁磁材料的磁性能

铁磁物质具有高导磁性、磁饱和性、磁滞性及剩磁性。

（1）高导磁性

铁磁物质之所以具有良好的导磁性能，是由其内部结构决定的。在铁磁物质内部，往往有几百个或更多相邻的分子电流流向一致，这些流向一致的分子电流的磁场排列整齐，方向相同，在它们所处的局部范围显示呈磁性的一个个小磁性区域，这些天然的小磁性区域称为磁畴，磁畴的体积约为 10^{-9}cm^3。铁磁物质内部的这种磁畴结构，就好比它们内部存在的一个个小磁体，这些小磁体在无外磁场作用时，排列顺序杂乱无章，因此它们的磁场相互抵消，对外不能显示磁性，如图 4-2（a）所示。

但是，如果铁磁物质处在外磁场中，物质内部的磁畴就会受到外磁场的作用而进行归顺性排列，原来无序的小磁畴将顺着外磁场的方向转向，形成一个与外磁场方向一致的附加磁场，从而使铁磁物质内部的磁感应强度大大增加，如图 4-2（b）所示。

由没有磁性到具有磁性的过程，称为铁磁物质的磁化性。非铁磁物质内部是没有磁畴结构的，因此即使处在磁场中，也不能够被磁化。

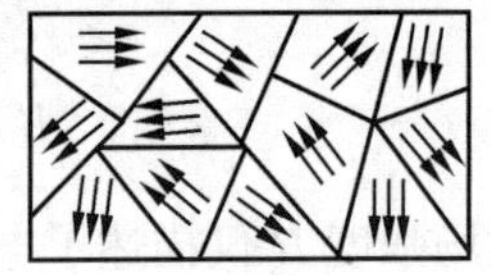
（a）无外磁场　　（b）有外磁场

图 4-2　铁磁物质的磁畴与磁化

铁磁物质磁化的过程可用 B-H 曲线来描述，如图 4-3 所示。

把一个原来不具有磁性的环形铁心线圈接在图 4-3（a）所示的实验电路中，先在线圈中加以正向电压，调节可变电阻 R 使正向电流从零开始增大，原来不具有磁性的铁心就会在电流的磁场 H 作用下被磁化，磁化过程如图 4-3（b）所示。

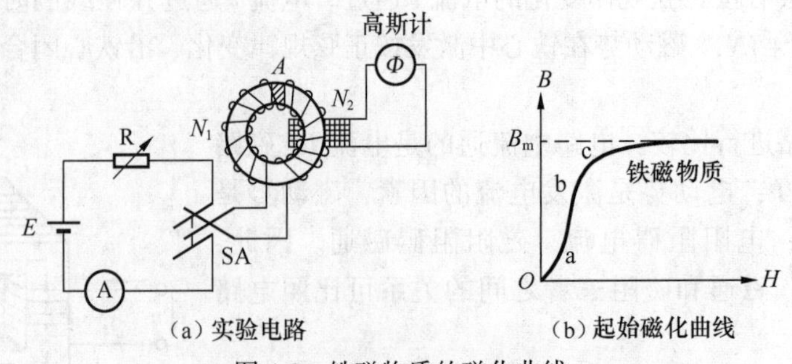

（a）实验电路　　（b）起始磁化曲线

图 4-3　铁磁物质的磁化曲线

当外磁场逐渐增大时，铁磁物质中的小磁畴将随之逐渐转向，起初磁感应强度 B 随外磁场的增加成正比增大（磁化曲线的 Oa 段）；接着磁感应强度几乎直线上升（ab 段），直线上升的 ab 段，表明了铁磁物质具有高导磁性。铁磁物质这一高导磁性被广泛应用于电工设备中，如电机、变压器及各种电磁铁中都加有铁心，正是利用了铁磁物质的这种高导磁性，为小电流下的强磁场提供了可能。

（2）磁饱和性

起始磁化曲线上升到一定程度后，即 c 点以后，由于铁磁物质内部的磁畴几乎全部转向完毕，再增加外磁场，磁感应强度 B 几乎不能再增加，表明铁磁物质具有磁饱和性。铁磁物质的磁饱和性说明磁路中的磁通和线圈中的电流并不总是成正比，磁导率在接近饱和时会下降，致使磁阻 R_m 上升，而 R_m 又不像电阻 R 数值恒定，而是一个变量，因此，线圈铁心工作在饱和段时，激励电流会大大增加。通常，我们把铁心的最佳工作点选择在 bc 之间的某一点。这样，在加有铁心的线圈中通入不大的励磁电流，就可产生足够大的磁通和磁感应强度，从而解决了既要磁通大、又要励磁电流小的矛盾。同时，选用高导磁性的材料可使容量相同的电器体积大大减小。

（3）磁滞性和剩磁性

铁心磁化至饱和段后，调节可变电阻 R 使电流慢慢减小到零，然后再改变双向开关的位置，让线圈中通入反向的磁化电流，也是从零开始增大，直到铁心磁化至反向饱和时，再减小反向电流……如此让铁心反复磁化一周，即可得到图 4-4 所示的闭合回线。闭合回线中，当 H 减到零时，B 并不等于零，说明铁磁物质内部已经排列整齐的磁畴不会完全恢复到磁化前杂乱无章的状态，仍保留一定的磁性，这部分剩余磁性就是图 4-4 中的 Oc 段和 Of 段，称为剩磁，各种人造的永久磁体就是根据剩磁原理制作的。若要消除剩磁，必须施加反向矫顽磁力，如图 4-4 中的 Od 段和 Og 段，强行把磁畴扭转到原来的状态。由于铁心在反复磁化的过程中，磁感应强度 B 的变化总是落后于磁场强度 H 的变化，这种现象我们称之为铁磁物质的磁滞性，相应 B 与 H 变化关系的闭合回线称为磁滞回线。

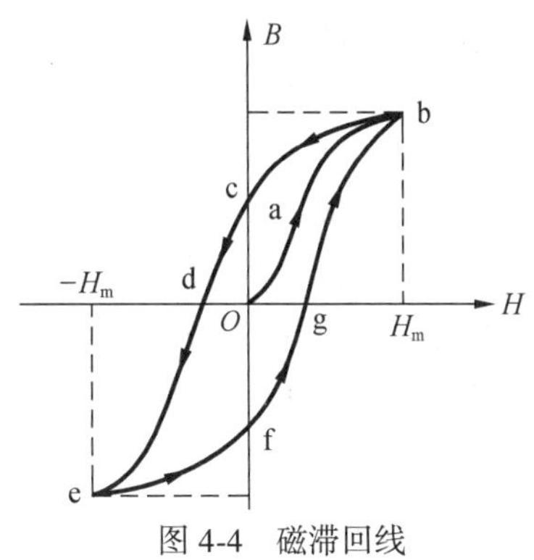

图 4-4　磁滞回线

4. 铁磁物质的分类和用途

铁磁材料的分类和用途

不同铁磁物质的磁滞回线形状各不相同。如纯铁、硅钢、坡莫合金和软磁铁氧体等铁磁物质，其磁滞回线狭窄，具有磁导率很高、易磁化、易退磁且剩磁较小的特点，由这类铁磁物质构成的工程材料称为软磁材料。软磁材料适用于需要反复磁化的场合，其中低碳钢和硅钢片多用作电机和变压器的铁心；含镍的铁合金片多用于变频器和继电器；铁氧体和非晶态材料多用于振荡器、滤波器、磁头等高频磁路中。

铁磁物质中的碳钢、钨钢、铝镍钴合金等物质，其磁导率不是很高，但一经磁化，能保留很大的剩磁，并且不易退磁，这类物质构成的工程应用材料称为硬磁材料。硬磁材料主要用于磁电式仪表、永磁式扬声器、永磁电动机、发电机、磁悬浮装置、软水器、流量计、微波器、核磁共振设备、磁疗仪器、传感器、耳机等。

还有一类铁磁物质，其特点是加很小的外磁场就能使它磁化，并立刻达到饱和值，去掉外磁场后，磁性仍然保持饱和时的状态；加反向磁场时，又会马上由正向饱和值跳变为反向饱和值，并保持该反向饱和值不变。由于这类铁磁物质构成的工程材料在反复磁化时获得的磁滞回线形状像一个矩形，因而被称为矩磁材料。矩磁材料磁化时只具有正向饱和和反向饱和两种稳定状态，因此工作可靠、稳定性良好，同时这两种稳定状态恰好对应二进制中的“0”和“1”两个数码，因此在计算机和控制系统中被广泛应用于制作各类存储器记忆元件、开关元件和逻辑元件的磁芯。常用的矩磁材料有镁锰铁氧体及 1J51 型铁镍合金等。

综上所述，铁磁物质材料根据工程上用途的不同可分为三大类：软磁材料、硬磁材料和矩磁材料。

5. 铁心损耗

铁心损耗

铁心工作在交变磁场中会发热，铁心发热所造成的能量损耗称为铁损耗。铁损耗包括磁滞损耗和涡流损耗。

磁滞损耗：铁磁材料在反复交变的磁化过程中，内部磁畴的极性取向随着外磁场的交变来回翻转，在翻转的过程中，磁畴间相互碰撞和内摩擦使铁心发热，这种热量损失称为磁滞损耗。磁滞回线包围的面积越大，磁滞损耗越大。

涡流损耗：铁磁材料不仅是导磁材料，同时还是导电材料，当穿过铁心中的磁通发生变化时，在铁心中将产生感应电压和感应电流。这种感应电流在垂直于磁力线的平面内，呈旋涡状，如图 4-5（a）所示，称之为涡流。涡流在铁心电阻上引起的热量损失称为涡流损耗。

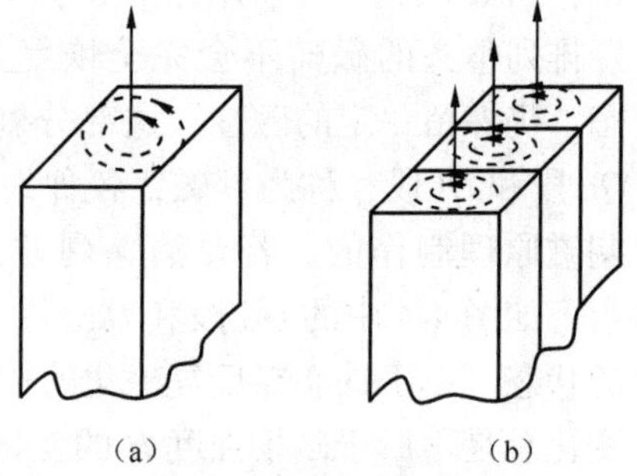

图 4-5　铁心中的涡流

无论是磁滞损耗还是涡流损耗，最终的形式都是转化为热量，致使铁心的温度升高而增加功耗，当铁心发热严重时甚至破坏设备的绝缘，对设备造成损害。

为减轻铁损耗带给设备的危害，交流电工设备中的铁心都不用整块铁磁材料制作，而是在顺着磁场的方向上用表面彼此绝缘的 0.35～0.5mm 厚的硅钢片叠压制成，如图 4-5（b）所示。硅钢片越薄，铁损耗越小，当硅钢片用于高频电路时，厚度只有 0.05～1mm。硅钢片具有较大的电阻率和较高的磁导率，同时又因硅钢片将涡流限制在较小的截面内流通，加长了涡流的路径，从而最大限度地减小了涡流和涡流损耗。

虽然涡流对电机、电器的铁心可造成损害，必须采取措施加以限制，但它在金属加工工艺和电能表中却得到了广泛应用：半导体材料的区熔炉、合金和贵金属冶炼用的熔炼炉、工件的热处理及化工工艺加热设备等，都是利用涡流加热的专门装置；电能表的铝盘转动也利用了涡流现象。

6. 主磁通原理

主磁通原理

仍以图 4-1 所示交流铁心线圈进行讨论。当线圈两端所加电压为正弦量时，电路中的电流和磁路中的磁通也都是同频率的正弦量，根据法拉第电磁感应定律，线圈上的感应电压：

$$
\begin{aligned}
u_{\mathrm{L}} &= N\frac{\mathrm{d}\Phi}{\mathrm{d}t} = N\frac{\mathrm{d}(\Phi_{\mathrm{m}}\sin\omega t)}{\mathrm{d}t} \\
&= N\omega\Phi_{\mathrm{m}}\cos\omega t \\
&= 2\pi fN\Phi_{\mathrm{m}}\sin(\omega t + 90°) \\
&= U_{\mathrm{Lm}}\sin(\omega t + 90°)
\end{aligned}
$$

一般情况下，电源电压有效值与自感电压有效值近似相等。因此：

$$
U \approx \frac{U_{\mathrm{Lm}}}{\sqrt{2}} \approx \frac{2\pi fN\Phi_{\mathrm{m}}}{1.414} \approx 4.44fN\Phi_{\mathrm{m}} \tag{4-5}
$$

式（4-5）表明，当线圈匝数 N 及电源频率 f 一定时，铁心中工作主磁通的最大值 Φ_{m} 的大小取决于励磁线圈外加电压的有效值，而与铁心的材料及几何尺寸无关。

主磁通原理：对交流铁心线圈而言，当外加电压有效值 U 与频率 f 一定时，铁心中工作主磁通的最大值 Φ_{m} 将始终维持不变。

主磁通原理和欧姆定律一样，也是分析交流铁心线圈磁路的重要依据。由主磁通原理可知，电机、电器在正常工作时，由于 Φ 基本保持不变，因此铁损耗基本不变，所以通常把铁损耗称为不变损耗。电机、电器中绕组上的铜损耗由于与通过绕组中的电流的平方成正比，所以负载变动时电流变动，铜损耗随之变化，因此常把铜损耗称为可变损耗。

【例 4.1】一个交流电磁铁因出现机械故障造成通电后衔铁不能吸合，结果把线圈烧坏，试分析其原因。

【解】由主磁通原理可知，当线圈两端电压有效值 U 及电源频率 f 不变时，铁心磁路中工作主磁通的最大值 Φ_{m} 基本保持不变。因此，根据磁路欧姆定律进行分析：衔铁不能吸合使磁路中始终存在一个气隙，气隙虽小却造成磁路的磁阻 R_{m} 大大增加，电源必须增大电流以产生足够的磁动势 IN，以保持 Φ_{m} 基本不变。这种情况下，线圈中的电流要超出正常值很多倍，将很快导致线圈过热而被烧坏。

检验学习结果

1. 磁通 Φ、磁导率 μ、磁感应强度 B 和磁场强度 H 分别表征了磁路的哪些特征？这些描述磁场的物理量单位上有何不同？其中 B 和 H 的概念有何异同？
2. 根据物质导磁性能的不同，自然界中的物质可分为哪几类？它们在相对磁导率上的区别是什么？铁磁物质具有哪些磁性能？
3. 铜和铝能够被磁化吗？为什么？
4. 根据工程上用途的不同，铁磁物质可分为哪几类？试述它们的特点和用途。
5. 何谓铁损耗？什么是磁滞损耗？什么是涡流损耗？
6. 电机、电器的铁心为什么通常做成闭合的？如果铁心回路中存在间隙，对电机、电器有何影响？

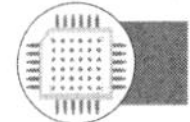

4.2　变压器的基本结构和工作原理

学习目标

了解变压器的基本结构；熟悉变压器空载和负载运行时的电磁过程；理解并掌握变压

器变换电压、变换电流和变换阻抗的作用。

1. 变压器的基本结构

在图 4-1 所示交流铁心上再加上一个线圈，就构成了一个最简单的双绕组变压器，变压器的结构原理图如图 4-6（a）所示，图形符号如图 4-6（b）所示。

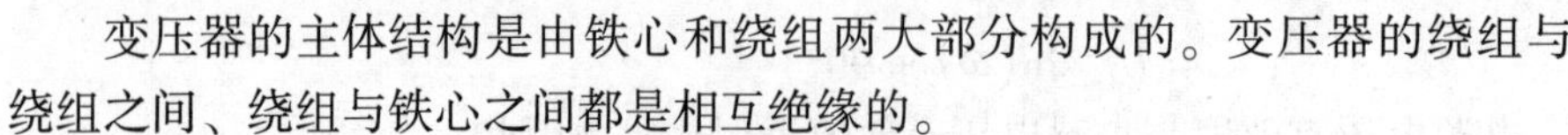

变压器的主体结构是由铁心和绕组两大部分构成的。变压器的绕组与绕组之间、绕组与铁心之间都是相互绝缘的。

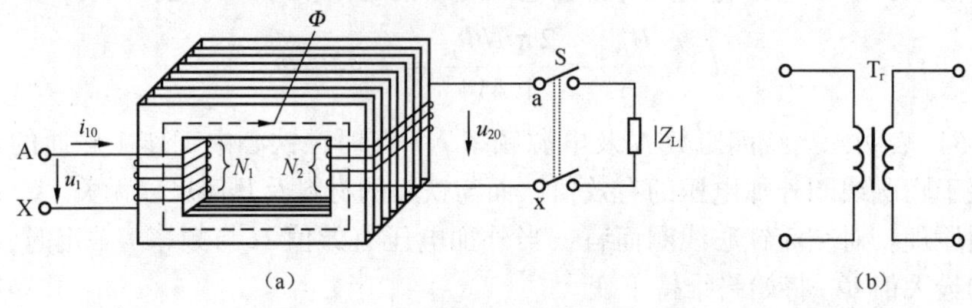

图 4-6　变压器结构原理图及图形符号

变压器的绕组构成其电路部分。电力变压器的绕组通常用绝缘的扁铜线或扁铝线绕制而成；小型变压器的绕组一般用漆包线绕制而成。变压器电路部分的作用是接收和输出电能，通过电磁感应实现电量的转换。与电源相接的绕组称为一次侧（或原边、原绕组），一次侧的首、尾端通常分别用“A”“X”表示；与负载相接的绕组称为二次侧（或副边、副绕组），一般常用“a”“x”表示。一次侧各量一般采用下标“1”，二次侧各量采用下标“2”。

铁心构成变压器的磁路部分。各类变压器用的铁心材料都是软磁材料：电力系统中为减小铁心中的磁滞损耗和涡流损耗，常用硅钢片叠压制成变压器铁心；电子工程中音频电路的变压器铁心一般采用坡莫合金制作，高频电路中的变压器则广泛使用铁氧体。变压器磁路的作用是利用磁耦合关系实现能量的传递。

变压器的工作原理

2. 变压器的工作原理

（1）变压器的空载运行与变换电压的作用

变压器一次侧接交流电源，二次侧开路的运行状态称空载。变压器的空载运行如图 4-6（a）所示。当变压器一次侧所接电源电压和频率不变时，根据主磁通原理可知，变压器铁心中通过的工作主磁通 Φ 应基本保持为一个常量。

由于变压器铁心是用高导磁性的软磁材料制成的，因此，产生工作主磁通 Φ 仅需很小的激励电流“i_{10}”。变压器一次侧空载运行时的激励电流值通常仅为变压器额定电流的 3%~8%。

变压器铁心中交变的工作主磁通 Φ，穿过其一次侧时产生自感电压 u_{L1}，其有效值为

$$U_{L1} \approx 4.44fN_1\Phi_m$$

由于变压器中的损耗很小，通常可认为电源电压 $U_1 \approx U_{L1}$。铁心中的工作主磁通 Φ 穿过二次侧时产生互感电压 u_{M2}，互感电压的有效值为

$$U_{M2} \approx 4.44fN_2\Phi_m$$

二次侧由于开路而电流等于零，因此空载时二次侧不存在损耗，有 $U_{20}=U_{M2}$。

这样，我们就可得到变压器空载情况下一、二次侧电压的比值为

$$\frac{U_1}{U_{20}} \approx \frac{U_{L1}}{U_{M2}} = \frac{4.44fN_1\Phi_m}{4.44fN_2\Phi_m} = \frac{N_1}{N_2} = k \tag{4-6}$$

式中，k 称为变压比，简称变比。显然，变压器一、二次侧电压之比等于其一、二次侧的匝数之比。当 $k>1$ 时为降压变压器；当 $k<1$ 时为升压变压器。

【例 4.2】一台 $S_N = 600\text{kV}\cdot\text{A}$ 的单相变压器，接在 $U_1 = 10\text{kV}$ 的交流电源上，空载运行时它的二次侧电压 $U_{20} = 400\text{V}$。试求变比 k；若已知 $N_2 = 32$ 匝，求 N_1。

【解】根据式（4-6）可得

$$k \approx \frac{U_1}{U_{20}} = \frac{10000}{400} = 25$$

$$N_1 = kN_2 = 25 \times 32 = 800(\text{匝})$$

【例 4.3】一台 35kV 的单相变压器接于工频交流电源上，已知二次侧空载电压 $U_{20} = 6.6\text{kV}$，铁心截面积为 1120cm^2，若选取铁心中的磁感应强度 $B_m = 1.5\text{T}$，求变压器的变比及其一、二次侧匝数 N_1 和 N_2。

【解】根据式（4-6）可得

$$k \approx \frac{U_1}{U_{20}} = \frac{35}{6.6} \approx 5.3$$

铁心中的工作主磁通最大值为

$$\Phi_m = B_m S = 1.5 \times 1120 \times 10^{-4} = 0.168(\text{Wb})$$

一、二次侧匝数分别为

$$N_1 = \frac{U_1}{4.44f\Phi_m} = \frac{35000}{4.44 \times 50 \times 0.168} \approx 938(\text{匝})$$

$$N_2 = \frac{N_1}{k} = \frac{938}{5.3} \approx 177(\text{匝})$$

（2）变压器的负载运行与变换电流的作用

图 4-7 所示为变压器的负载运行原理图。变压器在负载运行状态下，二次侧感应电压 u_2 将在负载回路中激发电流 i_2。由于 i_2 的大小和相位主要取决于负载的大小和性质，因此常把 i_2 称为负载电流。

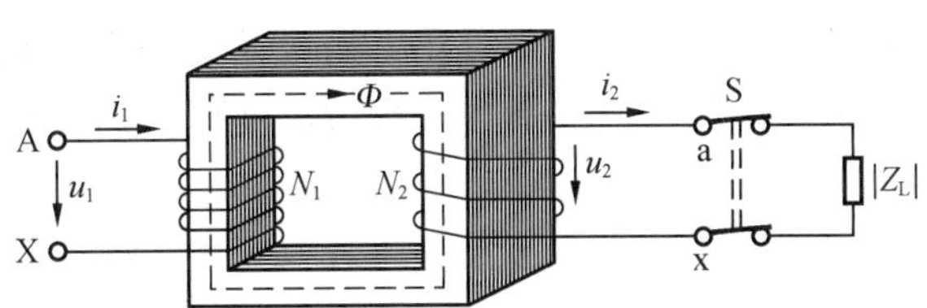

图 4-7　变压器的负载运行原理图

负载电流通过二次侧时建立磁动势 $\dot{I}_2N_2$，$\dot{I}_2N_2$ 作用于变压器磁路并力图改变工作主磁通 Φ。但是 U_1 和电源频率 f 并没有发生变化，因此变压器铁心中的工作主磁通 Φ 应维持原值不变。这时，一次侧磁动势将由空载时的 $\dot{I}_{10}N_1$ 相应增大至 $\dot{I}_1N_1$，其增大的部分恰好与二次侧磁动势 $\dot{I}_2N_2$ 的影响相抵消，即

$$\dot{I}_1 N_1 + \dot{I}_2 N_2 = \dot{I}_{10} N_1 \tag{4-7}$$

其中 $\dot{I}_{10}$ 很小可忽略不计，故上式可改写为

$$\dot{I}_1 N_1 + \dot{I}_2 N_2 \approx 0$$

或

$$\dot{I}_1 N_1 \approx -\dot{I}_2 N_2 \tag{4-8}$$

由式（4-8）可推出变压器负载运行时的一、二次侧电流有效值的关系为

$$\frac{I_1}{I_2} \approx \frac{N_2}{N_1} = \frac{1}{k} \tag{4-9}$$

二次侧电流的大小由负载阻抗的大小决定。一次侧电流的大小又取决于二次侧电流，因此，变压器一次侧电流的大小取决于负载的需要。当负载需要的功率增大（或减小）时，即 I_2U_2 增大（或减小）时，I_1U_1 随之增大（或减小）。换句话说，就是变压器一次侧通过磁耦合将功率传送给负载，并能自动适应负载对功率的需求。

变压器在能量传递过程中损耗很小，可认为其输入、输出容量基本相等，即

$$U_1 I_1 \approx U_2 I_2 \tag{4-10}$$

由式（4-10）也可看出：

$$\frac{I_1}{I_2} \approx \frac{U_2}{U_1} = \frac{N_2}{N_1} = \frac{1}{k}$$

可见，变压器改变电压的同时也改变了电流，这就是变压器变换电流的原理。

（3）变压器的变换阻抗作用

仍以图 4-7 作为分析对象。图中 $|Z_L| = U_2/I_2$，一次侧输入等效阻抗 $|Z_1| = U_1/I_1$。把变压器上的电压、电流变换关系代入到一次侧输入等效阻抗公式中可得

$$|Z_1| = \frac{U_1}{I_1} = \frac{U_2 k}{\frac{I_2}{k}} = k^2 \frac{U_2}{I_2} = k^2 |Z_L| \tag{4-11}$$

式中，$|Z_1|$ 称为变压器二次侧阻抗 $|Z_L|$ 归结到变压器一次侧电路后的折算值，也称为二次侧对一次侧的反应阻抗。显然，通过改变变压器的变比，可以达到阻抗变换的目的。

电子技术中常采用变压器的阻抗变换功能，来满足电路中对负载上获得最大功率的要求。例如，收音机、扩音机的扬声器阻抗值通常为几欧或十几欧，而功率输出级常常要求负载阻抗为几十欧或几百欧。这时，为使负载获得最大输出功率，就需在电子设备功率输出级和负载之间接入一个输出变压器，并适当选择输出变压器的变比，以满足阻抗匹配的条件，使负载上获得最大功率。

【例 4.4】 已知某收音机输出变压器的一次侧匝数 $N_1 = 600$ 匝，二次侧匝数 $N_2 = 30$ 匝，原来接有阻抗为 16Ω 的扬声器，现要改装成 4Ω 的扬声器，求二次侧匝数应改为多少。

【解】 接 $|Z_L| = 16\Omega$ 的扬声器时，已达阻抗匹配，原来的变比为

$$k = N_1/N_2 = 600/30 = 20$$

则

$$|Z_1| = k^2 |Z_L| = 20^2 \times 16 = 6400\ (\Omega)$$

改装成 $|Z_L|' = 4\Omega$ 的扬声器后，根据式（4-11）可得

$$k'^2 = 6400/4 = 1600 \qquad k' = 40$$

因此

$$N_2' = N_1/k' = 600/40 = 15\ (匝)$$

3. 变压器的外特性

当变压器接入负载后，随着负载电流 i_2 的增加，二次侧的阻抗压降也增加，使二次侧输出电压 u_2 随着负载电流的变化而变化。另一方面，当一次侧电流 i_1 随 i_2 的增加而增加时，一次侧的阻抗压降也增加。由于电源电压 u_1 不变，则一、二次侧感应电压 u_1 和 u_{20} 都将有所下降，当然也会影响二次侧的输出电压 u_2 下降。变压器的外特性就用于描述输出电压 u_2 随负载电流 i_2 变化的关系，即 $u_2=f(i_2)$。若把两者之间的对应关系用曲线表示出来，我们就可得到图 4-8 所示的变压器外特性曲线。

当负载性质为纯电阻时，功率因数 $\cos\varphi_2=1$，u_2 随 i_2 的增加略有下降；当功率因数 $\cos\varphi_2=0.8$，为感性负载时，u_2 随 i_2 的增加下降的程度加大；当 $\cos(-\varphi_2)=0.8$，为容性负载时，u_2 随 i_2 的增加反而有所增加。由此可见，负载的功率因数对变压器外特性的影响是很大的。

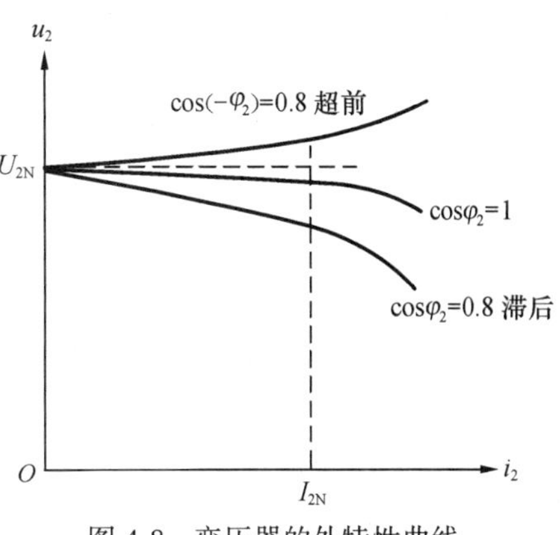

图 4-8　变压器的外特性曲线

4. 电压调整率

变压器外特性变化的程度，可以用电压调整率 $\Delta U\%$ 来表示。电压调整率定义为：变压器由空载到满载（额定电流为 I_{2N}）时，二次侧输出电压 u_2 的变化程度，即

$$\Delta U\% = \frac{U_{20}-U_{2N}}{U_{20}} \times 100\% \tag{4-12}$$

电压调整率反映了变压器运行时输出电压的稳定性，是变压器的主要性能指标之一。一般变压器的漏阻抗很小，故电压调整率不大，为 2%~3%。当负载的功率因数过低时，会使电压调整率大为增加，负载电流此时的波动必将引起供电电压较大的波动，给负载运行带来不良的影响。为此，当电压波动超过用电的允许范围时，必须进行调整。提高线路的功率因数，也能起到减小电压调整率的作用。

5. 变压器的损耗和效率

在能量传递的过程中，变压器内部将产生损耗。变压器内部的损耗包括铜损耗和铁损耗两部分，即 $\Delta P=\Delta P_{Cu}+\Delta P_{Fe}$。在电源电压有效值 U_1 和频率 f 不变的情况下，由于工作主磁通 Φ 始终维持不变，因此无论空载还是满载，变压器的铁损耗 ΔP_{Fe} 几乎是一个固定值，故称 ΔP_{Fe} 为不变损耗；而变压器的铜损耗 $\Delta P_{Cu}=I_1^2R_1+I_2^2R_2$，与一、二次侧电流的平方成正比，即 ΔP_{Cu} 随负载的大小变化而变化，故称可变损耗。

变压器的效率是指变压器输出功率 P_2 与输入功率 P_1 的比值，通常用百分数表示，即

$$\eta = \frac{P_2}{P_1} \times 100\% = \frac{P_2}{P_2+\Delta P_{Cu}+\Delta P_{Fe}} \times 100\% \tag{4-13}$$

变压器没有旋转部分，内部损耗也较小，故效率较高。控制装置中的小型电源变压器效率通常在 80%以上，而电力变压器的效率一般可达 95%以上。

运行中需要注意的是，变压器并非运行在额定负载时效率最高。经分析，变压器的负载为满载的70%左右时，其效率可达最高值。因此，要根据负载情况采用最好的运行方式。譬如控制变压器运行台数、投入适当容量的变压器等，以使变压器能够处在高效率情况下运行。

检验学习 结果

1. 欲制作一个 220V/110V 的小型变压器，能否一次侧绕 2 匝，二次侧绕 1 匝？为什么？

2. 已知变压器一次侧额定电压为工频交流 220V，为使铁心不致饱和，规定铁心中工作主磁通的最大值不能超过 0.001Wb，则变压器铁心上原边线圈至少应绕多少匝？

3. 一个交流电磁铁，额定值为工频 220V，现不慎接在了 220V 的直流电源上，会不会烧坏？为什么？若接于 220V、50Hz 的交流电源上又如何？

4. 变压器能否变换直流电压？为什么？若不慎将一台额定电压为 110V/36V 的小容量变压器的一次侧接到 110V 的直流电源上，二次侧会产生什么情况？一次侧呢？

5. 变压器运行中有哪些基本损耗？其可变损耗指的是什么？不变损耗又是指什么？

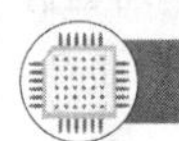

4.3 实际应用中的常见变压器

学习目标

电力变压器

了解常见变压器的种类及其用途。

1. 电力变压器及其用途

由于各种用电设备使用的场合不同，其额定电压也不尽相同。如日常生活和照明用电一般为220V 工频电压，工农业生产中的交流电动机一般用 380V 工频电压，大型设备的高压电动机一般采用 3kV 或 6kV 工频电压等。如果用很多不同电压的发电机向各类负载供电，则既不经济又不方便，实际上也是不可能的。电力系统中为了输电、供电、用电的需要，采用电力变压器把同一频率的交流电压变换成各种不同等级的电压，以满足不同用户的需求。

目前所使用的电能主要是发电厂和水电站的交流发电机产生的。受绝缘水平的限制，发电机的出口电压不可能太高，一般以 6.3kV、10.5kV、12.5kV 为最多。这样的电压要将电能输送到很远的地方是不可能的，因为当输送一定功率的电能时，电压越低，则电流越大，因而电能有可能大部分或全部消耗在输电线的电阻上；如果要减小输电线电阻以输送大电流，就要用大截面的输电线，这样就使铜损耗量大大增加。为了减少输电线路上的能量损耗和减小输电线截面积，就要用升压变压器将电能升高到几十千伏或几百千伏，以降低输送电流。例如，将输电电压升高到 110kV 时，可以把 5 万千瓦的功率送到 150km 以外的地方去；若将输电电压升高到 220kV，则可把 10 万~20 万千瓦的功率送到 200~300km 以外的地方去。目前，我国远距离交流输电电压有 35kV、110kV、220kV、550kV 等几个等级，国际上正在实验的最高输电电压是 1000kV。如此高的电压是无法直接用于电气设备的。一方面用电设备的绝缘材料不可能具备如此高的耐压等级，另一方面使用也不安全。所以需要通过降压变压器将高电压降到用户需要的低电压后方能使用。通常，电能从发电厂（站）到用户的整个输送过程中，需要经过 3~5 次变换电压。由此可见，在电力系统中，电力变压器的应用是非常广泛的，而且它对电能的经济传输、合理分配和安全使用也具有十分重要的意义。

2. 自耦变压器

电力变压器是双绕组变压器，其一、二次侧绕组相互绝缘而绕在同一铁心柱上，两绕组之间仅有磁的耦合而无电的联系。自耦变压器只有一个绕组，一次侧绕组的一部分兼作二次侧绕组。两者之间不仅有磁的耦合，而且还有电的直接联系。

自耦变压器的工作原理和普通双绕组变压器一样，由于同一主磁通穿过两绕组，所以主磁通穿过两绕组，所以一、二次侧电压的变比仍等于一、二次侧绕组的匝数比。

实验室使用的自耦变压器通常做成可调式的。它有一个环形的铁心，线圈绕在环形的铁心上。转动手柄时，带动滑动触头来改变二次侧绕组的匝数，从而均匀地改变输出电压，这种可以平滑调节输出电压的自耦变压器称为自耦调压器。图 4-9 所示为单相和三相自耦调压器外形图。

（a）单相　　（b）三相

图 4-9　自耦调压器外形图

自耦调压器的最大优点是可以通过转动手柄来获得所需要的各种电压，它不仅可用于降压，而且输出端电压还可以稍高于一次侧的电压。实验室中广泛使用的单相自耦调压器，输入电压为 220V，输出电压可在 0~250V 任意调节。

自耦变压器的一、二次侧绕组电路直接连接在一起，因此一旦高压侧出现电气故障必然会波及低压侧，这是它的缺点。当高压绕组的绝缘损坏时，高电压会直接传到二次侧绕组，这是很不安全的。由于这个原因，接在变压器低压侧的电气设备，必须有防止过电压的措施，而且规定不准把自耦变压器作为安全电源变压器使用。此外，自耦调压器在接电源之前，一定要把手柄转到零位。

3. 电焊变压器

图 4-10 所示的交流电焊机在生产实际中应用很广泛，它实质上是一种特殊的降压变压器，故称电焊变压器。电弧焊是靠电弧放电的热量来融化焊条和金属以达到焊接金属的目的的。为了保证焊接质量和电弧燃烧的稳定性，对电焊变压器有以下几点要求。

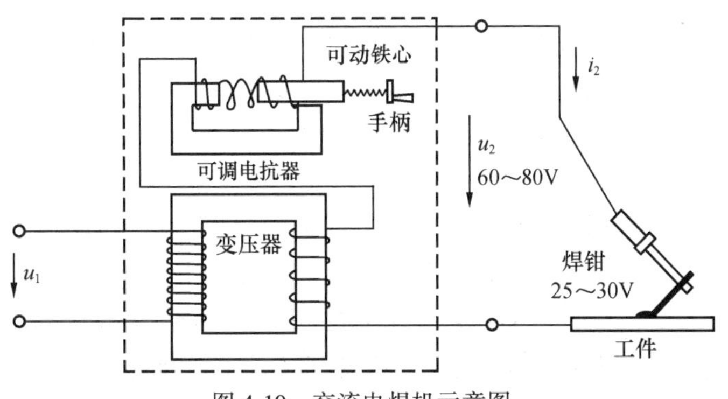

图 4-10　交流电焊机示意图

① 电焊变压器应具有较高的起弧电压。起弧电压应达到 60～70V，额定负载时约为 30V。

② 起弧以后，要求电压能够迅速下降，同时在短路时（如焊条碰到工件上时，一次侧输出电压为零）二次侧电流也不要过大，一般不超过额定值的两倍。也就是说，电焊变压器要具有陡降的外特性，如图 4-11 所示。

③ 为了适应不同的焊接要求，要求电焊变压器的焊接电流能够在较大的范围内进行调节，而且工作电流要比较稳定。

为满足上述要求，交流电焊机的电源由一个能提供大电流的变压器和一个可调电抗器组成。电抗器的可动铁心有一定的气隙，通过转动螺杆可以改变气隙的长短。当气隙加长后，磁阻增大，由磁路欧姆定律可知，此时的电流增大；当气隙变短时，工作电流随之减小。由此可见，要获得不同大小的焊接电流，通过改变气隙的长短即可实现。

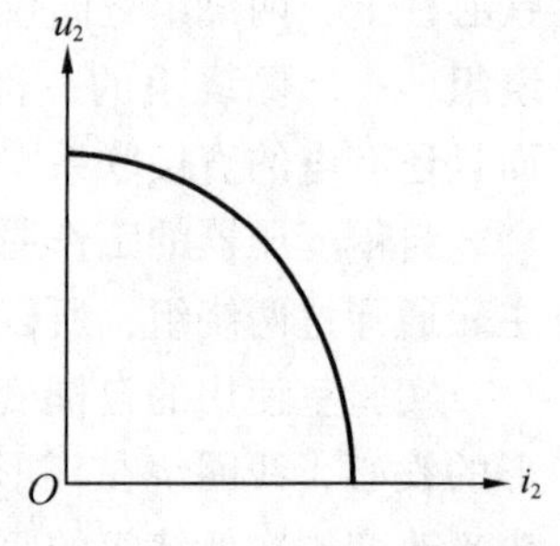

图 4-11　电焊变压器的外特性

电焊变压器的空载电压为 60～80V，当电弧起燃后，焊接电流通过电抗器产生电压降，使焊接电压降至 25～30V 维持电弧工作。通常手工电弧焊使用的电流范围是50～500A。

4. 仪用互感器

仪用互感器

在电力系统中，电压可高达几百兆伏，电流可大到几万安培。如此大的电量要直接用于检测或取作继电保护装置用电是不可能的。此时，可用特种变压器将一次侧的高电压或大电流，按比例缩小为二次侧的低电压或小电流，以供测量或继电保护装置使用。这种专门用来传递电压或电流信息，以供测量或继电保护装置使用的特种变压器，称为仪用变压器，又称仪用互感器。

仪用互感器按其用途不同，可分为电压互感器和电流互感器两种。其中用于测量高电压的互感器称为电压互感器；用于测量大电流的互感器称为电流互感器。

（1）电压互感器

电压互感器实质上是一种变压比比较大的降压变压器。图 4-12 所示为电压互感器原理图。

电压互感器的一次侧并联于被测电路中，二次侧接电压表或其他仪表（如功率表的电压线圈）。使用电压互感器时应注意以下几点。

① 二次侧不允许短路。

② 互感器的铁心和二次侧的一端必须可靠接地。

③ 使用时，在二次侧并接的电压线圈或电压表不宜过多，以免二次侧负载阻抗过小，导致一、二次侧电流增大，使电压互感器内阻抗压降增大，影响测量的精度。通常电压互感器低压侧的额定值均设计为 100V。

（2）电流互感器

图 4-13 所示为电流互感器原理图。电流互感器的一次侧绕组是由一匝或几匝截面积较大的导线构成的，直接串联在被测电路中，流过的是被测电流。电流互感器的二次侧绕组的匝数较多，且与电流表或功率表的电流线圈构成闭合回路。由于电流表和其他仪表的电流线圈阻抗很小，因此电流互感器运行时，接近于变压器短路运行。

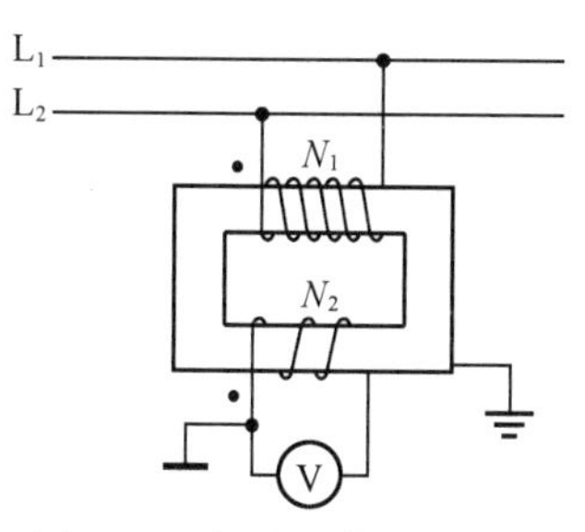

图 4-12　电压互感器原理图

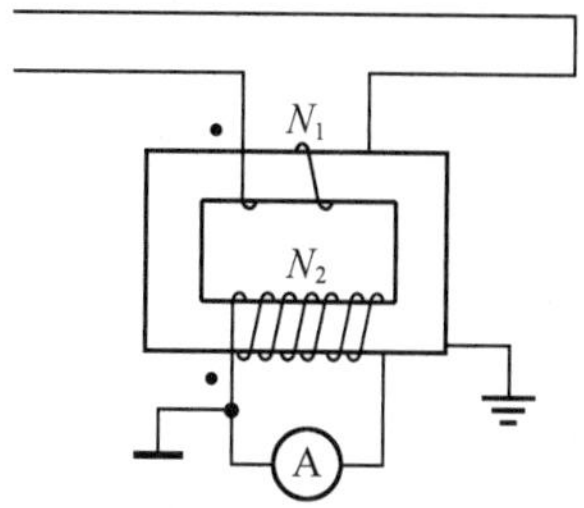

图 4-13　电流互感器原理图

在使用电流互感器时应注意以下几点。

① 二次侧不允许开路。因为一旦二次侧开路，I_2 的退磁作用将消失，这时流过一次侧绕组的大电流便成为励磁电流。如此大的励磁电流将使电流互感器铁心中的磁通猛增，导致铁心过热使电流互感器绕组绝缘损坏，甚至危及人身安全。为了在更换仪表时不使电流互感器二次侧开路，通常在电流互感器的二次侧并联一个开关，在更换仪表之前，先将开关闭合，然后更换仪表。

② 电流互感器二次侧绕组必须可靠接地，以防止由于绝缘损坏而将一次侧高压传到二次侧，避免事故发生。

③ 电流互感器二次侧所接的仪表阻抗不得大于规定值，否则会降低电流互感器的精确度。为使测量仪表规格化，通常电流互感器二次侧额定电流设计成标准值，一般为 5A 或 1A。

检验学习 结果

1. 自耦变压器为什么不能作安全变压器使用？
2. 电压互感器与电流互感器在使用时应注意什么？
3. 电焊变压器的外特性和普通变压器的外特性相比有何不同？

技能 训练

1. 常用铁磁材料

(1) 电工纯铁（牌号 DT）

电工纯铁是一种含碳量极低的软铁（碳的质量分数小于 0.04%）。

(2) 硅钢片（牌号有 DR、DW 或 DQ）

硅钢片又名电工钢片，是一种在铁中加入 0.5%～4.5%（质量分数）的硅，经轧制而成的厚度为 0.05～1mm 的片状铁硅合金材料（分为无取向、取向，热轧、冷轧）。硅钢片是电力和电信等工业的基础材料，用量占铁磁材料的 90%以上，主要用于工频交流电磁元器件中。冷轧无取向硅钢片主要用于小型叠片铁心，冷轧取向硅钢片主要用于电力变压器和大型发电机。

(3) 铁镍合金

铁镍合金又称坡莫合金，多用于弱磁场或要求磁导率特别高的场合。

(4) 铝镍钴合金

铝镍钴合金是一种金属硬磁材料，主要用于电动机、微型电动机、磁电系仪表等。

2. 交流电焊机（弧焊机）的使用与维护

(1) 交流电焊机使用前的维护与保养

① 检查电气开关是否安全可靠，接地是否良好，金属外壳的防护装置与焊台外接线路是否固定，进出接线端螺母是否紧固，对有印制线路放大板的焊机接插件应检查是否接触良好。

② 检查电源及电缆线是否完好，并分开放置。

③ 检查电源调节装置是否齐全，粗调螺杆、螺母松紧是否适度，位置是否正确。

④ 工具附件应齐全、可靠。

⑤ 检查焊钳绝缘与夹指性能是否良好。

⑥ 检查电线是否受潮，电缆线不得与气体焊割设备交错混杂地放置在一起，检查有无易燃易爆物品在危险范围内。

(2) 交流电焊机使用时的注意事项

① 使用交流电焊机时，开关电源的动作要迅速、果断，若开关上有禁用牌，切勿合闸。

② 工作时如发现电源开关、保险装置、绝缘导线、检测电表和变压器声响异常，应立即停止工作，待查明原因排除故障后方可继续使用。

③ 禁止在带有压力的容器和管道上进行焊接。

④ 交流电焊机用的焊接电线接头不得超过两个。

⑤ 特殊环境下：焊接管子时应打开管子两端，管子两端不准接触易燃易爆物品，且不能对准人体；焊接储油器或盛装过化学药品的容器及管道，必须先清洁后方可进行焊接操作；焊接空金属容器或锅炉内部时，应使用安全焊钳，手提灯具电压不得大于36V，应一人操作、一人监护，并保持工作场所的通风良好；在狭窄地方焊接时要注意人体皮肤不得与金属物相接触，以免烫伤；雨雪天不允许在棚顶操作；高空作业不得用电缆线固定人体。

⑥ 焊接完毕后，一定要关闭电焊机的电源。

(3) 交流电焊机使用后的保养

① 焊接操作完成并断开操作电源后，检查并扑灭现场火星，清理工作现场，工具放在规定的地方。

② 保持电焊机外表面的清洁，配齐螺钉、螺母、标牌并修整护罩。

③ 清除电焊变压器内、外的灰尘，检查其温升，确保其不超过规定值，看接地零线是否良好。

④ 检查电流调节器是否刻度准确、灵敏。

⑤ 紧固电线接头，检查启动开关。

学海领航	通过学习黄大年不忘初心、至诚报国的事迹，引导年轻一代继续发扬老一辈科技工作者赤诚爱国的情怀和忘我奋斗的科研精神，以科技兴国为主旨，以弘扬爱国主义、科普教育为目标，深入学习更多的知识和技能以报效祖国。

检测题（共80分，100分钟）

一、填空题（每空0.5分，共19分）

1. 变压器运行中，绕组中电流的热效应引起的损耗称为________损耗；交变磁场在铁心中所引起的________损耗和________损耗合称为________损耗。其中________损耗又称为不变损耗；________损耗称为可变损耗。

2. 变压器空载电流的________分量很小，________分量很大，因此空载的变压器功率因数________，而且是________性的。

3. 电压互感器实质上是一个________变压器，在运行中一次侧不允许________；电流互感器是一个________变压器，在运行中二次侧不允许________。从安全使用的角度出发，两种互感器在运行中，其________都应可靠接地。

4. 变压器是既能变换________，又能变换________，还能变换________的电气设备。变压器在运行中，只要________和________不变，其工作主磁通 Φ 将基本维持不变。

5. 三相变压器的一次侧额定电压是指其________值，二次侧额定电压指________值。

6. 变压器空载运行时，其________很小而________耗也很小，所以空载时的总损耗近似等于________损耗。

7. 根据工程上用途的不同，铁磁材料一般可分为________材料、________材料和________材料三大类，其中电机、电器的铁心通常采用________材料制作。

8. 自然界的物质根据导磁性能的不同一般可分为________物质和________物质两大类。其中________物质内部无磁畴结构，而________物质的相对磁导率远远大于 1。

9. ________经过的路径称为磁路，其单位有________和________。

10. 发电厂向外输送电能时，应通过________变压器将发电机的出口电压进行变换后输送；分配电能时，需通过________变压器将输送的电能变换后供应给用户。

二、判断题（每小题 1 分，共 10 分）

1. 变压器的损耗越大，其效率就越低。（　　）
2. 变压器从空载到满载，铁心中的工作主磁通和铁损耗基本不变。（　　）
3. 变压器无论带何性质的负载，当负载电流增大时，输出电压必降低。（　　）
4. 电流互感器运行中二次侧不允许开路，否则会感应出高电压而造成事故。（　　）
5. 防磁手表的外壳是用铁磁材料制作的。（　　）
6. 变压器只能变换交流电，不能变换直流电。（　　）
7. 电机、电器的铁心通常都是用软磁材料制作的。（　　）
8. 自耦变压器由于一、二次侧有电的联系，所以不能作为安全变压器使用。（　　）
9. 无论何种物质，内部都存在磁畴结构。（　　）
10. 磁场强度 H 的大小不仅与励磁电流有关，还与介质的磁导率有关。（　　）

三、选择题（每小题 2 分，共 12 分）

1. 变压器若带感性负载，从轻载到满载，其输出电压将会（　　）。

A. 升高　　B. 降低　　C. 不变

2. 变压器从空载到满载，铁心中的工作主磁通将（　　）。

A. 增大　　B. 减小　　C. 基本不变

3. 电压互感器实际上是降压变压器，其一、二次侧绕组匝数及导线截面积情况是（　　）。

A. 一次侧匝数多，导线截面积小　　B. 二次侧匝数多，导线截面积小

4. 自耦变压器不能作为安全电源变压器的原因是（　　）。

A. 公共部分电流太小　　B. 一、二次侧有电的联系　　C. 一、二次侧有磁的联系

5. 决定电流互感器一次侧电流大小的因素是（　　）。

A. 二次侧电流　　B. 二次侧所接负载　　C. 变流比　　D. 被测电路

6. 若电源电压高于额定电压，则变压器空载电流和铁损耗比原来的数值将（　　）。

A. 减少　　B. 增大　　C. 不变

四、简述题（每小题3分，共21分）

1. 变压器的负载增加时，其一次侧绕组中电流怎样变化？铁心中工作主磁通怎样变化？输出电压是否一定要降低？

2. 若电源电压低于变压器的额定电压，输出功率应如何适当调整？若负载不变会引起什么后果？

3. 变压器能否改变直流电压？为什么？

4. 铁磁材料具有哪些磁性能？

5. 简述硬磁材料的特点。

6. 为什么铁心不用普通的薄钢片而用硅钢片？制作电机、电器的芯子能否用整块铁心或不用铁心？

7. 具有铁心的线圈电阻为 R，加直流电压 U 时，线圈中通过的电流 I 为何值？若铁心有气隙，当气隙增大时，电流和磁通哪个改变？为什么？若线圈加的是交流电压，当气隙增大时，线圈中电流和磁路中磁通又是哪个变化？为什么？

五、计算题（共18分）

1. 一台容量为20kV · A的照明变压器，它的电压为6600V/220V，试计算它能够正常供应220V、40W的白炽灯多少盏；能供给 $\cos\varphi = 0.6$、电压为220V、功率为40W的日光灯多少盏。（10分）

2. 已知输出变压器的变比 $k = 10$，二次侧所接负载电阻为8Ω，一次侧信号源电压为10V，内阻 R_0 =200Ω，求负载上获得的功率。（8分）

第5章 异步电动机及其控制

电动机的发展概况

利用电磁原理实现电能与机械能相互转换的机械装置，称为电机，电机包括发电机和电动机。从能量转换的角度来看，电动机是把电能转换为机械能的一种动力机械。根据用电性质的不同，电动机可分为直流电动机和交流电动机。由于工农业生产和日常生活中通常使用的是交流电，因此交流电动机得到了极其广泛的应用。交流电动机根据工作原理的不同，又可分为同步电动机和异步电动机，其中异步电动机的应用最为广泛，厂矿企业、交通工具、娱乐、科研、农业生产、日常生活都离不开异步电动机。

电动机的分类

目的和要求 了解三相异步电动机和单相异步电动机的基本结构、工作原理和铭牌数据；理解和掌握三相异步电动机机械特性的分析方法；熟悉常用低压电气元件及三相异步电动机的基本控制线路；理解三相异步电动机的启动、制动、调速等概念；熟悉和理解异步电动机的各种常见控制过程的原理。

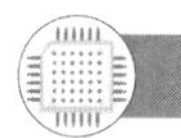

5.1 异步电动机的基本知识

学习目标

熟悉异步电动机的基本结构和工作原理，了解其机、电能量的转换过程；了解异步电动机的铭牌数据、额定值。

三相异步电动机的结构

1. 三相异步电动机的结构

异步电动机主要由定子和转子两大部分组成，两大部分之间由气隙隔开。按照转子结构形式的不同，又可分为鼠笼式和绕线式两种。

图 5-1 所示为三相鼠笼式异步电动机的结构示意图。和其他电动机相比，鼠笼式异步电动机具有结构简单、制造成本低廉、使用和维修方便、运行可靠且效率高等优点，因此被广泛应用于工农业生产的各种机床、水泵、通风机、锻压和铸造机械、传送带、起重机及家用电器、实验设备中。但鼠笼式异步电动机调速性能差、功率因数低，尤其是单相鼠笼式异步电动机，由于其容量小、性能较差，一般常用于日常生活及办公设备或小功率电动工具中。随着科学技术的发展，异步电动机的性能正在不断完善与提高。

（1）定子

定子由定子铁心、定子绕组、机座等固定部分组成。定子铁心是电机磁路的一部分，由 0.5mm 厚的硅钢片叠压制成，在其内圆冲有均匀分布的槽，如图 5-2 所示。定子铁心槽内对称嵌放定子绕组。定子绕组是电动机的电路部分，通常由漆包线绕制而成。三相电动机的三相绕组根据需要可以连接成星形或三角形，与电源相接的引线由机座上的接线盒端子板引出。机座是电动机的支架，一般用铸铁或铸钢制成。

(2) 转子

转子由转子铁心、转子绕组和转轴 3 部分组成。转子铁心也是由 0.5mm 厚的硅钢片叠压制成，在硅钢片外圆冲有均匀分布的槽，用来嵌放转子绕组，如图 5-3（a）所示。转子铁心固定在转轴上。鼠笼式异步电动机的转子绕组与定子绕组不同，在转子铁心的槽内浇铸铝导条（或嵌放铜条），两边端部用短路环短接，形成闭合回路，如图 5-3（b）、（c）所示。

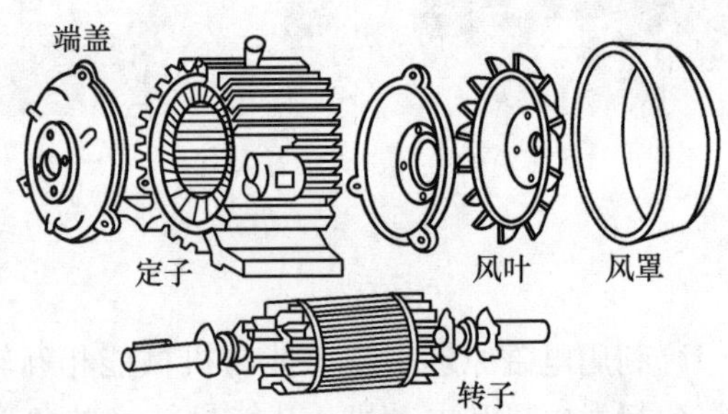

图 5-1　三相鼠笼式异步电动机结构示意图

（a）机座

（b）定子铁心

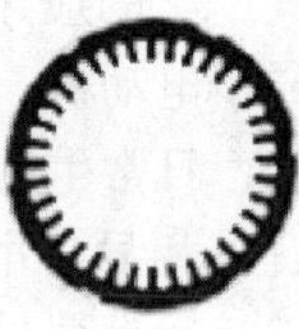

（c）定子铁心硅钢片

图 5-2　机座、定子铁心及定子铁心硅钢片示意图

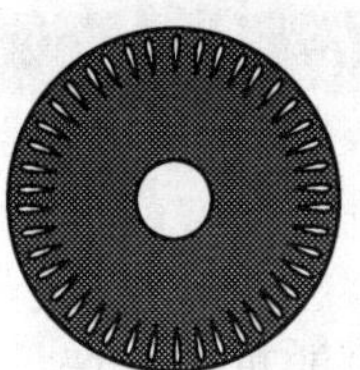

（a）转子铁心冲片

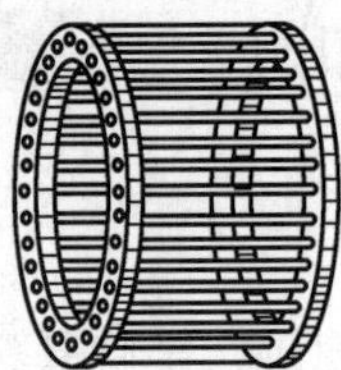

（b）笼形绕组

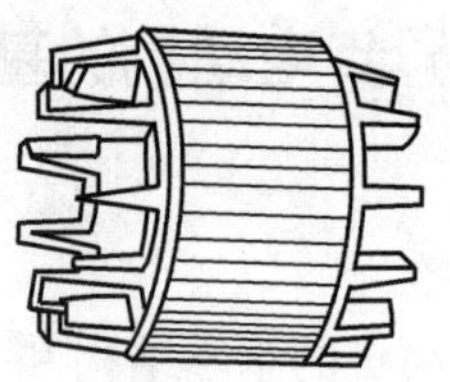

（c）铸铝鼠笼式转子

图 5-3　鼠笼式异步电动机转子结构示意图

绕线式异步电动机的转子绕组与定子绕组相似，在转子铁心槽内嵌放转子绕组，三相转子绕组一般为星形连接，绕组的 3 根端线分别装在转轴上的 3 个彼此绝缘的铜质滑环上，再通过一套电刷装置引出，以便与外电路相连，用来启动和调速，如图 5-4 所示。

转轴由中碳钢制成，其两端由轴承支撑，通过转轴电动机输出机械转矩。

绕线转子异步电动机转子串电阻启动控制

2. 三相异步电动机的工作原理

(1) 旋转磁场的产生

在空间位置上互差 120°的三相对称定子绕组中通入图 5-5 所示的对称三相交流电，就会在定、转子之间的气隙中产生一个旋转的磁场。

从电流的波形图来观察 $t=0$、$t=T/3$、$t=2T/3$、$t=T$ 几个时刻定子绕组中电流产生的磁场方向（规定电流为正值时由首端流入、尾端流出；电流为负值时由尾端流入、首端流出），我们可得到图 5-6 所示的三相电流产生的旋转磁场。

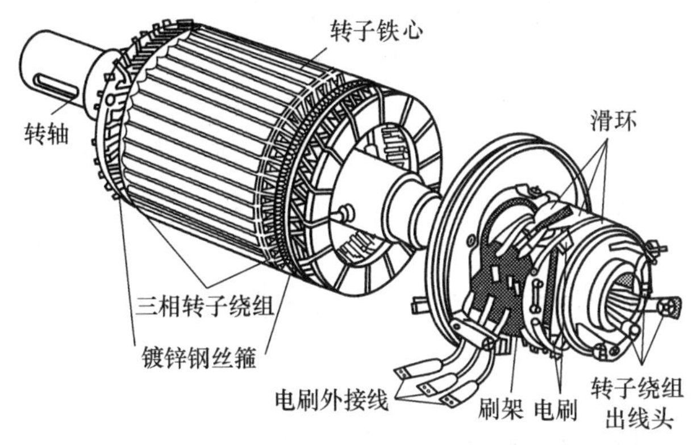

图 5-4　绕线式转子结构示意图

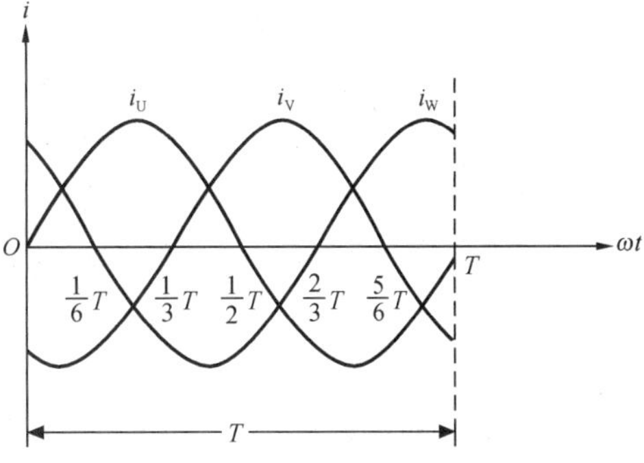

图 5-5　对称三相交流电流的波形

由图 5-6 可看出，三相绕组中合成磁场的旋转方向是由三相绕组中电流变化的顺序决定的。若在三相绕组 U、V、W 中通入三相正序电流（$i_U \rightarrow i_V \rightarrow i_W$），则旋转磁场按顺时针方向旋转；反之，通入逆序电流时，旋转磁场将沿逆时针方向旋转。实际应用中，把电动机与电源相连的三相电源线调换任意两根后，即可改变电动机的旋转方向。

磁极对数用“p”表示，图 5-6 所示为一对磁极时旋转磁场的转动情况。在 $p=1$ 时，显然电流每变化一周，旋转磁场在空间也旋转一周，所以旋转磁场的每秒转数等于电流的频率。工频情况下，旋转磁场的转速通常以每分多少转来计，则

$$n_0 = \frac{60f_1}{p}(\text{r/min}) \tag{5-1}$$

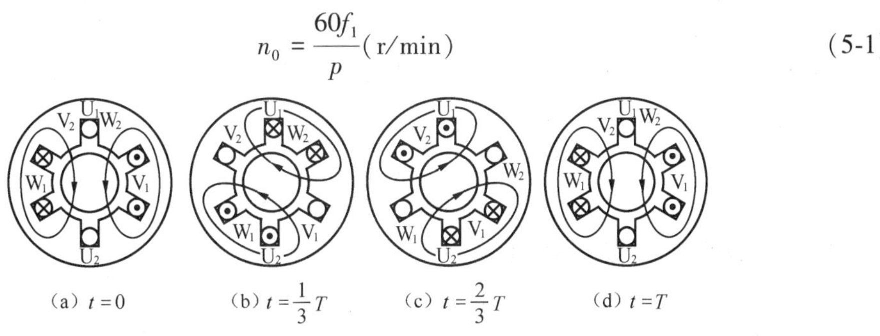

图 5-6　三相电流产生的旋转磁场（$p=1$）

式中，f_1 为电源频率；n_0 为旋转磁场的转速，称为同步转速。一对磁极的电动机同步转速为3000r/min。

对于一台具体的电动机来讲，磁极对数在制造时就已确定，因此在工频情况下不同磁极对数的电动机同步转速也是确定的：$p=2$ 时，$n_0=1500$r/min；$p=3$ 时，$n_0=1000$r/min；$p=4$时，$n_0=750$r/min；等等。

（2）电动机的转动原理

在三相异步电动机的定子绕组中通入对称三相交流电，在定、转子之间的气隙中产生

一个转速为 $60f/p$、转向与电流的相序一致的旋转磁场；固定不动的转子绕组就会与旋转磁场相切割，从而在转子绕组中产生感应电动势（用右手发电机定则判断）；转子绕组自身闭合，使转子绕组成为载流导体；载流的转子绕组又与旋转磁场相互作用产生电磁力（由左手电动机定则判断）；电磁力对转轴形成电磁转矩，则电动机就顺着旋转磁场的方向旋转起来，如图5-7所示。

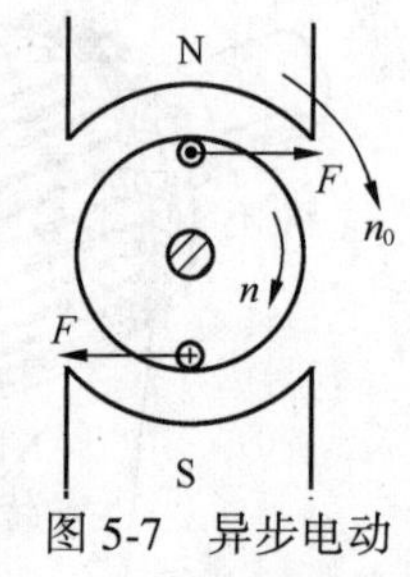

图5-7 异步电动机转动原理

异步电动机的转子沿着定子旋转磁场的方向转动，但转速 n 总是小于同步转速 n_0。假如 $n=n_0$，转子绕组与定子旋转磁场之间的转差速度 $n_0-n=0$，两者之间的相对切割运动终止，转子绕组不再切割旋转磁场，因此也不会产生感应电动势和感应电流，所以也不能形成电磁转矩，转子也就不能维持正常转动了，即 $n_0>n$ 是异步电动机旋转的必要条件。异步电动机的“异步”也由此得名。

注意：三相异步电动机的气隙大小是决定电动机运行性能的一个重要因素。气隙过大，将使励磁电流过大，功率因数降低，效率降低；气隙过小，机械加工安装困难，同时在轴承磨损后易使转子和定子相碰。所以异步电动机的气隙一般为0.2~1.0mm，大型电动机的气隙为1.0~1.5mm，不得过大或过小。

电动机的转差速度与同步转速之比称为转差率，用 s 表示：

$$s=\frac{n_0-n}{n_0} \tag{5-2}$$

异步电动机的转差率是分析其运行情况的一个极其重要的概念和变量。转差率 s 与电动机的转速、电流等有着密切的关系：电动机停转时（$n=0$），转差率 $s=1$ 达到最大，转子导体中的感应电流也达到最大；电动机空载运行时，n 接近 n_0，转差率 s 最小，转子导体中感应电流也随之变小。显然，电动机的转差率随电动机转速 n 的升高而减小。

【例5.1】有一台三相异步电动机，其额定转速为975r/min。试求工频情况下电动机的额定转差率及电动机的磁极对数。

【解】由于电动机的额定转速接近于同步转速，所以可得此电动机的同步转速为1000r/min，磁极对数 $p=3$。额定转差率为

$$s_N=\frac{n_0-n}{n_0}=\frac{1000-975}{1000}=0.025$$

3. 三相异步电动机的铭牌数据

三相异步电动机的铭牌数据

若要经济合理地使用电动机，必须先看懂铭牌。现以Y132M-4型电动机为例，介绍铭牌上各个数据的意义，如图5-8所示。

三相异步电动机		
型号 Y132M-4	功率 7.5kW	频率 50Hz
电压 380V	电流 15.4A	接法 △
转速 1440r/min	绝缘等级 B	防护等级 IP44
标准编号	工作方式 S1	功率因数 0.85
		效率 87%
年 月 编号 ××电机厂		

图5-8 Y132M-4型电动机铭牌

（1）型号

为了适应不同用途和不同工作环境的需要，电动机制成不同的系列，每种系列用各种型号表示。其中 Y 表示三相异步电动机（YR 表示绕线式异步电动机，YB 表示防爆型异步电动机，YQ 表示高启动转矩的异步电动机）；132（mm）表示机座中心高度；M 代表中机座（L——长机座，S——短机座）；4 表示电动机的磁极数。

小型 Y、Y-L 系列鼠笼式异步电动机是取代 JO 系列的新产品，封闭自扇冷式。Y 系列定子绕组为铜线，Y-L 系列为铝线。电动机功率为 0.55～90kW。同样功率的电动机，Y 系列比 JO_2 系列体积小、质量轻、效率高。

（2）接法

图 5-9 所示为三相异步电动机定子绕组的两种接法。根据需要，电动机三相绕组可接成星形（Y）或三角形（△）。图中 U_1、V_1、W_1（旧标号是 D_1、D_2、D_3）是电动机绕组的首端；U_2、V_2、W_2（旧标号是 D_4、D_5、D_6）表示电动机绕组的尾端。

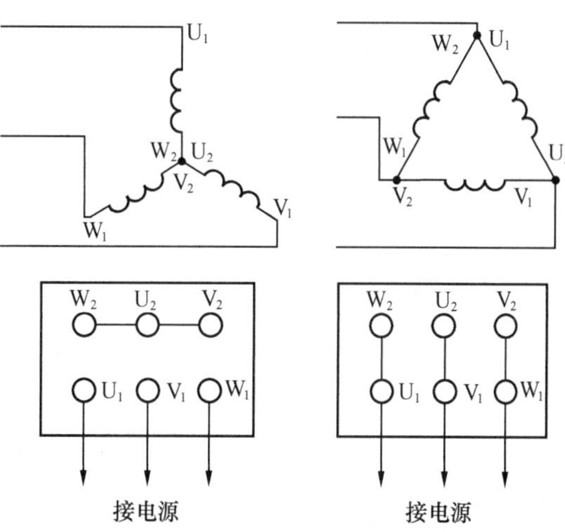

图 5-9 三相异步电动机定子绕组的两种接法

（3）额定电压

铭牌上标示的电压值是指电动机在额定状态下运行时定子绕组上应加的线电压值。一般规定电动机的电压不应高于或低于额定值的 5%。

（4）额定电流

铭牌上标示的电流值是指电动机在额定状态下运行时的定子绕组的线电流值，是由定子绕组的导线截面和绝缘材料的耐热能力决定的，与电动机轴上输出的额定功率相关联。轴上的机械负载增大到使电动机的定子绕组电流等于额定值时称为满载，超过额定值时称为过载。短时少量过载，电动机尚可承受，长期大量过载将影响电动机寿命，甚至烧坏电动机。

（5）额定功率和效率

铭牌上标示的功率值是电动机额定运行状态下轴上输出的机械功率值。电动机输出的机械功率 P_2 与它输入的电功率 P_1 是不相等的。输入的电功率减掉电动机本身的铁损耗 ΔP_{Fe}、铜损耗 ΔP_{Cu} 及机械损耗 ΔP_{α} 后才等于 P_2。额定情况下，$P_2 = P_N$。

输出的机械功率与输入的电功率之比，称为电动机的效率，即

$$\eta = \frac{P_2}{P_1} \times 100\% = \frac{P_2}{P_2 + \Delta P_{Fe} + \Delta P_{Cu} + \Delta P_{\alpha}} \times 100\% \quad (5\text{-}3)$$

（6）功率因数

电动机是感性负载，因此功率因数较低，在额定负载时为 0.7～0.9，在空载和轻载时更低，只有 0.2～0.3。因此异步电动机不宜运行在空载和轻载状态下，使用时必须正确选择电动机的容量，防止“大马拉小车”的浪费现象，并力求缩短空载的时间。

（7）转速

由于生产机械对转速的要求各有差异，因此需要生产不同转速的电动机。电动机的转

速与磁极对数有关，磁极对数越多的电动机转速越低。

（8）极限温度与绝缘等级

电动机的绝缘等级是按其绕组所用的绝缘材料在使用时允许的极限温度来分的。所谓极限温度，是指电动机绝缘结构中最热点的最高容许温度。其技术数据见表5-1。

表5-1　电动机的绝缘等级

绝缘等级	A	E	B	F	H
极限温度/℃	105	120	130	155	180

（9）工作方式

异步电动机的运行可分为3种基本方式：连续运行、短时运行和断续运行。其中连续工作方式用S1表示；短时工作方式用S2表示，分为10min、30min、60min、90min 4种；断续周期性工作方式用S3表示。

4. 单相异步电动机简介

单向异步电动机简介

实验室、家庭及办公场所通常是单相供电，因此实验室的很多仪器，各种电动小型工具，家用洗衣机、电冰箱及电风扇等都采用单相异步电动机。单相异步电动机的定子上有一个或两个绕组，而转子多半为鼠笼式，容量多在0.75kW以下。

单相异步电动机的定子绕组，当通入正弦交流电时，会产生一个按正弦规律变化的交变磁场，这个交变磁场只沿正、反两个方向反复交替变化，因此称为脉振磁场，如图5-10所示。显然，脉振磁场作用下的单相异步电动机转子是不能产生启动转矩而转动的。

若要单相异步电动机转动起来，就必须给它增加一套产生启动转矩的启动装置。因此，单相异步电动机的结构主要由定子、转子和启动装置3部分组成。定子和转子的组成与三相鼠笼式异步电动机类似，只是其绕组都是单相的；而启动装置是其特有的，启动装置多种多样，形成多种不同启动形式的单相异步电动机。常用的有电容式和罩极式两种单相异步电动机，本节只介绍电容式单相异步电动机的基本工作原理。

图5-11所示为电容式单相异步电动机的接线原理图。在其定子内，除原来的工作绕组外，再加一个启动绕组，两者在空间的安装位置相差90°。接线时，启动绕组串联一个电容器，然后与工作绕组并联接于单相交流电源上。启动绕组串联的电容器若电容量选择适当，就可使其通入的电流相位与工作绕组中通入的电流相位之差为90°，如图5-12（a）所示。

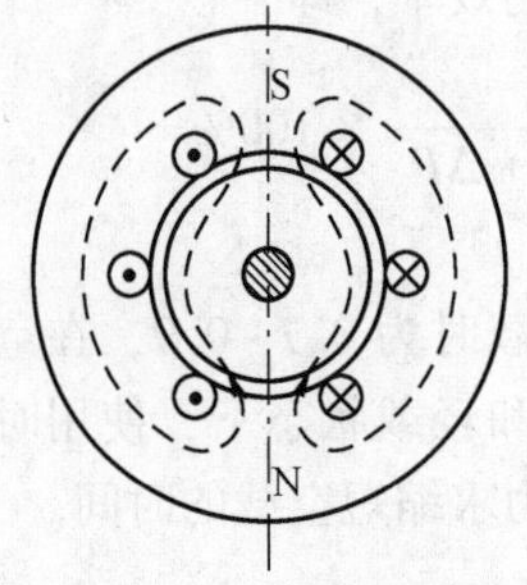

图5-10　单相异步电动机的脉振磁场

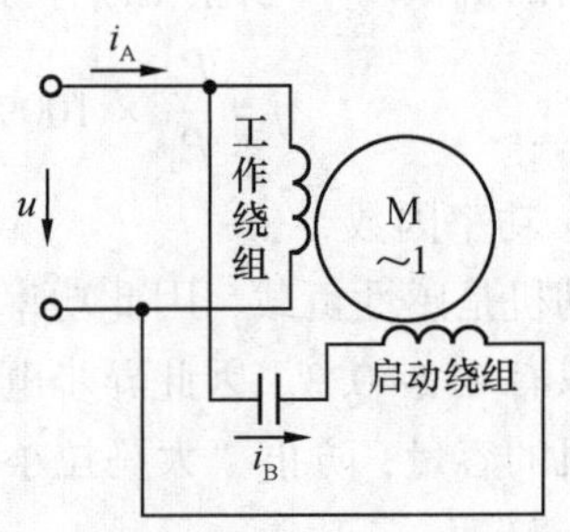

图5-11　电容式单相异步电动机接线原理图

相位正交的两绕组电流可在单相异步电动机定、转子之间的气隙中产生二相旋转磁场，如图 5-12（b）所示。有了旋转磁场，电动机也就转动起来了。电动机转动起来之后，启动绕组可以留在电路中，也可以利用离心式开关或电压、电流型继电器把启动绕组从电路中切断。按前者设计制造的叫作电容运转电动机，按后者设计制造的叫作电容启动电动机。

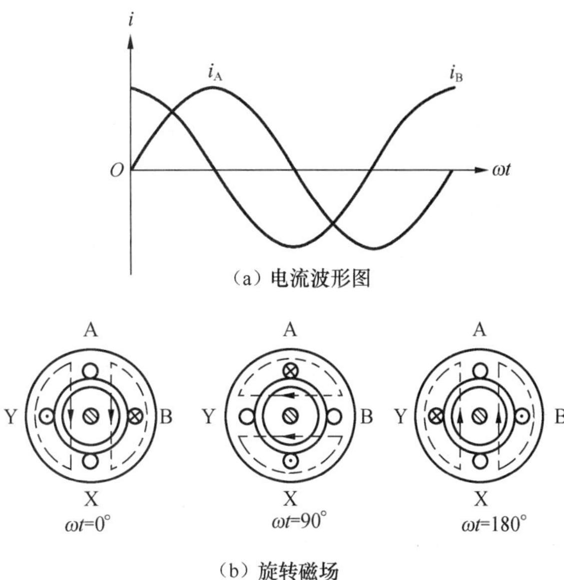

图 5-12　单相异步电动机旋转磁场的形成

电容式单相异步电动机也可以反向运行，只要利用一个转换开关即可将工作绕组和启动绕组互换。家用洗衣机就是利用定时器控制转换开关从而自动转向工作的。

三相异步电动机运行时若断了一根电源线，则称为“缺相”运行。“缺相”运行的三相异步电动机由于剩余两相构成串联，因此相当于单相异步电动机。此时三相异步电动机虽然仍能继续运转下去，但由于“缺相”运行情况下电流大大超过其额定值，时间稍长必然导致电动机烧损。若三相异步电动机启动时电源线就断了一根，就构成了三相异步电动机的单相启动。由于此时气隙中产生的是脉动磁场，因此三相异步电动机转动不起来，但转子电流和定子电流都很大。

检验学习结果

1. 三相鼠笼式异步电动机名称的由来是什么？

2. 如何从异步电动机结构上识别出是鼠笼式还是绕线式？两者的工作原理相同吗？

3. 何谓异步电动机的转差速度、转差率？异步电动机处在何种状态时转差率最大？最大转差率等于多少？在何种状态下转差率最小？最小转差率又为多大？

4. 已知三台异步电动机的额定转速分别为 1450r/min、735r/min 和 585r/min，它们的磁极对数各为多少？额定转差率又为多少？

5. 单相异步电动机如果没有启动绕组能否转动起来？为什么？

6. 三相异步电动机启动前有一根电源线断开，接通电源后该三相异步电动机能否转动起来？若三相异步电动机在运行过程中“缺相”，情况又如何？

5.2　异步电动机的电磁转矩和机械特性

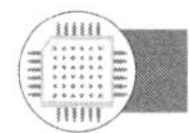

学习目标

理解三相异步电动机的电磁特性，掌握运用异步电动机的机械特性分析问题的方法。

1. 异步电动机的电磁转矩

电动机拖动生产机械工作时，负载改变，电动机输出的电磁转矩随之改变，因此电磁转矩是异步电动机的一个重要参数。因为三相异步电动机是由转子绕组中电流与旋转磁场相互作用而产生的，所以转矩 T 的大小与旋转磁场的工作主磁通 Φ 及转子电流 I_2 有关。

三相异步电动机的电磁关系与变压器类似，定子绕组相当于变压器的一次侧绕组；通常是短接的转子绕组相当于变压器的二次侧绕组；旋转磁场主磁通相当于变压器中的主磁通，其数学表达式与变压器也相似，旋转磁场每极下工作主磁通为

$$\Phi \approx \frac{U_1}{4.44k_1 f_1 N_1} \tag{5-4}$$

式中，U_1 是定子绕组相电压；k_1 是定子绕组结构常数；f_1 是电源频率；N_1 是定子每相绕组的匝数。由于 k_1、f_1 和 N_1 都是常数，因此旋转磁场每极下工作主磁通 Φ 与外加电压 U_1 成正比，当 U_1 恒定不变时，Φ 基本上保持不变。

与变压器不同的是，异步电动机的转子是旋转的，并且以 n_1-n 的相对速度与旋转磁场相切割，转子电路的频率为

$$f_2 = \frac{n_1 - n}{60}p = \frac{n_1 - n}{n_1} \times \frac{n_1}{60}p = sf_1 \tag{5-5}$$

可见，转子电路的频率与转差率 s 有关，$s=1$ 时，$f_2=f_1$；s 越小，转子电路频率越低。

旋转磁场的工作主磁通不仅与定子绕组相交链，同时也交链着转子绕组，在转子绕组中产生的感应电动势为

$$E_2 = 4.44k_2 f_2 N_2 \Phi = 4.44k_2 s f_1 N_2 \Phi = sE_{20} \tag{5-6}$$

式中，k_2 是转子绕组结构常数；N_2 是转子每相绕组的匝数；E_{20} 为 $s=1$（或 $n=0$）时转子产生的感应电动势有效值。

电动机的转子电流是由转子电路中的感应电动势 E_2 和阻抗 $|Z|_2$ 共同决定的，即

$$I_2 = \frac{E_2}{|Z|_2} = \frac{sE_{20}}{\sqrt{R_2^2 + (sX_{20})^2}} \tag{5-7}$$

式（5-7）表明，转子电路的感应电动势随转差率的增大而增大，转子电路阻抗虽然也随转差率的增大而增大，但增加量与感应电动势相比较小，因此，转子电路中的电流随转差率的增大而上升。若 $s=0$，则 $I_2=0$；当 $s=1$ 时，I_2 最大，其值约为额定转速下转子电路电流 I_{2N} 的 4~7 倍。

由于转子电路中存在电抗 X_2，因而使转子电流 I_2 滞后转子感应电动势 E_2 一个相位差 φ_2，转子电路的功率因数为

$$\cos\varphi_2 = \frac{R_2}{\sqrt{R_2^2 + (sX_{20})^2}} \tag{5-8}$$

显然，转子电路的功率因数随转差率 s 的增大而下降。当 $s=0$ 时，$\cos\varphi_2=1$；当 $s=1$ 时，$\cos\varphi_2$ 的值很小，为 0.2~0.3。

经实验和数学推导证明，异步电动机的电磁转矩 T 与气隙磁通及转子电流的有功分量

成正比，其关系式为

$$T = K_T \Phi I_2 \cos\varphi_2 \tag{5-9}$$

式中，K_T 是电动机的结构常数。将式（5-4）、式（5-7）和式（5-8）代入式（5-9）可得

$$T = K_T U_1^2 \frac{sR_2}{R_2^2 + (sX_{20})^2} \tag{5-10}$$

式中，U_1 为电源电压的有效值；R_2 为转子绕组的电阻；X_{20} 为转子静止时转子绕组的感抗。R_2、X_{20} 通常为常数。式（5-10）表明，当电源电压有效值 U_1 一定时，电磁转矩 T 是转差率 s 的函数，其 $T=f(s)$ 关系曲线如图5-13所示，称为异步电动机的转矩特性曲线。

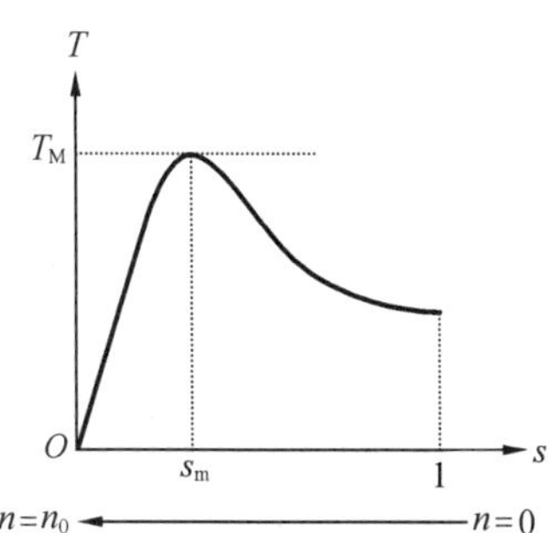

图 5-13　异步电动机的转矩特性曲线

转矩特性曲线中的 s_m 称为临界转差率，对应电动机的最大电磁转矩。

由式（5-10）可知，电磁转矩与电源电压的平方成正比，即 $T \propto U_1^2$。因此，异步电动机运行时，电源电压的波动对电动机的运行会造成很大影响。

必须指出，$T \propto U_1^2$ 的关系并不意味着电动机的工作电压越高，电动机实际输出的转矩就越大。电动机稳定运行情况下，不论电源电压是高是低，其输出机械转矩的大小只决定于负载转矩的大小。换言之，当电动机产生的电磁转矩 T 等于来自转轴上的负载转矩 T_L 时，电动机在某一速度下稳定运行；当 $T>T_L$ 时，电动机加速运行；当 $T<T_L$ 时，电动机将减速运行直至停转。

异步电动机的机械特性

2. 异步电动机的机械特性

当异步电动机电磁转矩改变时，异步电动机的转速也会随之发生变化，这种反映转子转速和电磁转矩之间对应关系 $n=f(T)$ 的曲线（见图 5-14）称为异步电动机的机械特性曲线。机械特性由电动机本身的结构、参数所决定，与负载无关。

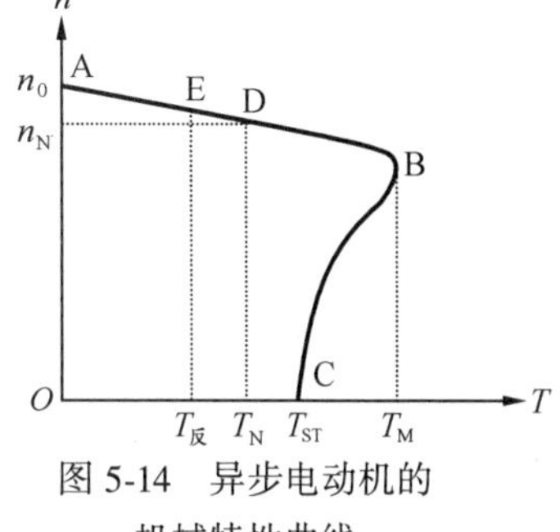

图 5-14　异步电动机的机械特性曲线

机械特性分析：机械特性曲线上的 AB 段称为异步电动机的稳定运行段。一般情况下，异步电动机只能运行在稳定段。在 AB 段运行时，显然电动机的转速 n 随输出转矩的增大略有下降，这说明电动机具有硬机械特性。当负载转矩增大或减小时，电动机的转速随之减小或增大，最后都将以某一转速稳定在转矩和机械特性的交点上，如 E 点和 D 点。

CB 段称为启动运行段。对于转矩不随转速变化的负载，是不能在此段稳定运行的，因此 CB 段也叫作不稳定运行区。电动机开始启动最初一瞬间，必有 $T_{ST}>T_反$ 才能使电动机由 C 点从 $n=0$ 加速，沿曲线经 B 点仍加速，直到电动机的电磁转矩 $T=T_N$ 时，电动机才能稳定在 D 点运行，对应的转速 $n=n_N$。CB 段内，电动机始终处于不稳定的过渡状态。

对应曲线上 D 点的转矩称为额定转矩，用 T_N 表示。T_N 反映了电动机带额定负载时的

运行情况，也是电动机在额定转速、额定输出功率时所具有的电磁转矩。异步电动机轴上输出的机械功率为 $P_2=T\omega$，机械转矩遵循下述公式：

$$T_N=\frac{P_{2N}}{\omega_N}=\frac{P_{2N}\times 10^3}{\frac{2\pi n_N}{60}}=9550\frac{P_{2N}}{n_N} \tag{5-11}$$

式中，P_{2N}为电动机额定状态下输出的机械功率，单位是千瓦（kW）；n_N 为额定转速，单位是转/分（r/min）；T_N 是电动机在额定负载时产生的电磁转矩，可由电动机铭牌上的额定数据求得，单位是牛·米（N·m）。

对应 C 点的电磁转矩称为启动转矩，用 T_{ST}表示，它反映了异步电动机的启动能力。一般情况下，异步电动机的 T_{ST}均大于 1，高启动转矩的鼠笼式异步电动机的 T_{ST}可达 2.0 左右。绕线式异步电动机的启动能力较大，T_{ST}可达 3.0 左右。

对应 B 点的转矩称为最大电磁转矩，用 T_M 表示，T_M 反映了异步电动机的过载能力。一般情况下，异步电动机的 $T_M=\lambda_m T_N\approx$（1.6~2.0）T_N（λ_m 表示过载系数）；特殊用途的异步电动机，如起重用电动机、冶金机械用电动机的过载系数 λ_m 可超过 2.0。电动机具有一定的过载能力，目的是给电动机工作留有余地，使电动机工作时突然受到冲击性负荷情况下，不至于因电动机转矩低于负载转矩而发生停机事故，从而保证电动机运行时的稳定性。一般不允许电动机在超过额定转矩的情况下长期运行。

以上讨论的额定转矩、启动转矩和最大电磁转矩是分析异步电动机运行性能的 3 个重要转矩，学习中应注意充分理解，在理解的情况下牢固掌握。

检验学习结果

1. 电动机的转矩与电源电压之间的关系如何？若在运行过程中电源电压降为额定值的 60%，假如负载不变，电动机的转矩、电流及转速有何变化？
2. 为什么增加三相异步电动机的负载时，定子电流会随之增加？
3. 将三相绕线式异步电动机的定子、转子三相绕组开路，这台电动机能否转动？
4. 三相异步电动机中的气隙大小对电动机运行有何影响？
5. 已知三相异步电动机运行在额定状态下，试分别分析负载增大、电压升高、频率升高这 3 种情况下电动机的转速和电流的变化情况。

5.3 三相异步电动机的控制

学习目标

了解三相异步电动机的启动、制动、调速的基本原理；熟悉三相异步电动机降压启动的常用方法；学会正确选用三相异步电动机。

1. 三相异步电动机的启动

异步电动机通电后从静止状态过渡到稳定运行状态的过程称为启动。

异步电动机若要启动成功，必须保证启动转矩 T_{ST}大于来自轴上的负载转矩 T_L。T_{ST}和 T_L 之间的差值越大，电动机启动过程越短；但差值过大又会使传动机构受到较大的冲击力

而造成损坏。频繁启动的生产机械，其启动时间的长短将对劳动生产率或线路产生一定的影响。如电动机启动的初始时刻，$n=0$，$s=1$，转子绕组以最大转差速度与旋转磁场相切割，因此转子绕组中的感应电流达到最大，一般中、小型鼠笼式异步电动机的 I_{ST} 为额定电流 I_N 的 4~7 倍。这么高的电流为什么不会烧坏电动机呢？

因为启动不同于堵转，电动机的启动过程一般很短，小型异步电动机的启动时间只有零点几秒，大型电动机的启动时间为十几秒到几十秒，从发热的角度考虑对电动机不会构成损害。电动机一经启动后转速就会迅速升高，相对转差速度很快减小，从而使转子、定子电流很快下降。但是，当电动机频繁启动或电动机容量较大时，由于热量囤积或过大启动电流在输电线路上造成的短时较大压降，会对电动机造成损坏或影响同一电网上的其他设备的正常工作。

对此，人们对电动机的启动提出了要求：启动电流小、启动转矩大、启动时间短和所用启动装置及操作方法尽量简单易行。

同时满足上述几点显然困难，实际应用中常根据具体情况适当地选择启动方法。首先要考虑是否需要限制启动电流，若不需要，可用刀闸或其他设备直接将电动机与电源相接，这种启动方式称为全压启动或直接启动。

直接启动所需设备简单、操作方便、启动迅速。通常规定，电源容量在 180kV·A 以上、电动机容量在 7kW 以下的三相异步电动机才可采用直接启动的方法。也可遵照下面的经验公式来确定一台电动机能否直接启动：

三相异步电动机的启动控制

$$\frac{I_{ST}}{I_N} \leqslant \frac{3}{4} + \frac{\text{电源变压器容量(kV·A)}}{4 \times \text{电动机功率(kW)}} \tag{5-12}$$

凡不满足上述直接启动条件的，就要考虑限制启动电流，但考虑限制启动电流的同时应当保证电动机有足够的启动转矩，并且尽可能采用操作方便、简单经济的启动设备进行降压启动。

降压启动可分两步进行：先给电动机接通较低电压以限制启动电流，待电动机转动达到一定转速时，再加上额定电压使其进入正常运行。

降压启动的目的主要是限制启动电流，但问题是，在限制启动电流的同时，启动转矩也被限制了。因此，降压启动的方法只适用于在轻载或空载情况下启动的电动机，待电动机启动完毕后再加上机械负载。常用的降压启动方法有Y-△降压启动和自耦补偿降压启动。

（1）Y-△降压启动

图 5-15 所示的Y-△降压启动方法显然只适用于正常运行时定子绕组为△接法的异步电动机。

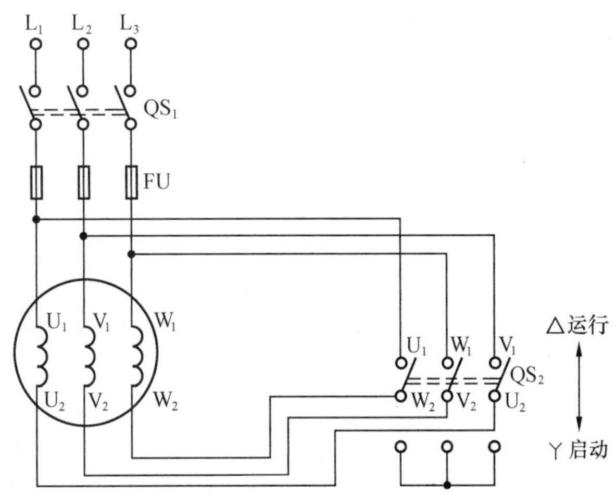

图 5-15　三相异步电动机Y-△降压启动原理图

降压启动过程：启动时把双向开关 QS_2 投向下方，三相异步电动机的定子绕组即成Y连接，待转速上升到接近额定值时，QS_2 迅速投向上方，则电动机定子绕组切换成△连接正常运行。

由三相交流电的知识可知，Y连接启动时线电流是△连接时线电流的 1/3，启动转矩也是△连接时的 1/3。Y-△降压启动方法设备简单、成本低、操作方便、动作可靠、使用寿命长。目前，4~100kW的异步电动机均设计成 380V 的△连接，因此这种启动方法得到了广泛应用。

（2）自耦补偿降压启动

自耦补偿降压启动是利用三相自耦变压器来降低加在定子绕组上的电压的，如图 5-16 所示。启动时，先将开关 QS_2 扳到“启动”位置，使自耦变压器的高压侧与电网相连，低压侧与电动机定子绕组相接，电源电压经自耦变压器降压后加到异步电动机的三相定子绕组上，当转速接近额定值时，再将 QS_2 扳向“运行”位置，将自耦变压器切除，电动机的定子绕组直接与电网相接，进入正常的全压运行状态。

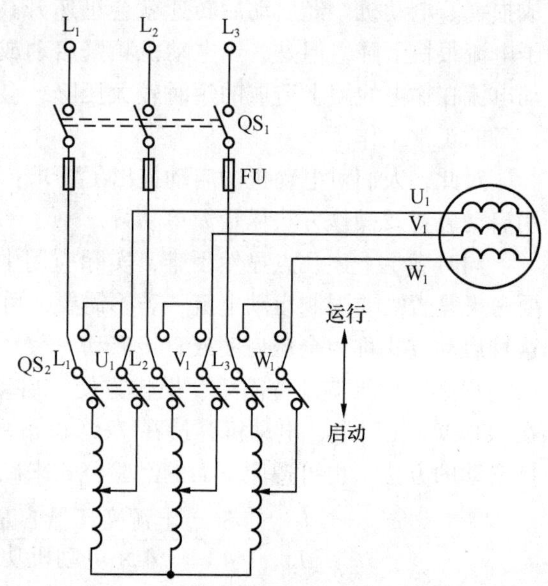

图 5-16　自耦补偿降压启动原理图

自耦变压器备有不同的抽头，以便得到不同的电压（如电源电压的 73%、64%、55%），用户可依据对启动电流和启动转矩的要求加以选用。

自耦补偿降压启动的优点是启动电压可根据需要来选择，但是自耦变压器的体积大、成本高，而且需要经常维修。因此，自耦补偿降压启动方法只适用于容量较大或正常运行时不能采用Y-△降压启动的鼠笼式三相异步电动机。

（3）绕线式异步电动机的启动

绕线式异步电动机启动时，只要在转子电路中串入适当的启动电阻 R_{st}，如图 5-17 所示，就可以达到减小启动电流、增大启动转矩的目的。启动过程中逐步切除启动电阻，启动完毕后将启动电阻全部短接，电动机正常运行。除在转子回路中串电阻启动外，目前用得更多的是在转子回路中接频敏变阻器启动，此变阻器在启动过程中能自动减小阻值，以代替人工切除启动电阻。

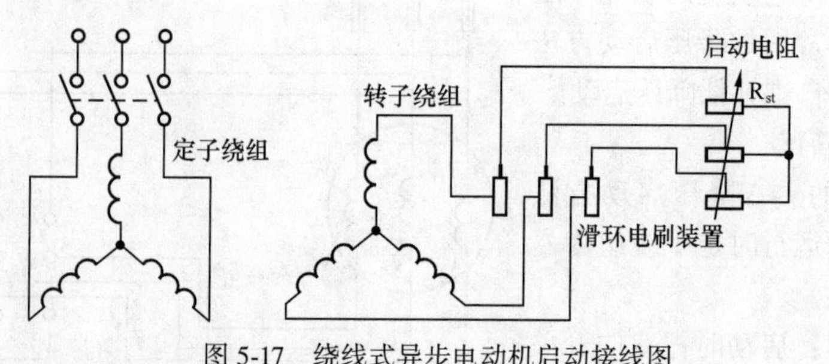

图 5-17　绕线式异步电动机启动接线图

绕线转子异步电动机转子串频敏变阻器启动控制

普通鼠笼式异步电动机的启动转矩较小，满足不了有些特殊场合生产机械的需求，这时可选用具有较大启动转矩的双笼型或深槽型异步电动机。而绕线式异步电动机的启动转矩更大，常用于要求启动转矩较大的卷扬机、起重机等场合。

2. 三相异步电动机的调速

许多生产机械在工作过程中为了提高生产效率或满足生产工艺的要求，在负载不变的情况下，用人为的方法使电动机的转速从某一数值改变到另一数值的过程称为调速。

由 $n=(1-s)n_0=(1-s)\dfrac{60f_1}{p}$ 可知，三相异步电动机的调速方法有变极（p）调速、变频（f_1）调速和变转差率（s）调速 3 种。

异步电动机的调速控制

（1）变极调速

这种调速方法只适用于三相鼠笼式异步电动机，不适合绕线式异步电动机。因为鼠笼式异步电动机的转子磁极数是随定子磁极数的改变而改变的，而绕线式异步电动机的转子绕组在转子嵌线时应当已确定了磁极数，一般情况下很难改变。

采用变极调速的电动机一般每相定子绕组由两个相同的部分组成，这两部分可以串联也可以并联，通过改变定子绕组接法可制作出双速、三速、四速等品种。变极调速时需有一个较为复杂的转换开关，但整个设备相对来讲比较简单，常用于需要调速又要求不高的场合。变极调速能做到分级变速，不能实现无级调速。但变极调速比较经济、简便，目前广泛应用于机床中各拖动系统，以简化机床的传动机构。

（2）变频调速

改变电源频率可以改变旋转磁场的转速，同时也改变了转子的转速。这种调整方法的关键是为电动机设置专用的变频电源，因此成本较高。现在的晶闸管变频电源已经可以把 50Hz 的交流电源转换成频率可调的交流电源，以实现范围较宽的无级调速。随着电子器件成本的不断降低和可靠性的不断提高，这种调速方法的应用将越来越广泛。

工农业生产中常用的风机、泵类是用电量很大的负载，其中多数在工作中要求调速。若拖动它们的电动机转速一定，用阀门调节流量，相当一部分的功率将消耗在阀门的节流阻力上，使能量严重浪费，且运行效率很低。如果电动机改为变频调速，靠改变转速来调节流量，一般可节电20%～30%，其长期效益远高于增加变频电源的设备费用，因此变频调速是交流调速发展的方向。

（3）变转差率调速

这种方法只适用于绕线式异步电动机。在绕线式异步电动机的转子回路中串可调电阻，恒负载转矩下通过调节电阻的阻值大小，使转差率得到调整和改变。这种变转差率调速的方法，其优点是有一定的调速范围，且可做到无级调速，设备简单，操作方便；缺点是能耗较大，效率较低，并且随着调速电阻的增大，机械特性将变软，运行稳定性将变差。此种调速方法一般应用于短时工作制、且对效率要求不高的起重设备中。

3. 三相异步电动机的反转

三相异步电动机的转动方向总是同旋转磁场的旋转方向相一致，而旋转磁场的方向取决于通入异步电动机定子绕组中的三相电流的相序。因此，若要电动机反转，只需把接到电动机定子绕组上的 3 根电源线中的任意 2 根对调一下位置，三相异步电动机即可改变旋转方向。

4. 三相异步电动机的制动

采用一定的方法让高速运转的电动机迅速停转的措施称为制动。

正在运行的电动机断电后，由于转子旋转和生产机械的惯性，电动机总要经历一段时间后才能慢慢停转。为了提高生产机械的效率及安全性，往往要求电动机能够快速停转，或有的机械从安全角度考虑，要求限制电动机不致过速（如起吊重物下降的过程），这时就必须对电动机进行制动控制。三相异步电动机常用的制动控制方法有以下几种。

（1）能耗制动

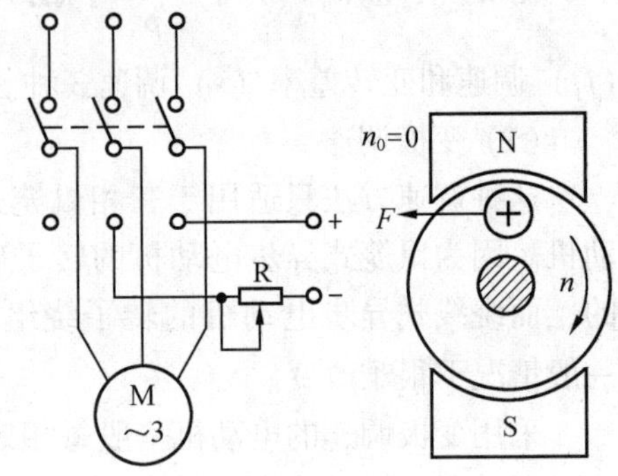

图 5-18　能耗制动原理图

能耗制动的原理如图 5-18 所示。当电动机三相定子绕组与交流电源断开后，将直流电通入定子绕组，产生固定不动的磁场。转子由于惯性转动，与固定磁场相切割而在转子绕组中产生感应电流，这个感应的转子电流与固定磁场再相互作用，从而产生制动转矩。这种制动方法是把电动机轴上的旋转动能转变为电能，消耗在转子回路电阻上，故称为能耗制动。能耗制动的特点是制动准确、平稳，但需要直流电源，且制动转矩随转速降低而减小。能耗制动的方法常用于生产机械中的各种机床制动。

（2）反接制动

反接制动的原理如图 5-19 所示。把与电源相连接的 3 根火线任意 2 根的位置对调，使旋转磁场反向旋转，产生制动转矩。当转速接近零时，利用某种控制电器将电源自动切断。反接制动方法制动动力强，停转迅速，无须直流电源，但制动过程中冲击力大，电路能量消耗也大。反接制动通常适用于某些中型车床和铣床的主轴制动。

（3）再生发电制动

再生发电制动的原理如图 5-20 所示。在多速电动机从高速调到低速的过程中，极对数增加时旋转磁场立即随之减小，但由于惯性，电动机的转速只能逐渐下降，这时出现了 $n>n_0$ 的情况；起重机快速下放重物时，重物拖动转子也会出现 $n>n_0$ 的情况。只要电动机转速 n 超过旋转磁场转速 n_0 的情况发生，电动机就将从电动状态转入发电机运行状态，这时转子电流和电磁转矩的方向均发生改变，其中电动机的转矩成为阻止电动机加速、限制转速的制动转矩。在制动过程中，电动机将重物的势能转变为电能再反馈回送给电网，所以再生发电制动也常被称为反馈制动。反馈制动实际上不是让电动机迅速停转，而是用于限制电动机的转速。

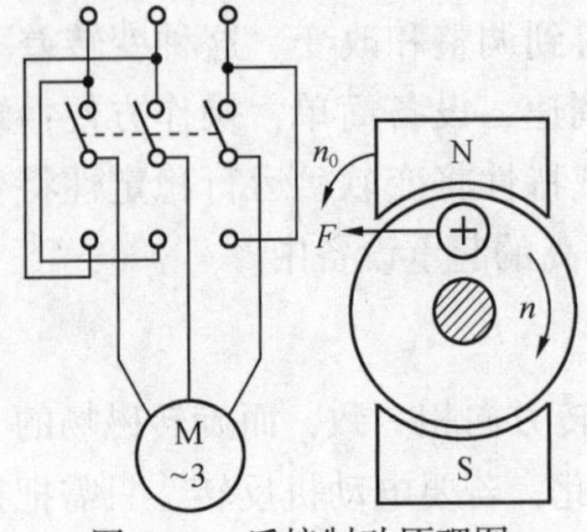

图 5-19　反接制动原理图

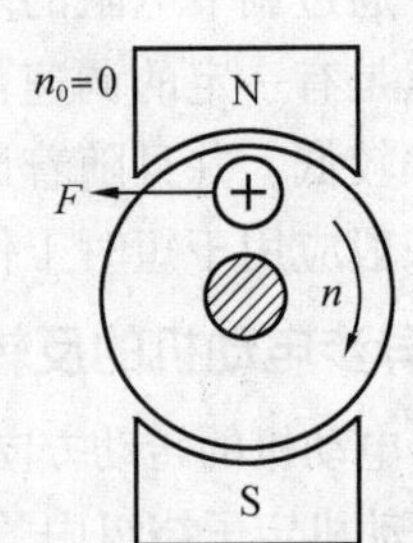

图 5-20　再生发电制动原理图

5. 三相异步电动机的选择

异步电动机的选择

异步电动机应用很广，它所拖动的生产机械多种多样，要求也各不相同。选用异步电动机应从技术和经济两个方面进行考虑，以实用、合理、经济和安全为原则，正确选用其种类、功率、结构、转速等，以确保其安全、可靠运行。

（1）种类选择

三相异步电动机中，鼠笼式异步电动机结构简单、坚固耐用、工作可靠、维护方便、价格低廉，但调速性能差，启动电流大、启动转矩较小，功率因数较低，一般用于无特殊调速要求的生产机械，如泵类、通风机、压缩机及金属切削机床等。

绕线式异步电动机与鼠笼式异步电动机相比较，启动性能和调速性能都较好，但结构复杂，启动、维护较麻烦，价格比较贵，适用于需要有较大的启动转矩，且要求在一定范围内进行调速的起重机、卷扬机及电梯等。

（2）功率选择

电动机功率的选择是由生产机械决定的。如果电动机的功率选得过大，虽然能保证正常运行，但不经济。若电动机的功率选得过小，就不能保证电动机和生产机械的正常运行，长期过载运行还将导致电动机烧坏。电动机功率选择的原则是，**电动机的额定功率等于或稍大于生产机械的功率**。

（3）结构选择

电动机的外形结构，根据使用场合可分为开启式、防护式、封闭式及防爆式等，应根据电动机的工作环境来进行选择，以确保其安全、可靠运行。

开启式电动机在结构上无特殊防护装置，但通风散热好，价格便宜，适用于干燥、无灰尘的场所；防护式电动机的机壳或端盖处有通风孔，可防雨、防溅及防止铁屑等杂物掉入电动机内部，但不能防尘、防潮，适用于灰尘不多且较干燥的场所；封闭式电动机外壳严密封闭，能防止潮气和灰尘进入，但体积较大，散热差，价格较高，常用于多尘、潮湿的场所；防爆式电动机外壳和接线端全部密闭，不会让电火花溅到壳外，能防止外部易燃、易爆气体侵入机内，适用于石油、化工企业，煤矿及其他有爆炸性气体的场所。

（4）转速的选择

电动机额定转速是根据生产机械的要求来选择的。当电动机的功率一定时，转速越高，体积就越小，价格也越低，但需要变速比较大的减速机构。因此，必须综合考虑电动机和机械传动等方面的因素。

检验学习结果

1. 何谓启动？如何判断三相异步电动机能否直接启动？
2. 三相异步电动机在满载和空载两种情况下启动，启动电流和启动转矩是否一样？
3. 鼠笼式三相异步电动机的降压启动方法有哪几种？调速和制动方法又有哪几种？
4. 一台 380V、Y连接的鼠笼式异步电动机能否采用Y-△降压启动？为什么？

技能训练

1. 钳形电流表

（1）钳形电流表的基本结构

钳形电流表的工作部分主要由一只电磁式电流表和穿心式电流互感器组成。穿心式电流互感器的铁心制成活动开口，且呈钳形，故称为钳形电流表。穿心式电流互感器的二次侧绕组缠绕在铁心上且与交流电流表相连，它的一次侧绕组即为穿过互感器中心的被测导线。旋钮实际上是一个量程选择开关，扳手的作用是开合穿心式互感器铁心的可动部分，以便使其钳入被测导线。

（2）钳形电流表的操作原理

测量电流时，按动扳手，打开钳口，将被测载流导线置于穿心式电流互感器的中间，当被测导线中有交变电流通过时，交流电流的磁通在互感器二次侧绕组中感应出电流，该电流通过电磁式电流表的线圈，使指针发生偏转，在表盘标度尺上即可指示出被测电流的数值。

（3）钳形电流表的正确使用

① 测量前，应检查电流表指针是否指向零位，否则，应进行机械调零。此外，还应检查钳口的开合情况，要求钳口可动部分开合自如，两边钳口接合面接触紧密。如钳口上有油污和杂物，应用溶剂洗净；如有锈斑，应轻轻擦去。测量时务必使钳口接合紧密，以减少漏磁通，提高测量精确度。

② 测量时，量程选择旋钮应置于适当位置，以便在测量时使指针超过中间刻度，以减小测量误差。若事先不知道被测电流的大小，可先将量程选择旋钮置于高挡，然后再根据指针偏转情况将量程旋钮调整到合适位置。当被测电路电流太小，即使在最低量程挡指针偏转角都不大时，为提高测量精确度，可将被测载流导线在钳口部分的铁心柱上缠绕几圈后进行测量，将指针指示数除以穿入钳口内导线匝数即得实测的电流值。另外，还应使被测导线置于钳口内中心位置，以利于减小测量误差。

③ 钳形电流表使用完毕时，应将量程选择旋钮旋至最高量程挡，以免下次使用时，由于量程选择不当而损坏仪表。

2. Y-△降压启动实验

（1）实验目的

① 通过实验进一步了解Y-△降压启动的原理。

② 观察启动电流的大小和变化情况。

③ 熟悉钳形电流表的使用方法。

（2）实验原理电路

该实验原理电路图如图 5-21 所示。

（3）接线和记录

按照图 5-21 所示电路图进行连线。用钳形电流表观察和测量启动电流，并记录下来。

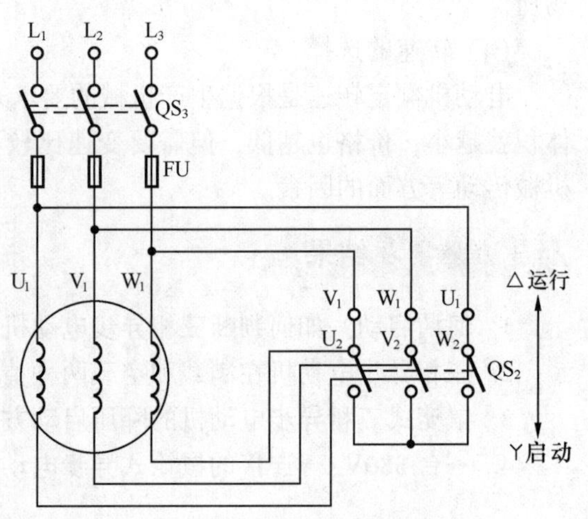

图 5-21　Y-△降压启动实验原理电路图

（4）实验思考

① 电动机为什么要降压启动？

② 说一说Y-△降压启动的适用条件。

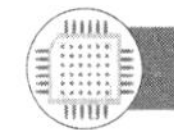

5.4　常用低压控制电器

学习目标

了解常用低压控制电器的结构及工作原理；熟悉常用低压控制电器的功能及使用场合；能够正确选择和学会正确使用常用低压控制电器。

低压控制电器的品种繁多，用途极为广泛，一个工厂所用的低压电器产品往往有几千件，涉及几百个品种规格。随着科学技术的进步，电器产品的型号也在不断更新。本节仅介绍一些典型的常用低压控制电器。

低压开关电器

1. 开关电器

（1）刀开关

刀开关的主要作用是隔离电源，或作不频繁接通和断开电路用。它是结构最简单、应用最广泛的一种低压电器。刀开关主要由静夹座、触刀、操作手柄和绝缘底板组成。图 5-22 所示为 HK 系列瓷瓶底胶盖刀开关。

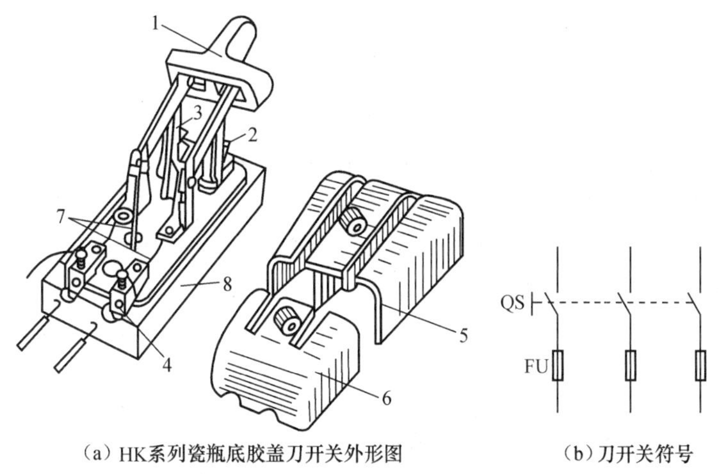

（a）HK系列瓷瓶底胶盖刀开关外形图　（b）刀开关符号

图 5-22　HK 系列瓷瓶底胶盖刀开关

1—瓷质手柄　2—进线座　3—静夹座　4—出线座　5—上胶盖　6—下胶盖　7—熔丝　8—瓷底座

刀开关的种类很多，按刀的极数可分为单极、双极和三极；按灭弧装置可分为带灭弧装置和不带灭弧装置；按刀的转换方向又可分为单掷和双掷；等等。

（2）组合开关

组合开关又称为转换开关。常用的组合开关有 HZ10 系列，其结构如图 5-23 所示。三极组合开关有 3 对静触头和 3 个动触头，分别装在 3 层绝缘垫板上。静触头一端固定在胶木盒内，另一端伸出盒外，以便和电源或负载相连接。3 个动触头是由 2 个磷铜片或硬紫铜片和消弧性能良好的绝缘钢纸板铆合而成的，和绝缘垫板一起套在附有手柄的绝缘方杆上，每次可使绝缘方杆按正或反方向做90°转动，带动3个动触头分别与3对静触头接通或断开，完成电路的通断动作。组合开关的结构紧凑，安装面积小，操作方便，广泛应用于机床设备的电源引入开关，也可用来接通或分断小电流电路，控制5kW以下电动机。其额定电流一般选择为电动机额定值的1.5~2.5倍。由于组合开关通断能力较低，因此不适合用于分断故障电流。

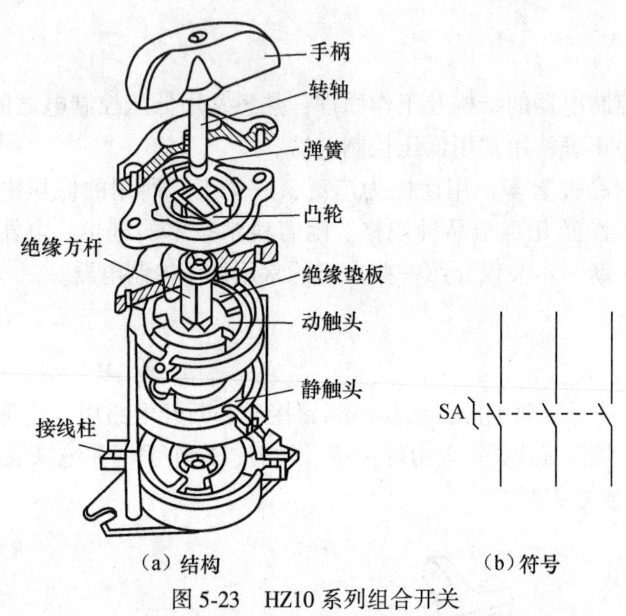

（a）结构　　（b）符号

图5-23　HZ10系列组合开关

（3）断路器

断路器又称为自动空气开关，分为框架式DW系列和塑壳式DZ系列两大类。其主要在电路正常工作条件下用于线路的不频繁接通和分断，并在电路发生过载、短路及失电压或欠电压时，均能自动分断电路断路器，具有操作安全、分断能力较强、兼有多种保护功能、动作值可调等优点，而且电路中一旦发生故障，触头能够自动分离，故障排除一般不需要更换部件，因此应用极为广泛。图5-24所示为DZ型低压断路器结构示意图。

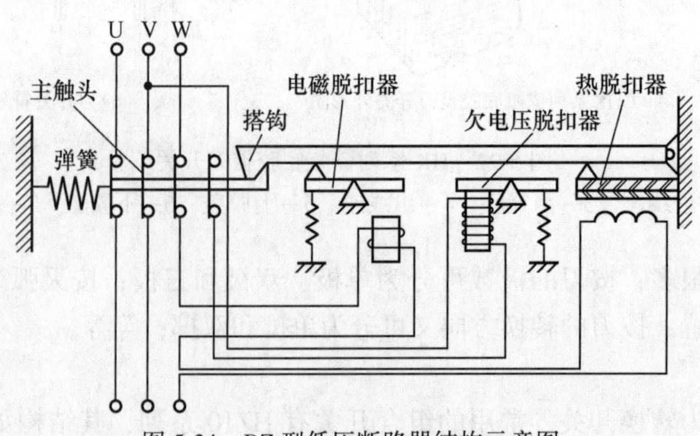

图5-24　DZ型低压断路器结构示意图

其工作原理为：低压断路器的3对主触头串联在被保护的三相主电路中，搭钩钩住弹簧，使主触头保持闭合状态。当线路正常工作时，电磁脱扣器中线圈所产生的吸力不能将它的衔铁吸合。当线路发生短路或产生较大过电流时，电磁脱扣器中线圈所产生的吸力增大，将衔铁吸合，并撞击杠杆，把搭钩顶上去，在弹簧的作用下切断主触头，实现了短路保护和过电流保护。当线路上电压下降或突然失去电压时，欠电压脱扣器的吸力减小或失去吸力，衔铁在支点处受右边弹簧拉力而向上撞击杠杆，把搭钩顶开，切断主触头，实现了欠电压及失电压保护。当电路中出现过载现象时，绕在热脱扣器的双金属片上的线圈中电流增大，致使双金属片受热弯曲向上顶开搭钩，切断主触头，从而实现了过载保护。

选择断路器的原则是：额定电压和额定电流不小于电路的正常工作电压和电流；热脱扣器的整定电流应与所控制的电器额定值一致；电磁脱扣器瞬时脱扣整定电流应大于负载正常工作时的峰值电流。

低压熔断器

2. 熔断器

熔断器俗称保险，是最简便有效的短路保护装置。熔断器中的熔丝或熔片用电阻率较高的易熔合金制成，如铅锡合金。线路正常工作时，流过熔体的电流小于或等于它的额定电流，熔断器的熔体不应熔断。若电路中一旦发生短路或严重过载，熔体应立即熔断，切断电源。熔断器有管式、插入式、螺旋式等几种结构形式，如图 5-25 所示。

选择熔断器主要是选择熔体的额定电流。选用的原则如下。

① 一般照明线路：熔体额定电流≥负载工作电流。

② 单台电动机：熔体额定电流≥1.5～2.5 倍电动机额定电流（I_N），但对不经常启动而且启动时间不长的电动机，系数可选得小一些，主要以启动时熔体不熔断为准。

③ 多台电动机：熔体额定电流≥1.5～2.5 倍（最大电动机额定电流+其余电动机额定电流）。

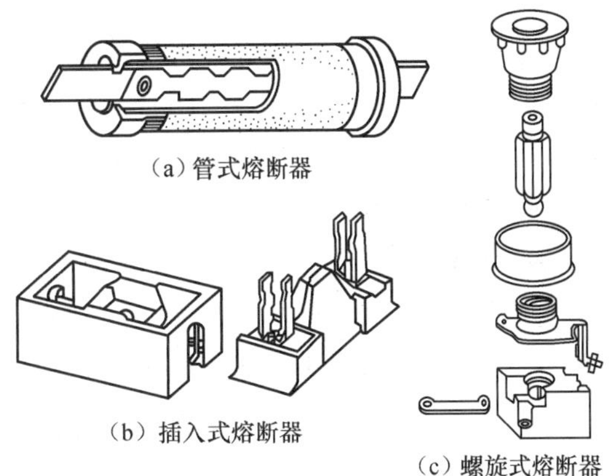

（a）管式熔断器　（b）插入式熔断器　（c）螺旋式熔断器

图 5-25　几种熔断器外形图

使用熔断器过程中应注意，安装、更换熔丝时，一定要切断电源，将闸刀拉开，不要带电作业，以免触电。熔丝烧坏后，应换上和原来同样材料、同样规格的熔丝，千万不要随便加粗熔丝，或用不易熔断的其他金属去替换。

交流接触器

3. 接触器

接触器是一种适用于远距离频繁接通和分断交直流主电路和控制电路的自动控制电器。其主要控制对象是电动机，也可用于其他电力负载，如电热器、电焊机等。接触器还具有欠电压保护、零电压保护、控制容量大、工作可靠及寿命长等优点，是自动控制系统中应用最多的一种电器。按其触头控制方式，可分为交流接触器和直流接触器，两者之间的差异主要是灭弧方法不同。我国常用的 CJ10-20 型交流接触器的结构示意图如图 5-26 所示。

交流接触器主要结构由两大部分组成：电磁系统和触头系统。电磁系统包括铁心、衔铁和线圈；触头系统包括 3 对常开主触头、2 对辅助常开触头和 2 对辅助常闭触头。

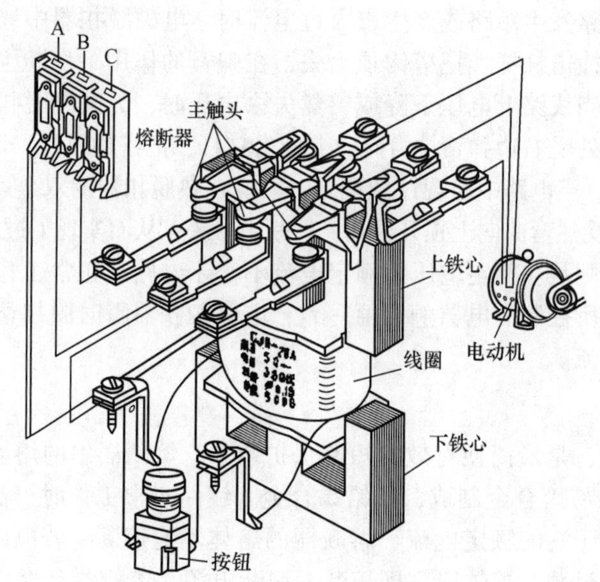

图 5-26　CJ10-20 型交流接触器的结构示意图

交流接触器的工作原理：当线圈通电时，铁心被磁化，吸引衔铁向下运动，使得常闭触头打开，主触头和常开触头闭合；当线圈断电时，磁力消失，在反力弹簧的作用下，衔铁回到原来的位置，所有触头恢复原态。

选用接触器时，应注意它的额定电压、额定电流及触头数量等。

热继电器

4. 热继电器

热继电器是利用电流的热效应原理来切断电路以保护电器的设备，其外形结构及符号如图 5-27 所示。

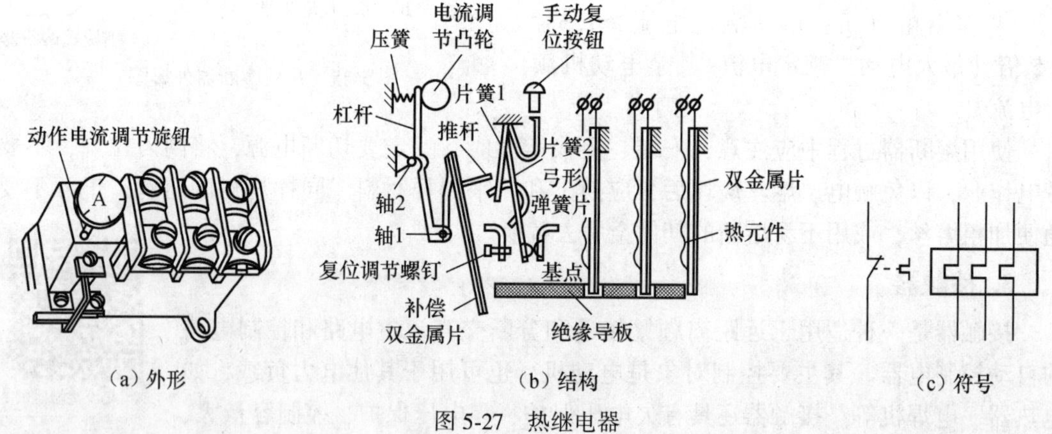

图 5-27　热继电器

热继电器由热元件、双金属片和触头及动作机构等部分组成。双金属片是热继电器的感测元件，由 2 种不同膨胀系数的金属片压焊而成。3 个双金属片上绕有阻值不大的电阻丝作为热元件，串接于电动机的主电路中。热继电器的常闭触头串接于电动机的控制电路中。当电动机正常运行时，热元件产生的热量虽然能使双金属片弯曲，但不足以使热继电器动作。当电动机过载时，热元件上流过的电流大于正常工作电流，于是温度增高，使双金属片更加弯曲，经过一段时间后，双金属片弯曲的程度使它推动导板，引起联动机构动作而使热继电器的常闭触头断开，从而切断电动机的控制电路，使电动机停转，达到过载保护的目的。待双金属片冷却后，才能使触头复位。复位有手动复位和自动复位两种方式。

热继电器的选择原则：长期流过而不引起热继电器动作的最大电流称为热继电器的整定电流，通常选择与电动机的额定电流（I_N）相等或是（1.05～1.10）I_N。如果电动机拖动的是冲击性负载或电动机启动时间较长，则选择的热继电器整定电流应比 I_N 稍大一些；对于过载能力较差的电动机，所选择的热继电器的整定电流值应适当小些。

5. 时间继电器

时间继电器

时间继电器是电路中控制动作时间的设备，它利用电磁原理或机械动作原理来实现触头的延时接通和断开。时间继电器按其动作原理与构造的不同，可分为电磁式、电动式、空气阻尼式和晶体管式等类型。图 5-28 所示为 JS7-A 系列时间继电器结构原理图。

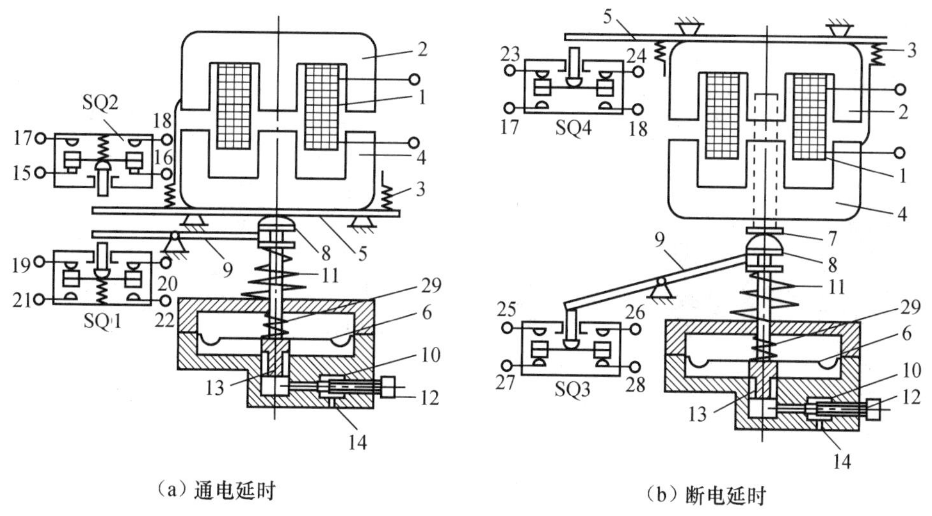

（a）通电延时　　（b）断电延时

1—线圈　2—铁心　3、11、29—弹簧
4—衔铁　5—推板　6—橡皮膜　7—顶杆　8—重锤
9—杠杆　10—空气调整螺钉　12—螺母
13—活塞　14—进气孔
15～24、25～28—微动开关

图 5-28　JS7-A 系列时间继电器结构原理图

时间继电器有通电延时和断电延时两种类型。通电延时型时间继电器的动作原理是：线圈通电时使触头延时动作，线圈断电时使触头瞬时复位。断电延时型时间继电器的动作原理是：线圈通电时使触头瞬时动作，线圈断电时使触头延时复位。时间继电器的图形符号如图 5-29 所示。

空气阻尼式时间继电器是利用空气的阻尼作用获得延时的。此类时间继电器结构简单、价格低廉，但准确度低，延时误差大［±（10%～20%）］，一般只用于要求延时精度不高的场合。目前在交流电路中应用较多的是晶体管式时间继电器。利用 RC 电路中电容器充电时电容器上的电压逐渐上升的原理作为延时基础，其特点是延时范围广、体积小、精度高、调节方便及寿命长。

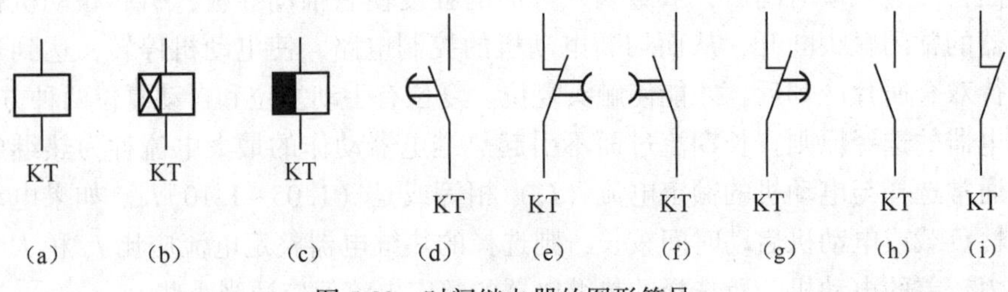

图 5-29　时间继电器的图形符号

6. 主令电器

主令电器主要用来切换控制电路，即用它来控制接触器、继电器等设备的线圈得电与失电，从而控制电力拖动系统的启动与停止，以此改变系统的工作状态。主令电器应用广泛，种类繁多，本节只介绍常用的控制按钮和位置开关。

（1）控制按钮

控制按钮是一种结构简单、应用广泛的主令电器。其外形、结构与符号如图 5-30 所示。它不直接控制主电路，而是在控制电路中发出手动“指令”来控制接触器、继电器等，再用这些电器去控制主电路。控制按钮也可用来转换各种信号线路与电气联锁线路等。

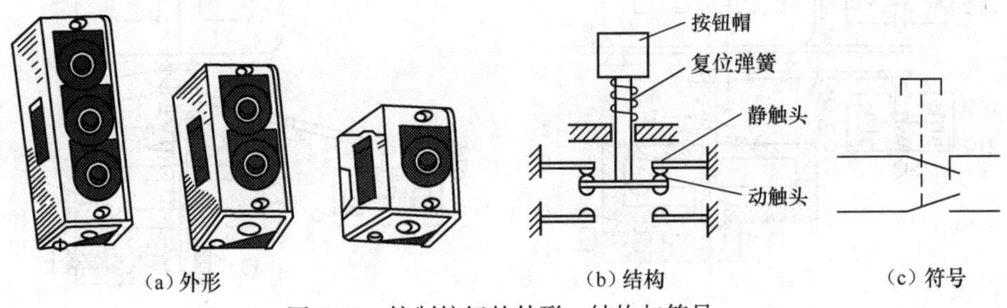

图 5-30　控制按钮的外形、结构与符号

控制按钮由按钮帽、复位弹簧、桥式触头和外壳构成。动触头和上面的静触头组成常闭，和下面的静触头组成常开。按下按钮时，常闭触头断开，常开触头闭合；松开按钮时，在弹簧的作用下各触头恢复原态，即常闭触头闭合，常开触头断开。

（2）位置开关

位置开关又称行程开关或限位开关，其作用是将机械位移转换成电信号，使电动机运行状态发生改变，即按一定行程自动停转、反转、变速或循环，用来控制机械运动或实现安全保护。位置开关包括行程开关、限位开关、微动开关及由机械部件或机械操作的其他控制开关。

行程开关有两种类型：直动式（按钮式）和旋转式。其结构基本相同，都由操作头、传动系统、触头系统和外壳组成，主要区别在于传动系统。直动式行程开关的外形如图 5-31（a）所示；单轮旋转式行程开关的外形如图 5-31（b）所示。图 5-31（c）所示为行程开关的结构原理图。当运动机构的挡铁压到位置开关的滚轮上时，转动杠杆连同转轴一起转动，凸轮推动撞块使得常闭触头断开，常开触头闭合。挡铁移开后，复位弹簧使其复位。行程开关的符号如图 5-31（d）所示。

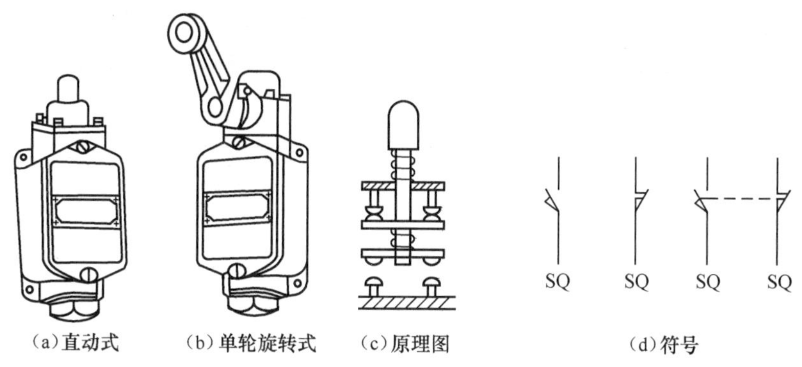

（a）直动式　（b）单轮旋转式　（c）原理图　（d）符号

图 5-31　行程开关外形、原理图和符号

检验学习结果

1. 试述低压断路器有哪些保护功能。
2. 熔断器用于电动机控制时，熔体的额定电流应如何选择？
3. 热继电器主要由哪几部分构成？各部分应连接在电路的什么地方？其作用是什么？
4. 试述接触器的主要组成及各部分的功能，画出各部分的图形，并标出相应文字符号。

技能训练

1. 交流接触器的拆卸与组装

① 实训工具：尖嘴钳、螺丝刀、扳手、镊子、交流接触器、万用表。

② 训练步骤。取一台完好的交流接触器进行拆卸。拆卸过程中，应将拆卸步骤，主要零部件的名称、作用，各对触头动作前后的电阻值，各类触头数量及线圈数据记入表 5-2 中。

表 5-2

<table>
<tr><td colspan="2">型　　号</td><td colspan="2">容量/A</td><td rowspan="2">拆 卸 步 骤</td><td colspan="2">主要零部件</td></tr>
<tr><td colspan="2"></td><td colspan="2"></td><td>名　　称</td><td>作　　用</td></tr>
<tr><td colspan="4">触头对数</td><td rowspan="10"></td><td rowspan="10"></td><td rowspan="10"></td></tr>
<tr><td>主</td><td>辅</td><td>常开</td><td>常闭</td></tr>
<tr><td></td><td></td><td></td><td></td></tr>
<tr><td colspan="4">触头电阻</td></tr>
<tr><td colspan="2">常开</td><td colspan="2">常闭</td></tr>
<tr><td>动作前/MΩ</td><td>动作后/Ω</td><td>动作前/Ω</td><td>动作后/MΩ</td></tr>
<tr><td></td><td></td><td></td><td></td></tr>
<tr><td colspan="4">电磁线圈</td></tr>
<tr><td>线径/mm</td><td>匝数</td><td>工作电压/V</td><td>直流电阻/Ω</td></tr>
<tr><td></td><td></td><td></td><td></td></tr>
</table>

③ 训练所用时间：＿＿＿＿＿＿＿＿。

2. 时间继电器的拆卸

① 实训工具：万用表、尖嘴钳、螺丝刀、扳手、镊子、时间继电器。

② 训练步骤。取一个完好的空气阻尼式通电延时型时间继电器进行拆卸。拆卸过程中，应将拆卸步骤，主要零部件的名称、作用，触头数量及种类记入表5-3中。

表5-3

型　号	线圈电阻/Ω	主要零部件	
		名　称	作　用
常开触头/对	常闭触头/对		
延时触头/对	瞬时触头/对		
延时打开触头/对	延时闭合触头/对		

③ 把通电延时型时间继电器改装成断电延时型时间继电器。

方法：把空气阻尼式通电延时型时间继电器的线圈拆下，倒过来安装。注意安装时调节出合适的气隙。

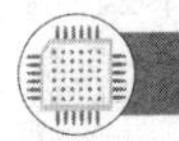

5.5 基本电气控制线路

学习目标

了解电气控制系统图的基本知识；熟悉各种基本控制线路的工作原理；能画出简单的基本控制线路。

点动控制电路

1. 电动机点动控制

点动控制是电动机最简单的控制方式，其控制线路如图5-32所示。

由图5-32可知，点动控制线路的主电路由三相空气开关QF、交流接触器主触头KM、热继电器的热元件FR及三相电动机M组成；控制回路由按钮SB、交流接触器线圈KM及热继电器的辅助常闭触头FR组成。

工作原理：当电动机需要点动运转时，先合上空气开关QF，再按下启动按钮SB，接触器KM的线圈得电，吸引衔铁动作，带动接触器的3对主触头向下运动闭合，电动机M得电运转；松开按钮SB，接触器线圈失电，主触头断开，电动机停转。

点动控制线路简单，在实际中应用很普遍。

电动机单向连续运转控制电路

2. 电动机单向连续运转控制

图5-33所示为电动机单向连续运转控制线路图。

操作过程与工作原理：合上空气开关QF→按下启动按钮SB1→接触器线圈KM得电→3对主触头闭合，主电路接通，电动机启动运转，同时辅助常开触头KM闭合自锁→松开按钮SB1→电动机仍能连续运转。

利用接触器本身的辅助常开触头使接触器线圈保持通电的作用称为自锁，为此常把接触器辅助常开触头称为自锁触头。

若要电动机停止转动，按下停止按钮SB2→线圈KM失电→KM主触头和自锁触头均断开，电动机停转。

异步电动机的反转控制

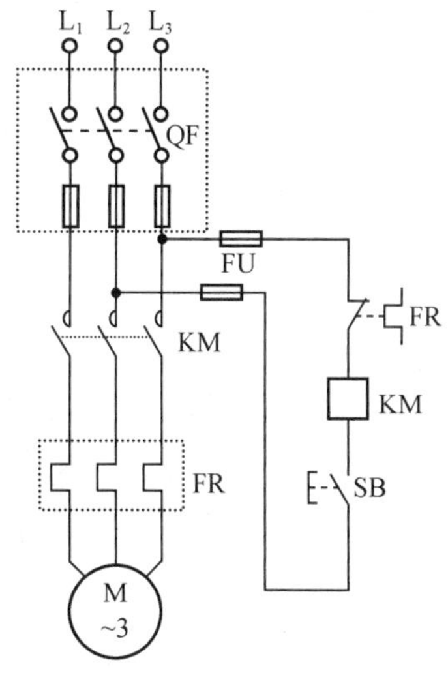

图 5-32 电动机点动控制线路

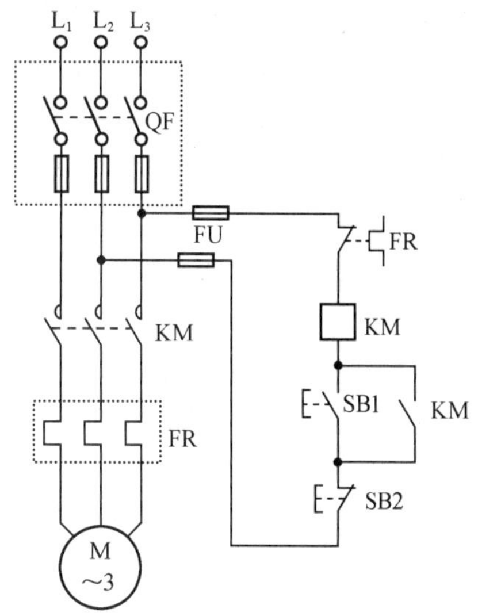

图 5-33 电动机单向连续运转控制线路

3. 电动机的正反转控制

电梯的上下升降、机床工作台的移动、横梁的升降，其本质都是电动机的正反转。实现电动机的正反转，只需把电动机与三相电源连接的 3 根火线中任意两根对调位置即可。图 5-34 所示为电动机接触器联锁的正反转控制线路。

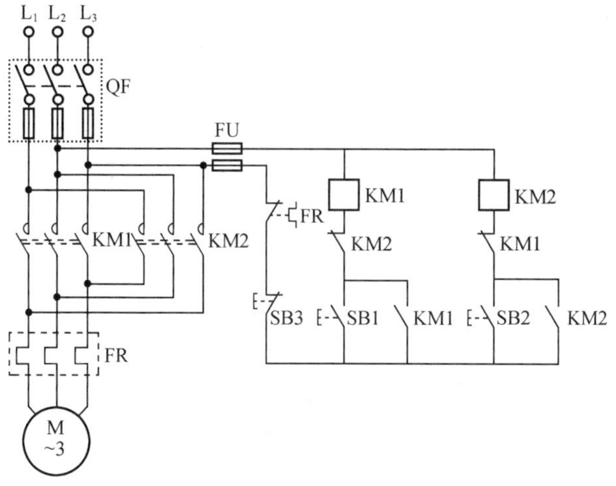

图 5-34 电动机接触器联锁的正反转控制线路

闭合空气开关 QF，为电动机启动做好准备。

电动机的正反转控制

正转控制过程：按下正转启动按钮 SB1→正转控制回路线圈 KM1 得电→串接在反转控制电路的辅助常闭触头打开，使电动机正转时反转电路不能接通，避免了两相短路发生→辅助常开触头 KM1 闭合自锁，同时正转主电路中 3 对主触头闭合，正转控制回路接通→电动机正转启动运行。

让电动机正转停止，按下停止按钮 SB3 即可。

辅助常开触头的自锁作用已介绍过，在这里辅助常闭触头分别相互串接在对方的控制回路中，其作用是保证正、反转两个接触器线圈不会同时得电，称为互锁。

反转控制与正转控制过程类似，请读者自行分析。这种类型的正反转控制线路，若要改变电动机的转向，必须先按停止按钮 SB3，再按反转控制按钮 SB2 才可实现电动机反转。如果要使电动机直接由正转切换至反转，就需要在电路中再加上按钮互锁环节，比只有接触器互锁的正反转控制线路要安全可靠，并且操作方便。请读者自己设计一下此控制线路。

4. 工作台自动往返控制

有些生产机械，如万能铣床，要求工作台在一定距离内能自动往返，而自动往返通常是利用行程开关控制电动机的正反转来实现的。图 5-35 所示为工作台自动往返控制线路。

工作台自动往返控制

图 5-35 中，SQ1 是左移转右移的行程开关，SQ2 是右移转左移的行程开关，SQ3 和 SQ4 分别为左右极限保护行程开关。

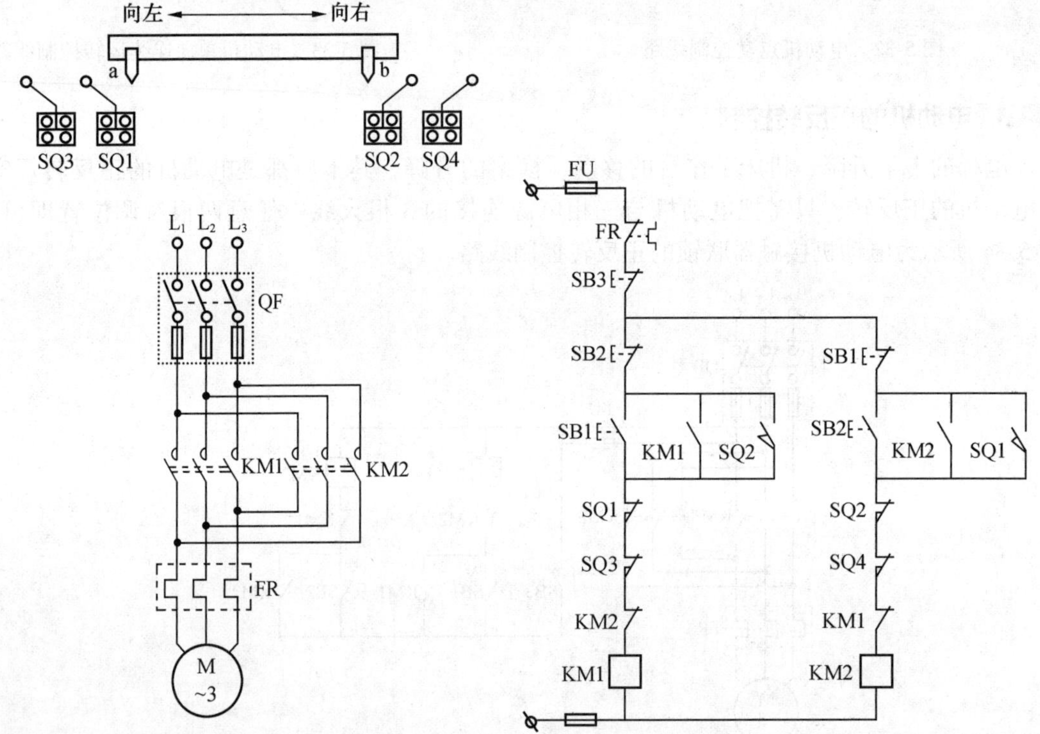

图 5-35　工作台自动往返控制线路

控制过程：按下启动按钮 SB1，KM1 得电并自锁，电动机正转，工作台向左移动，当到达左移预定位置后，挡铁 1 压下 SQ1，SQ1 常闭触头打开使 KM1 断电，SQ1 常开触头闭合使 KM2 得电，电动机由正转变为反转，工作台向右移动；当到达右移预定位置后，挡铁 2 压下 SQ2，使 KM2 断电，同时 SQ2 并在左移控制回路按钮两端的辅助常开触头闭合使 KM1 得电，电动机由反转变为正转，工作台又向左移动，如此周而复始地自动往返工作。按下停止按钮 SB3 时，电动机停转，工作台停止移动。若因行程开关 SQ1、SQ2 失灵，则由极限保护行程开关 SQ3 和 SQ4 实现保护，从而避免运动部件因超出极限位置而发生事故。

5. 多地控制

能在两地或多地控制同一台电动机的控制方式叫电动机的多地控制。图 5-36 所示为电动机两地控制线路。

图 5-36 中，SB1 和 SB3 为安装在甲地的启动按钮和停止按钮，SB2 和 SB4 是安装在乙地的启动按钮和停止按钮。该线路的特点是：启动按钮并联在一起，停止按钮串联在一起。这样就可以分别在甲、乙两地控制同一台电动机，达到操作方便的目的。对于三地或多地控制，只要按照将各地的启动按钮并联、停止按钮串联的连线原则即可实现。

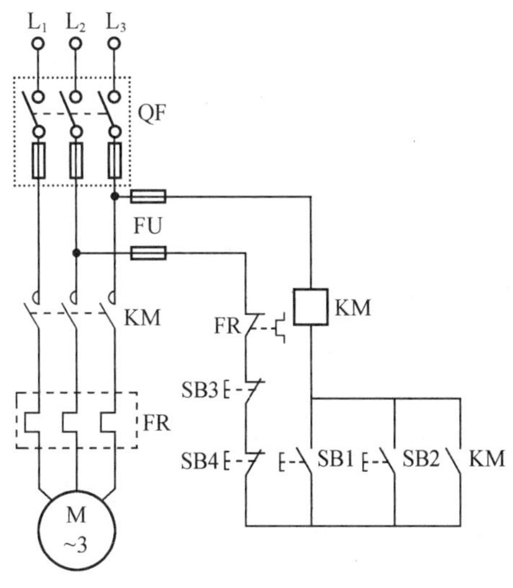

图 5-36　电动机两地控制线路

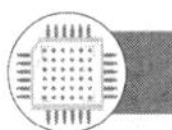

检验学习结果

1. 简述电动机点动控制、单向运转控制和正反转控制线路的工作原理。

2. 试述什么是自锁、互锁，以及它们在控制电路中各起什么作用。

3. 试设计一个电动机控制线路，要求既能点动，又能单向启动、停止及连续运转。

5.6 可编程控制器与传感器简介

学习目标

了解可编程控制器和传感器及其在实用中的作用。

1. 可编程控制器简介

本章介绍的各种继电接触器控制线路应用虽然很广，但实际应用中存在着一定的问题，主要是触头寿命低、体积大、噪声重，特别是在一些较为复杂的控制环节中，由于继电接触器控制线路的元器件数量太多使得硬接线繁杂，当线路中出现故障或对机器的工作程序有新的调整和功能扩展要求时，线路的检测、改造将非常不易和麻烦。

采用可编程控制器（PLC）对机器进行控制，是抑制上述缺点和利用计算机技术对生产自动化进行的一项技术革新。自动控制系统一般分为 3 部分：输入部分、逻辑控制部分和输出部分。输入部分包括各种主令电器，其作用是输入各种指令和生产过程控制要求；逻辑控制部分包括各类继电器、接触器等，用以实现各种控制功能；输出部分则是生产过程中的被驱动对象，如电磁阀、指示灯等。可编程控制器可取代继电接触器控制系统中的逻辑控制部分，主要功能有条件控制、限时控制、步进控制、计数控制及数据处理；还可以采用通信技术进行远距离控制及互相联网，也可以对系统进行监控。其功能范围远远超过了继电接触器控制系统。

和继电接触器控制系统相比较，可编程控制器靠的是软接线（即编程）进行的逻辑控制，即由可编程控制器根据生产机械的控制要求，通过编程器键盘输入相应的程序。当生产过程有新的需求和调整时，对已经编好的程序进行重新调整编写即可，从而避免了复杂的硬接线改造。

与普通计算机相比，可编程控制器可以适应工业现场的高温、振动及有较强电磁场干扰的外部环境，如果把办公机制中的计算机称为“白领计算机”，则可编程控制器称得上是工业控制中的“蓝领计算机”。可编程控制器用电子元件取代了机械触头，无磨损、无噪声、可靠性高、体积小、速度快。使用计算机和多台可编程控制器还可组成“分散控制、集中管理”的控制网络。

继电接触器控制系统由于价格便宜，操作简单，目前仍广泛应用于简单的生产机械控制中，比较复杂或规模较大的控制系统，现在大都采用可编程控制器进行控制。可编程控制器技术具有广阔的发展前景。

2. 传感器简介

传感器是将非电量转换为电量的一种功能装置，也是优良控制系统中的必备元件。传感器一般由敏感元件和转换元件两个基本环节构成。

传感器按用途可分为位移传感器、温度传感器、压力传感器、速度传感器及超声波传感器等；按工作原理又可分为电阻式、电感式、光电式、磁电式及射线式等。

传感器

例如，磁电式传感器是由小块永久磁铁和干簧开关管组成的。当磁电式传感器应用于房间报警装置中时，一般干簧管和电路镶嵌在门、窗框里，磁铁固定在对应的门窗扇上，构成门窗防盗报警器或门开报知器。当门打开时，磁铁由于离开干簧管而使干簧管常开触头断开，这时开关管导通并向电路中的两个振荡器同时供电，振荡器得电后工作，驱动扬声器发声报警。当门关上后，干簧管常开触头又接通，电路断开，报警停止。

又如，光电式传感器由于其抗干扰能力强，便于电隔离，因此在计算机技术迅猛发展、数字系统不断涌现的今天备受青睐。光电式传感器的光电器件有光敏电阻、光电池及电荷耦合摄像器件（CCD）等。其中光敏电阻也称为光导管，它利用半导体材料具有的内光电效应制成。其阻值与光通量成反比。当物质受光照后，载流子密度增加，电阻值减少。

为了真实地了解被检测环境（温度、压力、水位、内应力、湿度等）对系统的影响，常常利用光敏元件进行预转换。当光敏元件受光照时，电路就会导通，从而把光能转换为电能，传感器进行工作。光敏元件的任务就是将被测的非电量转换成易于转换成电量的另一种非电量，再将这种非电量转换为电参量的变化加以电测量，最后经过系统的检测和分析得出结论。

技能训练

安装和调试三相异步电动机的正反转控制电路。

1. 准备要求

准备要求见表5-4。

表 5-4　　准备要求

序号	名　称	型号与规格	单位	数量	备注
1	三相四线制电源	交流 3×380V/220V、20A	处	1	
2	单相交流电源	交流 220V 和 36V 、5A	处	1	
3	三相异步电动机	Y112M-4，4kW、380V、△接法或自定	台	1	
4	配线板	500mm×450mm×20mm	块	1	
5	组合开关	HZ10-25/3	只	1	
6	交流接触器	CJ10-10 或 CJ10-20、线圈电压 380V	只	2	
7	热继电器	JR16-20/3D，整定电流 8. 8A	只	1	
8	熔断器及熔芯配套	RL1-60/20A	套	3	
9	熔断器及熔芯配套	RL1-15/4A	套	2	
10	三联按钮	LA10-3H 或 LA4-3H	只	1	
11	接线端子排	JX2-1015，500V、10A、15 节	条	1	
12	木螺钉	ϕ3mm×20mm（或 ϕ3mm×15mm）	只	25	
13	平垫圈	ϕ4mm	只	25	
14	圆珠笔	自定	支	1	
15	塑料软铜线	RVB-2. 5mm^2，或根据电动机实际容量自定	m	20	
16	塑料软铜线	RVB-1. 5mm^2，或自定	m	20	
17	塑料软铜线	RVB-0. 75mm^2，或根据电动机实际容量自定	m	5	
18	别径压端子	UT2. 5-4，UT1-4	个	20	
19	行线槽	TC3025，长 34cm，两边打 ϕ3. 5mm 孔	条	5	
20	异形编码套管	ϕ3. 5mm	m	0. 3	
21	电工通用工具	验电笔、钢丝钳、螺丝刀、电工刀、剥线钳等	套	1	
22	万用表	自定	只	1	
23	兆欧表	自定	只	1	
24	钳形电流表	0~50A	只	1	
25	劳保用品	绝缘鞋、工作服等	套	1	

2. 训练要求

按照图 5-34 所示线路图进行连线，要求如下。

① 正确使用各种工具和仪表，装元器件时布置要合理、正确，配线要求紧固、美观，导线要进线槽。

② 按钮盒不固定在板上，电动机和电源配线、按钮接线均要接到端子排上，进、出线槽的导线要有端子标号，引出端要用别径压端子。

3. 评分标准（满分 50 分）

（1）元器件安装（5 分）

① 要求：正确使用工具和仪表，能够按照线路图熟练安装元器件；元器件在配电板上

布置要合理，安装要准确、紧固；按钮盒不固定在板上。

② 扣分标准：元器件布置不整齐、不匀称、不合理，每处扣1分；元器件安装不牢固、漏装螺钉，每处扣1分；损坏元器件，每处扣2分。

（2）布线（15分）

① 要求：接线紧固、无毛刺，导线应进线槽；电源和电动机配线、按钮接线要接到端子排上，进、出线槽的导线要有端子标号；引出线要用冷压接线端子。

② 扣分标准：电动机运行正常，但未按电路原理图接线时扣2分；布线不进线槽，不美观，主电路、控制电路每根扣0.5分；接点松动，露铜过长、反圈、压绝缘层、标记不清楚、漏标和错标，引出线无别径压端子，每处扣0.5分；损伤导线绝缘或线芯，每处扣0.5分。

（3）通电试验（20分）

① 要求：在保证人身和设备安全的前提下，通电试验应一次成功。

② 扣分标准：热继电器整定错误，扣2分；主控电路配错熔体，每个扣1分；一次试车不成功扣5分；二次试车不成功扣10分；三次试车不成功扣15分。

（4）文明操作（10分）

① 要求：劳保用品穿戴整齐，电工工具配备齐全；遵守劳动纪律和安全损伤规程；尊重辅导老师，讲文明礼貌；实训完毕后自觉清理现场。

② 扣分标准：违反纪律且不文明操作时，违反一项扣1分；不按要求操作而造成损失者扣2~10分；严重违反实训规程发生重大事故时为不合格。

检测题（共100分，120分钟）

一、填空题（每空0.5分，共20分）

1. 异步电动机根据转子结构的不同可分为________式和________式两大类。它们的工作原理________。________式电动机调速性能较差，________式电动机调速性能较好。

2. 三相异步电动机主要由________和________两大部分组成。电动机的铁心是由相互绝缘的________片叠压制成。电动机的定子绕组可以连接成________或________两种方式。

3. 旋转磁场的旋转方向与通入定子绕组中三相电流的________有关。异步电动机的转动方向与__________的方向相同。旋转磁场的转速决定于电动机的________。

4. 电动机常用的两种降压启动方法是________启动和__________启动。

5. 若将额定频率为60Hz的三相异步电动机接在频率为50Hz的电源上使用，电动机的转速将会________额定转速。改变________或________可改变旋转磁场的转速。

6. 转差率是分析异步电动机运行情况的一个重要参数。转子转速越接近磁场转速，则转差率越________。对应于最大转矩处的转差率称为________转差率。

7. 降压启动是指利用启动设备将电压适当________后加到电动机的定子绕组上进行启动，待电动机达到一定的转速后，再使其恢复到________下正常运行。

8. 异步电动机的调速可以用改变________、__________和__________3种方法来实现。其中________调速是发展方向。

9. 熔断器在电路中起________保护作用；热继电器在电路中起________保护作用；接触器具有________保护作用。上述 3 种保护功能均有的电器是________。

10. 多地控制线路的特点是：启动按钮应________在一起，停止按钮应________在一起。

11. 热继电器的文字符号是________；熔断器的文字符号是________；按钮的文字符号是________；接触器的文字符号是________；空气开关的文字符号是________。

12. 三相鼠笼式异步电动机名称中的“三相”是指电动机的________，“鼠笼式”是指电动机的________，“异步”指电动机的__________。

二、判断题（每小题 1 分，共 10 分）

1. 当加在定子绕组上的电压降低时，将引起转速下降，电流减小。（　　）
2. 电动机的电磁转矩与电源电压的平方成正比，因此电压越高，电磁转矩越大。（　　）
3. 启动电流会随着转速的升高而逐渐减小，最后达到稳定值。（　　）
4. 异步电动机转子电路的频率随转速而改变，转速越高，则频率越高。（　　）
5. 电动机的额定功率指的是电动机轴上输出的机械功率。（　　）
6. 电动机的转速与磁极对数有关，磁极对数越多，转速越高。（　　）
7. 鼠笼式异步电动机和绕线式异步电动机的工作原理不同。（　　）
8. 三相异步电动机在空载下启动，启动电流小；在满载下启动，启动电流大。（　　）
9. 三相异步电动机在满载和空载下启动时，启动电流是一样的。（　　）
10. 单相异步电动机的磁场是脉振磁场，因此不能自行启动。（　　）

三、选择题（每小题 2 分，共 20 分）

1. 电动机三相定子绕组在空间位置上彼此相差（　　）。

A. 60°电角度　　B. 120°电角度　　C. 180°电角度　　D. 360°电角度

2. 自动空气开关的热脱扣器用作（　　）。

A. 过载保护　　B. 断路保护　　C. 短路保护　　D. 失电压保护

3. 交流接触器线圈电压过低将导致（　　）。

A. 线圈电流显著增大　　B. 线圈电流显著减小

C. 铁心涡流显著增大　　D. 铁心涡流显著减小

4. 热继电器作电动机的保护时，适用于（　　）。

A. 重载启动间断工作时的过载保护　　B. 轻载启动连续工作时的过载保护

C. 频繁启动时的过载保护　　D. 任何负载和工作制的过载保护

5. 三相异步电动机的旋转方向与通入三相绕组的三相电流（　　）有关。

A. 大小　　B. 方向　　C. 相序　　D. 频率

6. 三相异步电动机旋转磁场的转速与（　　）有关。

A. 负载大小　　B. 定子绕组上电压大小

C. 电源频率　　D. 三相转子绕组所串电阻的大小

7. 三相异步电动机的最大转矩与（　　）。

A. 电压成正比　　B. 电压的平方成正比

C. 电压成反比　　D. 电压的平方成反比

8. 三相异步电动机的启动电流与启动时的（　　）。

A. 电压成正比　　B. 电压的平方成正比

C. 电压成反比　　D. 电压的平方成反比

9. 能耗制动的方法就是在切断三相电源的同时（　　）。

A. 给转子绕组中通入交流电　　B. 给转子绕组中通入直流电

C. 给定子绕组中通入交流电　　D. 给定子绕组中通入直流电

10. Y-△降压启动，由于启动时每相定子绕组的电压为额定电压的$\frac{1}{\sqrt{3}}$，所以启动转矩也只有直接启动时的（　　）。

A. 1/3　　B. 0.866　　C. 3　　D. 1/9

四、简述题（每小题4分，共28分）

1. 三相异步电动机在一定负载下运行，当电源电压因故降低时，电动机的转矩、电流及转速将如何变化？

2. 三相异步电动机电磁转矩与哪些因素有关？三相异步电动机带动额定负载工作时，若电源电压下降过多，往往会使电动机发热，甚至烧毁，试说明原因。

3. 有的三相异步电动机有380V/220V两种额定电压，定子绕组可以接成星形或者三角形，何时采用星形接法，何时采用三角形接法？

4. 在电源电压不变的情况下，如果将三角形接法的电动机误接成星形，或者将星形接法的电动机误接成三角形，将分别出现什么情况？

5. 如何改变单相异步电动机的旋转方向？

6. 接触器除具有接通和断开电路的功能外，还具有什么保护功能？

7. 当绕线式异步电动机的转子三相滑环与电刷全部分开时，在定子三相绕组上加上额定电压，转子能否转动起来？为什么？

五、计算与设计题（共22分）

1. 已知某三相异步电动机在额定状态下运行，其转速为1430r/min，电源频率为50Hz。求：电动机的磁极对数p、额定运行时的转差率s_N、转子电路频率f_2和转差速度Δn。（5分）

2. 某4.5kW三相异步电动机的额定电压为380V，额定转速为950r/min，过载系数为1.6。（1）求T_N、T_M；（2）当电压下降至300V时，能否带额定负载运行？（8分）

3. 设计两台电动机顺序控制电路：M_1启动后M_2才能启动；M_2停转后M_1才能停转。（9分）

六、素质拓展题

从第一个想到利用火箭飞天的人——明朝的万户，到2022年航天员王亚平的“空中课堂”，我国已经逐步迈入航天强国。虽然航天工程是一项巨大的工程，但是它离不开电路相关内容。请通过网络了解航天、能源、通信等应用电路，讨论其中的电路知识。

第二篇

电子技术基础

20 世纪以来，电子技术的发展极为迅速，无论是天文探测还是深海研究；是对宏观世界探索还是对微观世界进军；是工业自动控制还是日常生活；是原子能的利用还是医学、生物学……几乎每一个科学技术领域都有电子技术的渗透。对非电专业的高级应用型人员来说，学习电子技术已显得刻不容缓。学习和掌握电子技术方面的基础知识，可以扩展知识面、开阔眼界、拓宽思路，了解电子技术的发展动向和在本专业领域内的应用，可为今后的实际工作打下基础。

电子技术应用

第6章 半导体及其常用器件

电子技术中的常用元件一般都是由半导体材料制作的，因而称为半导体器件。半导体器件是在20世纪50年代初发展起来的，具有体积小、质量轻、使用寿命长、输入功率小及功率转换效率高等优点。现代化的电子设备都是以半导体器件和集成电路为基础的，尤其是二极管、三极管和场效应管等，是构成集成电路的基本单元，被广泛应用在各种电子电路中。近年来，集成电路特别是大规模和超大规模集成电路的出现，使各种工业自动控制设备和电子设备在微型化、可靠性等方面大步向前推进。为了正确和有效地运用半导体器件，必须对它们的工作原理和性能有一个基本认识。

目的和要求 了解本征半导体、P型半导体和N型半导体的特征；了解PN结的形成过程；熟悉二极管的伏安特性及其分类、用途；深刻理解三极管的电流放大原理，掌握其输入和输出特性的分析方法；了解场效应管的工作原理，初步掌握工程技术人员必须具备的分析电子电路的基本理论、基本知识和基本技能。

6.1 半导体的基本知识

学习目标

熟悉本征半导体的光敏性、热敏性和掺杂性；了解本征激发、复合的概念；熟悉P型和N型两类半导体的形成及其特点；掌握PN结的单向导电特性。

1. 半导体的独特性能

半导体的独特性能

自然界的物质根据导电性能的不同，一般可分成导体、绝缘体和半导体三大类。其中，半导体的导电能力虽然介于导体和绝缘体之间，但在不同条件下半导体的导电能力有着显著的差异。例如，有些半导体对温度的反应特别灵敏，环境温度升高时，其导电能力要增强很多，具有这种特性的半导体常可用来制作各种热敏元件；还有些半导体，当受到光照时，其导电能力变得很强，无光照时，又变得像绝缘体那样不导电，具有这种特性的半导体则可制成各种光电元件。半导体还有一个更显著的特点，就是在纯净的半导体中掺入微量的某种杂质元素后，其导电能力可增加至几十万乃至几百万倍。例如，在单晶硅中掺入质量分数10^{-6}的硼后，其电阻率就可由大约$2\times10^{3}\Omega\cdot m$减小到$4\times10^{-3}\Omega\cdot m$左右。人们正是利用半导体的这些独特性能，制成了半导体二极管、稳压二极管、晶体三极管、场效应管及晶闸管等不同的电子器件。

2. 本征半导体与杂质半导体

半导体之所以有如此多的独特性能，取决于半导体的内部结构和导电机理。

(1) 本征半导体

在半导体物质中，目前用得最多的是硅和锗。它们都是4价元素（即原子结构中最外层有 4 个价电子)，如图 6-1 所示。

本征半导体

天然的硅和锗材料提纯后形成单晶体，其晶格结构完全对称，成为本征半导体。图 6-2 所示为单晶硅共价键结构示意图。单晶硅中，两两电子被紧紧束缚在一起，组成共价键结构，各硅原子靠共价键的作用而紧密联系在一起。

常温下束缚电子很难脱离共价键成为自由电子，因此本征半导体中的自由电子很少，导电能力很弱。从共价键整体结构看，每个硅原子外面都有 8 个价电子，很像绝缘体的“稳定”结构。

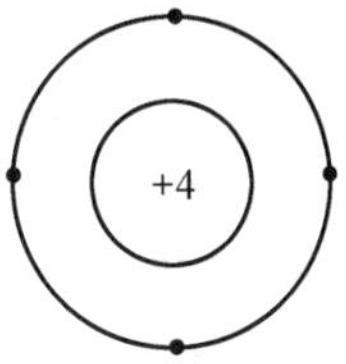

图 6-1　硅原子和锗原子的简化模型

实际上，共价键中的 8 个价电子并不像绝缘体中的价电子那样束缚得很紧。当温度升高或受到光照后，共价键中的电子就会获得一定的能量而挣脱共价键的束缚游离到晶体中，成为**自由电子**，这些自由电子形成一定的电荷迁移，成为自由电子载流子。价电子成为自由电子载流子后，在共价键上留下一个空位，这个空位称为**空穴**。由于温度的影响而产生电子–空穴对的现象称为本征激发，如图 6-3 所示。

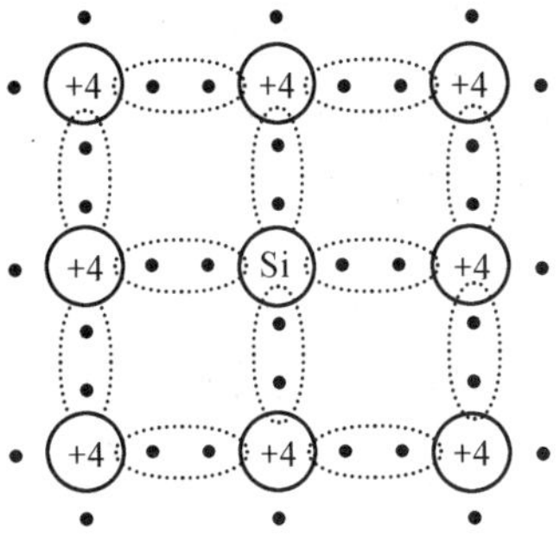

图 6-2　单晶硅共价键结构示意图

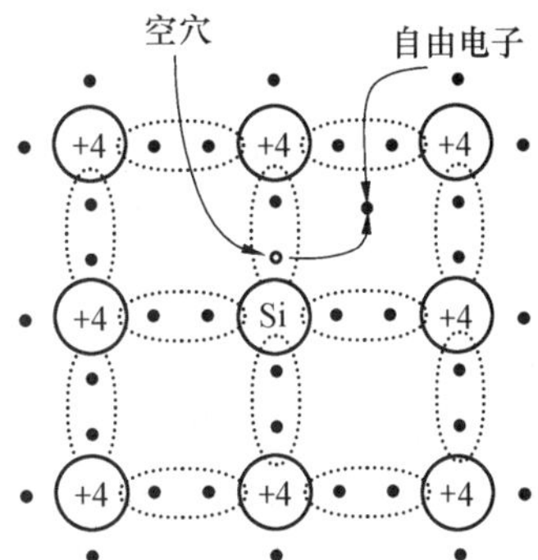

图 6-3　热激发产生的电子-空穴对

受温度的影响，共价键中的其他价电子在挣脱原子核的束缚后，不是游离到空间，而是“跳进”由本征激发而产生的空穴中，这种由价电子填补空穴的现象称为复合。参与复合的价电子也会留下一个新的空穴，而这个新的空穴又很容易被从邻近共价键中跳出来的价电子填补上，这种价电子填补空穴的复合运动使单晶体中又形成一定的电荷迁移，为区别于本征激发下自由电子载流子的运动，我们把价电子填补空穴的复合称为空穴载流子运动。

注意：空穴载流子运动是人们根据共价键中出现空位的移动而虚拟出来的，实际上空穴本身是不能移动的。

半导体的导电机理

半导体中同时有两种载流子参与导电，一种是本征激发下的自由电子载流子，另一种是复合运动形成的空穴载流子，两种载流子电量相等、符号相反，即空穴载流子移动的方向和自由电子移动的方向相反。

半导体中同时有两种载流子参与导电，是半导体与金属导体导电机理（金属导体中只有自由电子载流子参与导电）的本质差别，同时也是半导体导电方式的独特之处。

一定温度下，半导体中的载流子总是维持一定的数目。温度越高，载流子数目越多，导电性能也就越好。实际上，在外因影响下而激发产生的电子–空穴对浓度还是不高的，常温下一般为每立方米硅的总电子数的 $1/10^{13}$。因此受温度影响，半导体的导电性能虽然大大提高，但与导体相比，其导电能力还是很差的。

（2）杂质半导体

本征半导体中虽然有自由电子和空穴两种载流子，但由于数量不多，因而导电能力仍然不强。但是，在本征半导体中掺入微量的某种元素后，半导体的导电能力将极大地增强。

N 型半导体

例如，在硅（或锗）的晶体中掺入 5 价元素磷，由于掺入的杂质数量极少，所以本征半导体的共价键结构基本不变，只是共价键结构中某些位置上的硅原子被磷原子取代。当这些磷原子与相邻的 4 个硅原子组成共价键时，就会多出一个电子，这个多余的电子在获得外界能量时，比其他共价键上的电子更容易挣脱共价键的束缚而成为自由电子。所以在这种半导体中电子载流子的数量大大增加，其杂质原子由于失电子而成为不能移动的带正电离子，如图6-4所示。

掺入 5 价元素的杂质半导体中，自由电子的浓度比同一温度下本征半导体中自由电子的浓度大很多。室温情况下，当本征硅中的杂质数量等于硅原子数量的 10^{-6} 时，电子载流子的数目将增加几十万倍，从而使半导体的导电能力显著提高。但是，这些多余电子挣脱原子核束缚成为自由电子后，在它们原来的位置上并不能形成空穴，因此空穴载流子数量相对很少。我们把这种多电子的掺杂质半导体称为电子型半导体。电子型半导体中因自由电子数量多而称为多数载流子，空穴数量少称为少数载流子，失电子的杂质原子成为不能移动的带正电离子。习惯上，我们又把电子型半导体称为 N 型半导体。

P 型半导体

在硅（或锗）的晶体内掺入少量 3 价元素杂质，如硼（或铟）等，硼原子只有 3 个价电子，它与周围硅原子组成共价键时，因少一个电子而在共价键中出现一个空位。当相邻价电子受到热振动或在其他激发条件下获得能量时，极易“跳入填补”这些空位，而原来硅原子的共价键则因缺少一个电子形成了空穴，这些 3 价的杂质原子由于多电子而成为不能移动的带负电离子，如图 6-5 所示。

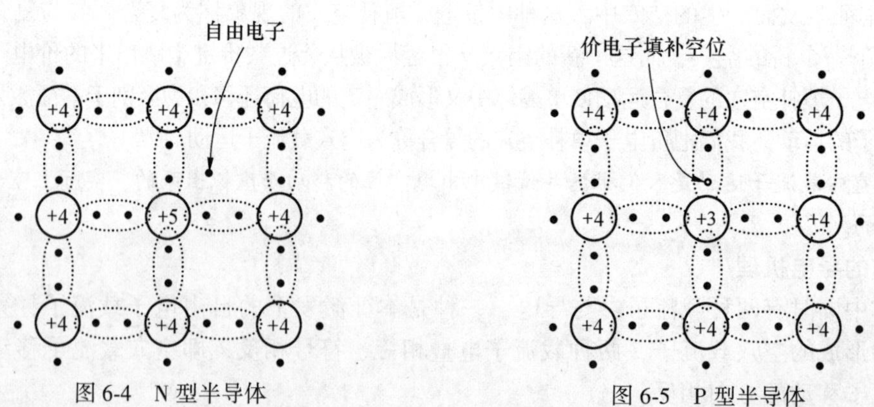

图 6-4　N 型半导体　　　图 6-5　P 型半导体

显然，掺入 3 价元素的杂质半导体中，空穴载流子由于数量很多称为多数载流子，由本征激发而产生的自由电子载流子由于数量相对极少称为少数载流子。这种空穴数量远大于自由电子数量的杂质半导体称为空穴型半导体，在电子技术中又称为 P 型半导体。一般情况下，杂质半导体中的多数载流子的数量可达到少数载流子数量的 10^{10} 倍或更多，因此，杂质半导体比本征半导体的导电能力强几十万倍。

注意：不论是 N 型半导体还是 P 型半导体，虽然都有一种载流子占多数，但整个晶体仍然是不带电的。

3. PN 结及其形成过程

PN 结的形成

杂质半导体的导电能力虽然比本征半导体大大增强，但它们并不能称为半导体器件。在电子技术中，PN 结是一切半导体器件的“元概念”和技术起始点。

采用不同的掺杂工艺，在一块完整的半导体硅片的两侧分别注入 3 价元素和 5 价元素，使其一边形成 N 型半导体，另一边形成 P 型半导体，那么在两种半导体的交界面附近就形成了 PN 结。PN 结是构成各种半导体器件的基础。

由于 P 区的多数载流子是空穴，少数载流子是电子；N 区的多数载流子是电子，少数载流子是空穴，因此在交界面两侧明显地存在着两种载流子的浓度差。这样，电子和空穴都要从浓度高的地方向浓度低的地方扩散。于是，有一些电子要从 N 区向 P 区扩散，也有一些空穴要从 P 区向 N 区扩散。扩散的结果是 P 区一边失去空穴，留下了带负电的杂质离子；N 区一边失去电子，留下了带正电的杂质离子，这些带电的杂质离子不能任意移动，因此不参与导电。

不能移动的带电杂质离子在 P 区和 N 区交界面附近，形成了一个很薄的空间电荷区，因空间电荷区中的载流子均被“复合”掉了，因此有时又称为耗尽层。在出现了空间电荷区以后，由于正、负电荷之间的相互作用，在空间电荷区内形成了一个内电场，内电场的方向是从带正电的 N 区指向带负电的 P 区。显然，内电场的方向与多数载流子扩散运动的方向相反，起阻止扩散运动的作用，所以空间电荷区有时还称为阻挡层。半导体中扩散越强，空间电荷区越宽。另外，这个电场将使 N 区的少数载流子空穴向 P 区漂移，使 P 区的少数载流子电子向 N 区漂移，漂移运动的方向正好与扩散运动的方向相反。从 N 区漂移到 P 区的空穴补充了原来交界面上 P 区所失去的空穴，从 P 区漂移到 N 区的电子补充了原来交界面上 N 区所失去的电子，这就使空间电荷减少，因此，漂移运动的结果是使空间电荷区变窄。

多数载流子的扩散运动和少数载流子的漂移运动既相互联系，又相互矛盾。在 PN 结形成的初始阶段，扩散运动占优势。随着扩散运动的进行，空间电荷区不断加宽，内电场逐步加强；内电场的加强又阻碍了扩散运动，使得多数载流子的扩散逐步减弱。扩散运动的减弱显然伴随着漂移运动的不断加强。最后，当扩散运动和漂移运动达到动态平衡时，将形成一个稳定的空间电荷区，这个相对稳定的空间电荷区就叫作 PN 结。

空间电荷区内基本不存在导电的载流子，因此导电率很低而相当于介质。而在 PN 结两侧的 P 区和 N 区的导电率相对较高，所以相当于导体。可见，PN 结具有电容效应，这种效应称为 PN 结的结电容。

4. PN 结的单向导电性

PN结的单向导电性

PN 结具有单向导电的特性，是其构成的半导体器件的主要工作机理。

PN 结在无外加电压的情况下，扩散运动和漂移运动处于动态平衡，这时通过 PN 结的电流为零。如果给 PN 结上加正向电压（即将电源正极与 P 区相连，这称为正向偏置），则外电场与内电场的方向相反，扩散运动与漂移运动的平衡被破坏。外电场驱使 P 区的空穴进入空间电荷区抵消一部分负空间电荷，同时N区的自由电子进入空间电荷区抵消一部分正空间电荷，于是空间电荷区变窄，内电场被削弱，多数载流子的扩散运动增强，形成较大的扩散电流（由P区流向N区的正向电流）。在一定范围内，外电场越强，正向电流越大，这时PN结对正向电流呈低电阻状态，这种情况在电子技术中称为PN结具有**正向导通**作用，如图6-6所示。

如果把电源的正、负极位置换一下，则PN结处于反向偏置。PN结反向偏置时，外电场与内电场的方向一致，扩散运动与漂移运动的平衡同样被破坏。外电场驱使空间电荷区两侧的空穴和自由电子移走，于是空间电荷区变宽，内电场增强，使多数载流子的扩散运动难以进行，同时加强了少数载流子的漂移运动，形成由N区流向P区的反向电流。由于常温下少数载流子的数量不多，故反向电流很小，而且当外加电压在一定范围内变化时，它几乎不随外加电压的变化而变化，因此反向电流又称为反向饱和电流。反向饱和电流很小，一般可以忽略，即PN结对反向电流呈高阻状态，这种情况在电子技术中称为PN结具有**反向阻断**作用，如图6-7所示。

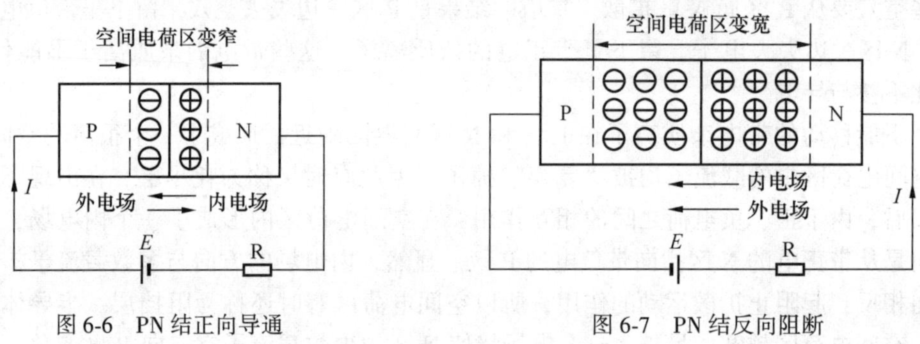

图6-6　PN结正向导通　　图6-7　PN结反向阻断

值得注意的是，由于本征激发随温度的升高而加剧，导致电子-空穴对增多，因而反向电流将随温度的升高而成倍增长。反向电流是造成电路噪声的主要原因之一，因此，在设计电路时，必须考虑温度补偿问题。

PN结的上述“正向导通，反向阻断”作用，说明它具有**单向导电性**，这是PN结构成半导体器件的基础。

5. PN结的反向击穿问题

PN结的反向击穿问题

PN结处于反向偏置时，在一定的电压范围内，流过PN结的电流很小，但电压超过某一数值时，反向电流急剧增加，这种现象我们称为PN结**反向击穿**。

反向击穿分为热击穿和电击穿两种。热击穿由于电压很高、电流很大，消耗在PN结上的功率相应很大，极易使PN结过热而烧毁，即热击穿过程不可逆。电击穿包括雪崩击穿和齐纳击穿，对于硅材料的PN结来说，击穿电压大于7V时为雪崩击穿，小于4V时为齐纳击穿，在4~7V，两种击穿都有。

(1) 雪崩击穿

当PN结反向电压增加时，空间电荷区中的内电场随之增强。在强电场作用下，少数载流子漂移速度加快，动能增大，致使它们在快速漂移运动过程中与中性原子相碰撞，使更多的价电子脱离共价键的束缚形成新的电子-空穴对，这种现象称碰撞电离。新产生的电子

-空穴对在强电场作用下，再去碰撞其他中性原子，又产生新的电子-空穴对。如此联锁反应使得 PN 结中载流子的数量剧增，因而流过 PN 结的反向电流也就急剧增大。这种击穿称为雪崩击穿。雪崩击穿发生在掺杂浓度较低、外加反向电压较高的情况下。掺杂浓度低使 PN 结阻挡层比较宽，少数载流子在阻挡层内漂移过程中与中性原子碰撞的机会比较多，发生碰撞电离的次数也比较多。也因掺杂浓度较低，阻挡层较宽，产生雪崩击穿的电场就需较大，即外加反向电压较高。

（2）齐纳击穿

当 PN 结两边的掺杂浓度很高时，阻挡层很薄。在很薄的阻挡层内载流子与中性原子碰撞的机会大为减少，因而不会发生雪崩击穿。但正因为阻挡层很薄，加上不大的电压便会产生强大的电场，这个电场足够把阻挡层内中性原子的价电子从共价键中拉出来，产生出大量的电子-空穴对，使 PN 结反向电流剧增，出现反向击穿现象。这种击穿叫齐纳击穿。可见，齐纳击穿发生在高掺杂的 PN 结中，相应的击穿电压较低。

综上所述，雪崩击穿是一种碰撞的击穿，齐纳击穿是一种场效应击穿，两者均属于电击穿。电击穿过程通常可逆，即加在 PN 结两端的反向电压降低后，PN 结仍可恢复到原来状态。利用电击穿时 PN 结两端电压变化很小、电流变化很大的特点，人们制作了工作在反向击穿区的稳压二极管。

当反向电压过高、反向电流过大时，PN 结耗散功率超过其容许值，引起结温升高，载流子增多，反向电流一直增大下去，结温一再持续升高循环，二极管就会发生热击穿而损坏。由于热击穿的过程不可逆，所以应尽量避免发生。

检验学习结果

1. 什么是本征激发？什么是复合？少数载流子和多数载流子是如何产生的？
2. 半导体的导电机理和金属导体的导电机理有何区别？
3. 什么是本征半导体？什么是 N 型半导体？什么是 P 型半导体？
4. 由于 N 型半导体中多数载流子是电子，因此说这种半导体是带负电的。这种说法正确吗？为什么？
5. 试述雪崩击穿和齐纳击穿的特点。这两种击穿能否造成 PN 结的永久损坏？
6. 何谓 PN 结的正向偏置和反向偏置？说说 PN 结有什么特性。

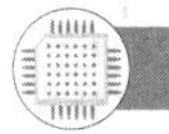

6.2 半导体二极管

学习目标

了解半导体二极管的结构类型与适用场合；熟悉二极管的伏安特性及其主要参数；学会使用晶体管手册选用二极管的方法，掌握二极管极性和好坏的简单检测方法。

二极管的结构类型

1. 二极管的基本结构与类型

半导体二极管实际上就是由一个 PN 结外引两个电极构成的。其按材料的不同可分为硅二极管和锗二极管；按结构的不同又可分为点接触型、面接触型和平面型 3 类。

（1）点接触型二极管

如图6-8（a）所示，点接触型是用一根细金属丝和一块半导体熔焊在一起构成PN结的，因此PN结的结面积很小，结电容量也很小，不能通过较大电流；但点接触型二极管的高频性能好，常常用于高频小功率场合，如高频检波、脉冲电路及计算机里的高速开关元件。

（2）面接触型二极管

如图6-8（b）所示，面接触型二极管一般用合金方法制成较大的PN结，由于其结面积较大，因此结电容也大，允许通过较大的电流，适宜用作大功率低频整流器件。

（3）平面型二极管

如图6-8（c）所示，这类二极管采用二氧化硅作保护层，可使PN结不受污染，而且大大减少了PN结两端的漏电流。平面型二极管的质量较好，批量生产中产品性能比较一致，其中结面积较小的用作高频管或高速开关管，结面积较大的用作大功率调整管。

目前，大容量的整流元件一般都采用硅管。二极管的型号中，硅管通常用C表示，如2CZ31表示为N型硅材料制成的管子型号；锗管一般用A表示，如2AP1为N型锗材料制成的管子型号。

普通二极管的电路图形符号如图6-8（d）所示，P区引出的电极为正极（阳极），N区引出的电极为负极（阴极）。

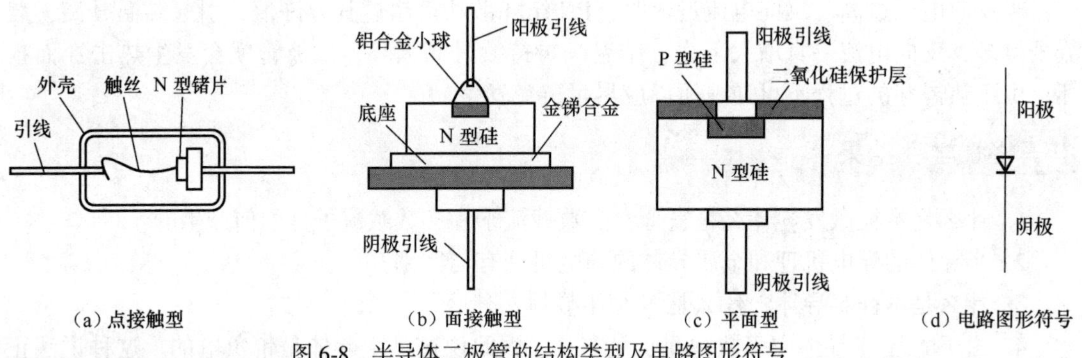

图6-8　半导体二极管的结构类型及电路图形符号

2. 二极管的伏安特性

加到二极管两端的电压U与流过二极管的电流I之间的关系，称为二极管的伏安特性，它直观地表现了二极管的单向导电性，伏安特性曲线如图6-9所示。

二极管两端加正向电压时，产生正向电流。从伏安特性曲线上可看到，当二极管两端电压U为零时，通过二极管的电流I也为零；当正向电压较小时，由于外加正向电压的电场还不足以克服PN结的内电场对扩散运动的阻挡，因此二极管仍呈现高电阻态，通过二极管的正向电流I几乎为零，即基本上还处于截止状态，这段区域通常称为死区。

当外加正向电压超过死区电压（硅管死区电压约为0.5V，锗管死区电压约为0.1V）时，内电场被大大削弱，正向电流增长很快，则二极管进入正向导通区。处于导通区的二极管，正向电流在一定范围内变化时，正向管压降基本不变，硅管为0.6~0.8V，锗管为0.2~0.3V。这是因为外电场极大地削弱了内电场后，正向电流的大小仅仅决定于半导体材料的电阻。

当外加反向电压低于反向击穿电压 U_{BR} 时，二极管处于反向截止区，反向饱和电流很小可近似视为零值（但温度上升，反向电流会有所增长）。继续增大反向电压，使之超过反向击穿电压 U_{BR} 时，反向电流突然增大，二极管失去单向导电性，进入反向击穿区。普通二极管若工作在反向击穿区，由于反向电流很大，一般会造成热击穿，不能恢复原来的性能，也就是失效了。

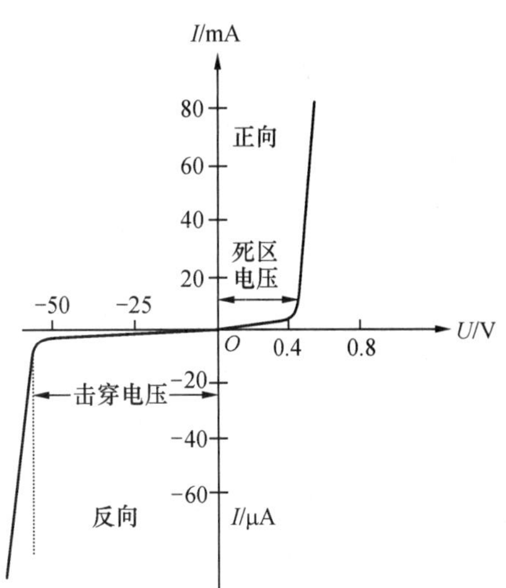

图 6-9　二极管的伏安特性曲线

由二极管的伏安特性可知，二极管的伏安特性曲线不像线性电阻那样是直线关系，因此，二极管属于非线性电阻元件。

3. 二极管的主要参数

晶体二极管的电性能除用伏安特性表示外，还可以用参数来说明。

二极管的参数很多，有些参数仅仅表示管子性能的优劣，而另一些参数则属于至关重要的极限参数，如二极管的最大耗散功率，使用时超过该值管子将烧坏。因此，熟悉和理解二极管的主要参数，可以帮助我们正确使用二极管。

过热是电子器件的大忌。一个二极管能耐受住的最高温度决定它的极限参数 P_{max}。P_{max} 称为二极管的最大允许耗散功率，数值上等于通过管子的电流与加在管子两端电压的乘积。实际应用中，二极管工作在正向范围时，由于正向压降近似为一个常数，所以二极管的最大允许耗散功率通常用最大整流电流表示。

（1）最大整流电流 I_{DM}

最大整流电流 I_{DM} 是指二极管长时间使用时，允许流过二极管的最大正向平均电流值。这是二极管的重要参数，点接触型二极管的最大整流电流通常在几十毫安以下，面接触型二极管的最大整流电流可达 100mA。当二极管使用中电流超出此值时，就会引起 PN 结过热而使管子烧坏。对于大功率二极管，为了降低结温，增加管子的负载能力，要求管子安装在规定散热面积的散热器上使用。

（2）最高反向工作电压 U_{RM}

U_{RM} 是指二极管上允许加的最大反向电压瞬时值。若工作时，管子上所加的反向电压值超过了 U_{RM}，管子就有可能被反向击穿而失去单向导电性。为确保安全，一般手册上给出的最高反向工作电压 U_{RM} 通常为反向击穿电压的 50%～70%。

（3）反向电流 I_R

I_R 指二极管未击穿时的反向电流。I_R 值越小，二极管的单向导电性越好。反向电流随温度的变化而变化较大，这一点要特别加以注意。

（4）最高工作频率 f_M

此值由 PN 结的结电容大小决定。若二极管的工作频率超过该值，则二极管的单向导电性将变差。

二极管的参数很多，还有最高使用温度、结电容等，实际应用时，可查阅半导体器件手册。只有在认识了半导体二极管特性的基础上，我们才能正确掌握和使用它。

4. 二极管的应用举例

二极管整流电路

二极管的应用范围很广，主要应用有整流、检波、钳位、限幅、元件保护，以及在脉冲与数字电路中用作开关元件等。

（1）整流

将交流电变成单方向脉动直流电的过程称为整流。利用二极管的单向导电性能就可获得各种形式的整流电路。图 6-10 所示为二极管半波整流电路实例。

（2）钳位

二极管钳位电路

图 6-11 所示为二极管钳位电路，此电路利用了二极管正向导通时压降很小的特性。当图中 A 点电位为零时，二极管 VD 正向导通，忽略管压降时，F 点的电位被钳制在 0V 左右，即 $V_F \approx 0$。

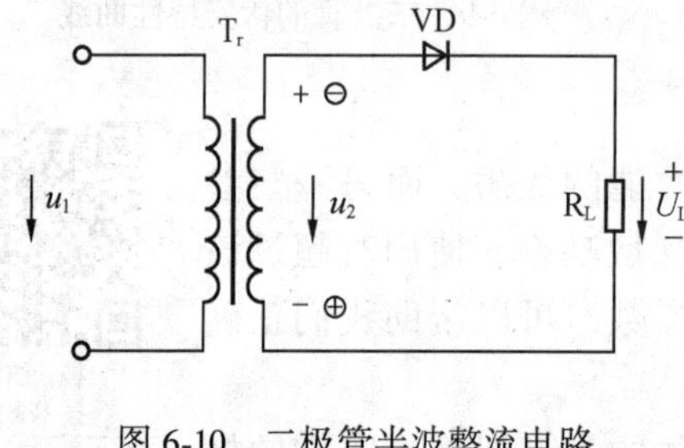

图 6-10　二极管半波整流电路

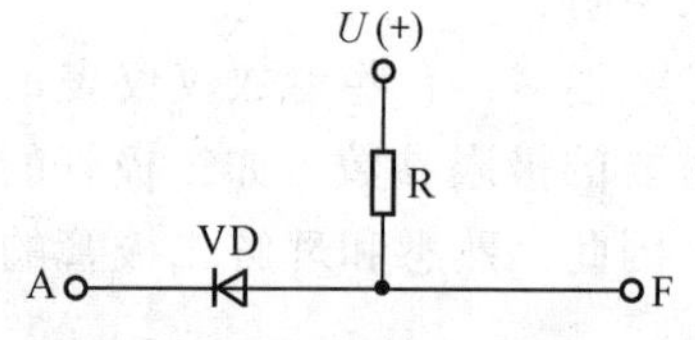

图 6-11　二极管钳位电路

（3）限幅

二极管限幅电路

利用二极管正向导通压降很小且基本不变的特点，还可以组成各种限幅电路。

【例 6.1】 在图 6-12（a）所示二极管限幅电路中，已知 $u_i = 1.4\sin\omega t$V，图中 VD_1、VD_2 为硅管，其正向导通压降均为 0.7V。试画出输出电压 u_o 的波形。

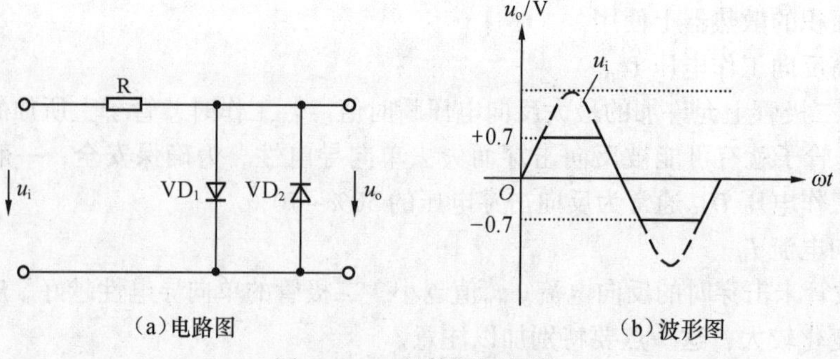

（a）电路图　（b）波形图

图 6-12　二极管限幅电路

【解】 由电路图可看出，当 $u_i > U_{VD}$ 时，二极管 VD_1 导通，$u_o = +0.7$V；当 $u_i < U_{VD}$ 时，二

极管 VD_2 导通，$u_o=-0.7V$；当 $-0.7V<u_o<+0.7V$ 时，$u_o=u_i$。

由上述分析结果可画出输出电压波形，如图 6-12（b）所示。显然，该电路中的二极管起到了对输出限幅的作用。

电子电路中二极管的应用非常广泛，在此不再一一赘述。

检验学习结果

1. 何谓死区电压？硅管和锗管死区电压的典型值各为多少？为何会出现死区电压？
2. 为什么二极管的反向电流很小且具有饱和性，当环境温度升高时又会明显增大？
3. 把一个 1.5V 的干电池直接正向连接到二极管的两端，会出现什么问题？
4. 二极管的伏安特性曲线上可分为几个区？试说明二极管工作在各个区时的电压、电流情况。
5. 半导体二极管工作在击穿区，是否一定被损坏？为什么？
6. 理想二极管电路如图 6-13 所示。已知输入电压 $u_i=10\sin\omega t$V，试画出输出电压 u_o 的波形。

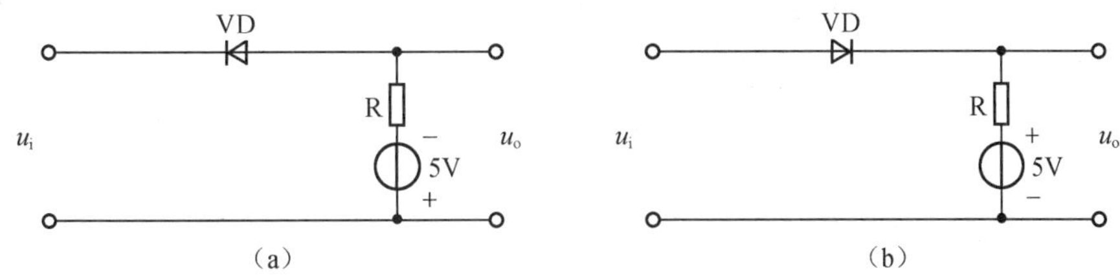

图 6-13　检验题 6 电路图

技能训练

1. 二极管的极性判别

二极管的极性可通过测量二极管正、反电阻来判别。选择万用表的“R×100”或“R×1k”的欧姆挡，用万用表的红、黑表笔分别接触二极管的两个电极，观察万用表偏转度。

二极管的引脚识别及性能测试

注意：指针万用表的黑表笔与表内电池正极相连（数字万用表则是红表笔与表内电池正极相连），即为电源正极。

根据二极管的单向导电性，当指针万用表的指针偏转较大时说明二极管为正向偏置，此时与黑表笔相连的电极是二极管的阳极，与红表笔相接触的是二极管阴极；若指针偏转较小则说明二极管为反向偏置，与黑表笔相连的电极就是二极管的阴极。用数字万用表判别时，可直接读出二极管的结电阻值，若测得阻值很小，说明二极管正向偏置，此时与红表笔相接触的是二极管阳极；若测得阻值较大，说明二极管反向偏置，与黑表笔相连的是二极管阳极。

2. 检测二极管好坏

仍然选择万用表的“R×100”或“R×1k”的欧姆挡，用万用表的红、黑表笔分别接触二极管的两个电极，观察万用表偏转度；把红、黑表笔对调分别接触二极管的两个电极，观察万用表指针偏转度。如果两次偏转度相差很大（即二极管正向、反向偏置时阻值相差很大）时，说明二极管是好的；如两次接触二极管的阻值相差不大且两次阻值都很小，说明此二极管已被击穿；若两次接触二极管的阻值都很大且两次阻值相差不大，说明此二极管绝缘老化，内部不通，已经损坏。

6.3 特殊二极管

学习目标

熟悉稳压二极管的伏安特性及工作特点；了解各类特殊二极管的用途和功能。

1. 稳压二极管

稳压二极管是电子电路特别是电源电路中常见的元器件之一。与普通二极管不同的是，稳压二极管的正常工作区域是反向齐纳击穿区，故而也称为齐纳二极管。其实物、电路图形符号及伏安特性曲线如图6-14所示。由于稳压二极管的反向击穿可逆，因此工作时不会发生“热击穿”。

稳压二极管是由硅材料制成的特殊面接触型晶体二极管，其伏安特性与普通二极管相似，由稳压二极管的伏安特性曲线可看出：稳压二极管反向电压小于其稳压值 U_Z 时，反向电流很小，可认为在这一区域内反向电流基本为零。当反向电压增大至其稳压值 U_Z 时，稳压管进入反向击穿工作区。在反向击穿工作区，通过管子的电流虽然变化较大（常用的小功率稳压二极管，反向工作区电流一般为几毫安至几十毫安），但管子两端的电压却基本保持不变。利用这一特性，稳压二极管常用在小功率电源设备中的整流滤波电路之后，起到稳定直流输出电压的作用。除此之外，稳压二极管还常用于浪涌保护电路、电视机过电压保护电路、电弧控制电路、手机电路等。例如，手机电路中所用的受话器、振动器都带有线圈，当这些电路工作时，由于线圈的电磁感应常会导致一个个很高的反向峰值电压，如果不加以限制就会引起电路损坏，而用稳压二极管构成一定的浪涌保护电路后，就可以起到防止反向峰值电压所引起的电路损坏。

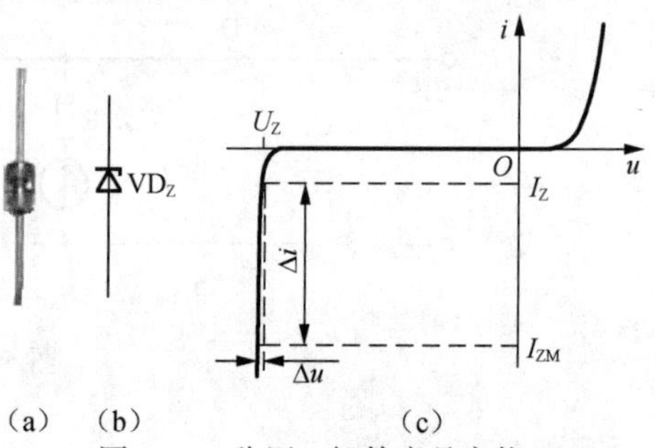

图6-14 稳压二极管产品实物、电路图形符号及伏安特性曲线

描述稳压二极管特性的主要参数为稳压值 U_Z 和最大稳定电流 I_{ZM}。

稳压值 U_Z 是稳压二极管正常工作时的额定电压值。由于半导体生产的离散性，手册中的 U_Z 往往给出的是一个电压范围值。例如，型号为2CW18的稳压二极管，其稳压值为10~12V。这种型号的某个管子的具体稳压值是这范围内的某一个确定的数值。

最大稳定电流 I_{ZM} 是稳压二极管的最大允许工作电流。在使用时实际电流不得超过该值，超过此值时，稳压二极管将出现热击穿而损坏。

除此之外，稳压二极管的参数还有如下几个。

稳定电流 I_Z：指工作电压等于 U_Z 时的稳定工作电流值。

耗散功率 P_{ZM}：反向电流通过稳压二极管的PN结时，会产生一定的功率损耗使PN结的结温升高。P_{ZM} 是稳压二极管正常工作时能够耗散的最大功率。它等于稳压二极管的最大工作电流与相应工作电压的乘积，即 $P_{ZM}=U_Z I_{ZM}$。如果稳压二极管工作时消耗的功率超过了这个数值，管子将会损坏。常用的小功率稳压二极管的 P_{ZM} 一般为几百毫瓦至几瓦。

动态电阻 r_Z：指稳压二极管端电压的变化量与相应电流变化量的比值，即 $r_Z=\dfrac{\Delta U_Z}{\Delta I_Z}$。稳压二极管的动态电阻越小，则反向伏安特性曲线越陡，稳压性能越好。稳压二极管的动态电阻值一般在几欧至几十欧之间。

2. 发光二极管

发光二极管

半导体发光二极管（LED）是一种把电能直接转换成光能的固体发光元件，发明于 20 世纪 60 年代，在随后的数十年中，其基本用途是作为收录机等电子设备的指示灯。与普通二极管一样，发光管的管芯也是由 PN 结组成的，具有单向导电性。在发光二极管中通以正向电流，可高效率发出可见光或红外辐射。半导体发光二极管的电路图形符号与普通二极管一样，只是旁边多了两个箭头，如图 6-15 所示。

发光二极管两端加上正向电压时，空间电荷区变窄，引起多数载流子的扩散，P 区的空穴扩散到 N 区，N 区的电子扩散到 P 区，扩散的电子与空穴相遇并复合而释放出能量。对于发光二极管来说，复合时释放出的能量大部分以光的形式出现，而且多为单色光（发光二极管的发光波长除了与使用材料有关外，还与 PN 结所掺入的杂质有关，一般用磷砷化镓材料制成的发光二极管发红光，磷化镓发光二极管发绿光或黄光）。随着正向电压的升高，正向电流增大，发光二极管产生的光通量也随之增加，光通量的最大值受发光二极管最大允许电流的限制。

发光二极管属于功率控制器件，由于发光二极管发射准单色光、尺寸小、寿命长且价格低廉，因此被广泛用作电子设备的通断指示灯或快速光源、光电耦合器中的发光元件、光学仪器的光源和数字电路的数码及图形显示的 7 段式或阵列式器件等领域。发光二极管的工作电流一般为几毫安至几十毫安。

随着近年来发光二极管发光效能逐步提升，其照明潜力得到充分发挥，将发光二极管作为发光光源的可能性也越来越高，发光二极管无疑为近几年来最受重视的光源之一。一方面凭借其轻、薄、短、小的特性，另一方面借助其封装类型的耐摔、耐振性能及特殊的发光光形，发光二极管的确给了人们一个很不一样的光源选择，但是在人们考虑提升发光二极管发光效能的同时，如何充分利用发光二极管的特性来解决将其应用在照明时可能会遇到的困难，目前已经是各国照明厂家研制的目标。有资料显示，近年来科学家开发出了用于照明的新型发光二极管灯泡。这种灯泡具有效率高、寿命长的特点，可连续使用 10 万小时，比普通白炽灯泡寿命长 100 倍。

3. 光电二极管

光电二极管

光电二极管也是一种 PN 结型半导体元件，可将光信号转换成电信号，广泛应用于各种遥控系统、光电开关、光探测器，以及以光电转换的各种自动控制仪器、触发器、光电耦合器、编码器，还可用于特性识别、过程控制、激光接收等方面。在机电一体化时代，光电二极管已成为必不可少的电子元件。光电二极管的实物及电路图形符号如图 6-16 所示。

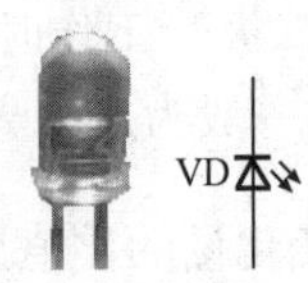

图 6-15　发光二极管实物图及电路图形符号

图 6-16　光电二极管实物图及电路图形符号

光电二极管在结构上为了便于接受入射光照，其电极面积尽量做得小一些，PN 结的结面积尽量做得大一些，而且结深较浅，一般小于 1μm。光电二极管工作在反向偏置的反向截止区，光电管的管壳上有一个能射入光线的“窗口”，这个“窗口”用有机玻璃透镜进行封闭，入射光通过透镜正好照射在管芯上。当没有光照时，光电二极管的反向电流很小，一般小于 0.1μA，称为暗电流；当有光照时，携带能量的光子进入 PN 结后，把能量传给共价键上的束缚电子，使部分价电子获得能量后挣脱共价键的束缚成为电子–空穴对，称为光生载流子。光生载流子的数量与光照射的强度成正比，光的照射强度越大，光生载流子的数目越多，这种特性称为“光电导”。光电二极管在一般照度的光线照射下，所产生的电流叫作**光电流**。如果在外电路中接上负载，负载上就获得了电信号，而且这个电信号随着光的变化而相应变化。

光电二极管用途很广，有用于精密测量的从紫外光到红外光的宽响应光电二极管、紫外光到可见光的光电二极管，用于一般测量的可见光至红外光的光电二极管，以及普通型的陶瓷/塑胶光电二极管。精密测量光电二极管的特点是高灵敏度、高并列电阻和低电极间电容，以降低和外接放大器之间的噪声。光电二极管还常常用作传感器的光敏元件，或将光电二极管做成二极管阵列，用于光电编码，或用在光电输入机上作光电读出器件。

光电二极管的种类很多，多应用在红外遥控电路中。为减少可见光的干扰，常采用黑色树脂封装，可滤掉 700nm 波长以下的光线。光电二极管对长方形的管子，往往做出标记角，指示受光面的方向。一般情况下引脚长的为正极。

光电二极管的管芯主要用硅材料制作。检测光电二极管的好坏可用以下 3 种方法。

电阻测量法：用万用表“R×100”或“R×1k”挡。像测普通二极管一样，正向电阻应为 10kΩ 左右，无光照射时，反向电阻应为∞，然后让光电二极管见光，光线越强，反向电阻应越小。光线特强时反向电阻可降到 1kΩ 以下。这样的管子就是好的。若正、反向电阻都是∞或零，说明管子是坏的。

电压测量法：把指针万用表拨在直流 1V 左右的挡位。红表笔接光电二极管正极，黑表笔接负极，在阳光或白炽灯照射下，其电压与光照强度成正比，一般可达 0.2~0.4V。

电流测量法：把指针万用表拨在直流 50μA 或 500μA 挡，红表笔接光电二极管正极，黑表笔接负极，在阳光或白炽灯照射下，短路电流可达数十微安到数百微安。

变容二极管

4. 变容二极管

PN 结的结电容 C_i 包含两部分：扩散电容 C_D 和势垒电容 C_B。其中扩散电容 C_D 反映了 PN 结形成过程中，外加正向偏置电压改变时引起扩散区内存储的电荷量变化而造成的电容效应；势垒电容 C_B 反映的则是 PN 结这个空间电荷区的宽度随外加偏压而改变时，引起累积在势垒区的电荷量变化而造成的电容效应。因此，PN 结

的结电容 C_i 除了与空间电荷区的宽度、PN 结两边半导体的介电常数及 PN 结的截面积大小有关，还随工作电压的变化而变动。当 PN 结正向偏置时，由于扩散电容 C_D 与正向偏置电流近似成正比，因此 PN 结的结电容以扩散电容 C_D 为主，即 $C_i \approx C_D$；而当 PN 结反向偏置时，C_i 虽然很小，但 PN 结的反向电阻很大，此时 PN 结的结电容 C_i 的容抗将随工作频率的提高而降低，势垒电容 C_B 随反向偏置电压的增大而变化，这时 PN 结上的结电容 C_i 又以势垒电容 C_B 为主，即 $C_i \approx C_B$。实际工程中，利用二极管的结电容随反向电压的变化而变化的特点，在反向偏置高频条件下，若二极管可取代可变电容使用，则这样的二极管称为变容二极管。

变容二极管在电子技术中通常用于高频技术中的调谐回路、振荡电路、锁相环路及电视机高频头的频道转换和调谐电路，正常工作时应反向偏置。变容二极管制造所用材料多为硅或砷化镓单晶，并采用外延工艺技术。

5. 激光二极管

激光二极管

激光二极管是在发光二极管的 PN 结间安置一层具有光活性的半导体，构成一个光谐振腔，工作时正向偏置，可发射出激光。

激光二极管的应用非常广泛，在计算机的光盘驱动器、激光打印机中的打印头、激光唱机、激光影碟机中都有激光二极管。

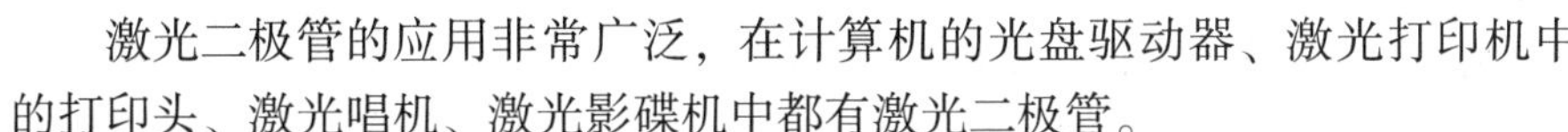
检验学习 结果

1. 利用稳压二极管或普通二极管的正向压降，是否也可以稳压？

2. 现有两只稳压二极管，它们的稳压值分别为 6V 和 8V，正向导通电压为 0.7V。

(1) 若将它们串联相接，则可得到几种稳压值？各为多少？

(2) 若将它们并联相接，则又可得到几种稳压值？各为多少？

3. 在图 6-17 所示电路中，发光二极管导通电压 $U_{VD}=1.5V$，正向电流在5~15mA 时才能正常工作。开关 S 在什么位置时发光二极管才能发光？R 的取值范围又是多少？

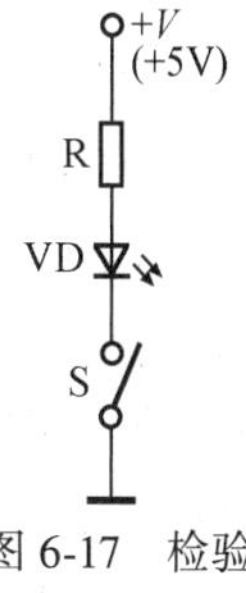

图 6-17　检验题 3 电路图

6.4　晶闸管

学习目标

了解晶闸管的结构；掌握晶闸管导通、关断条件；掌握可控整流电路的工作原理及分析；理解晶闸管的过电压、过电流保护；掌握晶闸管的测量、可控整流电路的调试和测量；了解晶闸管的应用。

1. 晶闸管的结构组成

双向晶闸管的结构及工作原理

晶体闸流管简称“晶闸管”，是一种能控制大电流通断的功率半导体器件。晶闸管的问世使半导体器件从弱电领域进入强电领域，晶闸管在电力电子行业中得到广泛应用。由于晶闸管的通断可以控制，因此又称为可控硅。

晶闸管具有 P-N-P-N 4 层硅半导体和 3 个 PN 结，其内部结构、电路图形符号及产品外形如图6-18所示。

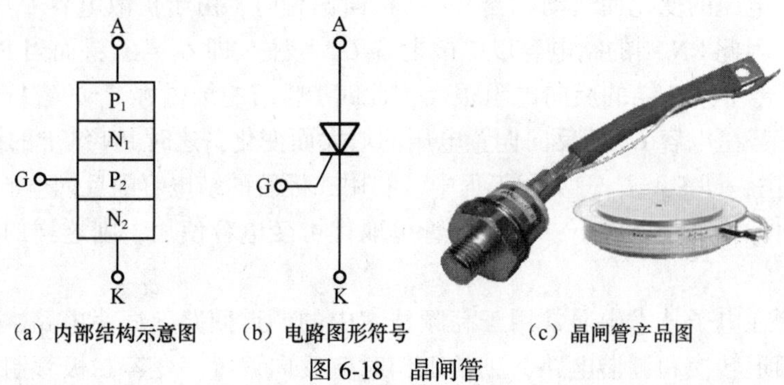

（a）内部结构示意图　（b）电路图形符号　（c）晶闸管产品图

图6-18　晶闸管

如图6-18（a）所示，晶闸管对外有3个电极，由第1层P型半导体P_1处引出的电极是阳极A；第3层P型半导体P_2引出的电极是控制极G，控制极也称为门极；第4层N型半导体N_2处引出的电极是阴极K。从图6-18（b）所示的晶闸管电路图形符号可以看出，晶闸管和二极管一样属于一种单方向导电的器件，但关键是晶闸管比二极管多了一个控制极G，这就使得晶闸管具有了和二极管完全不同的工作特性。

普通型晶闸管有螺栓式和平板式，如图6-18（c）所示，其中左边的是一种小功率螺旋式晶闸管，带螺栓的一端是阳极，螺栓主要用于安装散热片，另一端较粗的一根是阴极引出线，另一根较细的是控制极引出线；右边的是平板式晶闸管，中间金属环是控制极，由一根导线引出，靠近控制极的平面是阴极，另一面则为阳极。

2. 晶闸管的工作原理

晶闸管自20世纪50年代问世以来已经发展成了一个较大的家族，其主要成员有单向晶闸管、双向晶闸管、光控晶闸管、逆导晶闸管、可关断晶闸管、快速晶闸管等，主要用于整流、调压、逆变和开关等方面。本书主要介绍使用较多的普通单向晶闸管。

单向晶闸管的工作原理

为了能够直观地认识晶闸管的工作特性，我们先来看一下图6-19所示的晶闸管实验电路。晶闸管与小灯泡EL相串联，通过开关S接在直流电源上。其中阳极A接电源正极，阴极K接电源负极，控制极G通过按钮开关SB与3V直流电源的正极相接（实验电路中使用的是KP5型晶闸管，若采用KP1型，应接在1.5V直流电源的正极）。晶闸管与电源的这种连接方式叫作正向连接，也就是说，给晶闸管阳极和控制极所加的都是正向电压。

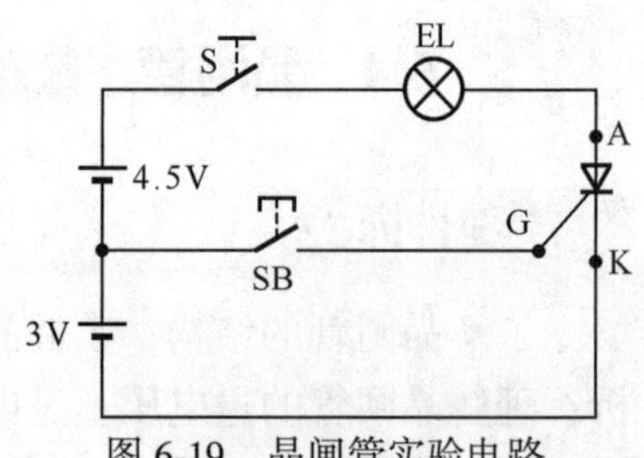

图6-19　晶闸管实验电路

实验时，合上电源开关S，小灯泡不会亮，说明晶闸管没有导通；这时按一下按钮开关SB，给晶闸管的控制极输入一个触发电压，小灯泡立刻点亮，即晶闸管导通了。

继续实验：把A和K的位置对调，即阳极或控制极外加反向电压，然后按一下按钮开关SB，给晶闸管的控制极输入一个正向触发电压，小灯泡并不亮，即晶闸管没有导通。再把A和K的位置调过来加正向电压，但是在晶闸管的控制极和阴极之间加一个反向触发电压，小灯泡不亮，说明晶闸管也没有导通。

上述实验说明：若要晶闸管导通，一是需要在它的阳极 A 与阴极 K 之间外加正向电压，二是要在它的控制极 G 与阴极 K 之间输入一个正向触发电压。晶闸管导通后，松开按钮开关，去掉触发电压，晶闸管仍然维持导通状态。可见，晶闸管的 3 个电极只要位置正确，就会有“一触即发”的特点。

晶闸管控制极的作用是通过外加正向触发脉冲使晶闸管导通，却不能使它关断。若要使导通的晶闸管关断，可以断开阳极电源开关 S 或使阳极电流小于维持电流 I_H。如果晶闸管阳极和阴极之间外加的是交流电压或脉动直流电压，那么，在电压过零时，晶闸管会自行关断。

晶闸管是 P_1、N_1、P_2、N_2 4 层 3 端结构元件，共有 3 个引出电极和 3 个 PN 结，如图 6-20（a）所示。

根据晶闸管的结构图，可以用图 6-20（b）所示的由一个 PNP 管和一个 NPN 管所组成的结构图等效。根据结构等效图又可画出图 6-20（c）所示的晶闸管内部结构等效电路图，对此等效电路图进行剖析。

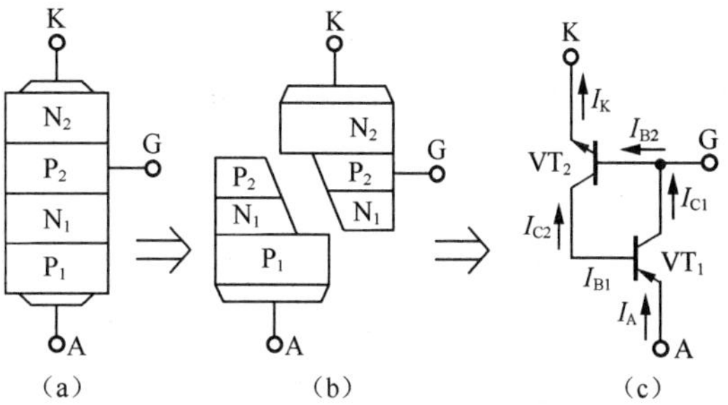

（a）（b）（c）

图 6-20 晶闸管的结构等效电路图

当阳极 A 和阴极 K 之间加正向电压时，PNP 型三极管 VT_1 和 NPN 型三极管 VT_2 均处放大状态。此时，如果从控制极 G 输入一个正向触发信号，VT_2 便有基流 I_{B2} 流过，经 VT_2 放大，其集电极电流 $I_{C2}=\beta_2 I_{B2}$。因为 VT_2 的集电极直接与 VT_1 的基极相连，所以 $I_{B1}=I_{C2}$。此时，电流 I_{C2} 再经 VT_1 放大，于是 VT_1 的集电极电流 $I_{C1}=\beta_1 I_{B1}=\beta_1\beta_2 I_{B2}$。这个电流又流回到 VT_2 的基极，再一次被放大，形成正反馈。如此周而复始，使 I_{B2} 不断增大，这种正反馈循环的结果，使两个管子的电流剧增，晶闸管很快饱和导通。

晶闸管导通后，其管压降约在 1V，电源电压几乎全部加在负载上，晶闸管的阳极电流 I_A 即为负载电流。

鉴于 VT_1 和 VT_2 所构成的正反馈作用，所以晶闸管一旦导通，即使取消触发电压 U_{GK}，VT_1 中仍有较大的基极电流流过，因此晶闸管仍然处于导通状态，即晶闸管的触发信号只起触发作用，没有关断功能。

但是，若在晶闸管导通后，将电源电压 U_A 降低，使阳极电流 I_A 变小，这时等效晶体管的电流放大倍数 β 值将下降，当 I_A 低于某一值 I_H 时，β 值将变得小于 1，由于正反馈的作用，将使 I_A 越来越小，最终导致晶闸管关断。把维持电流晶闸管导通的最小电流 I_H 称为维持电流，只要通过晶闸管阳极的电流小于维持电流 I_H，晶闸管将自行关断。

如果电源电压 U_A 反接，则使晶闸管承受反向阳极电压，两个等效晶体管都会处于反向偏置，不能对控制极电流进行放大，这时无论是否加触发电压，晶闸管都不会导通，处于关断状态。

晶闸管只有导通和关断两种工作状态，这种开关特性需要在一定的条件下转化，其转化的条件见表 6-1。

表 6-1　　　　晶闸管状态转化条件

状　态	条　件	说　明
从关断到导通	① 阳极电位高于阴极电位 ② 控制极有足够的正向电压和电流	两者缺一不可
维持导通	① 阳极电位高于阴极电位 ② 阳极电流大于维持电流	两者缺一不可
从导通到关断	① 阳极电位低于阴极电位 ② 阳极电流小于维持电流	任一条件都可以

3. 晶闸管的伏安特性

上述分析中所指的正向阳极电压和反向阳极电压都要在一定的限度内，晶闸管才能处于正常工作状态。当正向阳极电压大到正向转折电压时，虽未加触发电压，晶闸管也会导通，这种情况下的“硬导通”极易造成器件损坏；当反向电压大到反向击穿电压时，晶闸管同样会被“击穿导通”，也会致使器件永久性损坏。晶闸管的伏安特性曲线如图 6-21 所示。

当晶闸管加正向阳极电压时，其特性曲线位于第一象限。当控制极$I_G=0$未加触发电压时，只有很小的正向漏电流流过，晶闸管处于正向阻断状态。随着正向阳极电压的不断升高，曲线开始上翘。当正向阳极电压超过正向阻断峰值电压 U_{DRM}，且到达晶闸管的临界极限值正向转折电压 U_{BO}时，漏电流将急剧增大，晶闸管便由正向阻断状态转变为导通状态，瞬间可流过很大的电流，但是晶闸管的通态管压降只有 1V 左右。显然，导通后的晶闸管特性和二极管的正向特性相仿。但是这种导通叫“硬开通”，是晶闸管正常工作时不允许的，“硬开通”会造成晶闸管的永久损坏。

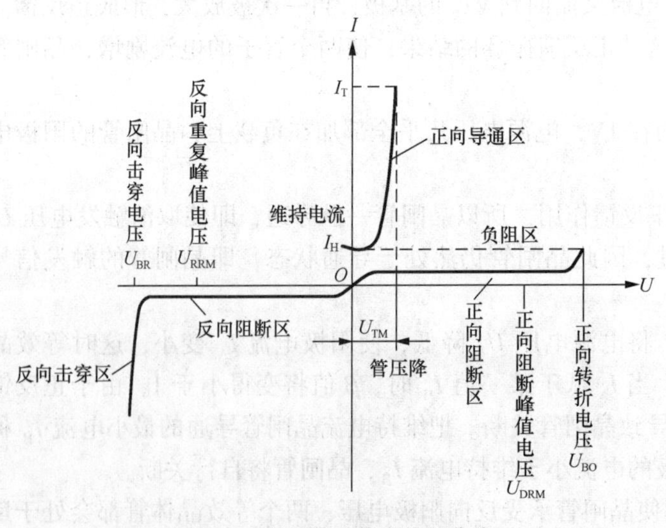

图 6-21　晶闸管的伏安特性曲线

单向晶闸管的伏安特性

如果控制极有触发电压加入，在控制极上就会有正向电流 I_G，即便只加较低的正向阳极电压，晶闸管也会导通，此时正向转折电压 U_{BO}降低，随着控制极电流幅值的增大，正向转折电压 U_{BO}降得越低。

晶闸管导通期间，如果控制极电流为零，并且阳极电流降至维持电流 I_H以下，则晶闸管又回到正向阻断状态。

当在晶闸管上施加反向阳极电压时，其伏安特性曲线位于第三象限，此时电流很小，称为反向漏电流。当反向阳极电压大到反向击穿电压 U_{BR}时，反向漏电流急剧增加，晶闸管也会从反向阻断状态变为导通状态，称为“反向击穿”。显然，晶闸管的反向特性类似于二极管的反向特性。通常，晶闸管的 U_{DRM}和 U_{RRM}基本相等。

晶闸管的主电路与控制电路的公共端是阴极。晶闸管的控制极触发电流从控制极流入晶闸管，从阴极流出。控制极触发电流也往往是通过触发电路在控制极和阴极之间施加触发电压而产生的，这一点要注意，正因为如此，晶闸管要求同步触发。

4. 晶闸管的主要技术参数

晶闸管的主要技术参数包括以下几个值。

（1）正向阻断峰值电压 U_{DRM}

在控制极断路、晶闸管处在正向阻断状态下，且管子结温为额定值时，允许“重复”加在晶闸管上的正向峰值电压称为正向阻断峰值电压。而所谓的“重复”是指这个大小的电压重复施加时晶闸管不会损坏。此参数取正向转折电压的 80%，即 $U_{DRM}=0.8U_{BO}$。普通晶闸管的 U_{DRM}的规格从 100V 至 3000V 分多挡，其中 100~1000V 之间每 100V 一挡；1000~3000V 之间每 200V 一挡。

（2）反向重复峰值电压 U_{RRM}

反向重复峰值电压指在控制极开路状态下，且管子结温为额定值时，允许重复加在器件上的反向峰值电压。此参数通常取反向击穿电压的 80%，即 $U_{RRM}=0.8U_{BR}$。一般反向重复峰值电压 U_{RRM}与正向阻断峰值电压 U_{DRM}这两个参数是相等的。

（3）通态峰值电压 U_{TM}

通态峰值电压指晶闸管通以某一规定倍数的额定通态平均电流时的瞬态峰值电压。通常取晶闸管的 U_{DRM}和 U_{RRM}中较小的值作为晶闸管的额定电压。选用时，晶闸管的额定电压要留有一定的裕量，一般取额定电压为正常工作时晶闸管所承受峰值电压的 2~3 倍。

（4）控制极触发电压 U_G

控制极触发电压指与控制极触发电流相对应的直流触发电压，U_G的值一般为 1~5V。

（5）额定通态平均电流 I_T

额定通态平均电流指晶闸管在环境温度为 40℃和规定的冷却状态下，稳定结温不超过额定结温时所允许流过的最大工频正弦半波电流的平均值。使用时应按实际电流与通态平均电流有效值相等的原则来选取晶闸管，应留一定的裕量，一般取实际电流的 1.5~2 倍。普通晶闸管的 I_T规格有 1A、3A、5A、10A、20A、30A、50A、100A、200A、300A、400A、500A、600A、800A、1000A。

（6）维持电流 I_H

维持电流指能使晶闸管维持导通状态时所必需的最小电流，一般为几十毫安到几百毫安，与结温有关。结温越高，则 I_H值越小。额定通态平均电流 I_T越大，I_H越大。

（7）控制极触发电流 I_G

控制极触发电流指在规定的环境温度下，维持晶闸管从阻断状态转为完全导通状态时所需要的最小直流电流。I_G 的数值一般为几毫安到几百毫安，额定通态平均电流 I_T 越大，

I_G越大。

晶闸管的参数很多，在选择晶闸管时，主要选择额定通态平均电流 I_T 和反向重复峰值电压 U_{RRM} 这两个参数。

我国晶闸管型号主要由 4 部分组成：第 1 部分用字母“K”表示主称为晶闸管；第 2 部分用字母表示晶闸管类别；第 3 部分用数字表示晶闸管的额定通态平均电流值；第 4 部分用数字表示重复峰值电压级数。晶闸管型号命名方法见表 6-2。

表 6-2　晶闸管型号命名方法

主称		类别		额定通态平均电流值		重复峰值电压级数	
字母	含义	字母	含义	数字	含义	数字	含义
				1	1A	1	100V
		P	普通反向阻断型	5	5A	2	200V
				10	10A	3	300V
				20	20A	4	400V
				30	30A	5	500V
K	晶闸管（可控硅）	K	快速反向阻断型	50	50A	6	600V
				100	100A	7	700V
				200	200A	8	800V
				300	300A	9	900V
		S	双向型	400	400A	10	100V
				500	500A	12	1200V
						14	1400V

例如：

KP1-2（1A 200V 普通反向阻断型晶闸管）	KS5-4（5A 400V 双向晶闸管）
K——晶闸管	K——晶闸管
P——普通反向阻断型晶闸管	S——双向型晶闸管
1——额定通态平均电流为 1A	5——额定通态平均电流为 5A
2——重复峰值电压为 200V	4——重复峰值电压为 400V

5. 晶闸管的保护

晶闸管虽然具有很多优点，但是它们承受过电压和过电流的能力很差，这是晶闸管的主要弱点，因此，在各种晶闸管装置中必须采取适当的保护措施。

（1）晶闸管的过电流保护

由于晶闸管的热容量很小，一旦发生过电流时，温度就会急剧上升，可能把 PN 结烧坏，造成器件内部短路或开路。

晶闸管发生过电流的原因主要有：负载端过载或短路；某个晶闸管被击穿短路，造成其他元件的过电流；触发电路工作不正常或受干扰，使晶闸管误触发，引起过电流。晶闸管承受过电流的能力很差。例如，一个 100A 的晶闸管，当其过电流为 400A 时，仅允许持续

0.02s，否则将因过热而损坏。由此可知，晶闸管允许在短时间内承受一定的过电流，所以，过电流保护的作用就在于当发生过电流时，在允许的时间内将过电流切断，以防止器件损坏。

晶闸管过电流保护措施有下列几种。

① 快速熔断器。普通熔断器由于熔断时间长，用来保护晶闸管时很可能在晶闸管烧坏之后熔断器还没有熔断，这样就起不了保护作用。因此必须采用用于保护晶闸管的快速熔断器。快速熔断器用的是银质熔丝，在同样的过电流倍数之下，它可以在晶闸管损坏之前熔断，这是晶闸管过电流保护的主要措施。晶闸管的过载时间和过载倍数的关系见表 6-3。

表 6-3 晶闸管的过载时间和过载倍数的关系

过载时间	0.02s	5s	5min
过载倍数	4	2	1.25

快速熔断器的接入方式有 3 种，如图 6-22 所示。第 1 种是快速熔断器接在输出（负载）端，这种接法对输出回路的过载或短路起保护作用，但对器件本身故障引起的过电流不起保护作用。第 2 种是快速熔断器与器件串联，可以对器件本身的故障进行保护。以上两种接法一般需要同时采用。第 3 种接法是快速熔断器接在输入端，这样可以同时对输出端短路和器件短路实现保护，但是熔断器熔断之后，不能立即判断是什么故障。

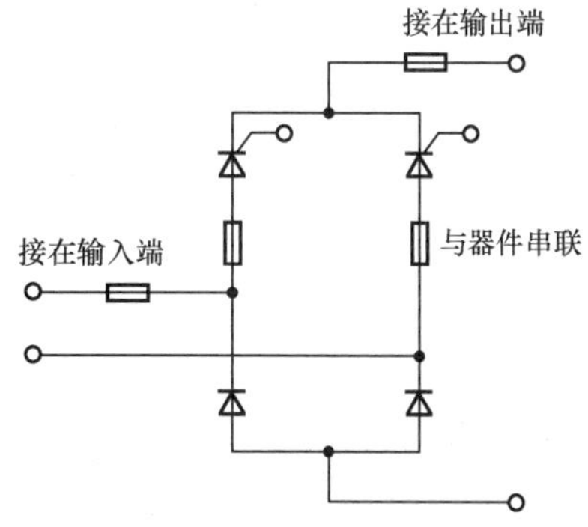

图 6-22 快速熔断器的接入方式

熔断器的额定电流应该尽量接近实际工作电流的有效值，而不是按所保护的器件的额定电流（平均值）选取。

② 过电流继电器。在输出端（直流侧）接入直流过电流继电器，或在输入端（交流侧）经电流互感器接入灵敏的过电流继电器，这两种方式接入的过电流继电器都可在发生过电流故障时动作，使输入端的开关跳闸。这种保护措施对过载是有效的，但是在发生短路故障时，由于过电流继电器的动作及自动开关的跳闸都需要一定时间，如果短路电流比较大，这种保护方法不是很有效。

③ 过电流截止保护。利用过电流的信号将晶闸管的触发脉冲后移，使晶闸管的导通角减小或停止触发。

（2）晶闸管的过电压保护

晶闸管承受过电压的能力极差，当电路中电压超过其反向击穿电压时，即使时间极短，也容易损坏。如果正向电压超过其转折电压，则晶闸管误导通，这种误导通次数频繁时，导通后通过的电流较大，也可能使元件损坏或使晶闸管的特性下降。因此必须采取措施消除晶闸管上可能出现的过电压。

引起过电压的主要原因是电路中一般都接有电感元件。在切断或接通电路时，从一个元件导通转换到另一个元件导通时，以及熔断器熔断时，电路中的电压往往都会超过正常值。有时雷击也会引起过电压。

晶闸管过电压的保护措施有下列几种。

① 阻容保护。可以利用电容来吸收过电压，其实质就是将造成过电压的能量变成电场能量储存到电容器中，然后释放到电阻中去消耗掉。这是过电压保护的基本方法。

阻容吸收元件可以并联在整流装置的交流侧（输入端）、直流侧（输出端）或元件侧，如图6-23所示。

② 硒堆保护。硒堆（硒整流片）是一种非线性电阻元件，具有较陡的反向特性。当硒堆上电压超过某一数值后，它的电阻迅速减小，而且可以通过较大的电流，把过电压能量消耗在非线性电阻上，而硒堆并不损坏。

硒堆可以单独使用，也可以和阻容元件并联使用。

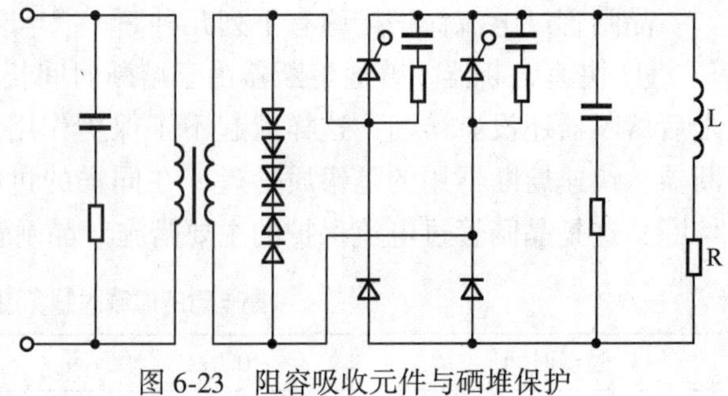

图6-23　阻容吸收元件与硒堆保护

6. 晶闸管的使用注意事项

① 选用晶闸管的额定电压时，应参考实际工作条件下的峰值电压的大小，并留出一定的裕量。

② 选用晶闸管的额定电流时，除了考虑通过元件的平均电流外，还应注意正常工作时导通角的大小、散热通风条件等因素。在工作中还应注意管壳温度不超过相应电流下的允许值。

③ 使用晶闸管之前，应该用万用表检查晶闸管是否良好。发现其有短路或断路现象时，应立即更换。

④ 严禁用兆欧表即摇表检查元件的绝缘情况。

⑤ 电流为5A以上的晶闸管要装散热器，并且保证所规定的冷却条件。为保证散热器与晶闸管管心接触良好，它们之间应涂上一薄层有机硅油或硅脂。

⑥ 按规定对主电路中的晶闸管采用过电压及过电流保护装置。

⑦ 要防止晶闸管控制极的正向过载和反向击穿。

检验学习 结果

1. 分析下列说法是否正确，对者打“√”，错者打“×”。

（1）晶闸管加上大于1V的正向阳极电压就能导通。（　）

（2）晶闸管导通后，控制极就失去了控制作用。（　）

（3）晶闸管导通时，其阳极电流的大小由控制极电流决定。（　）

（4）只要阳极电流小于维持电流，晶闸管就从导通转为关断。（　）

2. 当正向阳极电压增大到正向转折电压时，晶闸管能够正常导通吗？为什么？

3. 何谓晶闸管的“硬开通”？晶闸管正常工作时允许“硬开通”吗？为什么？

4. 选择晶闸管时，主要选择哪两个技术参数？

6.5　双极型三极管

学习目标

了解双极型三极管的结构组成；理解三极管的电流放大原理、特性曲线；熟悉三极管的电路图形符号、型号、用途和主要参数；掌握三极管的识别和简单测试方法。

三极管是组成各电子电路的核心器件。三极管的产生使 PN 结的应用发生了质的飞跃。通过一定的工艺措施，将两个 PN 结背靠背地有机结合起来就构成了一个三极管。按 PN 结的组合方式，三极管有 PNP 型和 NPN 型两种，其结构示意图和电路图形符号如图 6-24 所示。

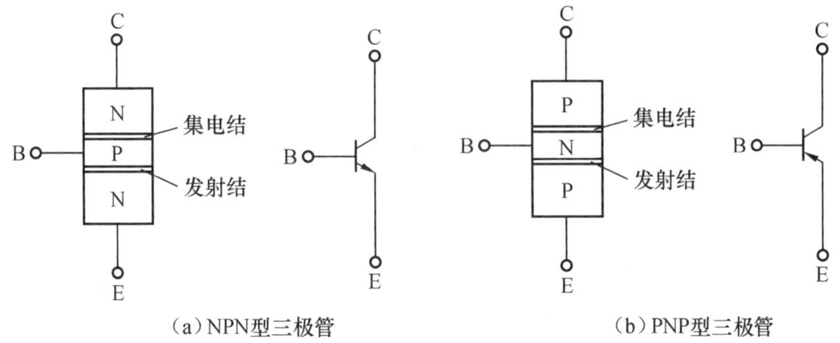

（a）NPN型三极管　（b）PNP型三极管

图 6-24　两种三极管的结构示意图和电路图形符号

由于这类三极管内部的电子载流子和空穴载流子同时参与导电，故又称双极型三极管，简称三极管。双极型三极管的特性不同于单个 PN 结的特性，它在电子电路中的基本功能是电流放大作用。

1. 双极型三极管的基本结构和类型

三极管的种类有很多，按频率高低有高频管、低频管之分；按功率大小有大、中、小功率管之分；按材料的不同又有硅管、锗管之分；按结构的不同还可分为 PNP 型和 NPN 型管。无论何种类型的三极管，从外形上看，都向外引出 3 个电极。图 6-25是几种常见三极管的外形图。

双极型三极管的结构组成

无论什么样的三极管，其基本结构都包含 3 个区、3 个外引电极和 2 个 PN 结。3 个区分别是发射区、基区和集电区；由 3 个区相应引出的 3 个电极分别是发射极、基极和集电极；2 个 PN 结分别是发射区和基区交界处形成的发射结、集电区和基区交界处形成的集电结。图 6-24（a）所示为 NPN 型三极管的结构示意图和电路图形符号，图 6-24（b）所示为 PNP 型三极管的结构示意图和电路图形符号。当前国内生产的硅三极管多为 NPN 型（3D 系列），锗三极管多为 PNP 型（3A 系列）。

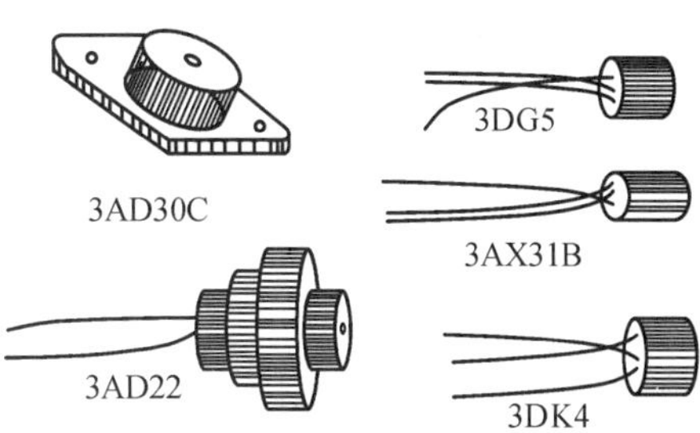

图 6-25　常见三极管外形图

国产三极管的型号中，每一位都有特定含义。如 3AX31，第 1 位，3 代表三极管，2 代表二极管；第 2 位代表材料和极性，A 代表 PNP 型锗材料，B 代表 NPN 型锗材料，C 为 PNP 型硅材料，D 为 NPN 型硅材料；第 3 位表示用途，X 代表低频小功率管，D 代表低频大功率管，G 代表高频小功率管，A 代表高频大功率管；型号后面的数字是产品的序号，序号不同，各种指标略有差异。注意，二极管同三极管的第 2 位意义基本相同，而第 3 位则不同。对于二极管来说，第 3 位的 P 代表检波管，W 代表稳压管，Z 代表整流管。而对于进口三极管来说，就各有不同，需要读者在具体使用过程中留心相关资料。

BJT 的电流放大作用

2. 双极型三极管的电流放大作用

如果简单地把两个 PN 结背靠背地连在一起，是不会产生放大作用的。因此，制造三极管时，有意识地使其内部发射区具有较高的掺杂浓度且结面积较小，让基区掺杂浓度较低且很薄，集电区掺杂浓度介于二者之间，但结面积较大，是保证三极管实现电流放大的关键所在和**内部条件**；但三极管能否真正在电路中起电流放大作用，还必须遵循发射结正偏、集电结反偏的**外部条件**。

下面具体地讨论一下符合上述条件的三极管电路中，3 个极上电流的形成。

（1）发射极电流的形成

发射结正向偏置时，发射区和基区的多数载流子很容易越过发射结互相向对方扩散，但因发射区载流子浓度远大于基区的载流子浓度，因此通过发射结的扩散电流基本上是发射区向基区扩散的多数载流子，这就是发射极电流 I_E。

（2）基极电流的形成

由于基区的掺杂浓度较低，且做得很薄，因此，从发射区注入基区的大量载流子，只有极少数不断地与基区中的少数载流子相复合，复合掉的载流子将由基极电源不断地予以补充，从而形成基极电流 I_B。

（3）集电极电流的形成

由发射区扩散到基区的多数载流子因基区的杂质浓度低，被复合的机会很少，又因基区很薄，且集电结反偏，使得扩散到基区的载流子无法停留在基区，绝大多数载流子继续向集电结边缘进行扩散。集电区的掺杂浓度虽然低于发射区，但高于基区，且集电结的结面积较发射结大很多，因此这些聚集到集电结边缘的载流子将在结电场的作用下，统统收集到集电区，形成集电极电流 I_C。

根据电流的连续性原理，3 个电流遵循 KCL 定律，即

$$I_E = I_B + I_C \tag{6-1}$$

三极管的集电极电流 I_C 稍小于 I_E，但远大于 I_B，I_C 与 I_B 的比值在一定范围内保持基本不变。特别是基极电流有微小的变化时，集电极电流将发生较大的变化。例如，I_B 由 40μA 增加到 50μA 时，I_C 将从 3.2mA 增大到 4mA，即

$$\beta = \frac{\Delta I_C}{\Delta I_B} = \frac{(4-3.2)\times 10^{-3}}{(50-40)\times 10^{-6}} = 80 \tag{6-2}$$

式中，β 值称为三极管的电流放大倍数。不同型号、不同类型和用途的三极管，其 β 值的差异较大，大多数三极管的 β 值通常在几十至一百多。式（6-1）和式（6-2）表明，微小的基极电流 I_B 可以控制较大的集电极电流 I_C，故双极型三极管属于电流控制元件。

3. 双极型三极管的特性曲线

三极管的特性曲线是用来表示该管子各极电压和电流之间相互关系的，它反映出三极管的性能，是分析放大电路的重要依据。最常用的共发射极接法时的输入特性曲线和输出特性曲线可以通过图 6-26 所示实验电路进行测绘，也可用晶体管特性图示仪直观地显示出来。

BJT 的输入特性

（1）输入特性曲线

输入特性曲线就是指当集电极与发射极之间电压 U_{CE} 为常数时，输入电路

中基极电流 I_B 与发射结端电压 U_{BE} 的关系曲线 $I_B = f(U_{BE})$， 如图 6-27 所示。

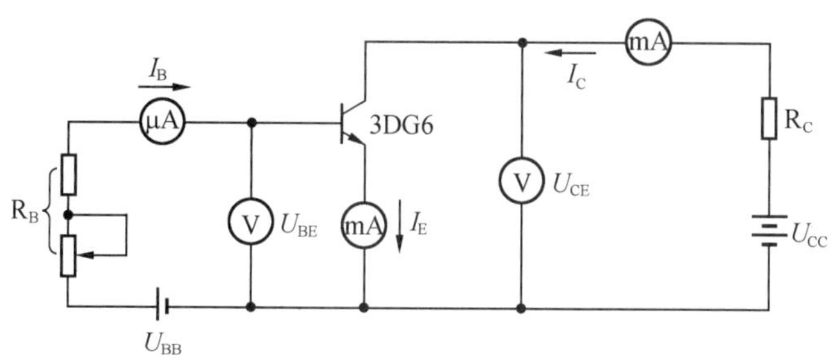

图 6-26　测量三极管特性的实验电路

对硅管而言，当 $U_{CE} \geqslant 1V$ 时，集电结已反向偏置，并且其内电场已足够大，而基区又很薄，可以把从发射区扩散到基区的电子绝大部分拉入集电区。继续增大 U_{CE} 并保持 U_{BE} 不变时，则 I_B 基本稳定，即 $U_{CE}>1V$ 以后的输入特性曲线基本上是重合的。所以，通常只画出 $U_{CE} \geqslant 1V$ 的一条输入特性曲线。

由图 6-27 还可看出，与二极管的伏安特性相似，三极管输入特性也有一段死区。只有在发射结外加电压大于死区电压时，三极管才会出现 I_B。硅管的死区电压约为 0.5V，锗管的死区电压不超过 0.2V。在正常工作情况下，NPN 型硅管的发射结电压 U_{BE} 通常取 0.7V，PNP 型锗管的 U_{BE} 通常取 0.3V。

（2）输出特性曲线

输出特性曲线是指基极电流 I_B 为某一常数时，输出回路中集电极电流 I_C 与三极管集电极和发射极之间的电压 U_{CE} 之间的关系曲线 $I_C = f(U_{CE})$。在不同的 I_B 下，可得出不同的输出特性，所以三极管的输出特性曲线是一组曲线，如图 6-28 所示。

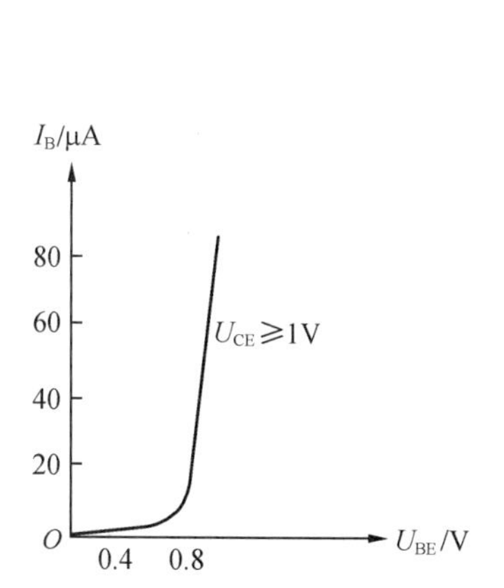

图 6-27　3DG6 三极管的输入特性曲线

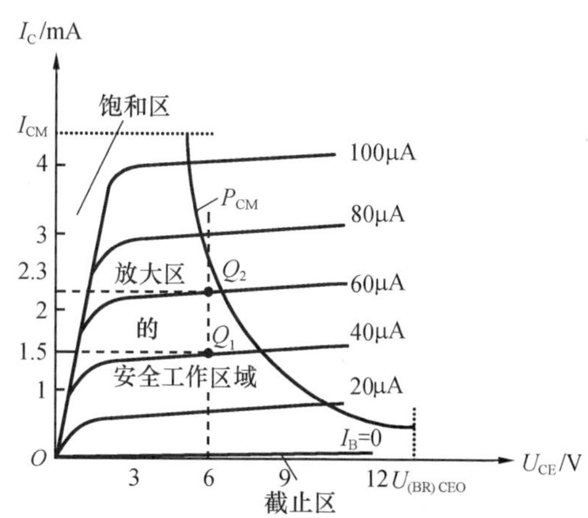

图 6-28　3DG6 三极管的输出特性曲线

当 I_B 一定时，从发射区扩散到基区的电子载流子数量也大致一定。在 U_{CE} 超过一定的数值（约 1V）以后，这些电子载流子的绝大多数被拉入集电区而形成集电极电流，以致当 U_{CE} 继续增高时，集电极电流 I_C 也不再有明显的增加，具有**恒流特性**。

当基极电流 I_B 减小时，相应的集电极电流 I_C 也减小，输出特性曲线向下移，而且 I_C 比 I_B 减小多得多，当基极电流减小到零时，集电极电流也基本为零。

观察图6-28可看出，输出特性曲线上划分出放大区、截止区和饱和区3个工作区，即三极管工作时可分为3种状态：放大状态、截止状态及饱和状态。

放大区：输出特性曲线近于水平部分的是放大区。放大区有两个特点：一是$I_C=\bar{\beta}I_B$，即集电极电流的大小主要受基极电流的控制，三极管有电流放大作用；二是随着U_{CE}的增加，曲线微微上翘。这是因为U_{CE}增加时，基区有效宽度变窄，使载流子在基区复合的机会减少，在I_B不变的情况下，I_C将随U_{CE}略有增加。三极管工作于放大区，发射结处于正向偏置，集电结处于反向偏置。

截止区：$I_B=0$的曲线以下区域称为截止区。在截止区内$I_B=0$，$I_C=I_{CEO}$。对NPN型硅管而言，当$U_{BE}<0.5V$时，即已开始截止，但为了截止可靠，常使$U_{BE}\leqslant 0$。

饱和区：当$U_{BE}<U_{CE}$时，三极管的发射结和集电结均处于正向偏置，此时三极管工作于饱和状态。在饱和区，I_B的变化对I_C的影响较小，两者不成正比，放大区的β值不再适用。饱和时通常$U_{CE}<1V$。

BJT 的主要技术参数

4. 双极型三极管的极限参数

极限参数是三极管正常工作时，电流、电压和功率的极限值，使用时不能超过任一极限值，以防管子性能变坏或损坏。常用的极限参数有以下几个。

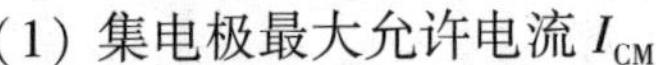

（1）集电极最大允许电流I_{CM}

I_{CM}是在参数的变化不超过规定允许值时的集电极最大电流。一般I_{CM}是β值下降到正常数值的2/3时的集电极电流。当集电极电流增加时，β值就要下降，至于β值下降多少，不同型号的三极管，不同厂家规定的有所差别。可见，当$I_C>I_{CM}$时，并不表示三极管一定会过电流而损坏。

（2）集电极-发射极反向击穿电压$U_{(BR)CEO}$

$U_{(BR)CEO}$指基极开路时，集电极与发射极之间的最大允许电压。为保证三极管的安全与电路的可靠工作，一般应取集电极电源电压U_{CC}为

$$U_{CC}\leqslant\left(\frac{1}{2}\sim\frac{2}{3}\right)U_{(BR)CEO} \tag{6-3}$$

（3）集电极最大允许耗散功率P_{CM}

当三极管因受热而引起的参数变化不超过允许值时，集电极所消耗的最大功率，称为集电极最大允许耗散功率P_{CM}。在使用中，加在三极管上的电压U_{CE}和通过集电极的电流I_C的乘积不能超过P_{CM}值。在图6-28所示三极管输出特性曲线上做出的P_{CM}是一条双曲线，P_{CM}以内的区域称为三极管的安全工作区。

三极管的测试

5. 用万用表测试三极管的方法

（1）判别基极和管子的类型

选用万用表欧姆挡的“R×100”或“R×1k”挡位，红表笔所连接的是万用表内部电池的负极，黑表笔连接着万用表内部电池的正极。先用黑表笔与假设基极的引脚相接触，红表笔接触另外两个引脚，观察万用表指针偏度。如此重复上述步骤测3次，其中必有一次万用表指针偏转度都很大（或都很小），对应黑表笔接触的电极就是基极，且管子是NPN型（或PNP型）的。

（2）判别集电极

因为三极管发射极和集电极正确连接时 β 大（表针摆动幅度大），反接时 β 就小得多，因此，先假设一个集电极，用欧姆挡连接（对 NPN 型管，发射极接黑表笔，集电极接红表笔），测量时，用手捏住基极和假设的集电极，两极不能接触，若万用表指针摆动幅度大，而把两极对调后指针摆动小，则说明假设是正确的，从而确定集电极和发射极。

（3）电流放大系数 β 的估算

选用欧姆挡的“R×100”或“R×1k”挡位，对 NPN 型管，红表笔接发射极，黑表笔接集电极。测量时，比较用手捏住基极和集电极（两极不能接触）和把手放开两种情况下指针摆动的大小，摆动越大，β 值越高。

检验学习结果

1. 三极管的发射极和集电极是否可以互换使用？为什么？

2. 三极管在输出特性曲线的饱和区工作时，其电流放大系数是否也等于 β？

3. 使用三极管时，只要：①集电极电流超过 I_{CM} 值；②耗散功率超过 P_{CM} 值；③集电极-发射极电压超过 $U_{(BR)CEO}$ 值，三极管就必然损坏。上述说法哪个是对的？

4. 用万用表测量某些三极管的管压降得到下列几组数据，试说明每个管子是 NPN 型还是 PNP 型，是硅管还是锗管，它们各工作在什么区域。

① $U_{BE}=0.7V$，$U_{CE}=0.3V$。

② $U_{BE}=0.7V$，$U_{CE}=4V$。

③ $U_{BE}=0V$，$U_{CE}=4V$。

④ $U_{BE}=-0.2V$，$U_{CE}=-0.3V$。

⑤ $U_{BE}=0V$，$U_{CE}=-4V$。

技能训练

1. 三极管极性及类型判别

按照之前介绍的用万用表测试三极管的方法，学会判别三极管的基极、集电极、发射极及三极管的类型的方法。

2. 三极管电流放大倍数估算

按照之前介绍的用万用表估算三极管电流放大倍数 β 值的方法，学会估算三极管电流放大倍数。

3. 三极管的性能好坏判别

以 NPN 管为例。选择指针万用表的“R×10k”欧姆挡，用黑表笔接三极管的集电极，红表笔接三极管的发射极，观察穿透电流的大小：当测得阻值越大时说明穿透电流越小，则三极管性能越好；若测得阻值很小或为零时，说明三极管已经被击穿损坏。测 PNP 管时红、黑表笔位置交换，测量方法相似。

4. 扬声器好坏判别

选用万用表的“R×1”欧姆挡，用两个表笔分别与扬声器的两个引线端子相接触，若测得其阻值为几欧且扬声器发出“喀喀”声，则说明此扬声器是好的，否则有问题。

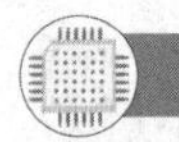

6.6 单极型三极管

学习目标

了解单极型三极管的结构特点；熟悉场效应管的工作原理及其电压控制原理。

与双极型三极管相比，单极型三极管是一种新型的半导体器件。无论是内部的导电机理还是外部的特性曲线，两者都截然不同。尤为突出的是单极型三极管具有高达 $10^7 \sim 10^{15}$ Ω 的输入电阻，几乎不取用信号源提供的电流，因而具有功耗小、体积小、质量轻、热稳定性好、制造工艺简单且易于集成化等优点。这些优点扩展了单极型三极管的应用范围，尤其在大规模和超大规模的数字集成电路中得到了更为广泛应用。

根据结构的不同，单极型三极管可分为结型和绝缘栅型两大类。结型管是利用半导体内的电场效应来控制其电流大小的；绝缘栅型管则是利用半导体表面的电场效应来控制漏极电流的，因此单极型三极管通常称为**场效应管**。目前，应用最多的是以二氧化硅作为绝缘介质的金属-氧化物-半导体绝缘栅型场效应管，简称 MOS 管。

1. MOS 管的基本结构

MOS 管按其工作状态可分为增强型与耗尽型两类，每类又有 N 沟道和 P 沟道之分。

图 6-29（a）所示为 N 沟道增强型 MOS 管结构示意图，它以一块掺杂浓度较低、电阻率较高的 P 型硅半导体薄片作为衬底，利用扩散的方法在 P 型硅中形成两个高掺杂浓度的 N^+ 区，并用金属铝引出两个电极，分别称为漏极 D 和源极 S，然后在半导体表面覆盖一层很薄的 SiO_2 绝缘层，在漏源极间的绝缘层上再引出一个铝电极，称为栅极 G，就构成了 N 沟道的 MOS 管。其图形符号如图 6-29（b）所示。图 6-29（c）所示为 N 沟道耗尽型 MOS 管图形符号。图形符号中的箭头方向表示由 P 衬底指向 N 沟道；而 P 沟道 MOS 管的箭头方向表示由 P 沟道指向 N 衬底。

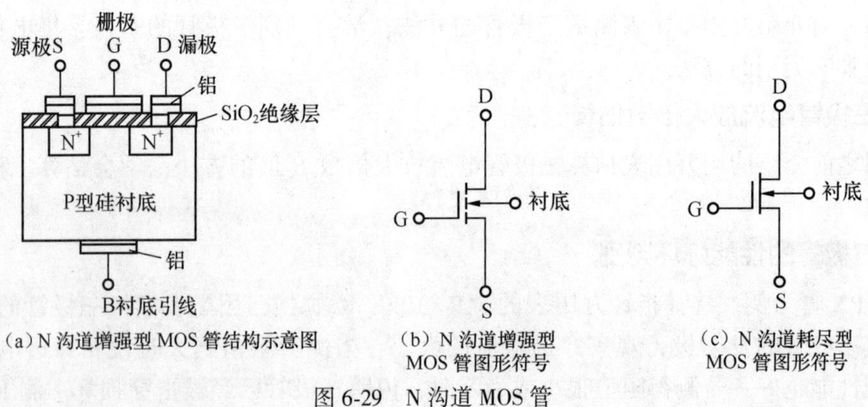

（a）N 沟道增强型 MOS 管结构示意图　（b）N 沟道增强型 MOS 管图形符号　（c）N 沟道耗尽型 MOS 管图形符号

图 6-29　N 沟道 MOS 管

2. MOS 管的工作原理

以 N 沟道增强型 MOS 管为例，参看图 6-30。由图 6-30（a）可以看出，MOS 管的源极 S 和衬底 B 通常连接在一起（大多数管子在出厂前已连接好），增强型 MOS 管的源区（N^+

型)、衬底（P 型）和漏区（N^+型）三者之间形成了两个背靠背的 PN^+结，漏区和源区被 P 型衬底隔开。当栅源极之间的电压 $U_{GS}=0$ 时，不管漏源极之间的电源 U_{DS}极性如何，总有一个 PN^+结反向偏置，此时反向电阻很高，不能形成导电沟道；若栅极悬空，即使在漏极和源极之间加上电压 U_{DS}，也不会产生漏极电流 I_D，此时，MOS 管处于截止状态。

MOSFET 的工作原理

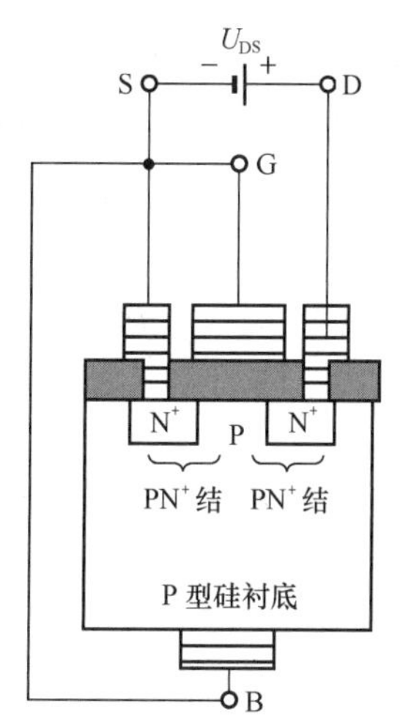

（a）$U_{GS}<U_T$ 时无导电沟道

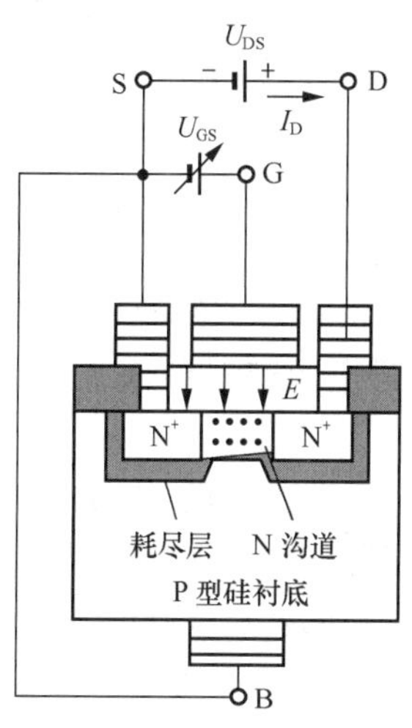

（b）$U_{GS}>U_T$ 时导电沟道形成

图 6-30　N 沟道增强型 MOS 管导电沟道的形成

（1）导电沟道的形成

如果在栅极和源极形成的输入端加入正向电压 U_{GS}，情况就会发生变化，如图 6-30（b）所示。当 MOS 管的输入电压 $U_{GS}\neq 0$ 时，且极性设置如图 6-30（b）所示，栅极铝层和 P 型硅衬底间相当于以 SiO_2 层为介质的平板电容器。由于 U_{GS}的作用，在介质中产生一个垂直于半导体表面、由栅极指向 P 型衬底的电场 E。因为 SiO_2 绝缘层很薄，即使 U_{GS}很小，也能让该电场高达 $10^5\sim10^6$V/cm 数量级的强度。这个强电场排斥空穴、吸引电子，把靠近 SiO_2 绝缘层一侧的 P 型硅衬底中的多数载流子空穴排斥开，留下不能移动的负离子形成耗尽层；若 U_{GS}继续增大，耗尽层将随之加宽；同时 P 型硅衬底中的少数载流子自由电子受到电场力的吸引向上运动到达表层，除填补空穴形成负离子的耗尽层外，还在 P 型硅衬底表面形成一个 N 型薄层，称为反型层，该反型层将两个 N^+区连通，于是，在漏极和源极之间形成了一个 N 型导电沟道。我们把形成导电沟道时的栅源电压 U_{GS}称为开启电压，用 U_T 表示。

（2）可变电阻区

很明显，在 $0<U_{GS}<U_T$ 的范围内，漏源极之间的 N 沟道尚未连通，管子处于截止状态，漏极电流 $I_D=0$。当 U_{GS}一定，且 U_{DS}从 0 开始增大，$U_{GD}=U_{GS}-U_{DS}<U_{GS(off)}$时，即在 U_{DS}很小的情况下，U_{DS}的变化直接影响整个沟道的电场强度，在此区域随着 U_{DS}的增大，I_D 增大很快。当 U_{DS}再继续增大到 $U_{GD}=U_{GS}-U_{DS}=U_{GS(off)}$时，导电沟道在漏极一侧出现了夹断点，称为预夹断。对应预夹断状态的漏源电压 U_{DS}和漏极电流 I_D 称为饱和电压和饱和电流。这种情况下，U_{DS}的变化直接影

MOS 管的特性曲线

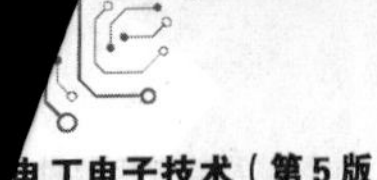

响着 I_D 的变化，导电沟道相当于一个受控电阻，阻值的大小与 U_{GS} 相关。U_{GS} 越大，管子的输出电阻变得越大。利用管子的这种特性可把 MOS 管作为一个可变电阻使用。

（3）恒流区

当 $U_{GS} \geqslant U_T$ 且在漏源间加正向电压 U_{DS} 时，便会产生漏极电流 I_D。当 U_{DS} 使沟道产生预夹断后仍继续增大，夹断区将随之延长，而且 U_{DS} 增大的部分几乎全部用于克服夹断区对 I_D 的阻力。这时从外部看，I_D 几乎不随 U_{DS} 的增大而变化，管子进入恒流区。在恒流区，I_D 的大小仅由 U_{GS} 的大小来决定。MOS 管用于放大作用时，就工作在此区域。在线性放大区，MOS 管的输出大电流 I_D 受输入小电压 U_{GS} 的控制，因此常把 MOS 管称为**电压控制型器件**。MOS 管工作在放大区的条件应符合 $U_{DS} \geqslant U_{GS} - U_{GS(off)}$（即 U_{GD} 小于 $U_{GS(off)}$）。

（4）截止区（夹断区）

当 U_{GD} 小于 $U_{GS(off)}$ 时，管子的导电沟道完全夹断，漏极电流 $I_D = 0$，MOS 管截止；在 U_{GS} 小于 U_T 时，管子导电沟道没有形成，使 $I_D = 0$，管子处于截止状态。

（5）击穿区

随着 U_{DS} 的增大，当漏栅间的 PN 结上反向电压 U_{DG} 增大到使 PN 结发生反向雪崩击穿时，I_D 急剧增大，管子进入击穿区，如果不加以限制，可以烧毁管子。

由上述分析可知，MOS 管导电沟道形成后，只有一种载流子参与导电，因此称为**单极型三极管**。单极型三极管中参与导电的载流子是多数载流子，由于多数载流子不受温度变化的影响，因此单极型三极管的热稳定性要比双极型三极管好得多。

如果在制造中将衬底改为 N 型半导体，漏区和源区改为高掺杂的 P^+ 型半导体，即可构成 P 沟道 MOS 管，P 沟道 MOS 管也有增强型和耗尽型之分，其工作原理的分析步骤与上述分析类同。MOS 管的输出特性曲线及分区如图 6-31 所示。

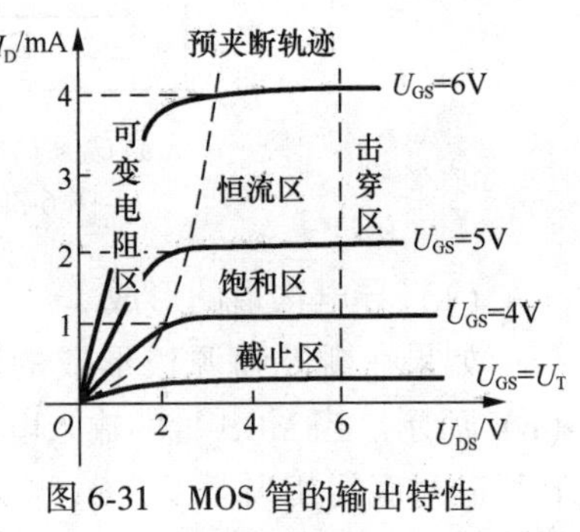

图 6-31　MOS 管的输出特性曲线及分区

3. MOS 管使用注意事项

MOS 管的使用注意事项

① 在 MOS 管中，有的产品将衬底引出（即管子有 4 个引脚），以便使用者视电路需要而任意连接。一般 P 衬底应接低电位，N 衬底应接高电位，因沟道不同而异。但在特殊电路中，当源极的电位很高或很低时，为了减轻源衬间电压对管子导电性能的影响，可将源极与衬底连在一起。

② 通常 MOS 管的漏极与源极可以互换，而其伏安特性没有明显变化。但有些产品出厂时已将源极和衬底连在一起，这时源极与漏极就不能再对调，使用时必须注意。

③ MOS 管的栅源电压不能接反，但可以在开路状态下保存。为保证其衬底与沟道之间恒为反向偏置，一般 N 沟道 MOS 管的衬底 B 极应接电路中的最低电位。还要特别注意可能出现栅极感应电压过高而造成绝缘层的击穿问题，因为 MOS 管的输入电阻很高，在外界电压的影响下，栅极容易产生相当高的感应电压，造成管子击穿，所以，**MOS 管在不使用时应避免栅极悬空，务必将各电极短接**。

④ 焊接时，电烙铁必须有外接地线，以屏蔽交流电场，防止损坏管子，特别是焊接 MOS 管时，最好断电后再焊接。

检验学习结果

1. 双极型三极管和 MOS 管的导电机理有什么不同？为什么称双极型三极管为电流控制型器件，而称 MOS 管为电压控制型器件？

2. 当 U_{GS} 为何值时，N 沟道增强型 MOS 管导通？

3. 在使用 MOS 管时，为什么其栅极不能悬空？

4. 双极型三极管和 MOS 管的输入电阻有何不同？

技能训练

测定 MOS 管的输出特性。

1. 实训电路

MOS 管输出特性测试电路如图 6-32 所示。

N 沟道增强型 MOS 管 BLV108 的主要参数如下。

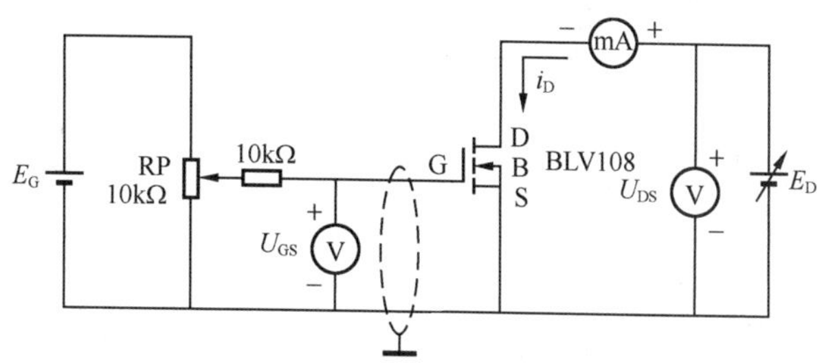

图 6-32　MOS 管输出特性测试电路

① 最大耗散功率 P_{max}：1W。

② 漏极最大电流 $I_{D(max)}$：300mA。

③ 漏源击穿电压 $U_{DS(BR)}$：200V。

④ 漏源导通电阻 $R_{DS(ON)}$：5Ω。

2. 实训原理

N 沟道增强型 MOS 管的输出特性曲线如图 6-33 所示。

N 沟道增强型 MOS 管的输出特性有 4 个特征区域。

① 夹断区：当 u_{GS} 过小，$u_{GS} \leqslant u_{GS(off)}$ 时（$u_{GS(off)}$ 称为开启电压），$i_D=0$，MOS 管全夹断（不通）。

② 可变电阻区：当 u_{DS} 很小时，导电沟道畅通，i_D 随 u_{DS} 的增加而线性增大，这意味着 MOS 管相当于一个电阻，这个区域称为可变电阻区，其边缘线称为预夹断轨迹。

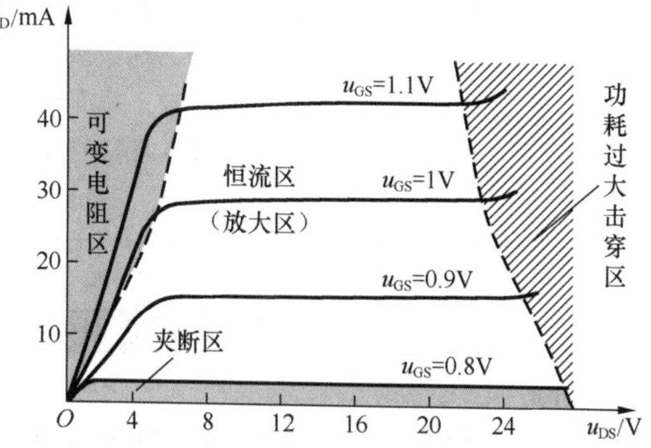

图 6-33　N 沟道增强型 MOS 管的输出特性曲线

③ 恒流区（放大区）：此区域内，i_D 与漏源电压 U_{DS} 基本无关（恒流），此时 i_D 主要取决于栅源电压 u_{GS}。当 u_{GS} 改变时，i_D 将产生

显著变化，其工作原理与双极型三极管放大区一样，形成放大作用，所以又称为放大区。

④ 击穿区：当 u_{DS} 过大，致 $u_{GS}i_D > P_{D(max)}$ 时，i_D 将迅速增大而烧坏管子。

3. 实训设备

① 电源与设备：直流可调稳压电源、直流电源、电压表、毫安表、微安表、万用表。

② 10kΩ 电阻×2，BLV108 MOS 管 1 只，连接导线若干。

4. 实训步骤

① 按实训电路完成接线。其中 E_G 为 12V 直流电源，E_D 为直流可调稳压电源。

② 同步调节 u_{GS} 与 u_{DS}，保持 $u_{GS} = u_{DS}$。调节 RP，使 BLV108 管的 $i_D = 1mA$，此时电压为开启电压 $u_{GS(th)}$，将此值记录下来。在此基础上以 0.1V 级差，逐步加大 u_{GS} 进行实验，首先使 $u_{GS} = 0.8V \geqslant u_{GS(th)}$，然后调节直流可调稳压电源，使 E_D(即 u_{DS}) 分别为 0V、1V、2V、4V、6V、8V、10V，读出并记录下相应的漏极电流 i_D，填入表 6-4 中。

③ 将 u_{GS} 分别调至 0.9V 、1V 和 1.1V，重复上述实验。

表 6-4　MOS 管（BLV108）输出特性

u_{DS}/V \ i_D/mA \ u_{DS}/V	0	1.0	2.0	4.0	6.0	8.0	10
0.8							
0.9							
1.0							
1.1							

5. 实训注意事项

① 接线时要特别注意 MOS 管引脚的识别，不要搞错。此外，电源与电表的正、负极不要搞错。

② 电源电压调节电位器 RP，在开始实验时要调至电压最低点，以免出现过高电压。

③ MOS 管的栅源间连线要用屏蔽双绞线，屏蔽层一端接地，否则静电感应会使电流漂移、元器件发热。

学海领航	科技兴则民族兴，科技强则国家强，核心科技是国之重器。2021 年，我国半导体存储器生产线大规模扩产，并带动全球存储器设备投资。作为未来的电子工程技术人员，我们必须对半导体及其常用器件有初步的了解和认识，为在实际工程中正确使用半导体器件打下基础。

检测题（共 100 分，120 分钟）

一、填空题（每空 0.5 分，共 25 分）

1. N 型半导体是在本征半导体中掺入极微量的________价元素组成的。这种半导体内的多数载流子为________，少数载流子为________，不能移动的杂质离子带________电。P 型半导体是在本征半导体中掺入极微量的________价元素组成的。这种半导体内的多数载流子为________，少数载流子为________，不能移动的杂质离子带________电。

2. 三极管的内部结构是由________区、________区、________区及________结和________结组成的。三极管对外引出电极分别是________极、________极和________极。

3. PN 结正向偏置时，外电场的方向与内电场的方向________，有利于________的________运动而不利于________的________；PN 结反向偏置时，外电场的方向与内电场的方向________，有利于________的________运动而不利于________的________，这种情况下的电流称为________电流。

4. PN 结形成过程中，P 型半导体中的多数载流子________向________区进行扩散，N 型半导体中的多数载流子________向________区进行扩散。扩散的结果使它们的交界处建立起一个________，其方向由________区指向________区。________的建立，对多数载流子的________起削弱作用，对少子的________起增强作用，当这两种运动达到动态平衡时，________形成。

5. 检测二极管极性时，需用万用表欧姆挡的________挡位。当检测时表针偏转度较大时，则红表笔接触的电极是二极管的________极；黑表笔接触的电极是二极管的________极。检测二极管好坏时，若两表笔位置调换前后万用表指针偏转都很大，说明二极管已经被________；若两表笔位置调换前后万用表指针偏转都很小，说明该二极管已经________。

6. 单极型晶体管又称为________管。其导电沟道分有________沟道和________沟道。

7. 稳压二极管是一种特殊物质制造的________接触型________二极管，正常工作应在特性曲线的________区。

8. MOS 管在不使用时应避免________极悬空，务必将各电极短接。

二、判断题（每小题 1 分，共 10 分）

1. P 型半导体中不能移动的杂质离子带负电，说明 P 型半导体呈负电性。（　）
2. 自由电子载流子填补空穴的“复合”运动产生空穴载流子。（　）
3. 用万用表测试三极管时，选择欧姆挡“R×10k”挡位。（　）
4. PN 结正向偏置时，其内外电场方向一致。（　）
5. 在任何情况下，三极管都具有电流放大能力。（　）
6. 双极型晶体管是电流控制器件，单极型三极管是电压控制器件。（　）
7. 二极管只要工作在反向击穿区，一定会被击穿。（　）
8. 当三极管的集电极电流大于它的最大允许电流 I_{CM} 时，该管必被击穿。（　）
9. 双极型三极管和单极型三极管的导电机理相同。（　）
10. 双极型三极管的集电极和发射极类型相同，因此可以互换使用。（　）

三、选择题（每小题 2 分，共 20 分）

1. 单极型半导体器件是（　）。

A. 二极管　　B. 双极型三极管　　C. 场效应管　　D. 稳压二极管

2. P 型半导体是在本征半导体中加入微量的（　）元素构成的。

A. 3 价　　B. 4 价　　C. 5 价　　D. 6 价

3. 稳压二极管的正常工作状态是（　）。

A. 导通状态　　B. 截止状态　　C. 反向击穿状态　　D. 任意状态

4. 用万用表检测某二极管时，发现其正、反电阻均约等于1kΩ，说明该二极管（　　）。

A. 已经击穿　　B. 是完好状态　　C. 内部老化不通　　D. 无法判断

5. PN 结两端加正向电压时，其正向电流是（　　）而成的。

A. 多数载流子扩散　　B. 少数载流子扩散

C. 少数载流子漂移　　D. 多数载流子漂移

6. 测得 NPN 型三极管上各电极对地电位分别为 $V_E=2.1V$，$V_B=2.8V$，$V_C=4.4V$，说明此三极管处在（　　）。

A. 放大区　　B. 饱和区　　C. 截止区　　D. 反向击穿区

7. 绝缘栅型场效应管的输入电流（　　）。

A. 较大　　B. 较小　　C. 为零　　D. 无法判断

8. 正弦电流经过二极管整流后的波形为（　　）。

A. 矩形方波　　B. 等腰三角波　　C. 正弦半波　　D. 仍为正弦波

9. 三极管超过（　　）所示极限参数时，必定被损坏。

A. 集电极最大允许电流 I_{CM}　　B. 集电极-射极间反向击穿电压 $U_{(BR)CEO}$

C. 集电极最大允许耗散功率 P_{CM}　　D. 管子的电流放大倍数 β

10. 若使三极管具有电流放大能力，必须满足的外部条件是（　　）。

A. 发射结正向偏置、集电结正向偏置　　B. 发射结反向偏置、集电结反向偏置

C. 发射结正向偏置、集电结反向偏置　　D. 发射结反向偏置、集电结正向偏置

四、简述题（每小题 4 分，共 28 分）

1. N 型半导体中的多数载流子是带负电的自由电子载流子，P 型半导体中的多数载流子是带正电的空穴载流子，因此说 N 型半导体带负电，P 型半导体带正电。上述说法对吗？为什么？

2. 某人用测电位的方法测出三极管 3 个引脚的对地电位分别为引脚①12V、引脚②3V、引脚③3.7V，试判断管子的类型及各引脚所属电极。

3. 在图 6-34 所示电路中，已知 $E=5V$，$u_i=10\sin\omega tV$，二极管为理想元件（即认为正向导通时电阻 $R=0$，反向阻断时电阻 $R=\infty$），试画出 u_o 的波形。

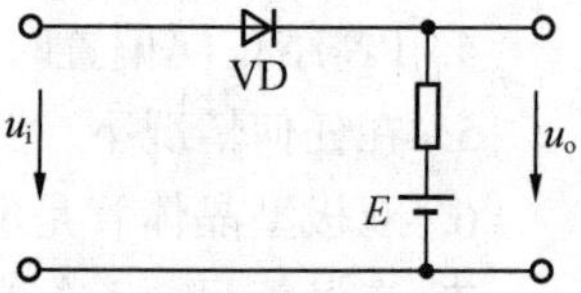

VD
u_i
u_o
E

图 6-34

4. 半导体和金属导体的导电机理有什么不同？单极型三极管和双极型三极管的导电情况又有何不同？

5. 在图 6-35 所示电路中，硅稳压二极管 VZ_1 的稳定电压为 8V，VZ_2 的稳定电压为 6V，正向压降均为 0.7V，求各电路的输出电压 U_o。

6. 半导体二极管由一个 PN 结构成，三极管则由两个 PN 结构成，那么能否将两个二极管背靠背地连接在一起构成一个三极管？如不能，为什么？

7. 如果把三极管的集电极和发射极对调使用，三极管会损坏吗？为什么？

五、计算分析题（共 17 分）

1. 图 6-36 所示为三极管的输出特性曲线，试指出各区域名称并根据所给出的参数进行分析计算。（8 分）

（1）$U_{CE}=3V$，$I_B=60\ \mu A$，$I_C=?$

（2）$I_C=4mA$，$U_{CE}=4V$，$I_B=?$

（3）$U_{CE}=3V$，$I_B=40\sim60\mu A$，$\beta=?$

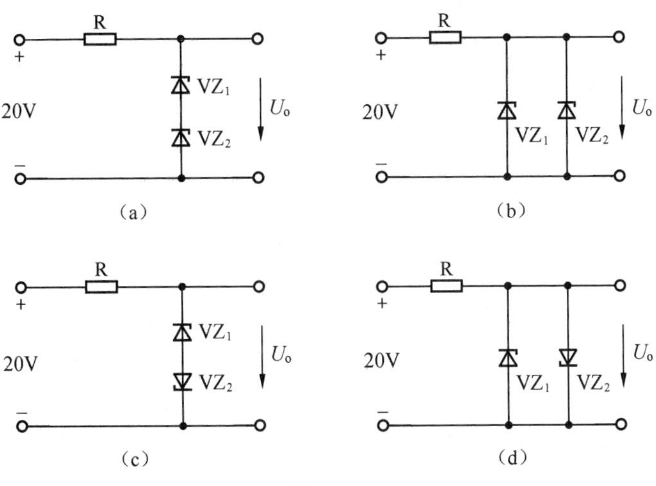

图 6-35

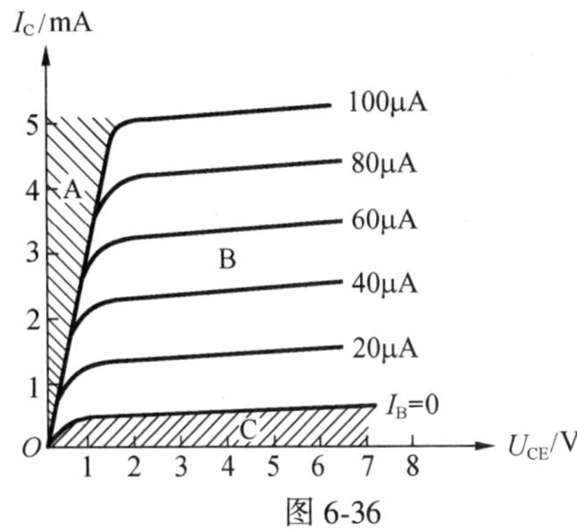

图 6-36

2. 已知 NPN 型三极管的输入、输出特性曲线如图 6-37所示，求：

（1）$U_{BE}=0.7V$，$U_{CE}=6V$，$I_C=?$

（2）$I_B=50\mu A$，$U_{CE}=5V$，$I_C=?$

（3）$U_{CE}=6V$，U_{BE}从 0.7V 变到 0.75V 时，求 I_B 和 I_C 的变化量，此时的β为多少？（9 分）

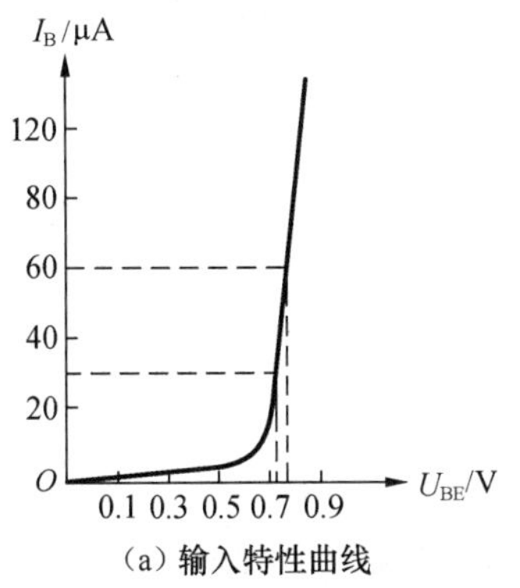

（a）输入特性曲线

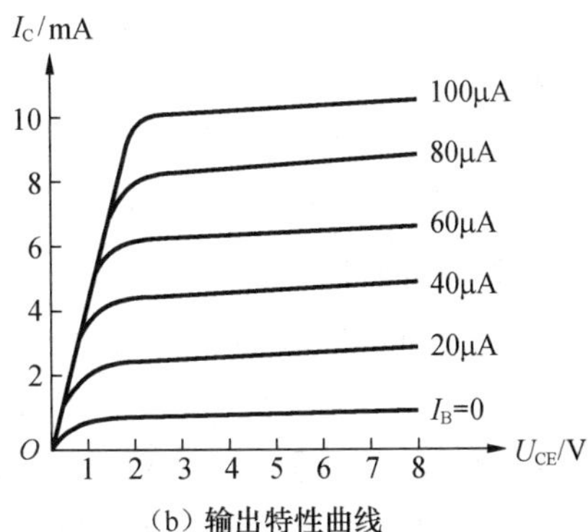

（b）输出特性曲线

图 6-37

第7章 基本放大电路

实际生活中，经常会把一些微弱的信号放大到便于测量和利用的程度，这就要用到放大电路。“放大”是模拟电子电路讨论的重点，“放大”的基础就是能量转换。

基本放大电路是构成各种复杂放大电路和线性集成电路的基本单元。无论是日常使用的收音机、电视机，还是精密的测量仪器或复杂的自动控制系统，其中都有各种各样的放大电路。在这些电子设备中，常常需要将天线接收到的或是从传感器得到的微弱电信号加以放大，以便推动扬声器或测量装置的执行机构工作。本章所介绍的基本放大电路是进一步学习电子技术的重要基础，必须予以高度重视。本书中双极型三极管简称三极管，单极型三极管简称场效应管，它们统称为晶体管。

目的和要求 了解基本放大电路的概念及结构组成；熟悉低频小信号放大电路、功率放大器的工作原理；掌握静态工作点的估算法；理解反馈对放大电路性能的影响。

7.1 基本放大电路的概念及工作原理

学习目标

了解放大电路的概念；熟悉基本单管共发射极放大电路的结构组成及各部分作用；理解单管共发射极放大电路的工作原理。

基本放大电路一般是指由一个三极管或场效应管组成的放大电路。放大电路的功能是利用晶体管的控制作用，把输入的微弱电信号不失真地放大到所需的数值，实现将直流电源的能量部分地转化为按输入信号规律变化且有较大能量的输出信号。放大电路的实质，是用较小的能量去控制较大能量的一种能量转换装置。

利用晶体管的以小控大作用，电子技术中以晶体管为核心元件可组成各种形式的放大电路。其中基本放大电路共有3种组态：共发射极放大电路（简称共射放大电路）、共集电极放大电路和共基极放大电路，如图7-1所示。

无论基本放大电路为何种组态，构成电路的主要目的是相同的：让输入的微弱小信号通过放大电路后，输出时其信号幅度显著增强。

1. 放大电路的组成原则

放大电路及其组成原则

需要理解的是，输入的微弱小信号通过放大电路，输出时幅度得到较大增强，并非来自晶体管的电流放大作用，其能量的提供来自放大电路中的直流电源。晶体管在放大电路中只是实现了对能量的控制，使之转换成信号能量，并传递给负载。因此，放大电路组成的原则首先是必须有直流电源，而且电源的设置应保证晶体管工作在线性放大状态；其次，放大电路中各元件的参数和安排上，要保证被传输信号能够从放大电路的输入端尽量不衰减地输入，在信号传输过程中能够不失真地放大；最后经放大电路输出端输出，并满足放大电路的性能指标要求。

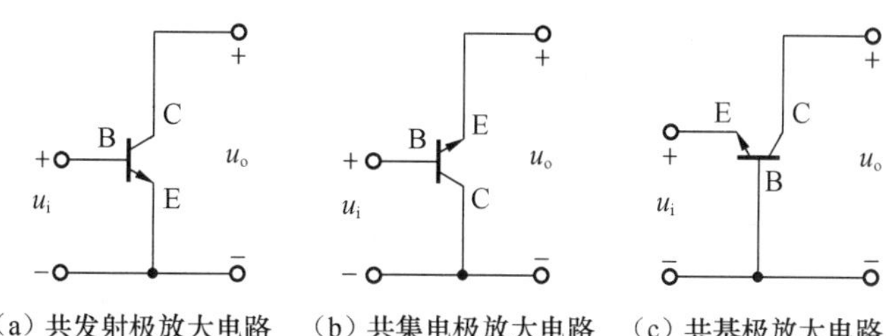

（a）共发射极放大电路　（b）共集电极放大电路　（c）共基极放大电路

图 7-1　基本放大电路的 3 种组态

综上所述，放大电路必须具备以下条件。

① 保证放大电路的核心元件晶体管工作在放大状态，即要求其发射结正向偏置，集电结反向偏置。

② 输入回路的设置应当使输入信号耦合到晶体管的输入电极，并形成变化的基极电流 i_B，进而产生晶体管的电流控制关系，变成集电极电流 i_C 的变化。

③ 输出回路的设置应当保证晶体管放大后的电流信号能够转换成负载需要的电压形式。

④ 信号通过放大电路时不允许出现失真。

2. 共射放大电路的组成及各部分作用

放大电路的组成及各部分的功能

图 7-2（a）所示为一个双电源的单管共发射极放大电路（简称共射放大电路）。但由于实际应用中通常采用单电源供电方式，所以实际单电源供电的单管共发射极放大电路如图 7-2（b）所示。

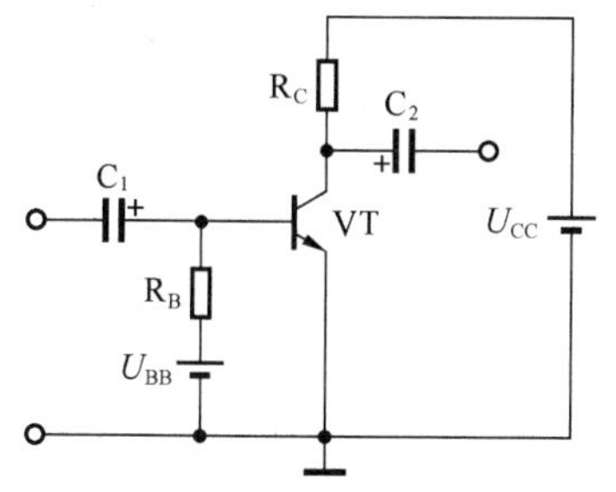

（a）双电源的单管共发射极放大电路　（b）单电源的单管共发射极放大电路

图 7-2　固定偏置电阻共发射极放大电路

固定偏置电阻共发射极放大电路中各个元器件的作用如下。

（1）晶体管 VT

晶体管是放大电路的核心元件。利用其基极小电流控制集电极较大电流的作用，使输入的微弱电信号通过直流电源 U_{CC} 提供的能量，获得一个能量较强的输出电信号。

（2）集电极电源 U_{CC}

U_{CC} 的作用有两个：一是为放大电路提供能量；二是保证晶体管的发射结正向偏置，集电结反向偏置。交流信号下的 U_{CC} 呈交流接地状态，U_{CC} 的数值一般为几伏至几十伏。

（3）集电极电阻 R_C

R_C 的数值一般为几千欧至几十千欧。其作用是将集电极的电流变化转换成集电极的电压变化，以实现电压放大。

（4）固定偏置电阻 R_B

R_B的数值一般为几十千欧至几百千欧。主要作用是保证发射结正向偏置，并提供一定的基极电流 i_B，使放大电路获得一个合适的静态工作点。

（5）耦合电容 C_1 和 C_2

C_1 和 C_2 在电路中的作用是通交流隔直流。电容器的容抗 X_C 与频率 f 成反比关系，因此在直流情况下，电容相当于开路，使放大电路与信号源之间可靠隔离；在电容量足够大的情况下，耦合电容对规定频率范围内的交流输入信号呈现的容抗极小，可近似视为短路，从而让交流信号无衰减地通过。实际应用中 C_1 和 C_2 均选择电容量较大、体积较小的电解电容器，电容量一般为几微法至几十微法。放大电路连接电解电容器时，必须注意极性的正确性：电容正极一定要接在靠近直流通路的一边，不能接错。

放大电路中的公共端用“⊥”号标出，作为电路的参考点。电源 U_{CC} 也可改用 $+V_{CC}$ 表示电源正极的电位，这也是电子电路的习惯画法。

放大电路的放大原理

3. 共射放大电路的工作原理

以图 7-3 所示的固定偏置电阻的单管共射电压放大器为例说明放大电路的工作原理。

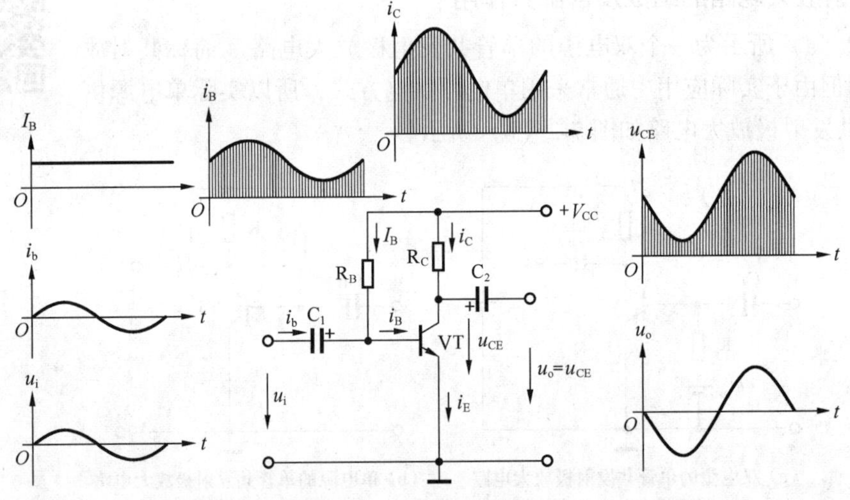

图 7-3　固定偏置电阻的单管共射电压放大器的工作原理

晶体管交流放大电路内部实际上是一个交流、直流共存的电路。电路中各电压和电流的直流分量及其注脚均采用大写英文字母表示；交流分量及其注脚均采用小写英文字母表示；而总量用英文小写字母，其注脚采用大写英文字母。如基极电流的直流分量用 I_B 表示，交流分量用 i_b 表示，总量用 i_B 表示。

在直流电源 $+V_{CC}$ 和交流信号源 u_i 的共同作用下，电路中既有直流，也有交流。信号源电压 u_i 通过电容 C_1 加到晶体管的基极，从而引起基极电流 i_B 的相应变化，i_B 的变化使集电极电流 i_C 随之变化，i_C 的变化量在集电极电阻 R_C 上产生压降。集射极之间电压 $u_{CE}=V_{CC}-i_CR_C$。当 i_C 增大时，u_{CE} 就减小，所以 u_{CE} 的变化正好与 i_C 相反。u_{CE} 中的直流分量被电容 C_2 滤掉，交变分量经 C_2 耦合传送到输出端，成为输出电压 u_o。若电路中各元件的参数选取适当，u_o 的幅度将比 u_i 幅度大很多，即小信号 u_i 被放大了，这就是放大电路的工作原理。

由图 7-3 可知，电路在对输入信号放大的过程中，无论是输入信号电流、放大后的集电极电流还是晶体管的输出电压，都是加载在放大电路内部产生的直流量上通过的，最后经过耦合电容 C_2，滤掉了直流量，从输出端提取的只是放大后的交流信号。因此，在分析放大电路时，可以采用将交、直流信号分开的办法，单独对直流通路和交流通路的情况进行分析讨论。

检验学习结果

1. 放大电路的基本概念是什么？放大电路中能量的控制与转换关系如何？
2. 基本放大电路组成的原则是什么？试以共射组态基本放大电路为例加以说明。
3. 说明共发射极电压放大器中输入电压与输出电压的相位关系如何。
4. 放大电路中对电压、电流符号是如何规定的？
5. 如果共发射极电压放大器中没有集电极电阻 R_C，会得到电压放大吗？

技能训练

1. 函数信号发生器简介

信号发生器面板及使用介绍

函数信号发生器产品类型很多，各实验室所使用的型号也各不相同。函数信号发生器是电子线路的常用仪器。

不论什么型号的函数信号发生器，通常都能产生正弦波、方波、三角波、脉冲波和锯齿波 5 种不同的波形信号。

函数信号发生器产生的信号频率一般都能在 0.2Hz～1MHz 甚至更高频率的范围内任意调节，型号不同的函数信号发生器频率调节的方法各不相同，应根据各实验室购买产品的说明书进行频率调节。

函数信号发生器输出信号的幅度通常在 10mV（P-P）～10V（P-P，50Ω），20mV（P-P）～20V（P-P，1MΩ，峰峰值）的范围内可调，一般可以用电子毫伏表连接函数信号发生器的输出数据端子进行测量和调节，电子毫伏表测量数据为信号的有效值。

毫伏表面板及使用介绍

总之，函数信号发生器可为电子实验电路提供一个一定波形、一定频率和一定幅度的输入信号。

2. 电子毫伏表简介

如图 7-4 所示的电子毫伏表是一种用于测量频率范围较宽广的电子线路电压有效值的仪器，具有输入阻抗高、灵敏度高和测量频率宽等优点，也是电子线路测量中的常用仪器。

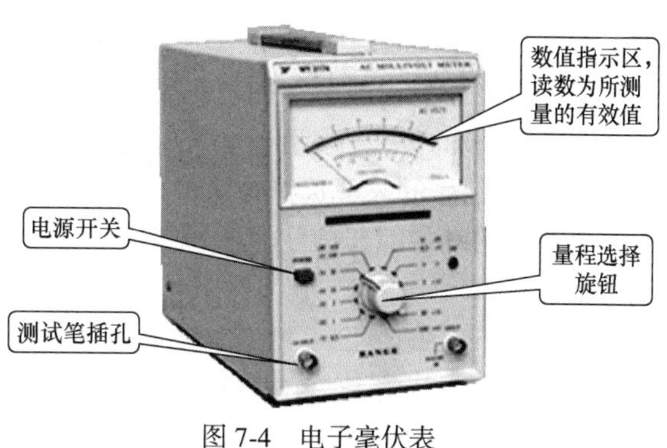

图 7-4　电子毫伏表

电子线路测量技术中之所以使用电子毫伏表而不使用普通电压表，是因为普通电压表只能测量工频交流电，而对于电子线路频率范围很宽的电压有效值测量时会出现很大的误差，即普通电压表受频率影响。而电子毫伏表则对频率宽广的电子线路电压有效值测量时，不受其影响。

电子毫伏表的频率响应通常在10Hz~1MHz；测量范围在3mV~300V；精度通常可达到±3%。

示波器的使用

3. 双踪示波器

双踪示波器是一种带宽可达20MHz的便携式常用电子仪器，其产品外形如图7-5所示。

双踪示波器不能产生信号，但是它能够对信号踪迹进行合理、准确的显示。双踪示波器可以同时显示实验电路中的输入、输出两个信号的波形，通过周期挡位合理选择信号显示的宽度；通过幅度挡位的选择可以合理显示信号的高度，并且从挡位选择上正确读出信号的周期和幅度。

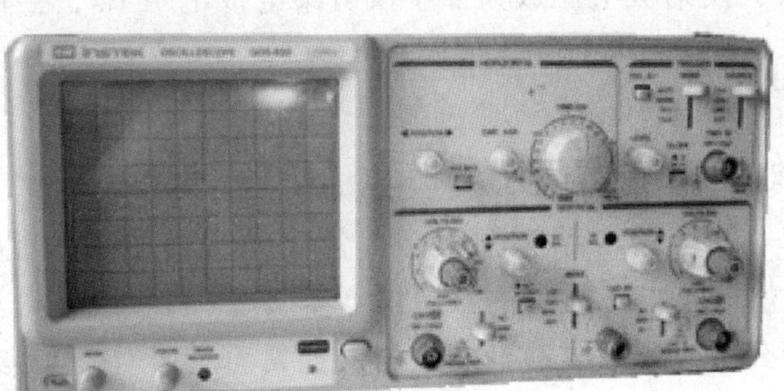

图7-5 双踪示波器产品图

4. 常用电子仪器的使用方法及步骤

① 认识实验台的布置及函数信号发生器、双踪示波器、电子毫伏表等常用电子仪器，熟悉其面板布置。

② 将函数信号发生器与电源连通。根据产品说明书按实验要求调出一定波形、一定频率、一定幅度的信号波。

③ 把电子毫伏表与电源相连接。选择合适的挡位，对函数信号发生器产生的信号波进行测量，直到调节函数信号发生器，使信号幅度满足实验要求的信号有效值为止。

④ 将双踪示波器与实验台电源相接通，把双踪示波器探针与示波器内置电源引出端相连，观察屏幕上内置电源的波形（方波），屏幕上横向方格指示的为波形的周期，内置电源周期为1ms；屏幕上纵向方格指示的为内置电源电压的幅度值，内置电源的峰峰值为2V。如屏幕上方波的波形显示与内置电源的相等，则表示双踪示波器可以正常测试使用。如显示值与实际值有差别，应请指导教师帮助查找原因。

⑤ 按照信号的频率选择合适的周期挡位，按照信号的有效值选择合适的幅度挡位，让双踪示波器的某一踪与信号接通，观察双踪示波器中显示的信号踪迹，并根据挡位读出信号的周期和幅度。

⑥ 调节函数信号发生器产生波形的输出频率时，应以频率显示数码管的显示数值为基本依据，分别调节出表7-1中要求的频率值。

⑦ 分析实验数据的合理性，可以让指导教师审阅，合格后实验结束，断开电源，拆卸连接导线，设备复位。

5. 思考题

① 电子实验中为什么要用电子毫伏表来测量电子线路中的电压？为什么不能用万用表的电压挡或交流电压表来测量？

② 用双踪示波器观察波形时，要满足下列要求，应调节哪些旋钮？移动波形位置，改变周期格数，改变显示幅度，测量直流电压。

6. 记录数据

常用电子仪器使用的测量数据见表 7-1。

表 7-1　　常用电子仪器使用的测量数据

电子毫伏表读出的电压	0.4V	2.0V	100mV
函数信号发生器产生的信号频率	500Hz	1000Hz	1500Hz
示波器“VOLT/div”挡位值×峰峰波形格数			
峰峰值电压 $U_{P\text{-}P}$ 读数/V			
根据双踪示波器显示计算出的波形有效值 /V			
示波器（T/div）挡位值×周期格数			
信号周期 T 值/ms			
信号频率（$f=1/T$）/Hz			

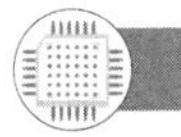

7.2　基本放大电路的静态分析

了解影响静态工作点稳定的因素；熟悉放大电路静态分析的图解法；掌握放大电路静态分析的估算法。

1. 放大电路静态分析的估算法

固定偏置的共射放大电路静态分析

静态分析指输入信号 $u_i=0$ 时放大电路中各电压、电流的情况。

由于静态下电路中各处的电压、电流都是不变的直流量，因此，电容 C_1、C_2 相当于开路，其等效的直流通路如图 7-6 所示。

静态下，晶体管各电极的电流和各电极间的电压分别用 I_{BQ}、I_{CQ}、U_{BEQ} 和 U_{CEQ} 表示，这些数据在描述放大电路特性的曲线中所对应的点称为静态工作点，用“Q”表示。

由图 7-6 可求出固定偏置电阻共发射极放大电路的静态工作点 Q 的参数为

$$I_{BQ}=\frac{V_{CC}-U_{BEQ}}{R_B},\quad I_{CQ}=\beta I_{BQ},\quad U_{CEQ}=V_{CC}-I_{CQ}R_C \qquad (7\text{-}1)$$

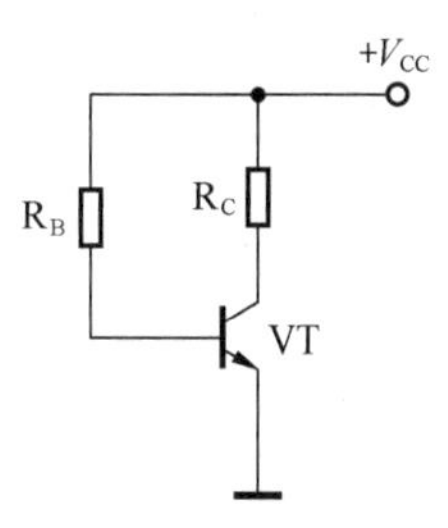

图 7-6　固定偏置电阻的单管共发射极放大器电路的直流通路

【例 7.1】已知图 7-6 所示电路中 $V_{CC}=10V$，$R_B=250k\Omega$，$R_C=3k\Omega$，$\beta=50$，试求该放大电路的静态工作点 Q（已知图 7-6 中晶体管 VT 为硅管，静态工作点的 $U_{BEQ}=0.7V$）。

【解】画出电路静态时的直流通路，如图 7-6 所示。利用式（7-1）可求得

$$I_{BQ} = \frac{V_{CC} - U_{BEQ}}{R_B} = \frac{10 - 0.7}{250 \times 10^3} = 37.2(\mu A)$$

$$I_{CQ} = \beta I_{BQ} = 50 \times 37.2 \times 10^{-3} = 1.86(mA)$$

$$U_{CEQ} = V_{CC} - I_{CQ}R_C = 10 - 1.86 \times 3 = 4.42(V)$$

得静态工作点
$$Q = \begin{cases} I_{BQ} = 37.2\mu A \\ I_{CQ} = 1.86mA \\ U_{CEQ} = 4.42V \end{cases}$$

放大电路中为什么要设置静态工作点？

如果不设置静态工作点，当传输的信号是交变的正弦量时，信号中小于和等于晶体管死区电压的部分就不可能通过晶体管进行放大，由此会造成传输信号严重失真，如图 7-7 所示。为保证传输信号不失真地输入到放大器中得到放大，必须在放大电路中设置静态工作点。

2. 用图解法确定静态工作点

利用晶体管的输入、输出特性曲线求解静态工作点的方法，称为图解法。

设置静态工作点的必要性

图解法是分析非线性电路的一种基本方法，它能直观地分析和了解静态值的变化对放大电路的影响。图解法求解静态工作点的一般步骤如下。

① 按已选好的管子型号在手册中查找，或从晶体管图示仪上描绘出管子的输入、输出特性曲线。

② 画出直流负载线。在输出特性曲线上找出 $I_C=0$ 和 $U_{CE}=0$ 的两个特殊点，把这两点分别作为横轴和纵轴的截距，连接两点即可得到电路线性部分的直流负载线。

③ 由电路的直流负载线与晶体管输出特性两部分伏安特性的交点，可确定静态工作点 Q，如图 7-8 所示。

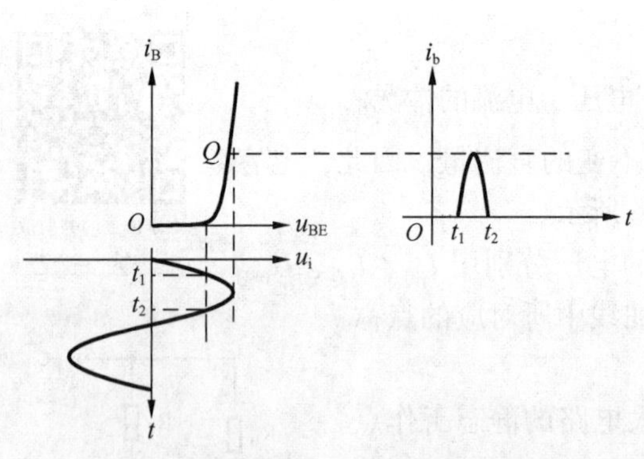

图 7-7　设置静态工作点的必要性分析

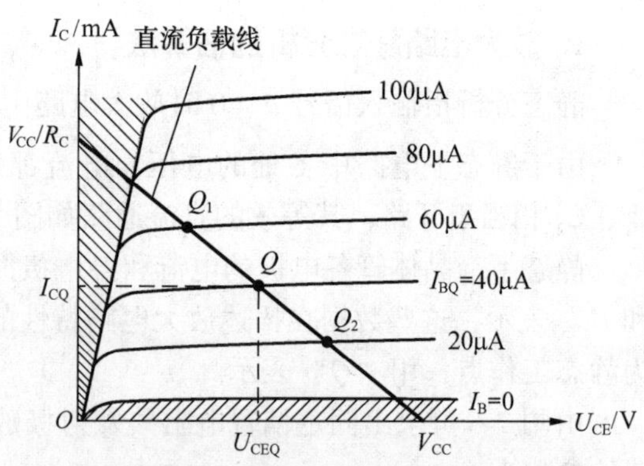

图 7-8　图解法确定静态工作点 Q

图解法具体求解步骤如下。

首先可从电子手册或晶体管图示仪中查出相应管子的输出特性曲线，绘制出来。在输出特性曲线上令 $I_C=0$，得出 $U_{CE}=V_{CC}-I_CR_C=V_{CC}$ 的一个特殊点；再令 $U_{CE}=0$，得出 $I_C=V_{CC}/R_C$ 的另一个特殊点，用直线将两点相连即得到直流负载线。

选择 $I_{BQ}=40\mu A$，则直流负载线与 $I_{BQ}=40\mu A$ 的交点 Q 就是静态工作点，Q 在横轴及纵

轴上的投影分别为 U_{CEQ} 和 I_{CQ}。

由图 7-8 可见，I_B 的大小直接影响静态工作点的位置。因此，在给定的 V_{CC} 和 R_C 不变的情况下，静态工作点合适与否取决于基极电流 I_B。

静态工作点的高低对放大电路的影响

当 I_B 比较大时（如 60μA），静态工作点由 Q 点沿直流负载线上移至 Q_1 点，显然 Q_1 点的位置距离饱和区较近，因此易使信号正半周进入到晶体管的饱和区而造成饱和失真。当 I_B 较小时（如 20μA），静态工作点由 Q 点沿直流负载线下移至 Q_2 点，由于 Q_2 点距离截止区较近，因此易使信号负半周进入晶体管的截止区而造成截止失真。

显然，设置的静态工作点不合适，就会发生传输过程中的饱和失真和截止失真，这将直接影响信号的传输和放大质量。另外，晶体管的输入特性曲线是非线性的，若不设置静态工作点，当信号输入时，基极电流将从曲线的原点处开始变化，受曲线弯曲部分的影响，基极电流波形将发生畸变而造成输出波形失真。为防止这种失真，必须设置一个静态工作点，预先供给一个静态基极电流。合适的静态工作点是放大电路保证传输质量的必要条件。**设置原则**：保证输入信号不失真地放大和输出。

分压式偏置共射放大电路的组成

除基极电流对静态工作点有影响外，影响静态工作点的因素还有电压波动、晶体管老化和温度变化等。其中温度变化对静态工作点的影响最大。当环境温度发生变化时，几乎所有的晶体管参数都要随之改变。这些改变都会引起晶体管集电极电流 I_C 的变化：温度升高时，晶体管内部的载流子运动加剧，I_C 增大，从而导致静态工作点位置沿直流负载线上移，造成放大电路的饱和失真，如图 7-9 中虚线所示。

上述分析说明固定偏置电阻的单管共发射极放大电路存在很大的缺点：当晶体管所处工作环境温度升高时，晶体管内部载流子运动加剧，温度 $T\uparrow \rightarrow Q\uparrow \rightarrow I_C\uparrow \rightarrow U_{CE}\downarrow \rightarrow V_C\downarrow$，若 $V_C < V_B$ 时，集电结也将正向偏置，电路发生饱和失真。

为保证信号传输过程中不受温度的影响，需要对固定偏置电阻的共发射极放大电路进行改造。实际应用中一般采用分压式偏置的共发射极放大电路，该电路可以通过反馈环节有效地抑制温度对静态工作点的影响。其电路如图 7-10 所示。

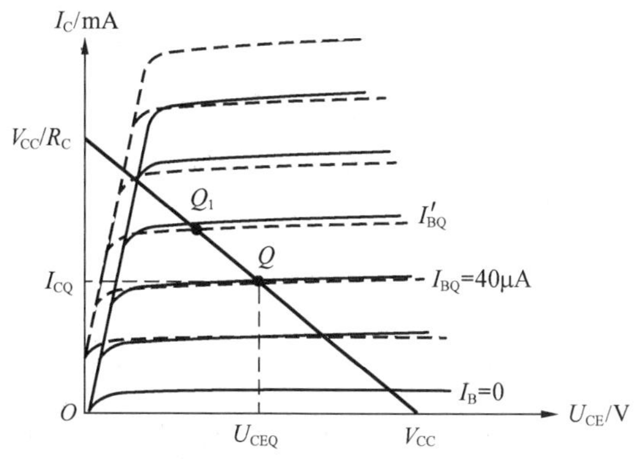

图 7-9　温度变化对静态工作点 Q 的影响

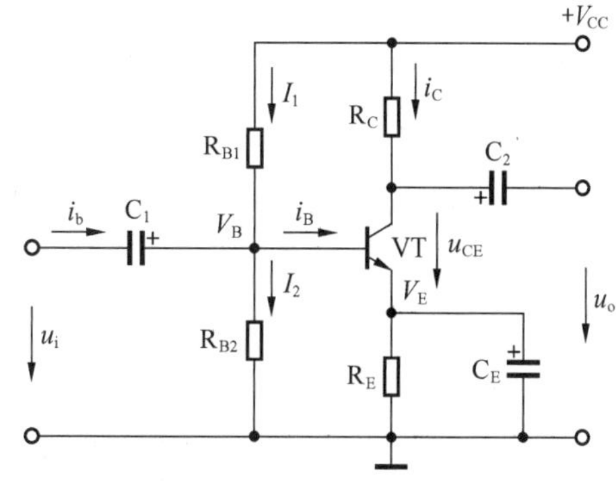

图 7-10　分压式偏置共发射极放大电路

这种分压式偏置的共发射极放大电路与固定偏置电阻的共发射极放大电路相比，基极由一个固定偏置电阻改接为两个分压式偏置电阻，这种设置需要满足 $I_1 \approx I_2$ 的小信号条件。

在满足 $I_1 \approx I_2 \gg I_B$ 的小信号条件下，当温度发生变化时，虽然也会引起 I_C 的变化，但对基极电位没有多大影响。实际模拟电子线路中，设计流过 R_{B1} 和 R_{B2} 支路的电流远大于基极电流 I_B，因此可近似把 R_{B1} 和 R_{B2} 视为串联，串联电阻可以分压，根据分压公式可确定基极电位为

$$V_B \approx \frac{V_{CC}}{R_{B1}+R_{B2}} R_{B2} \tag{7-2}$$

从电路结构来看，基极电位 V_B 与晶体管的参数无关。当温度发生变化时，只要 V_{CC}、R_{B1} 和 R_{B2} 固定不变，V_B 值就是确定的，不会受温度变化的影响。

分压式偏置共发射极放大电路中，在发射极上串入一个反馈电阻 R_E 和一个射极旁路电容 C_E 的并联组合，其目的就是稳定静态工作点。

以图 7-10 所示的分压式偏置共发射极放大电路为例进行分析。当集电极电流 I_C 随温度升高而增大时，发射极反馈电阻 R_E 上通过的电流 I_E 相应增大，从而使发射极对地电位 V_E 升高，因基极电位 V_B 基本不变，故 $U_{BE}=V_B-V_E$ 减小。从晶体管输入特性曲线可知，U_{BE} 的减小必然引起基极电流 I_B 的减小，根据晶体管的电流控制原理，集电极电流 I_C 也将随之下降，R_E 在电路中的调节过程可归纳为：当环境温度变化时，集电极电流 $I_C\uparrow$（或$\downarrow$）$\rightarrow I_E\uparrow$（或$\downarrow$）$\rightarrow V_E\uparrow$（或$\downarrow$）$\xrightarrow{V_B\text{不变}} U_{BE}\downarrow$（或$\uparrow$）$\rightarrow I_B\downarrow$（或$\uparrow$）$\rightarrow I_C\downarrow$（或$\uparrow$），静态工作点基本维持不变。显然，分压式偏置的共发射极放大电路具有温度变化时的自调节能力，从而可有效地抑制温度对静态工作点的影响。

射极反馈电阻 R_E 的阻值通常为几十欧至几千欧，它不但能够对直流信号产生负反馈作用，同时可对交流信号产生负反馈作用，从而造成电压增益下降过多。为了不使交流信号削弱，一般在 R_E 的两端并联一个几十微法的较大射极旁路电容 C_E。C_E 由于本身的隔直流作用对直流静态工作点不产生影响，相当于开路；由于其通交作用对交流放大信号视为短路。因此，对要放大的交流信号而言，R_E 被 C_E 短路，发射极可看成交流"接地"。

3. 分压式偏置的共发射极放大电路静态工作点的估算

估算法求解静态工作点

估算静态工作点时，一般硅管净输入电压 U_{BE} 取 0.7V，锗管净输入电压 U_{BE} 取 0.3V。分压式偏置的共发射极放大电路静态工作点的估算法如下。

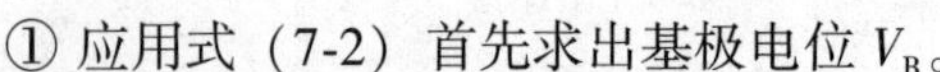

① 应用式（7-2）首先求出基极电位 V_B。

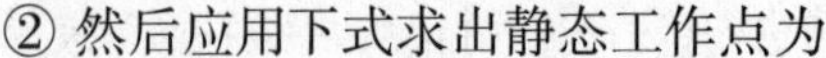

② 然后应用下式求出静态工作点为

$$\left.\begin{aligned} I_{CQ} &\approx I_{EQ} = \frac{V_B - U_{BE}}{R_E} \\ I_{BQ} &= \frac{I_{CQ}}{\beta} \\ U_{CEQ} &= V_{CC} - I_C(R_C + R_E) \end{aligned}\right\} \tag{7-3}$$

【例 7.2】估算图 7-10 所示电路的静态工作点。已知电路中各参数分别为：$V_{CC}=12\text{V}$，$R_{B1}=75\text{k}\Omega$，$R_{B2}=25\text{k}\Omega$，$R_C=2\text{k}\Omega$，$R_E=1\text{k}\Omega$，$\beta=57.5$。

【解】首先画出放大电路的直流通路，如图 7-11 所示。

由式（7-2）可求得基极电位为

$$V_B \approx \frac{V_{CC}}{R_{B1}+R_{B2}}R_{B2}=\frac{12}{75+25}\times 25=3(\mathrm{V})$$

由式（7-3）可求得静态工作点为

$$I_{CQ}\approx I_{EQ}=\frac{V_B-U_{BE}}{R_E}=\frac{3-0.7}{1}=2.3(\mathrm{mA})$$

$$I_{BQ}=\frac{I_{CQ}}{\beta}=\frac{2.3}{57.5}=0.04(\mathrm{mA})=40\mu\mathrm{A}$$

$$U_{CEQ}=V_{CC}-I_C(R_C+R_E)=V_{CC}-I_{CQ}(R_C+R_E)=12-2.3\times(2+1)=5.1(\mathrm{V})$$

由此得出静态工作点 $Q=\{40\mu\mathrm{A},\ 2.3\mathrm{mA},\ 5.1\mathrm{V}\}$。

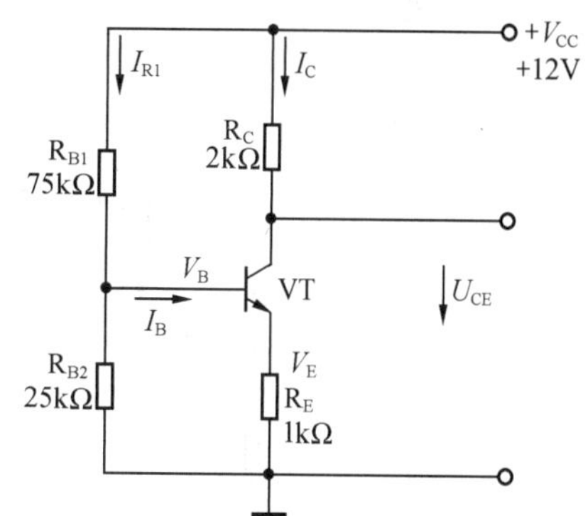

图 7-11　分压式偏置共发射极放大电路的直流通路

静态分析的图解法有助于加深对“放大”作用本质的理解，但直流通路的估算法比图解法简便，所以分析和计算静态工作点时常用估算法。

图解法求解静态工作点

检验学习结果

1. 影响静态工作点稳定的因素有哪些？其中哪个因素影响最大？如何防范？

2. 放大电路中为什么要设置静态工作点？静态工作点不稳定对放大电路有何影响？

3. 静态时，耦合电容 C_1、C_2 两端有无电压？若有，其电压极性和大小如何确定？

4. 放大电路的失真包括哪些？失真情况下，集电极电流的波形和输出电压的波形有何不同？消除这些失真一般采取什么措施？

5. 试述 R_E 和 C_E 在放大电路中所起的作用。

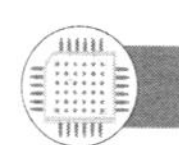

7.3　基本放大电路的动态分析

学习目标

了解动态分析的含义；熟悉动态分析的微变等效电路法；掌握动态情况下放大电路的输入、输出电阻及电压放大倍数的概念及其求解方法。

1. 共发射极放大电路的动态分析

放大电路加入交流输入信号的工作状态称为动态。动态时，电路中的电流和电压将在静态直流量的基础上叠加交流量。可以采用交流、直流分开的分析方法，即人为地把直流分量和交流分量分开后单独分析，然后再把它们叠加起来。

对放大电路进行动态分析，就是要求出放大电路对交流信号呈现的输入电阻 r_i、输出电阻 r_o 和交流电压放大倍数 A_u；动态分析的对象是放大电路中各电压、电流的交流分量；动态分析的目的是找出输入电阻 r_i、输出电阻 r_o、交流电压放大倍数 A_u 与放大电路参数间的关系。

动态的概念及交流通道

对放大电路进行动态分析时，一般不考虑直流量，研究的对象往往仅限于交流量，这时我们就可以将图 7-10 所示电路中的直流电压源 V_{CC} 视为交流“接地”，耦合电容都视为短路，电容的位置均用短接线替代，即可获得图 7-12 所示的分压式偏置共发射极放大电路的交流通道。

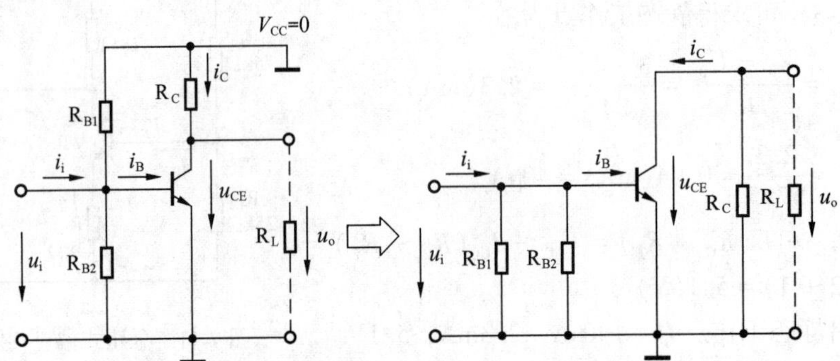

图 7-12　分压式偏置共发射极放大电路的交流通道

动态分析通常采用微变等效电路法进行。

2. 微变等效电路法

微变等效电路法的思想是：当信号变化的范围很小时，可认为晶体管电压、电流变化量之间的关系是线性的。根据微变等效电路法的思想，我们就可以把含有非线性元件晶体管的放大电路转换为我们熟悉的线性电路。也就是在满足小信号条件下，将晶体管线性化，把放大电路等效为一个近似的线性电路。这样就可以利用前面所学的电路分析方法求解出放大电路对交流信号呈现的输入电阻 r_i、输出电阻 r_o 和交流电压放大倍数 A_u 了。

分压式偏置共发射极放大电路的微变等效电路如图 7-13所示。

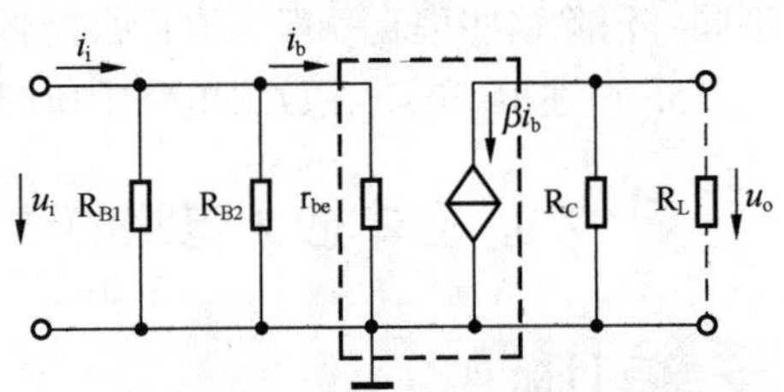

图 7-13　分压式偏置共发射极放大电路的微变等效电路

微变等效电路中虚线框包围部分是晶体管的微变等效电路。其中电阻 r_{be} 为晶体管对交流信号电流 i_b 所呈现的动态电阻。在微弱小信号情况下，r_{be} 可视为一个常数。晶体管的动态等效电阻 r_{be} 的阻值与静态工作点 Q 的位置有关。对低频小功率晶体管而言，r_{be} 常用下式估算

$$r_{be} = 300\Omega + (\beta + 1)\frac{26\text{mV}}{I_E(\text{mA})} \tag{7-4}$$

由于晶体管的输出电流 i_C 是受基极小电流 i_b 控制的，且具有恒流特性，因此可用一个电流控制的电流源在图中表示。为区别于电路中的独立源，受控源的图形符号不是圆形而是菱形，其电流值等于集电极电流 $i_c = \beta i_b$。

(1) 放大电路输入电阻 r_i 的计算

放大电路的输入电阻 r_i 用来衡量放大电路对输入信号源的影响。它可表示为输入电压与输入电流之比，即

$$r_i = \frac{u_i}{i_i} = R_{B1} \mathbin{/\!/} R_{B2} \mathbin{/\!/} r_{be} \tag{7-5}$$

对需要传输和放大的信号源来说，放大电路相当于一个负载，负载电阻就是放大电路

的输入电阻。输入电阻 r_i 的大小决定了放大器向信号源取用电流的大小。需要放大的信号总是相对比较微弱的信号，而且信号源总是存在一定的内阻。所以我们希望放大电路的输入电阻 r_i 尽量大些，这样从信号源取用的电流就会小一些，以免造成输入信号电压的衰减。由式（7-5）可看出，尽管两个基极分压电阻的数值较大，但由于晶体管输入等效动态电阻 r_{be}一般较小，仅为几百欧至几千欧，且 $R_{B1}/\!/R_{B2} \gg r_{be}$，所以共发射极放大电路的输入电阻 $r_i \approx r_{be}$，显然不够大。

注意：放大电路的输入电阻 r_i 虽然在数值上近似等于晶体管的输入电阻 r_{be}，但它们具有不同的物理意义，概念上不能混淆。

（2）放大电路输出电阻 r_o 的计算

放大电路的输出电阻 r_o，对负载或对后级放大电路来说，是一个信号源，信号源的内阻即为放大电路的输出电阻。输出电阻是用来衡量放大电路带负载能力的参数。由图 7-13 所示的微变等效电路，我们可直接观察到共发射极电压放大器电路的输出电阻为

$$r_o = R_C \tag{7-6}$$

一般情况下，我们希望放大器的输出电阻尽量小一些，以便向负载输出电流后，输出电压没有很大的衰减。而且放大器的输出电阻 r_o 越小，负载电阻 R_L值的变化对输出电压的影响就越小，使得放大器带负载能力越强。

（3）放大电路电压放大倍数 A_u 的计算

共发射极电压放大电路的主要任务是对输入的小信号进行电压放大，因此电压放大倍数 A_u 是衡量放大电路性能的主要指标。在放大电路的实验中，我们可把 A_u 定义为输出电压的幅值与输入电压的幅值之比。对图 7-13 所示微变等效电路，假设负载电阻 R_L开路，应用线性电路的分析方法求得电压放大倍数为

$$A_u = \frac{u_o}{u_i} = \frac{-\beta i_b R_C}{i_b r_i} \approx \frac{-\beta i_b R_C}{i_b r_{be}} = -\beta \frac{R_C}{r_{be}} \tag{7-7}$$

显然，共发射极放大电路的电压放大倍数与晶体管的电流放大倍数 β、动态电阻 r_{be}及集电极电阻 R_C有关。由于晶体管的电流放大倍数 β 远大于 1，且集电极电阻 R_C远大于 r_{be}，因此，共发射极电压放大器具有很强的信号放大能力。式（7-7）中负号反映了共发射极电压放大器的输出与输入在相位上是反相的关系。当共发射极放大电路输出端带上负载 R_L后，电路的电压放大倍数变为

$$A'_u \approx \frac{-\beta i_b R_C /\!/ R_L}{i_b r_{be}} = -\beta \frac{R'_C}{r_{be}} \tag{7-8}$$

式（7-8）说明，放大电路带上负载后，电路的电压放大能力下降。若 r_{be}和 R'_C一定，则A'_u与 β 成正比。

【例 7.3】 试求例 7.2 所示电路中的电压放大倍数 A_u、输入电阻 r_i 和输出电阻 r_o。若接负载 $R_L = 3k\Omega$，电压放大倍数 A'_u为多少？

【解】 由例 7.2 可知：$I_E = I_{EQ} = 2.3$ mA，所以

$$r_{be} = 300 + (\beta + 1)\frac{26}{I_E}$$

$$= 300 + (57.5 + 1) \times \frac{26}{2.3} \approx 961(\Omega)$$

电路的输入电阻 $r_i \approx r_{be} = 961\Omega$

电路的输出电阻 $r_o = R_C = 2k\Omega$

电路的电压放大倍数：

$$A_u = -\beta \frac{R_C}{r_{be}} = -57.5 \times \frac{2}{0.961} \approx -120$$

当接上负载电阻 $R_L = 3k\Omega$ 时，电压放大倍数 A'_u 为

$$A'_u = -\beta \times \frac{R_C /\!/ R_L}{r_{be}} = -57.5 \times \frac{2 /\!/ 3}{0.961} \approx -71.8$$

此例说明，共发射极电压放大器带上负载 R_L 后，其电压放大能力减小。

(4) 共发射极电压放大器电路的特点

① 电路的输入电阻 r_i 近似等于晶体管的动态等效电阻 r_{be}，数值比较小。

② 输出电阻 r_o 等于放大电路的集电极电阻 R_C，数值比较大。

③ 共发射极电压放大器电路的 A_u 较大，具有很强的信号放大能力。

由于共发射极放大电路具有较高的电流放大能力和电压放大倍数，通常多用于放大电路的中间级；在对输入电阻、输出电阻和频率响应没有特殊要求的场合，也可应用于低频电压放大的输入级和输出级。

检验学习结果

1. 如图 7-14 所示的各电路，分析其中哪些具有放大交流信号的能力？为什么？

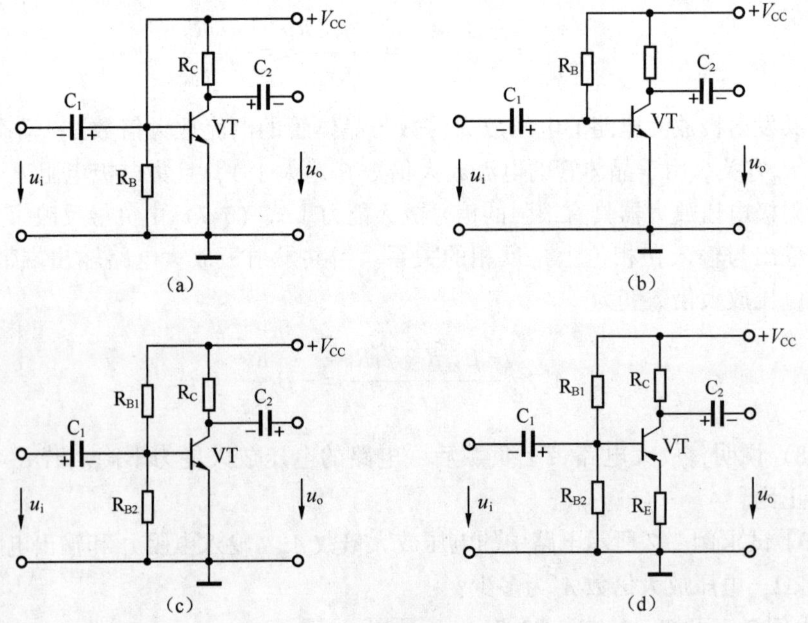

图 7-14　检验题 1 电路图

2. 电压放大倍数的概念是什么？电压放大倍数是如何定义的？共发射极放大电路的电

压放大倍数与哪些参数有关?

3. 试述放大电路输入电阻的概念。为什么总是希望放大电路的输入电阻 r_i 尽量大一些?

4. 试述放大电路输出电阻的概念。为什么总是希望放大电路的输出电阻 r_o 尽量小一些?

5. 何谓放大电路的动态分析?动态分析的步骤如何?简述微变等效电路法的思想。

技能训练

分压式偏置共发射极放大电路静态工作点的调试。

1. 实训目的

了解和初步掌握分压式偏置共发射极放大电路静态工作点的调整方法;学习根据测量数据计算电压放大倍数、输入电阻和输出电阻的方法。观察静态工作点的变化对电压放大倍数和输出波形的影响。进一步掌握双踪示波器、函数信号发生器、电子毫伏表的使用方法。

2. 实训仪器设备

① 模拟电子实验台一套。

② 双踪示波器一台。

③ 函数信号发生器一台。

④ 电子毫伏表、万用表各一台。

⑤ 其他相关设备及导线若干。

3. 实验电路原理图

图 7-15 所示为分压式偏置共发射极放大实验电路图。

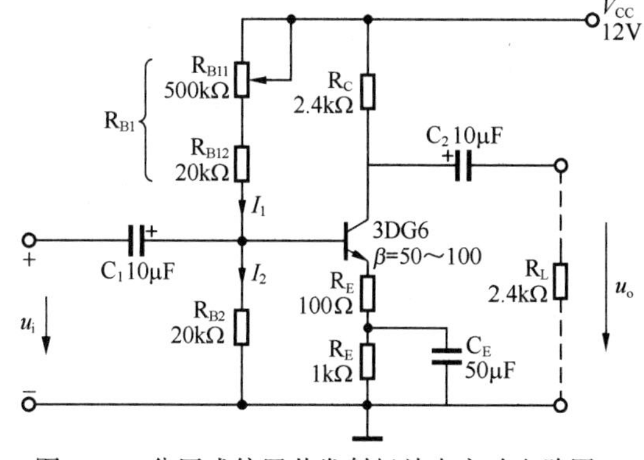

图 7-15　分压式偏置共发射极放大实验电路图

4. 实验电路相关原理

① 为了获得最大不失真输出电压,静态工作点应选在交流负载线的中点。为使静态工作点稳定,必须满足小信号条件。

② 静态工作点可由下列关系式计算

$$U_{BQ}=\frac{R_{B2}}{R_{B1}+R_{B2}}V_{CC},\qquad I_{CQ}\approx I_{EQ}=\frac{U_{BQ}-U_{BEQ}}{R_E+R_E},$$

$$U_{CEQ}=V_{CC}-I_{CQ}(R_E+R_E+R_C)$$

③ 电压放大倍数、输入电阻、输出电阻为

$$A_u=\frac{u_o}{u_i}=-\frac{|U_{o(P\text{-}P)}|}{|U_{i(P\text{-}P)}|}$$

式中负号表示输入、输出信号的相位相反;式中的输入、输出电压峰峰值根据示波器上的波形读出。

$$r_i=R_{B1}\,/\!/\,R_{B2}\,/\!/\,r_{be}\approx r_{be}$$

$$r_{be}=300\Omega+(1+\beta)\frac{26\text{mA}}{I_{EQ}(\text{mA})}(\text{选择}\,\beta=60)$$

$$r_o=R_C$$

5. 实验步骤

① 调节函数信号发生器，产生一个输出为 $u_i = 80\text{mV}$、$f = 1000\text{Hz}$ 的正弦波，将此正弦信号引入共发射极放大电路输入端。

② 把示波器 CH1 探头与电路输入端相连，电路与示波器共“地”，均连接在实验电路的“地”端。

③ 调节电子实验装置上的直流电源，使之产生 12V 直流电压输出，引入到实验电路的 $+V_{CC}$ 端子上。

④ 实验电路的输出端子与示波器 CH2 探头相连。用数字电压表的直流电压挡 20V，红表笔与实验电路中的 V_B 处相接，黑表笔与“地”接触，测量 V_B 值。

⑤ 调节 R_{B11}，观察示波器屏幕中的输入、输出波形，若静态工作点选择合适，本实验电路中 V_B 的数值通常在 3~4V。把读出的数据和输入、输出信号波形填写在表 7-2 中。

⑥ 从双踪示波器中读出输入、输出信号的 P-P（峰-峰）值，由输入信号、输出信号的 P-P 值的比值算出放大电路的电压放大倍数 A_u。由电路参数计算出放大电路的输入电阻、输出电阻。

⑦ 调节 R_{B11}，观察静态工作点的变化对放大电路输出波形的影响。

a. 逆时针旋转 R_{B11}，观察示波器上输出波形的变化，当波形失真时，观察波形的削顶情况，记录在表 7-2 中。

b. 顺时针旋转 R_{B11}，观察示波器上输出波形的变化，当波形失真时，观察波形的削顶情况，仍记录在表 7-2 中。

⑧ 根据观察到的两种失真情况，正确判断出哪种为截止失真，哪种是饱和失真。

6. 思考题

① 电路中 C_1、C_2 的作用是什么？

② 静态工作点偏高或偏低时对电路中的电压放大倍数有无影响？

③ 饱和失真和截止失真是怎样产生的？如果输出波形既出现饱和失真又出现截止失真是否说明静态工作点设置不合理？为什么？

实验原始数据记录见表 7-2。

表 7-2　分压式偏置共发射极放大电路的测量数据

测量值	V_B/V	$U_{o(P-P)}$/V	$U_{i(P-P)}$/V	输入波形	输出波形
R_{B11} 合适					
R_{B11} 减小					
R_{B11} 增大					
测量估算值	A_u	r_i	r_o		
R_{B11} 合适					

7.4 共集电极放大电路

了解共集电极放大电路的组成及工作原理；熟悉共集电极放大电路的分析方法和电路特点。

1. 电路的组成

利用 $i_b = \frac{i_e}{1+\beta}$ 的关系，把输入信号由晶体管的基极输入，而把负载电阻接在发射极上，即可构成图 7-16 所示的共集电极放大电路。

观察图 7-16 可知，对交流信号而言，直流电源 $V_{CC}=0$，集电极相当于"接地"端。显然，"地端"集电极是输入回路与输出回路的公共端，因此称之为共集电极电压放大器。由电路图还可看出，电路的输出取自发射极，因此电路又称为**射极输出器**。

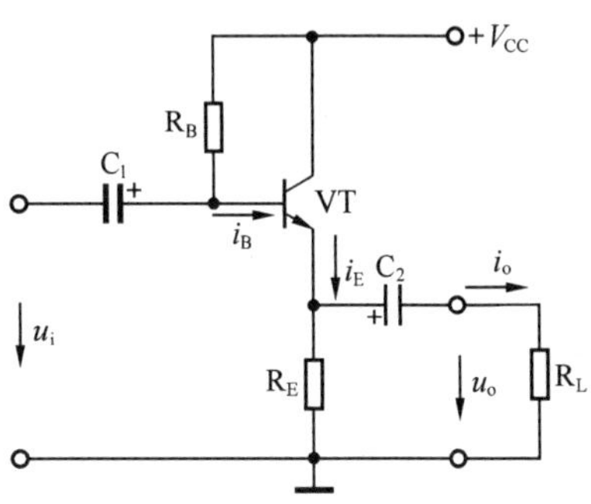

图 7-16　共集电极放大电路

2. 静态工作点

在没有交流信号输入的情况下，可画出射极输出器的直流通路，如图 7-17 所示。

由图 7-17 可得

$$V_{CC} = I_B R_B + U_{BE} + (1+\beta) I_B R_E$$

所以静态工作点的基极电流 I_{BQ} 为

$$I_{BQ} = \frac{V_{CC} - U_{BE}}{R_B + (1+\beta)R_E} \approx \frac{V_{CC}}{R_B + (1+\beta)R_E} \tag{7-9}$$

集电极电流为

$$I_{CQ} = \beta I_{BQ} \approx I_{EQ} \tag{7-10}$$

晶体管输出电压为

$$U_{CEQ} = V_{CC} - I_{EQ}R_E \approx V_{CC} - I_{CQ}R_E \tag{7-11}$$

3. 动态分析

（1）电压放大倍数 A_u

当电路输入端加有微弱小信号交流电压 u_i 时，对电路进行的分析称为动态分析。只有动态量的情况下，可将直流电源 V_{CC} 及电路中的耦合电容 C_1、C_2 均按短路处理。这样就可画出图 7-18 所示的射极输出器的交流微变等效电路。其中电压放大倍数为

$$A'_u = \frac{(1+\beta)R'_L}{r_{be} + (1+\beta)R'_L} \approx \frac{\beta R'_L}{r_{be} + \beta R'_L} < 1 \tag{7-12}$$

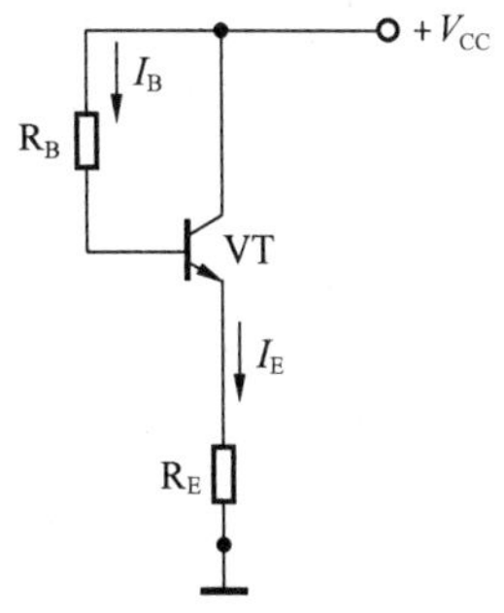

图 7-17　射极输出器的直流通路

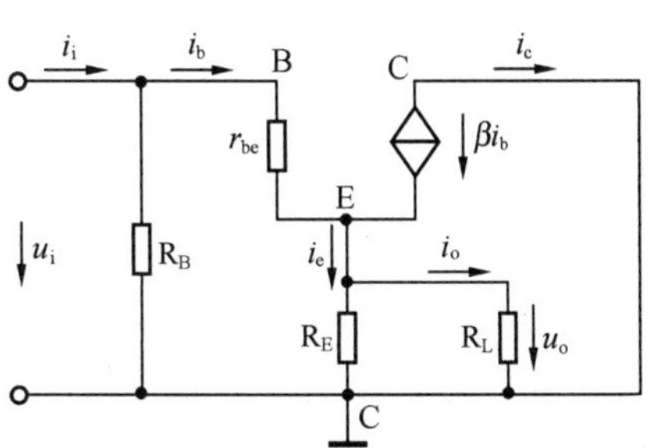

图 7-18　射极输出器的交流微变等效电路

如不接负载电阻 R_L 时

$$A_u=\frac{(1+\beta)R_E}{r_{be}+(1+\beta)R_E}\approx\frac{\beta R_E}{r_{be}+\beta R_E} \tag{7-13}$$

通常 $\beta R_L'$（或 βR_E）$\gg r_{be}$，故 A_u 小于1但近似等于1，即 u_o 近似等于 u_i。电路没有电压放大作用。但因 $i_e=(1+\beta)i_b$，所以电路中仍有电流放大和功率放大作用。此外，因输出电压跟随输入电压变化而变化（同相位），所以共集电极放大电路又称为射极跟随器。

（2）输入电阻 r_i

射极输出器的输入电阻在不接入负载电阻 R_L 的情况下

$$r_i=R_B\ /\!/\ [r_{be}+(1+\beta)R_E]\approx R_B\ /\!/\ (1+\beta)R_E \tag{7-14}$$

若接上负载电阻 R_L，则 $R_L'=R_E/\!/R_L$，电路输入电阻为

$$r_i'=R_B\ /\!/\ [r_{be}+(1+\beta)R_L'] \tag{7-15}$$

可见，射极输出器的输入电阻要比共发射极放大电路的输入电阻大得多，通常可高达几十千欧至几百千欧。

（3）输出电阻 r_o

射极输出器由于输出电压与输入电压近似相等，当输入信号电压的大小一定时，输出信号电压的大小也基本上一定，与输出端所接负载的大小基本无关，即具有恒压输出特性，输出电阻很低，其大小约为

$$r_o\approx\frac{r_{be}}{\beta} \tag{7-16}$$

射极输出器的输出电阻数值一般为几十欧到几百欧，比共发射极放大电路的输出电阻低得多。

4. 电路特点和应用实例

综上所述，共集电极放大电路的特点是：电压放大倍数小于1但近似等于1，输出电压与输入电压同相位，输入电阻高、输出电阻低。虽然共集电极放大电路的电压放大倍数小于1，但是它的输入电阻高，当信号源（或前级）提供给放大电路同样大小的信号电压时，由于较高的输入电阻，使所需提供的电流减小，从而减轻了信号源的负载。射极输出器常用在多级放大电路的输出端，这是因为它具有输出电阻很低的特点，低输出电阻可以减小负载变动对输出电压的影响，使输出电压基本保持不变，由此增强了放大电路的带负载能力。另外，射极输出器可用作阻抗变换器。其输入电阻高，对前级放大电路影响小，输出电阻低，从而有利于与后级输入电阻较小的共发射极放大电路相配合，以达到阻抗匹配。此外，还可把射极输出器用作隔离级，以减少后级对前级电路的影响。

图7-19所示为一个最简单的串联型晶体管稳压电源电路，图中虚线框内为稳压电路。220V交流电压经变压器变换成所需要的交流电压，然后经桥式整流和电容滤波后，输出电压 U_i 加到稳压电路的输入端。晶体管接成射极输出电路，负载 R_L 接到晶体管的发射极。稳压二极管VZ和电阻 R_1 组成基极稳压电路，使晶体管的基极电位稳定为 U_Z。晶体管的发射结电压为

$$U_{BE}=U_Z-U_o$$

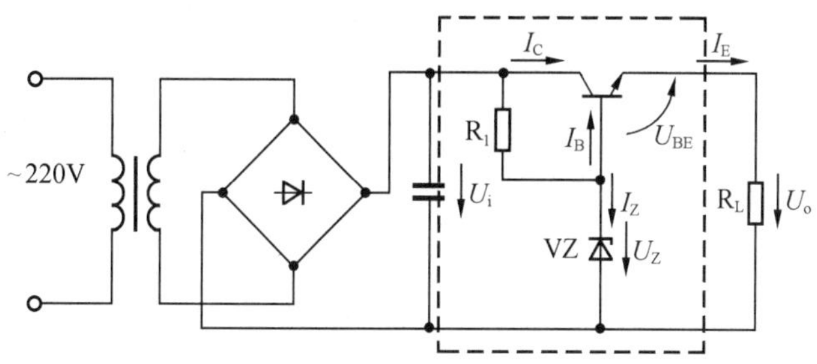

图 7-19　串联型晶体管稳压电源电路

电路的稳压原理是：假如由于某种原因使输出电压 U_o 降低，因 $V_B = U_Z$不变，故 U_{BE}增加，使 I_B和 I_C均增加，U_{CE}减小，从而使输出电压 $U_o = U_i - U_{CE}$回升，维持基本不变。整个过程可用流程图表示为

$$U_o\downarrow (V_B = U_Z) \rightarrow U_{BE}\uparrow \rightarrow I_B\uparrow \rightarrow I_C\uparrow \rightarrow U_{CE}\downarrow \rightarrow U_o\uparrow (U_o = U_i - U_{CE})$$

如果 $U_o\uparrow$，调整过程与上述相反，同样可起到稳压作用。

这种把调整用的晶体管与负载串联的稳压电路，称为串联型晶体管稳压电路。由于它是射极输出，故可输出较大的电流，而且输出电阻小，稳压性能好。

共集电极放大电路是典型的电压串联负反馈放大电路，它在检测仪表中也得到了广泛应用，用射极输出器作为其输入级，可以减小对被测电路的影响，提高测量精度。

目前，半导体集成技术飞跃发展，集成稳压电源已获得广泛应用。大多数集成稳压电源都采用串联型稳压电路，它将稳压电路中的主要元件甚至全部元件都集成在一个芯片内，其体积小，可靠性高，价格便宜，使用方便。

图 7-20 所示为 W7800 系列三端集成稳压器。其中，图 7-20（a）所示为该稳压器的外形图，图 7-20（b）所示为该稳压器的连接电路图。其集成块有 3 个引出端，故称为三端稳压器。引脚 1 是输入端，引脚 2 是输出端，引脚 3 为公共端。其最高输入、输出电压分别为 40V、24V。电路图中的 C_i、C_o 是外接电容器，用来改善稳压器的工作性能。

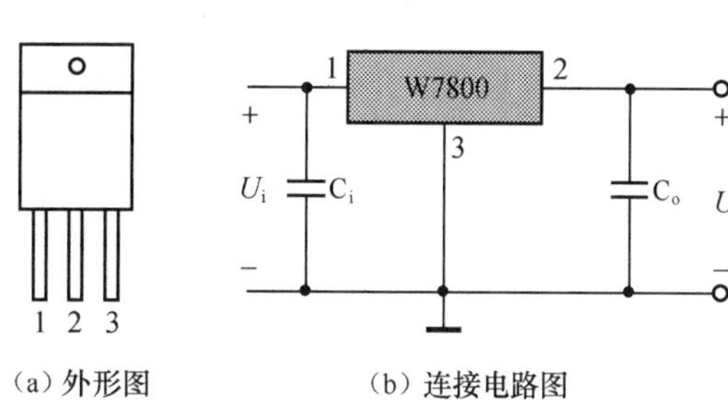

（a）外形图　（b）连接电路图

图 7-20　W7800 系列三端集成稳压器

检验学习结果

1. 共集电极放大电路与共发射极放大电路相比，有何不同？电路有何特点？

2. 射极输出器的发射极电阻 R_E能否像共发射极放大器一样并联一个旁路电容 C_E来提高电路的电压放大倍数？为什么？

技能训练

学习在电子实验台上连接射极输出器实验电路。

7.5 功率放大器和差动放大电路

学习目标

功率放大器

了解功率放大器的概念和用途，熟悉功放的技术要求；了解零漂的概念及其对电路造成的影响，熟悉差动放大电路的作用。

实际电子技术应用中，当线路中负载为扬声器、记录仪表、继电器或伺服电动机等设备时，就要求它能为负载提供足够大的交流功率，以带动负载。通常把这种电子线路的输出级称为功率放大器，简称“功放”。功放电路中的晶体管称为功率放大管，简称“功放管”。功放广泛用于各种电子设备、音响设备、通信及自控系统中。

甲乙类的OTL功放电路

1. 功率放大器的分类

① 甲类功放。这种功放的工作原理是输出器件晶体管始终工作在传输特性曲线的线性部分，在输入信号的整个周期内输出器件始终有电流连续流动，这种功放失真小，但效率低，约为50%，功率损耗大，一般应用在家庭的高档功放中。

② 乙类功放。这种功放中两只晶体管交替工作，每只晶体管在信号的半个周期内导通，另半个周期内截止。该功放效率较高，约为78%，但缺点是工作时存在交越失真（两只晶体管交替导通时，由于存在死区而在过零处发生的失真）。

③ 甲乙类功放。这种功放兼有甲类功放失真小和乙类功放效率高的优点，被广泛应用于家庭、专业、汽车音响系统中。

2. 功率放大器的特点及技术要求

甲乙类的OCL功放电路

功放电路和前面介绍的基本放大电路都是能量转换电路，从能量控制的观点来看，功率放大器和电压放大器并没有本质上的区别。但是，从完成任务的角度和对电路的要求来看，它们之间有着很大差别。对电压放大电路的主要要求是它能够向负载提供不失真的放大信号，其主要指标是电路的电压放大倍数、输入电阻和输出电阻等。功率放大器主要考虑获得最大的交流输出功率，而功率是电压与电流的乘积，因此功放电路不但要有足够大的输出电压，而且还应有足够大的输出电流。据此，对功放电路具有以下几点要求。

(1) 效率尽可能高

功放是以输出功率为主要任务的放大电路。由于输出功率较大，造成直流电源消耗的功率也大，效率的问题突显。在允许的失真范围内，我们期望功放管除了能够满足所要求的输出功率外，应尽量减小其损耗，首先应考虑尽量提高管子的效率。

(2) 具有足够大的输出功率

为了获得尽可能大的输出功率，要求功放管工作在接近“极限运用”的状态。选管子时应考虑管子的3个极限参数，即I_{CM}、P_{CM}和$U_{(BR)CEO}$。

(3) 非线性失真尽可能小

功放工作在大信号下，不可避免地会产生非线性失真，而且同一功放管的失真情况会随着输出功率的增大而越发严重。技术上常常对电声设备要求其非线性失真尽量小，最好不发生失真。而对控制电机和继电器等，则要求以输出较大功率为主，对非线性失真的要求不是太高。由于功放管处于大信号工作状态，所以输出电压、电流的非线性失真不可避免。但应考虑将失真限制在允许范围内，即失真也要尽可能小。

另外，由于功放管工作在“极限运用”状态，因此有相当大的功率消耗在功放管的集电结上，从而造成功放管结温和管壳的温度升高。因而管子的散热问题及过载保护问题也应充分予以重视，并采取适当措施，使功放管能有效散热。

3. 功放电路中的交越失真

图 7-21 所示为一个互补对称电路。其中功放管 VT_1 和 VT_2 分别为 NPN 型管和 PNP 型管，两管的基极和发射极相互连接在一起，信号从基极输入，从发射极输出，R_L 为负载。观察电路，可看出此电路没有基极偏置，所以 $u_{BE1}=u_{BE2}=u_i$。当 $u_i=0$ 时，VT_1、VT_2 均处于截止状态。显然，该电路可以看成由两个射极输出器级联而成的功放电路。

考虑到晶体管发射结处于正向偏置时才导电，因此当信号处于正半周时，$u_{BE1}=u_{BE2}>0$，VT_2 截止，VT_1 承担放大任务，有电流通过负载 R_L；而当信号处于负半周时，$u_{BE1}=u_{BE2}<0$，则 VT_1 截止，VT_2 承担放大任务，仍有电流通过负载 R_L。

由晶体管的输入特性可知，实际上晶体管都存在正向死区。因此，在输入信号正、负半周的交替过程中，两个功放管都处于截止状态，由此造成输出信号的波形不跟随输入信号的波形变化，在波形的正、负交界处出现了图 7-22 所示的失真，我们把这种失真现象称为**交越失真**。

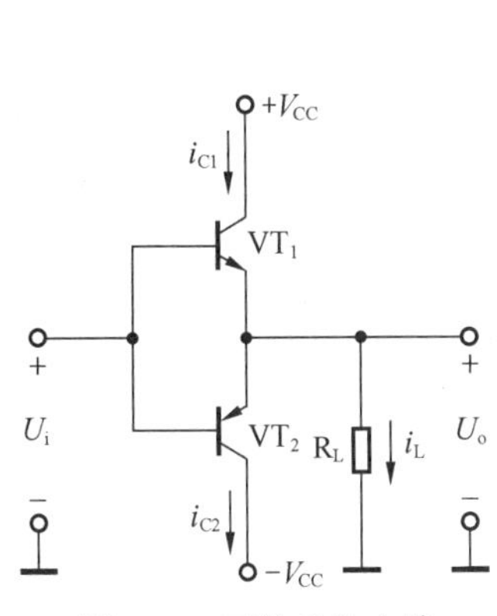

图 7-21　互补对称电路

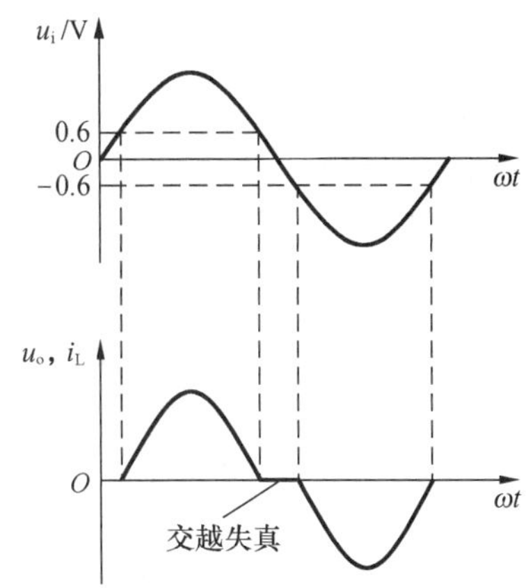

图 7-22　交越失真原理

为消除交越失真，通常采用的方法是：要求两个功放管的输入、输出特性完全一致，以达到工作特性完全对称状态；另外，在两个功放管的发射结加上一个较小的正偏电压，使两管都工作在微导通状态。这时，两个功放管，一个在正半周工作，另一个在负半周工作，互相弥补对方的不足，从而在负载上就能得到一个完整的输出波形。在这种状态下工作的电路就是甲乙类互补对称功率放大器，它解决了乙类放大电路中效率与失真的矛盾。

4. 差动放大电路

零点漂移问题

（1）零漂现象

实验研究发现，直接耦合的多级放大电路，当输入信号为零时，输出信号电压并不为零，而且这个不为零的电压会随时间做缓慢的、无规则的、持续的变动，这种现象称为零点漂移，简称“零漂”。

零漂现象是如何产生的呢？

直接耦合的多级放大电路，其静态工作点相互影响，当温度、电源电压、晶体管内部的杂散参数等变化时，虽然输入为零，但第1级的零漂经第2级放大，再传给第3级，依次传递的结果使外界参数的微小变化在输出级产生很大的变化。其中温度的影响最大，所以有时把零漂也叫温漂。

由此可知，晶体管参数受温度的影响就是产生零漂的根本和直接原因。解决零漂最有效的措施是采用差动放大电路。

（2）差动放大电路

差动放大电路也称差分放大电路。图7-23所示为一种对零漂具有很强抑制能力的基本差动放大电路。

差动放大电路由两个对称的共发射极基本放大电路组成。其中，VT_1、VT_2是两个特性完全相同的晶体管，两个基极信号电压u_{i1}、u_{i2}大小相等、相位相反，差动放大电路的这种双端输入方式称为差模输入方式，所加信号称为差模信号。**差模信号是放大电路中需要传输和放大的有用信号**，用u_{id}表示，数值上等于两管输入信号的差值：

$$u_{id} = u_{i1} - u_{i2}$$

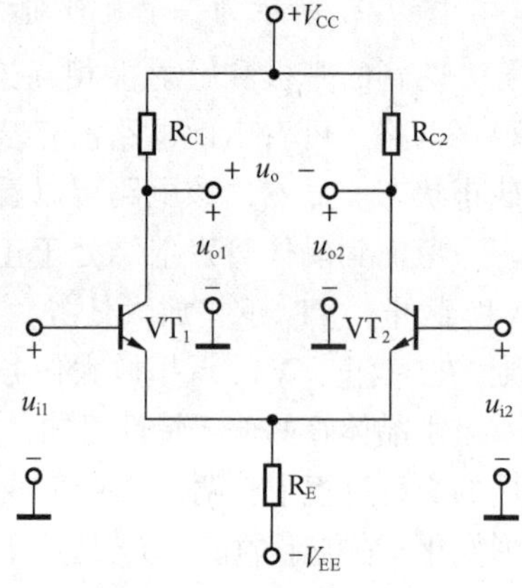

图7-23　基本差动放大电路

温度变化、电源电压波动等引起的零点漂移折合到放大电路输入端的漂移电压，相当于输入端加了“共模信号”，外界电磁干扰对放大电路的影响也相当于输入端加了“共模信号”。可见，**共模信号对放大电路是一种干扰信号**，因此，放大电路对共模信号不仅不应放大，反而应当具有较强的抑制能力。

差动放大电路与差模、共模信号

图7-23所示的基本差动放大电路，当温度变化时，因两管电流变化规律相同，两管集电极电压漂移量也完全相同，从而使双端输出电压始终为零。也就是说，依靠电路的完全对称性，使两管的零点漂移在输出端相抵消，因此，零点漂移被抑制。

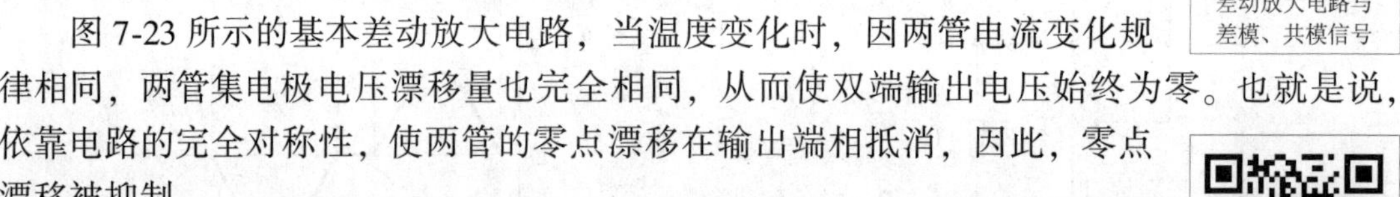

差动放大电路分析

差动放大电路的公共发射极电阻R_E是保证静态工作点稳定的关键元件。当温度T升高时，两个管子的发射极电流I_{E1}和I_{E2}、集电极电流I_{C1}和I_{C2}均增大，由于两管基极电位V_{B1}和V_{B2}均保持不变，因此两管的发射极电位V_E升高，引起两管的发射结电压U_{BE1}和U_{BE2}降低，两管的基极电流I_{B1}和I_{B2}随之减小，I_{C2}下降。显然，上述过程类似于分压式共发射极偏置电路的温度稳定过程，R_E的存在使I_C得到了稳定。

差动放大电路在双端输出的情况下，两管的输出会稳定在静态值，从而有效地抑制了零点漂移。R_E数值越大，抑制零漂的能力越强。即使电路处于单端输出方式时，电路仍有较强的抑制零漂能力。由于R_E上流过两倍的集电极变化电流，因此其稳定能力比共发射极偏置电路更强。此外，采用双电源供电，可以使$U_{B1}=U_{B2}\approx 0$，从而使电路既能适应正极性输入信号，也能适应负极性输入信号，扩大了应用范围。

检验学习结果

1. 功放和普通放大电路相比，有何不同？对功放电路有哪些特殊的技术要求？
2. 何谓交越失真？采取什么方法可以消除交越失真？
3. 什么是零漂现象？零漂是如何产生的？采用什么方法可以抑制零漂？
4. 何谓差模信号？何谓共模信号？

技能训练

分立元件的六管收音机组装训练。

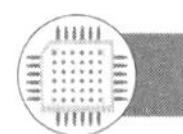

7.6 放大电路中的负反馈

学习目标

理解放大电路中反馈的概念；了解各类负反馈放大电路的基本特点，学会识别负反馈放大电路类型的方法；熟悉负反馈对放大电路性能的影响。

1. 反馈的基本概念

反馈不仅是改善放大电路性能的重要手段，而且也是电子技术和自动控制原理中的一个基本概念。通过反馈技术可以改善放大电路的工作性能，以达到预定的指标。凡在精度、稳定性等方面要求比较高的放大电路中，大多存在着某种形式的反馈。

反馈的基本概念

为了改善基本放大电路的性能，从基本放大电路的输出端到输入端引入一条反向的信号通路，构成这条通路的网络叫作**反馈网络**，这个反向传输的信号称为**反馈信号**。本章前面介绍的分压式偏置的共发射极放大电路，其中的电阻 R_E 就是一个反馈元件，当电路所处环境温度变化时：

$$T\uparrow \rightarrow I_C\uparrow \rightarrow I_E\uparrow \rightarrow V_E\uparrow \xrightarrow{V_B\text{不变}} U_{BE}\downarrow \rightarrow I_B\downarrow \rightarrow I_C\downarrow$$

$$T\downarrow \rightarrow I_C\downarrow \rightarrow I_E\downarrow \rightarrow V_E\downarrow \xrightarrow{V_B\text{不变}} U_{BE}\uparrow \rightarrow I_B\uparrow \rightarrow I_C\uparrow$$

利用反馈元件 R_E 所构成的反馈通道，将放大电路输出量 I_C 的变化回送到放大电路的输入端，使输入量 I_B 的净输入增大或减小，以维持输出量 I_C 基本稳定在原来的数值不变。

由此可知，所谓“反馈”，就是通过一定的电路形式，把放大电路输出信号的一部分或全部按一定的方式回送到放大电路的输入端，并影响放大电路的输入信号。分压式共发射极偏置电路中的反馈过程使输入信号的净输入量削弱，这种反馈形式称为**负反馈**。显然，负反馈提高了基本放大电路的工作稳定性。

如果放大电路输出信号的一部分或全部通过反馈网络回送到输入端后，造成净输入信号增强，则这种反馈称为**正反馈**。正反馈通常可以提高放大电路的增益，但正反馈电路的性能不稳定，一般较少使用。

2. 负反馈的基本类型及其判别

反馈类型的判别

放大电路中普遍采用的是负反馈。根据反馈网络与基本放大电路在输出端、输入端的连接方式不同，负反馈电路具有 4 种典型形式：电压串联负反馈、电压并联负反馈、电流串联负反馈和电流并联负反馈。

电压负反馈能稳定输出电压，减小输出电阻，具有恒压输出特性。电流负反馈能稳定输出电流，增大输出电阻，具有恒流输出特性。

关于放大电路是电压反馈还是电流反馈，可以根据反馈信号和输出信号在电路输出端的连接方式及特点依据两种方法来判别：①若反馈信号取自于输出电压，为电压负反馈，若取自于输出电流，则为电流负反馈；②将输出信号交流短路，若短路后电路的反馈作用消失，则为电压负反馈，若短路后反馈作用仍然存在，则为电流负反馈。

判断放大电路是串联负反馈还是并联负反馈，主要根据反馈信号、原输入信号和净输入信号在电路输入端的连接方式和特点，具体可采用3种方法进行判别：①若反馈信号与输入信号在输入端以电压的形式相加减，可判断为串联负反馈，若反馈信号与输入信号以电流的形式相加减，可判断为并联负反馈；②将输入信号交流短路后（输入回路与输出回路之间没有联系着的元件或网络），若反馈作用不再存在，可判断为并联负反馈，否则为串联反馈；③如果反馈信号和输入信号加到放大元件的同一电极，则为并联反馈，否则为串联反馈。

【例7.4】图7-24所示为4个具有反馈的放大电路方框图，试分析各属于何种反馈。

【解】图7-24（a）所示反馈网络取自于输出电压，为电压反馈，反馈信号与输入信号在输入端以电压的形式相加减，因而为串联反馈，所以此电路反馈形式为串联电压负反馈。

图7-24（b）所示反馈网络取自于输出电压，为电压反馈；反馈信号与输入信号在输入端以电流的形式相加减，因而为并联反馈，所以此电路反馈形式为并联电压负反馈。

图7-24（c）所示反馈网络取自于输出电流，为电流反馈；反馈信号与输入信号在输入端以电压的形式相加减，因而为串联反馈，所以此电路反馈形式为串联电流负反馈。

图7-24（d）所示反馈网络取自于输出电流，为电流反馈；反馈信号与输入信号在输入端以电流的形式相加减，因而为并联反馈，所以此电路反馈形式为并联电流负反馈。

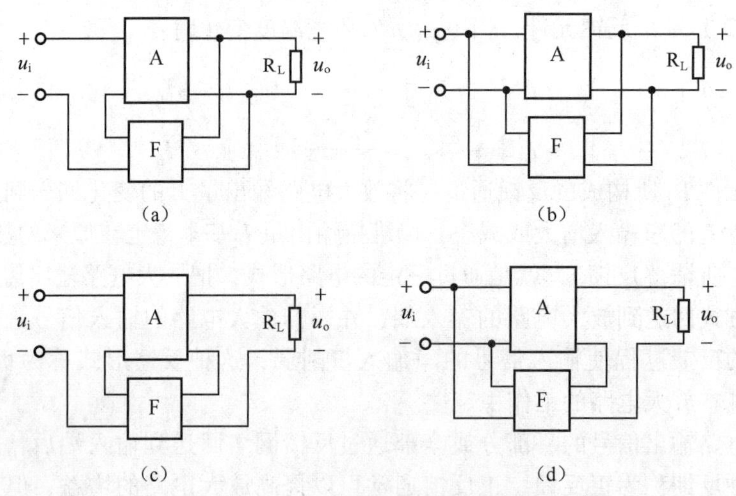

图7-24　负反馈的4种类型方框图

3. 负反馈对放大电路性能的影响

由上述分析可知，由于分压式偏置的共发射极放大电路中存在反馈电压 $i_E R_E$，因此使真正加到晶体管发射结的净输入电压 u_{BE} 下降，u_{BE} 的下降又造成输出电压 u_o 的下降，从而使

电压放大倍数 A_u 下降，而且反馈电压$i_E R_E$越大，电压放大倍数 A_u 下降越多。

负反馈对放大电路性能的影响

显然，负反馈虽然提高了放大电路的稳定性，但由此而付出的代价是放大电路的电压放大倍数（电压增益）降低了。对放大电路来说，电路的稳定性至关重要，因此虽然电路的电压放大倍数降低了，换来的却是放大电路的稳定性得以提高，这种代价值得。

采用负反馈提高放大电路的稳定性，从本质上讲，是利用失真的波形来改善波形的失真，不能理解为负反馈能使波形失真完全消除。

负反馈不仅可以提高放大电路的稳定性、减少非线性失真，还可以使放大电路的通频带得到展宽。而且不同类型的负反馈对放大电路输入电阻、输出电阻的影响各不相同：串联负反馈具有提高输入电阻的作用；并联负反馈能使输入电阻减小；电压负反馈能减小输出电阻，稳定输出电压；电流负反馈能使输出电阻增大，稳定输出电流。实际放大电路究竟采用哪种反馈形式比较合适，必须根据不同用途确定引入不同类型的负反馈。

检验学习 结果

1. 什么叫反馈？正反馈和负反馈对电路的影响有何不同？
2. 放大电路一般采用的反馈形式是什么？如何判断放大电路中的各种反馈类型？
3. 放大电路引入负反馈后，可对电路的工作性能带来什么改善？
4. 放大电路的输入信号本身就是一个已产生了失真的信号，引入负反馈后能否使失真消除？

技能 训练

焊接的基本操作

1. 焊接练习

焊接练习时应注意，电烙铁通电前应将烙铁的电线拉直并检查电线的绝缘层是否有损坏，不能使电线缠在手上。通电后应将电烙铁插在烙铁架中，并检查烙铁头是否会碰到电线、书包或其他易燃物品。

（1）电烙铁的使用和保养

电烙铁加热过程中及加热后都不能用手触摸烙铁的发热金属部分，以免烫伤或触电。为了便于电烙铁的使用，每次使用后电烙铁都要将头上的黑色氧化层锉去，露出铜的本色，在电烙铁加热的过程中要注意观察烙铁头表面的颜色变化，随着颜色的变深，烙铁的温度渐渐升高，这时要及时把焊锡丝点到烙铁头上，焊锡丝在一定温度时熔化，将烙铁头镀锡，保护烙铁头，镀锡后的烙铁头为白色。如果烙铁头上挂有很多锡会造成焊接不良，可在烙铁架的钢丝上抹去多余的锡，不可在工作台或者其他地方抹去。

（2）焊接操作

① 焊接练习板是一块焊盘排列整齐的线路板，在练习板上可用一些旧电子元器件进行练习。把元器件的引脚从焊接练习板的小孔中插入，练习板放在焊接木架上，从右上角开始，排列整齐开始焊接，如图 7-25 所示。

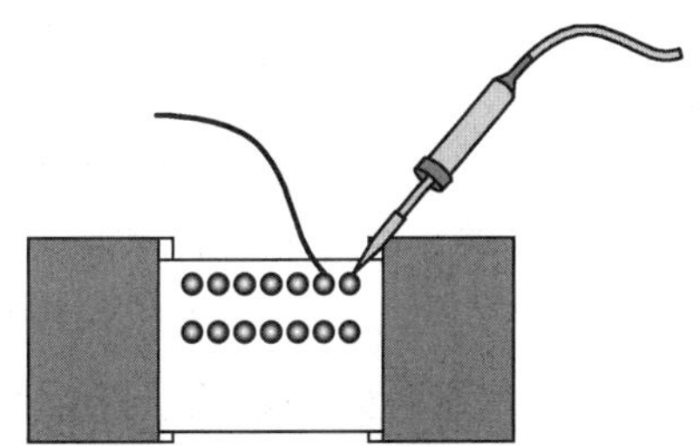
图 7-25　焊接练习板

② 练习焊接时，应把握加热时间与送锡多少，不可在一个点加热时间过长，否则会使线路板的焊盘烫坏。

注意应尽量排列整齐，以便前后对比，改进不足。

③ 焊接时先将电烙铁在线路板上加热，大约2s后，送焊锡丝，观察焊锡量的多少，不能太多，会造成堆焊；也不能太少，会造成虚焊。

④ 当焊锡熔化、发出光泽时焊接温度最佳，应立即将焊锡丝移开，再将电烙铁移开。为了在加热中使加热面积最大，要将烙铁头的斜面靠在元器件引脚上，烙铁头的顶尖抵在线路板的焊盘上。焊点高度一般在2mm左右，直径应与焊盘相一致，引脚应高出焊点大约0.5mm。

焊点的正确形状如图7-26所示。焊点a一般焊接比较牢固；焊点b为理想状态，一般不易焊出这样的形状；焊点c焊锡较多，当焊盘较小时，可能会出现这种情况，但是往往有虚焊的可能；焊点d、e焊锡太少；焊点f提烙铁时方向不合适，造成焊点形状不规则；焊点g烙铁温度不够，焊点呈碎渣状，这种情况多数为虚焊；焊点h焊盘与焊点之间有缝隙为虚焊或接触不良；焊点i引脚放置歪斜。一般形状不正确的焊点，元器件多数没有焊接牢固，通常为虚焊点，应重焊。

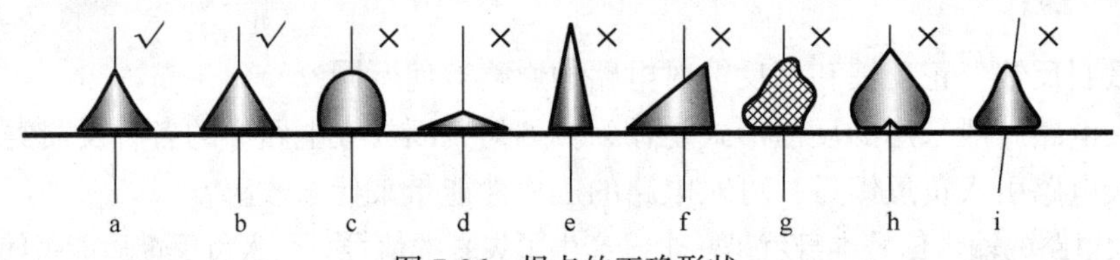

图7-26　焊点的正确形状

⑤ 清除元器件表面的氧化层：为了使元器件易于焊接，有时要用尖嘴钳前端的齿口部分将元器件的焊接点锉毛，去除氧化层。清除元器件表面的氧化层的方法通常可以用左手捏住电阻或其他元器件的本体，右手用锯条轻刮元器件引脚的表面，左手慢慢地转动，直到表面氧化层全部去除。

⑥ 元器件引脚的弯制成形：元器件焊接有平焊和立焊两种方式，在焊接前需要把元器件的引脚弯制成形，如图7-27所示。弯制成形可用镊子紧靠电阻的本体，夹紧元器件的引脚，使引脚的弯折处距离元器件的本体有2mm以上的间隙。左手夹紧镊子，右手食指将引脚弯成直角。

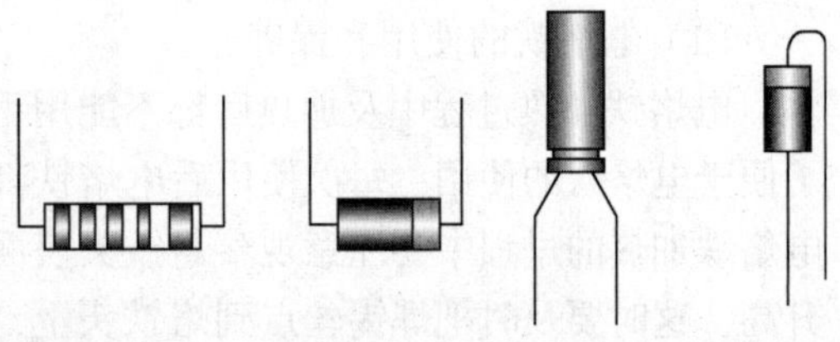

图7-27　焊接的方式

注意：不能用左手捏住元器件本体，右手紧贴元器件本体进行弯制，如果这样，引脚的根部在弯制过程中容易受力而损坏。元器件弯制后引脚之间的距离应根据线路板孔距而定，引脚修剪后的长度大约为8mm，如果孔距较小，元器件较大，应将引脚往回弯折成形。电容的引脚可以弯成梯形，将电容垂直安装。二极管可以水平安装，当孔距较小时应垂直安装。为了将二极管的引脚弯成美观的圆形，应用螺丝刀辅助弯制：把螺丝刀紧靠二极管引脚的根部，十字交叉，左手捏紧交叉点，右手食指将引脚向下弯，直到两引脚平行。

2. 六管超外差收音机的组装实训

六管超外差收音机组装实训的任务是，让学生通过对六管超外差收音机的组装、焊接和调试过程，了解电子产品装配的基本过程；掌握简单电子元器件的质量检测和极性识别的方法；熟悉并初步掌握收音机整机的装配工艺；培养学生的动手能力及分析问题、解决问题的能力，养成严谨的工作作风。

(1) 六管超外差收音机的原理电路组成

六管超外差收音机的原理电路

图 7-28 所示为六管超外差收音机的原理图。

① 输入回路。输入回路由双联可变电容的 C_{1A} 和磁性天线线圈 B_1 组成。B_1 的初级绕组与可变电容 C_{1A}（电容量较大的一联）组成串联谐振回路对输入信号进行选择。转动 C_{1A} 使输入调谐回路的自然谐振频率刚好与某一电台的载波频率相同，这时，该电台在磁性天线中感应的信号电压最强。

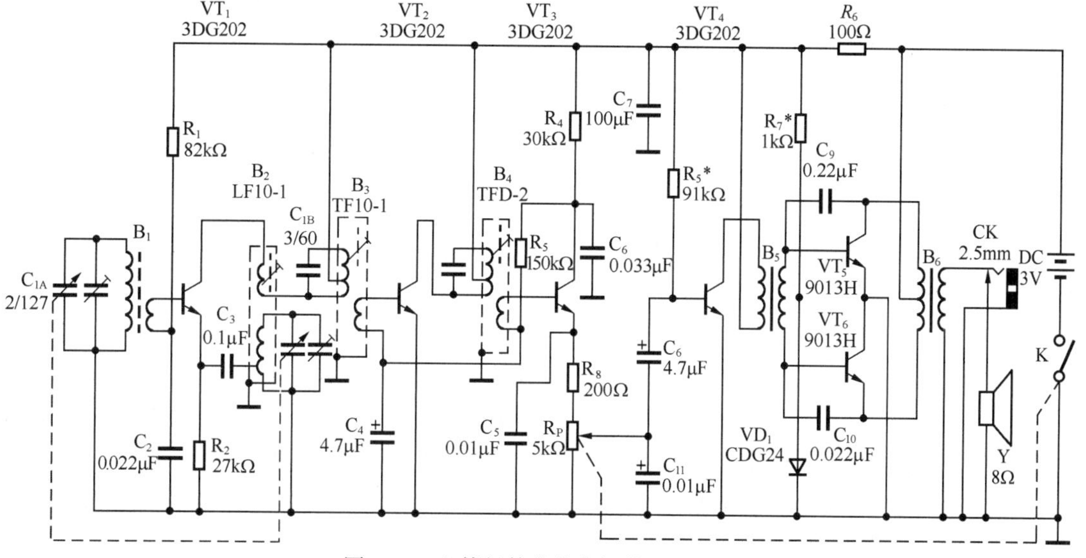

图 7-28 六管超外差收音机的原理电路

② 变频级。由晶体管 VT_1、双联可变电容的 C_{1B} 及本振线圈 B_2 组成收音机的变频级。

输入级接收和感应的电压信号由 B_1 的次级耦合到 VT_1 的基极；同时，VT_1 还和振荡线圈 B_2、双联的振荡联 C_{1B}（电容量较少的一联）等元器件接成变压器耦合式自激振荡电路，叫作本机振荡器，简称“本振”。C_{1B} 与 C_{1A} 同步调谐，所以本振信号总是比输入信号频率高 465kHz，即中频信号。本振信号通过 C_4 加到 VT_1 的发射极，它和输入信号一起经 VT_1 变频后就产生了中频，中频信号从第一中周 B_3 输出，再由次级耦合到中放管 VT_2 的基极。

③ 中放级。中放级由中放管 VT_2、检波管 VT_3，中频变压器 B_3 和 B_4 组成。两个晶体管构成两级单调谐中频选频放大电路，由于中放管采用了硅管，其温度稳定性较好，所以采用了固定偏置电路。VT_2 管因加有自动增益控制，静态电流不宜过大，一般取 0. 2~0. 6mA；VT_3 管主要是提高增益，以提供检波级所必需的功率，故静态电流取得较大些，在 0. 5~0. 8mA 范围。各中频变压器均调谐于 465kHz 的中频频率上，以提高整机的灵敏度、选择性和减小失真。第一中周 B_2 加有自动增益控制，以使强、弱台信号得以均衡，维持输出稳定。中放管 VT_2 对中频信号进行充分放大后由第二中周 B_4 耦合到检波管 VT_3。

④ 检波级。经中频放大级放大了的中频信号，由第二中周 B_4 送至检波管 VT_3 进行检波。检波后从 VT_3 的发射极输出送到电位器 R_P，旋转 R_P 可以改变滑动抽头的位置，控制音量的大小。检波后的低频信号由 R_P 送到前置低放管 VT_4，经过低放可将信号电压放大几

十倍到几百倍。低频信号经过前置放大后已经达到了一伏至几伏的电压，但是它的带负载能力还很差，不能直接推动扬声器，还需要进行功率放大。

⑤ 低放级与功率输出级。功率放大不仅要输出较大的电压，而且还要能够输出较大的电流。本机采用变压器耦合、推挽式功率放大电路，这种电路阻抗匹配性能好，对推挽管的一些参数要求也比较低，而且在较低的工作电压下可以输出较大的功率。

设在信号的正半周输入变压器 B_5 初级的极性为上负下正，则次级的极性为上正下负，这时 VD_1 导通而 VT_5 截止，由 VD_1 放大正半周信号；当信号为负半周时输入变压器 B_5 初级的极性为上正下负，则次级的极性为上负下正，于是 VD_1 由导通变为截止，VT_5 则由截止变为导通，负半周的信号由 VT_6 来放大。这样，在信号的一个周期中，VT_6 和 VT_5 轮流导通和截止，这种工作方式就好像两人推磨一样，一推一挽，故称为推挽式放大。放大后的两个半波再由输出变压器 B_6 合成一个完整的波形，送到扬声器发出声音。本机最大不失真输出功率可以达到 50mW 以上。低频放大级的工作电流一般取 0. 5～1mA。

（2）按元件清单清点六管超外差收音机套件

六管超外差式收音机套件元件清单如下。

① 磁性天线采用 4mm×9. 5mm×66mm 的中波扁磁棒，初级用 ϕ0. 12mm 的漆包线绕 105 匝，次级用同号线绕 10 匝。

② 中周是超外差式收音机的特有元件，六管超外差式收音机中使用的中周共有 3 只。通常，不同用途的中周依靠顶部磁帽的颜色来区分。B_2 是中波本机振荡线圈，用黑色标记；B_3 为第一中周，用白色标记；B_4 为第二中周，用绿色标记。B_3、B_4 的骨架底部已有内藏的谐振电容。振荡线圈 B_2 则没有电容，这是本振线圈和 2 只中周的重要区别。

③ B_5、B_6 是用来传输音频信号的变压器，B_5 叫作输入变压器；B_6 叫作输出变压器。它们都用5mm×14mm 的 E 型铁心绕制。输入、输出变压器的外表形式相同，但绕组颜色不同，而且输出变压器的次级电阻不到 1Ω。与输入变压器的次级电阻值相差很大。也有的套件采用的输入变压器 B_5有 6 根引出线（次级的两个绕组由 4 根线分开引出）；输出变压器 B_6 则有 5 根引出线，而且是自耦式的。

④ C_1 是双联可调电容，容量较多的一联是输入联 C_{1A}，电容量约 150pF；容量少的一联是振荡联 C_{1B}，电容量约 80pF，每一联都附有一个 3～15pF 微调电容。C_2 是瓷介电容 223，容量约为 0. 022μF；C_3 是瓷介电容 103，电容量约为 0. 01μF；C_4、C_7、C_8 为电解电容，要求它们漏电小、容量足、质量好，耐压 6. 3V 即可。C_4 和 C_8 的电容量为 4. 7～10μF，C_7 的电容量为 47～100μF。C_5 是瓷介电容 103，电容量约为 0. 01μF；C_6 是瓷介电容 333，电容量约为 0. 033μF；C_9 和 C_{10}均为瓷介电容 223，电容量约为 0. 022μF；C_{11}是涤纶电容 103，电容量约为 0. 01μF。

⑤ 套件中共有 6 只硅材料的高频小功率晶体管。其中，VT_1、VT_2、VT_3 通常可采用 3DG201 或 9011 等高频小功率管，VT_1 管子的 β 值应为最小；VT_4 管有时也采用 3DG201 或低频小功率管 9014、9013，VT_4 管的 β 值较前 3 只管子大些，β 值要求大于 100；VT_5 和 VT_6 一般选用 9013 型或 8050 功放管，两管要配对，要求 β 值大于 100，两管 β 值之间的误差不大于 5%。

⑥ 二极管 VD_1 采用 1N4148 型硅二极管，不能用 2AP9 之类的锗管代用。

⑦ 套件中的 8 个电阻一律采用 1/16W 的 4 环或 5 环超小型电阻。其中，R_1 和 R_5 的参

考电阻值选用 82～91kΩ，R_2 的参考电阻值选用 2.7kΩ，R_3 的参考电阻值选用 120～150kΩ，R_4 的参考电阻值选用 30kΩ，R_6 的参考电阻值选用 100Ω，R_7 的参考电阻值选用 620Ω，R_8 的参考电阻值选用 510Ω。

⑧ 8Ω 扬声器一只，带开关的电位器一只。

⑨ 耳机一套，印制线路板一块，收音机外壳。

⑩ 其他散件还有耳机插座、磁棒架、频率盘、刻度盘、电位器盘、拎带、正负极片、金属网罩、导线和螺钉若干。

（3）检测元器件

① 用万用表的“R×1k”欧姆挡测量二极管、三极管的好坏，并进行极性判别。

② 检测电容好坏及极性：注意观察在电解电容侧面有“-”标记的是负极，如果电容上没有标明正负极，也可以根据它引脚的长短来判断：长脚为正极，短脚为负极，如图 7-29 所示。

如果电容的引脚已经剪短，并且电容上没有标明正负极，那么可以用万用表来判断，判断的方法是正接时漏电流小（阻值大），反接时漏电流大。如果没有上述现象，说明电容已经损坏。

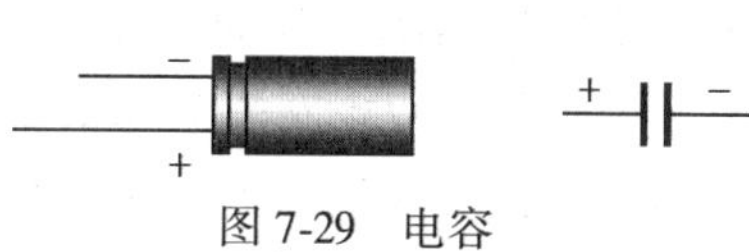

图 7-29　电容

③ 辨别电阻阻值：取出一只电阻，观察其外部的色环，每条色环的意义见表 7-3。

表 7-3　色环的意义

颜色	Color	第 1 位数字	第 2 位数字	第 3 位数字（5 环电阻）	Multiple 乘数	Error 误差
黑	Black	0	0	0	$10^0=1$	
棕	Brown	1	1	1	$10^1=10$	±1%
红	Red	2	2	2	$10^2=100$	±2%
橙	Orange	3	3	3	$10^3=1000$	
黄	Yellow	4	4	4	$10^4=10000$	
绿	Green	5	5	5	$10^5=100000$	±0.5%
蓝	Blue	6	6	6		±0.25%
紫	Purple	7	7	7		±0.1%
灰	Grey	8	8	8		
白	White	9	9	9		
金	Gold	注：第 5 数字是 5 色环电阻才有的			$10^{-1}=0.1$	±5%
银	Silver				$10^{-2}=0.01$	±10%

色环表格左边第 1 条色环表示第 1 位数字，第 2 个色环表示第 2 个数字，第 3 个色环表示乘数，第 4 个色环也就是离开较远并且较粗的色环，表示误差。将所取电阻对照表格进行读数，比如说，第一个色环为绿色，表示 5；第 2 个色环为蓝色，表示 6；第 3 个色环为黑色，表示乘 10^0；第 4 个色环为红色，那么表示它的阻值是 $56\times10^0=56\Omega$，误差为±2%。对照材料配套清单电阻栏目逐个检测各电阻阻值。5 环电阻上面的第 3 环请注意其阻值。

④ 判别各线圈与输入、输出变压器的好坏。线圈和变压器的故障通常为开路和短路，变压器还有绕组间短路，其短路还可分为局部短路和严重短路。发生开路、短路和绕组间短路的变压器和线圈不能使用了。把万用表拨至“R×1”或“R×10”欧姆挡可以检测线圈

的好坏。如图 7-30 所示，用万用表测量绕组 1、2 端，若电阻值无穷大，说明该绕组断路（开路）；若电阻值小于实际绕组线圈的电阻值，说明线圈内部有严重短路。局部短路的电感线圈或变压器，由于器件损坏后其线圈电阻值只发生微小变化，万用表电阻挡测不出其变化值，因而无法判别出它的好坏。所以，对收音机中的小功率变压器，若出现短路，只能采用替换的方法来确定其好坏。

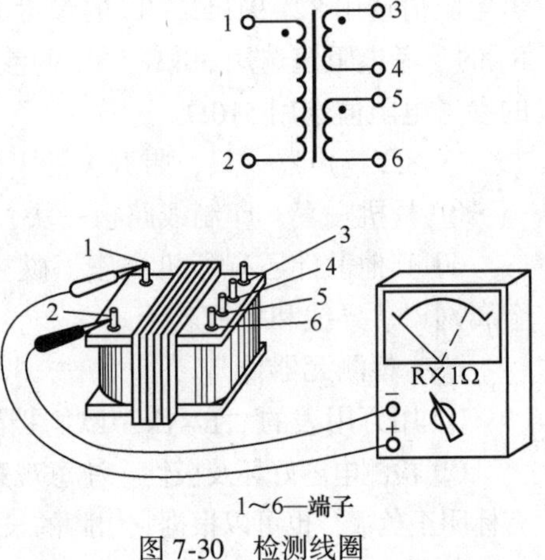

图 7-30　检测线圈

（4）收音机组装

图 7-31 所示为六管超外差收音机的印制电路图。

从印制电路板的正面（元器件安装面）看到的是元器件排列图，背面的印制电路走线图上面标明了各个元器件应该安装的孔位。初学者只需按照印制电路板上标示的符号将元器件对号入座即可。装配焊接的过程中我们应当特别细心，不可有虚焊、错焊、漏焊等错误发生。装配焊接的顺序通常是先焊电阻、电容、二极管、三极管等小元器件，再焊中周、双联及变压器等体积较大的元器件，最后才装磁性天线、扬声器等。

组装与焊接

焊接前应当注意元器件的引脚应留下适当的长度，元器件离开底板的高度要恰当，不要相互妨碍，要注意美观，比如说，电阻和二极管要么全部卧式安装（平焊），要么全部立式安装（立焊）。

将弯制成形的元器件对照图纸插放到电路板上。注意，一定不能插错位置；二极管、晶体管、电解电容一定要注意极性；电阻插放时要求读数方向排列整齐，横排的必须从左向右读，竖排的从下向上读，保证读数一致。焊接时，电阻不能离开电路板太远，也不能紧贴电路板焊接，以免影响电阻的散热。

焊接时如果电路板未放水平，应重新加热调整。焊接好的印制电路板上元器件的排列应保持高度基本相同，其中依中周高度为最高点基准。

初学者比较容易发生的错误是，电阻色环认错，电解电容和二极管等有极性的元器件焊反；晶体管的 3 只脚焊错；中周、振荡线圈弄混；输入变压器 B_6 装反（B_6 的塑料骨架上有凸点的一边为初级）；磁性线圈的线头未经去漆就进行焊接等。也有的初学者在装配时元器件引脚留得过长，导致相邻的元器件引脚相碰而引起短路故障。上述问题在组装过程中均要加以注意。

（5）六管超外差收音机的调试和验收

① 试听。如果元器件安装基本无误，就可接通电源试听。打开收音机音量开关，慢慢转动调谐盘，应能听到广播声，否则应按照要求对各项进行检测，找出故障并改正。

② 统调。收音机如果装配无误，工作点调试正确，一般接通电源后就可以收到当地发射功率比较强的电台。但即便如此，也不能说它工作得就很好了，这时它的灵敏度和选择性都还比较差，还必须把它的各个调谐回路准确地调谐在指定的频率上，这样才能发挥电路的工作效能，使收音机的各项性能指标达到设计要求。对超外差式收音机的各调谐回路进行调整，使之相互协调工作的过程就称为统调。

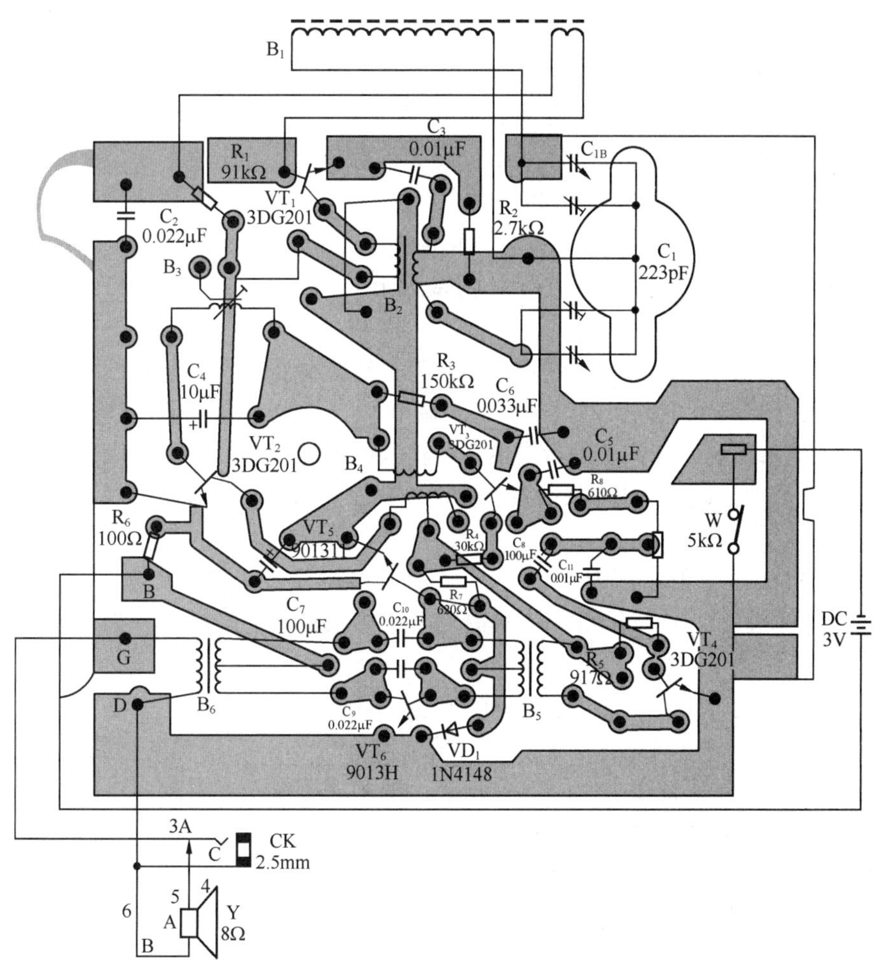

图 7-31　六管超外差收音机的印制电路图

③ 调覆盖。覆盖是指收音机能够接收高频信号的频率范围，中波收音机的覆盖范围为 535～1605kHz，对应的本机振荡频率范围为 1. 0～2. 07MHz。

④ 调同步。使信号发生器输出 570kHz 的调幅信号，双联先全部旋进然后缓缓旋出，使扬声器中能发出 1kHz 的低频叫声，仔细地拨动磁性天线线圈的位置，使声音最响。使信号发生器输出 1500kHz 的调幅信号，双联全部旋出后再缓缓旋进，使扬声器发出 1kHz 的低频叫声，调整双联输入联微调使声音最响。反复进行高端和低端的同步调整，使两端灵敏度兼顾。

经过以上几个步骤的调整以后，使收音机的灵敏度和选择性基本上可以达到规定的技术要求。

检测题（共 100 分，120 分钟）

一、填空题（每空 0. 5 分，共 21 分）

1. 基本放大电路的 3 种组态分别是________放大电路、________放大电路和________

放大电路。

2. 放大电路应遵循的基本原则是：________结正向偏置；________结反向偏置。

3. 将放大器________的全部或部分通过某种方式回送到输入端，这部分信号叫作________信号。使放大器净输入信号减小，放大倍数也减小的反馈，称为________反馈；使放大器净输入信号增加，放大倍数也增加的反馈，称为________反馈。放大电路中常用的负反馈类型有________负反馈、________负反馈、________负反馈和________负反馈。

4. 射极输出器具有________恒小于1但接近于1，________和________同相，并具有________高和________低的特点。

5. 共发射极放大电路的静态工作点设置较低，造成截止失真，其输出波形为________削顶。若采用分压式偏置电路，通过________调节________，可达到改善输出波形的目的。

6. 对放大电路来说，人们总是希望电路的输入电阻________越好，因为这可以减轻信号源的负荷。人们又希望放大电路的输出电阻________越好，因为这可以增强放大电路的整体负载能力。

7. 反馈电阻 R_E 的阻值通常为________，它不但能够对直流信号产生________作用，同样可对交流信号产生________作用，从而造成电压放大倍数下降过多。为了不使交流信号削弱，一般在 R_E 的两端________。

8. 放大电路有两种工作状态，当 $u_i=0$ 时电路的状态称为________态；有交流信号 u_i 输入时，放大电路的工作状态称为________态。在________态情况下，晶体管各极电压、电流均包含________分量和________分量。放大器的输入电阻越________，就越能从前级信号源获得较大的电信号；输出电阻越________，放大器带负载能力就越强。

9. 电压放大器中的三极管通常工作在________状态下，功率放大器中的三极管通常工作在________参数情况下。功放电路不仅要求有足够大的________，而且要求电路中还要有足够大的________，以获取足够大的功率。

10. 晶体管由于在长期工作过程中，受外界________及电网电压不稳定的影响，即使输入信号为零时，放大电路输出端仍有缓慢的信号输出，这种现象叫作________漂移。克服________漂移的最有效常用电路是________放大电路。

二、判断题（每小题1分，共19分）

1. 放大电路中的输入信号和输出信号的波形总是反相关系。（ ）

2. 放大电路中的所有电容器的作用均为通交隔直。（ ）

3. 射极输出器的电压放大倍数等于1，因此它在放大电路中作用不大。（ ）

4. 分压式偏置共发射极放大电路是一种能够稳定静态工作点的放大器。（ ）

5. 设置静态工作点的目的是让交流信号叠加在直流量上全部通过放大器。（ ）

6. 晶体管的电流放大倍数通常等于放大电路的电压放大倍数。（ ）

7. 微变等效电路不能进行静态分析，也不能用于功放电路分析。（ ）

8. 共集电极放大电路的输入信号与输出信号相位差为180°的反相关系。（ ）

9. 微变等效电路中不但有交流量，也存在直流量。（ ）

10. 基本放大电路通常都存在零点漂移现象。（ ）

11. 普通放大电路中存在的失真均为交越失真。（ ）

12. 差动放大电路能够有效地抑制零漂，因此具有很高的共模抑制比。（ ）

13. 放大电路通常工作在小信号状态下，功放电路通常工作在极限状态下。（　　）
14. 输出端交流短路后仍有反馈信号存在，可断定为电流负反馈。（　　）
15. 共发射极放大电路输出波形出现上削波，说明电路出现了饱和失真。（　　）
16. 放大电路的集电极电流超过极限值 I_{CM}，就会造成管子烧损。（　　）
17. 共模信号和差模信号都是电路传输和放大的有用信号。（　　）
18. 采用适当的静态起始电压，可达到消除功放电路中交越失真的目的。（　　）
19. 射极输出器不具有恒压输出特性。（　　）

三、选择题（每小题 2 分，共 20 分）

1. 基本放大电路中，经过晶体管的信号有（　　）。
A. 直流成分　B. 交流成分　C. 交、直流成分均有
2. 基本放大电路中的主要放大对象是（　　）。
A. 直流信号　B. 交流信号　C. 交、直流信号均有
3. 分压式偏置的共发射极放大电路中，若 V_B点电位过高，电路易出现（　　）。
A. 截止失真　B. 饱和失真　C. 晶体管被烧损
4. 共发射极放大电路的反馈元件是（　　）。
A. 电阻 R_B　B. 电阻 R_E　C. 电阻 R_C
5. 功放首先考虑的问题是（　　）。
A. 放大电路的电压放大倍数　B. 不失真问题　C. 管子的极限参数
6. 电压放大电路首先需要考虑的技术指标是（　　）。
A. 放大电路的电压放大倍数　B. 不失真问题　C. 管子的工作效率
7. 射极输出器的输出电阻小，说明该电路（　　）。
A. 带负载能力强　B. 带负载能力差　C. 减轻前级或信号源负荷
8. 功放电路易出现的失真现象是（　　）。
A. 饱和失真　B. 截止失真　C. 交越失真
9. 基极电流 i_B的数值较大时，易引起静态工作点 Q 接近（　　）。
A. 截止区　B. 饱和区　C. 死区
10. 射极输出器是典型的（　　）放大电路。
A. 电流串联负反馈　B. 电压并联负反馈　C. 电压串联负反馈

四、简答题（共 23 分）

1. 共发射极放大器中集电极电阻 R_C的作用是什么？（3 分）
2. 放大电路中为何设立静态工作点？静态工作点的高、低对电路有何影响？（4 分）
3. 指出图 7-32 所示各放大电路能否正常工作，如不能，请校正并加以说明。（8 分）
4. 零点漂移现象是如何形成的？哪一种电路能够有效抑制零漂？（4 分）
5. 为消除交越失真，通常要给功放管加上适当的正向偏置电压，使基极存在微小的正向偏流，让功放管处于微导通状态，从而消除交越失真。那么，这一正向偏置电压是否越大越好呢？为什么？（4 分）

五、计算题（共 17 分）

1. 画出图 7-32 所示电路的微变等效电路，并对电路进行动态分析。求解出电路的电压放大倍数 A_u、电路的输入电阻 r_i 及输出电阻 r_o。（9 分）

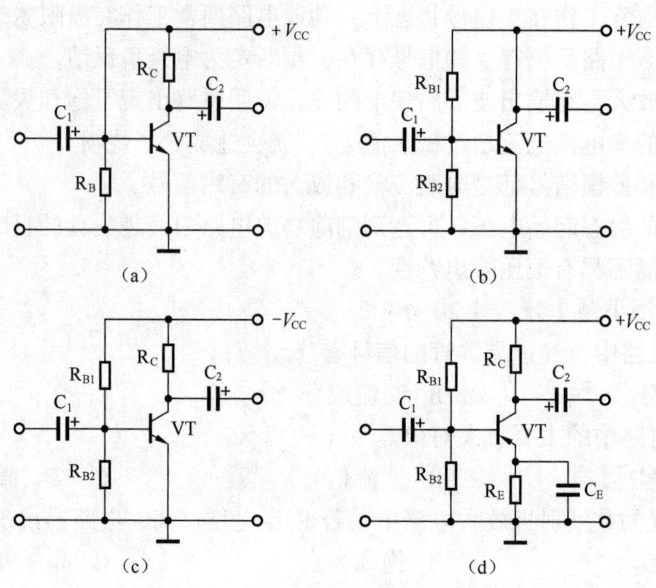

图 7-32

2. 在图 7-33 所示的分压式偏置放大电路中，已知 $R_C=3.3\text{k}\Omega$，$R_{B1}=40\text{k}\Omega$，$R_{B2}=10\text{k}\Omega$，$R_E=1.5\text{k}\Omega$，$\beta=70$。求静态工作点 I_{BQ}、I_{CQ} 和 U_{CEQ}。（8 分，图中晶体管为硅管）

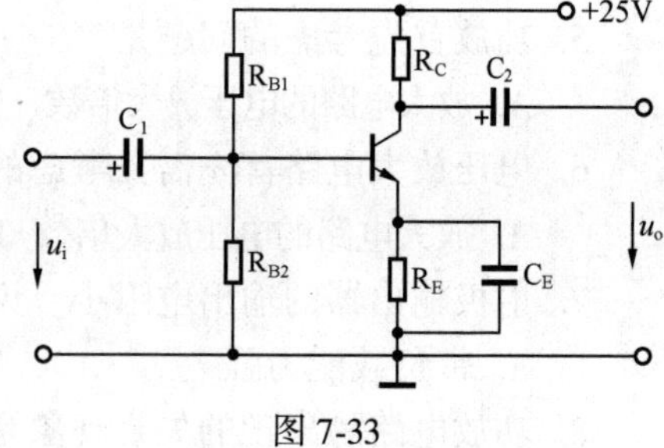

图 7-33

第8章 集成运算放大器

集成运算放大器（简称集成运放）最初应用于模拟计算机，对计算机内部信息进行加、减、乘、除及微分、积分等数学运算，并因此而得名。随着半导体集成工艺的飞速发展，集成运算放大器的应用已远远超出了模拟计算机的界限，集成运算放大器的品种也越来越多。

集成电路的技术发展将直接促进整机的小型化、高性能化、多功能化和高可靠性。可以毫不夸张地说，集成电路是工业的“食粮”和“原油”。随着电子设计自动化（EDA）技术的普及和深化，电子技术必将会以前所未有的面貌出现。因此，必须更新观念，加速对新器件、新特点的理解和应用。

本章从集成运放的组成和基本特性入手，着重介绍由集成运放构成的线性应用电路，在此基础上再介绍几种非线性应用电路。

目的和要求　了解集成运算放大器的一般概况；熟悉集成运算放大器的基本类型及其应用；掌握集成运算放大器的理想化条件，并能运用理想化条件对集成运放电路进行分析；理解运放的基本结构、组成、符号及主要参数，了解其常用的非线性应用。

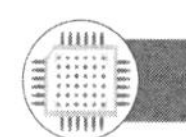

8.1 集成运算放大器概述

学习目标

了解集成运算放大器的基本概念及其图形符号和文字符号；熟悉集成运放的主要技术指标、电压传输特性；掌握运用理想运放条件分析线性集成运放电路的方法；理解“虚断”“虚短”的概念。

1. 集成运算放大器概述

集成运算放大器概述

第 7 章所讨论的放大电路都是由单个元件连接起来的电路，称为分立元件电路。随着科学技术的迅速发展，要求电子电路所完成的功能越来越多，其复杂程度也在不断增加。例如，一台电子计算机上所采用的元器件数目就高达几千甚至上万个。元件的庞杂给分立元件电路的应用带来极大的问题：其一是元器件数目增多必将导致设备的体积、重量、电能消耗增大；其二是元器件之间的焊点太多，必然造成设备的故障率提高。为解决上述问题，人们研制出一种崭新的电子器件——集成电路。

集成电路（IC）是 20 世纪 60 年代初发展起来的一种新型半导体器件。集成电路体积小、密度大、功耗低、引线短、外接线少，从而大大提高了电子电路的可靠性与灵活性，减少了组装和调整工作量，降低了成本。自 1959 年世界上第一块集成电路问世至今，虽然仅仅经历了 60 多年时间，但它已深入到工农业、日常生活及科技领域的诸多产品中。例如，在数控机床、仪器仪表等工业设备中；在通信技术和计算机中；在音响、电视、录像、洗衣机、电冰箱、空调等家用电器中；在导弹、卫星、战车、舰船、飞机等军事装备中都采用了集成电路。集成电路的发展对各行各业的技术改造与产品更新起到了促进作用。

从总体上看，集成电路相当于一种电压控制的电压源元件，即它能在外部输入信号控制下输出恒定的电压。实际上集成电路又不是一个元件，而是具有一个完整电路的全部功能。目前集成电路正向材料、元件、电路、系统四合一过渡，熟练掌握集成运放电路的分析方法，是今后实际工作中灵活应用运算放大器的重要基础。集成电路按外形及封装形式分为圆壳式、扁平式、单列直插式、双列直插式等，如图 8-1 所示。目前国内应用最多的是双列直插式。

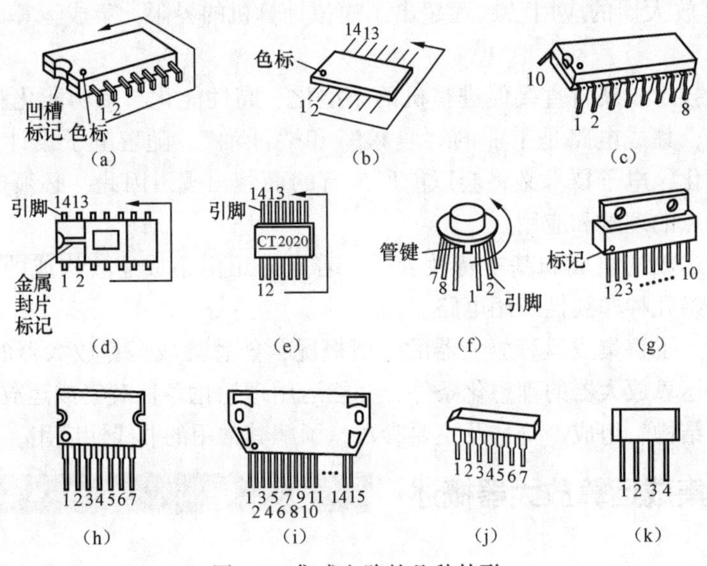

图 8-1　集成电路的几种外形

利用特殊半导体技术，在一块 P 型硅基片上制作出许多二极管、三极管、电阻、电容和连接导线的电路称为集成工艺。基片上所包含的元器件数称为集成度。按照集成度的不同，集成运放有小规模、中规模、大规模和超大规模之分。小规模集成电路一般含有十几到几十个元器件，它是单元电路的集成，芯片面积约为几平方毫米；中规模运放含有一百到几百个元器件，是一个电路系统中分系统的集成，芯片面积约 10mm^2；大规模和超大规模集成运放中含有数以千计或更多的元器件，它是把一个电路系统整个集成在基片上。集成运放的型号类型很多，内部电路也各有差异，但它们的基本组成是相同的，主要由输入级、中间放大级、输出级和偏置电路 4 部分构成，如图 8-2 所示。

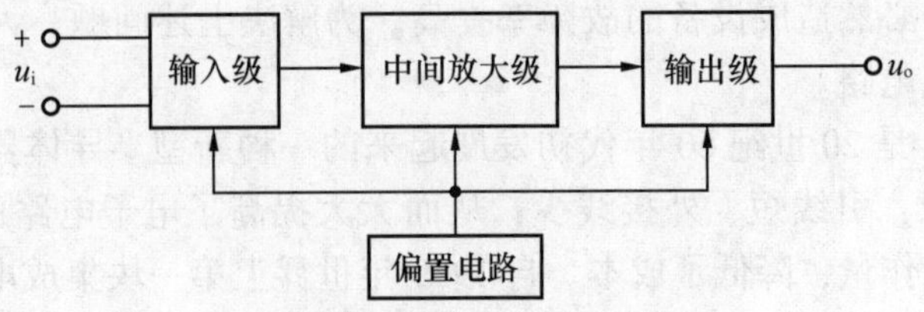

图 8-2　集成运放的基本组成框图

（1）输入级

集成运放的输入级又称为前置级，是决定运放性能好坏的关键，通常由一个高性能的双端输入差动放大器组成。输入级要求输入电阻高，差模电压放大倍数大，共模抑制比大，静态电流小，利用差动放大电路的对称特性来提高整个电路的共模抑制比和电路性能。

（2）中间放大级

中间放大级是整个集成运放的主放大器，其性能的好坏直接影响集成运放的电压放大倍数（即电压增益）。在集成运放中，通常采用复合管的共发射极电路作为中间级电路，主要作用是提高电压放大倍数。

集成运算放大电路的组成

（3）输出级

输出级又称功率放大级，要求有较小的输出电阻以提高带负载能力，通常采用电压跟随器或互补的电压跟随器组成，一般由 PNP 和 NPN 两种极性的三极管或复合管组成，以获得正、负两个极性的较大输出电压或电流，目的是降低输出电阻，提高带负载能力。

（4）偏置电路

集成运放工作在线性区时，其外部常常接有偏置的反馈电路，以便向集成运放内部各级电路提供合适又稳定的静态工作点电流，一般由各种电流源电路构成。

此外，集成运放电路中还有一些辅助环节，如电平移动电路、过载保护电路等。

2. 集成运放芯片引脚功能及元器件特点

集成运放引脚功能及元器件特点

集成运放总是采用金属或塑料封装在一起，是一个不可拆分的整体，所以也常把集成运放称为器件。作为一个器件，人们首先关心的是它们的外部连接和使用，对其内部情况仅有一些简单了解即可。因此，我们只重点介绍集成运放的引脚用途、引脚连接方式及运放的主要特点。

（1）集成运放各引脚的功能

图 8-3 所示为μA741 集成运放的引脚排列图、外部接线图及图形符号。

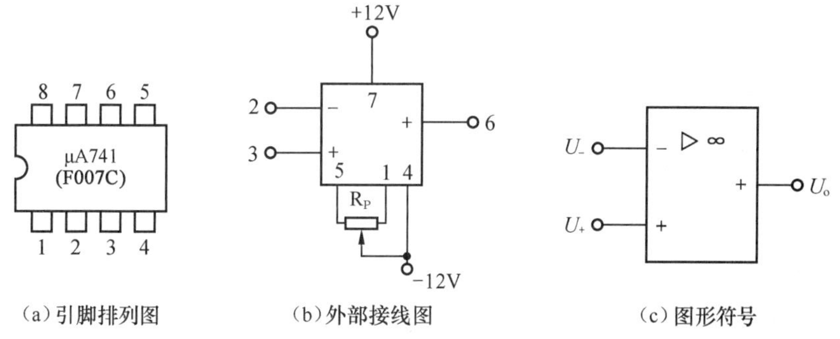

（a）引脚排列图　（b）外部接线图　（c）图形符号

图 8-3　μA741 引脚排列图、外部接线图及图形符号

由图形符号可看出，集成运放μA741 除了有同相、反相两个输入端外，还有±12V 两个电源端，一个输出端，另外还留出外接大电阻调零的两个端口，所以是多脚元器件。

引脚 2 为运放的反相输入端，引脚 3 为同相输入端，这两个输入端对于运放的应用极为重要，绝对不能接错。

引脚6为集成运放输出级的输出端，与外接负载相连。

引脚1和引脚5是外接调零补偿电位器端，集成运放的电路参数和晶体管特性不可能完全对称，因此，在实际应用当中，若输入信号为零而输出信号不为零，就需调节引脚1和引脚5之间电位器RP的数值，直至输入信号为零时，输出信号也为零时为止。

引脚4为负电源端，接-12V电位；引脚7为正电源端，接+12V电位，这两个引脚都是集成运放的外接直流电源引入端，使用时不能接错。

引脚8是空脚，使用时可悬空处理。

（2）集成电路元器件的特点

与分立元器件相比，集成电路元器件有以下特点。

① 单个元器件的精度不高，受温度影响也较大，但在同一硅片上用相同工艺制造出来的元器件性能比较一致，对称性好，相邻元器件的温度差别小，因而同一类元器件温度特性也基本一致。

② 集成电阻及电容的数值范围窄，数值较大的电阻、电容占用硅片面积大。集成电阻一般为几十欧至几十千欧，电容一般为几十皮法，电感目前不能集成。

③ 元器件性能参数的绝对误差比较大，而同类元器件性能参数之比值比较精确。

④ 纵向NPN管β值较大，占用硅片面积小，容易制造；而横向PNP管的β值很小，但其PN结的耐压高。

3. 集成运算放大器的主要技术指标

集成运放的性能指标

（1）开环电压放大倍数A_{u0}

开环电压放大倍数A_{u0}是指运放在无外加反馈条件下，输出电压与输入电压的变化量之比。一般集成运放的开环电压放大倍数A_{u0}很高，可达10^4～10^7，由图8-3（c）可得

$$A_{u0}=\frac{U_o}{U_+-U_-} \tag{8-1}$$

A_{u0}反映了输出电压U_o与输入电压U_+和U_-之间的关系。不同功能的运放，A_{u0}的数值相差比较悬殊。

（2）差模输入电阻r_i

电路输入差模信号时，运放的输入电阻值很高，一般可达几十千欧至几十兆欧。

（3）闭环输出电阻r_o

大多数运放的输出电阻在几十欧至几百欧。由于运放总是工作在深度负反馈条件下，因此其闭环输出电阻更小。

（4）最大共模输入电压U_{icmax}

最大共模输入电压U_{icmax}是指在保证运放正常工作条件下，运放所能承受的最大共模输入电压。共模电压若超过该值，输入差分对管子的工作点将进入非线性区，使放大器失去共模抑制能力，共模抑制比显著下降，甚至造成器件损坏。

4. 理想集成运放及其传输特性

集成运放的理想化条件和传输特性

为了简化分析过程，同时又满足工程的实际需要，通常把集成运放理想化。满足下列参数指标的运算放大器可以视为理想运算放大器。

① 开环电压放大倍数 $A_{u0}=\infty$，实际上 $A_{u0}\geqslant 80\text{dB}$ 即可。

② 差模输入电阻 $r_i=\infty$，实际上 r_i 比输入端外电路的电阻大 2~3 个量级即可。

③ 输出电阻 $r_o=0$，实际上 r_o 比输入端外电路的电阻小 2~3 个量级即可。

④ 共模抑制比足够大，理想条件下视为 $K_{CMR}\to\infty$。

在进行集成运放的一般原理性分析时，只要实际应用条件不使运放的某个技术指标明显下降，均可把运算放大器产品视为理想的。这样，根据集成运放的上述理想特性，可以大大简化运放的分析过程。图 8-4 所示为集成运放的电压传输特性。

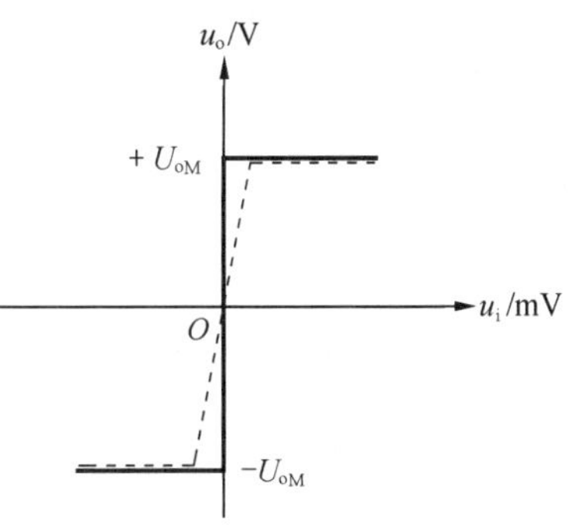

图 8-4　集成运放的电压传输特性

电压传输特性表示开环时输出电压与输入电压之间的关系。图中虚线表示实际集成运放的电压传输特性。由实际的电压传输特性可知，平顶部分对应± U_{oM}，表示输出正负饱和状态的情况。斜线部分实际上非常靠近纵轴，说明集成运放的线性区范围很小；输出电压 u_o 和两个输入端之间的电压（U_+-U_-）的函数关系是线性的（斜线范围），可用下式表示：

$$u_o=A_{u0}(U_+-U_-)=A_{u0}\cdot u_i \tag{8-2}$$

由于运放的开环电压放大倍数很大，即使输入信号电压是微伏数量级的，也足以使运放工作于饱和状态，使输出电压保持稳定。当 $U_+>U_-$ 时，输出电压 u_o 将跃变为正饱和值 $+U_{oM}$，接近于正电源电压值；当 $U_+<U_-$ 时，输出电压 u_o 又会立刻跃变为负饱和值 $-U_{oM}$，接近于负电源电压值。根据此特点，我们可得出集成运放在理想条件下的电压传输特性，如图 8-4 中粗实线所示。

根据集成运放的理想化条件，可以在输入端导出两条重要结论。

集成运放工作在线性区的特点

（1）虚短

理想运放的开环电压放大倍数很高，因此，当运放工作在线性区时，相当于一个线性放大电路，输出电压不超出线性范围。这时，运放的同相输入端与反相输入端两电位十分接近。在运放供电电压为±（12~15）V 时，输出电压的最大值一般在 10~13V。所以运放两输入端的电位差在 1mV 以下，近似等电位。这一特性称为“虚短”。显然，“虚短”不是真正的短路，只是分析电路时在允许误差范围之内的合理近似。“虚短”也可直接由理想条件导出：理想情况下 $A_{u0}=\infty$，则 $U_+-U_-=0$，即 $U_+=U_-$，运放的两个输入端等电位，可将它们看作虚短。

（2）虚断

差模输入电阻 $r_i=\infty$，因此可认为没有电流能流入理想运放，即 $i_+=i_-=0$。集成运放的输入电流恒为零，这种情况称为“虚断”。实际集成运放流入同相输入端和反相输入端中的电流十分微小，比外电路中的电流小几个数量级，因此流入运放的电流往往可以忽略不计，这一现象相当于运放的输入端开路，显然，运放的输入端并不是真正断开。

运用“虚短”和“虚断”这两个重要概念，对各种工作于线性区的应用电路进行分析，可以大大简化应用电路的分析过程。运算放大器构成的运算电路均要求输入与输出之间满足一定的函数关系，因此都可以应用这两条重要结论。如果运放不在线性区工作，也就没有“虚短”“虚断”的特性。在测量集成运放的两个输入端电位时，若发现可达几毫伏，那么该运放肯定不在线性区工作，或者已经损坏。

检验学习结果

1. 集成运放由哪几部分组成？各部分的主要作用是什么？
2. 试述集成运放的理想化条件有哪些。
3. 工作在线性区的理想运放有哪两条重要结论？试说明其概念。

技能训练

观察集成运放实物，认识实际器件及其引脚的识别方法。

8.2 集成运放的应用

学习目标

了解集成运放的线性应用；掌握反相、同相及双端输入方式的分析过程及分析方法；理解运放的非线性应用实例——电压比较器的工作原理。

集成运放的基本应用可分为线性应用和非线性应用两大类。首先介绍集成运放的线性应用。

1. 集成运放的线性应用

当集成运放通过外接电路引入负反馈时，集成运放成闭环状态并且工作于线性区。运放工作在线性区可构成模拟信号运算放大电路、正弦波振荡电路和有源滤波电路等。

（1）反相比例运算电路

图 8-5 所示为反相比例运算电路。其中，R_F 为反馈电阻，跨接在输出和反相输入端之间，构成电压并联负反馈电路，R_i 是输入电阻；R_P 是平衡电阻。为保证电路处于对称状态，就要使运放的反相输入端和同相输入端的外接电阻相等，即满足 $R_P=R_F//R_i$ 的条件，输入信号 u_i 由反相端加入。

观察图 8-5 所示电路，由“虚断”概念可得，通入 R_P 的电流为零，因此运放的同相输入端电位可看作与“地”电位相等。由“虚短”概念又可得，反相输入端的电位等于同相输入端的电位，即 $U_-=U_+=$“地”电位。反相输入端并未接“地”却具有“地”电位的现象，称为“虚地”。

由图 8-5 所示电路分析可知：

$$i_i=\frac{u_i}{R_i}=i_f=\frac{u_o}{R_F}$$

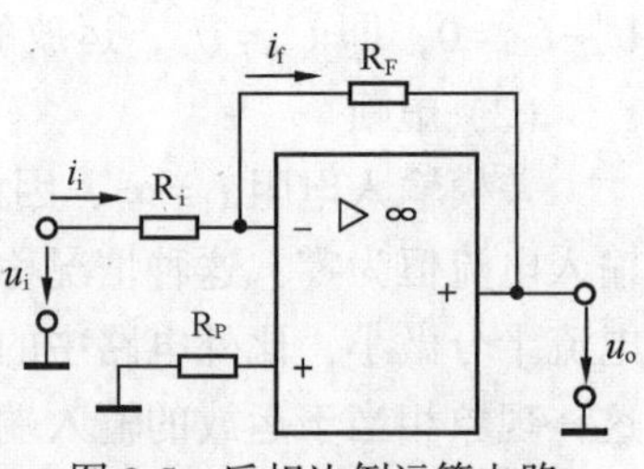

图 8-5　反相比例运算电路

由上式可推出反相比例运算电路的闭环电压放大倍数：

$$A_{uf}=\frac{u_o}{u_i}=-\frac{R_F}{R_i} \tag{8-3}$$

式中，负号说明输出电压 u_o 与输入电压 u_i 反相。可见，反相比例运算电路的闭环电压放大倍数实际上就是其比例运算常数。由式（8-3）又可得出电路输出与输入的关系式为

$$u_o = -\frac{R_F}{R_i} u_i \tag{8-4}$$

为保证运放电路具有一定的精度和稳定性，要求反相输入端等效电阻 R_N 与同相输入端等效电阻 R_P 数值相等，此电路若满足上述条件，显然需 $R_P = R_i // R_F$。

对此反相比例运算电路而言，输出电压 u_o 与输入电压 u_i 之间的比例关系是由反馈电阻 R_F 和输入电阻 R_i 决定的，与集成运放本身的参数无关。当选择外接电阻元件的数值合适，且外接电阻的阻值精度越高时，运放的精度和稳定性也越好。

当反相比例运算电路中取值 $R_i = R_F$ 时，$A_{uf} = -1$，$u_o = -u_i$，表明输出电压与输入电压大小相等，极性相反，此时运放做一次变号运算，具有此特征的反相比例运算电路称为反相器。

同相比例运算电路

(2) 同相比例运算电路

同相比例运算电路如图 8-6 所示。

由“虚断”可知，通过 R_2 的电流为零，因此同相输入端电位 $u_+ = u_i$。在电路没有反馈通道时，由“虚短”的概念可得 $u_- = u_+ = u_i$。

当电路中存在反馈通道时，反相输入端电位将发生变化，由于“虚断”可得，加入反馈通道后的反相输入端电位：

$$u_- = u_f = u_o \frac{R_1}{R_1 + R_F}$$

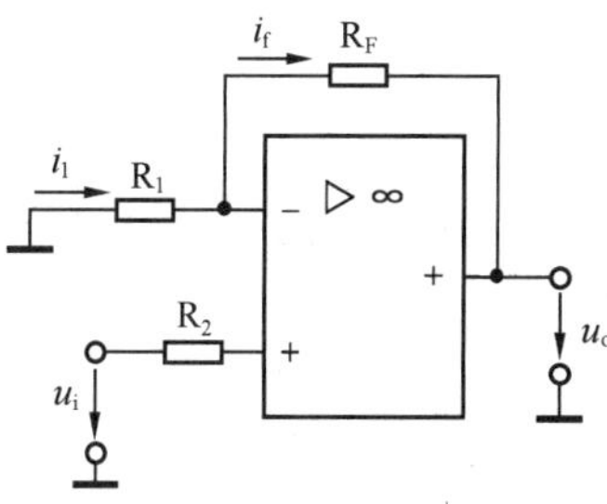

图 8-6　同相比例运算电路

反馈电压取自于输出电压 u_o，所以电路为电压反馈。由于反馈量 u_- 的存在，改变了运放电路的净输入电压 $u_{id} = u_+ - u_-$，且反馈电压 u_-、输入电压 u_i 和运放净输入量 u_{id} 三者在输入端以电压代数和的形式出现，因此为串联反馈，所以同相比例运算电路的反馈类型为电压串联负反馈。

依据图中各电压、电流的参考方向可得

$$i_1 = -\frac{u_i}{R_1} i_f \approx -\frac{u_o - u_i}{R_F}$$

由于 $i_1 = i_f$，可得

$$\frac{u_i}{R_1} = \frac{u_o - u_i}{R_F}$$

整理上式可得同相比例运算电路输出电压与输入电压之间的关系式为

$$u_o = \left(1 + \frac{R_F}{R_1}\right) u_i = A_{uf} u_i \tag{8-5}$$

式 (8-5) 表明，同相比例运算电路输出电压与输入电压同相，电路的闭环电压放大倍数（比例系数）恒大于 1，而且仅由外接电阻的数值来决定，与运放本身的参数无关。电路中的电阻 R_2 的取值应符合平衡关系：$R_2 = R_1 // R_F$。

当外接电阻 $R_1 = \infty$、反馈电阻 $R_F = 0$ 时，有 $u_o = u_i$，此状态下的同相比例运算电路构成电压跟随器，如图 8-7 所示。

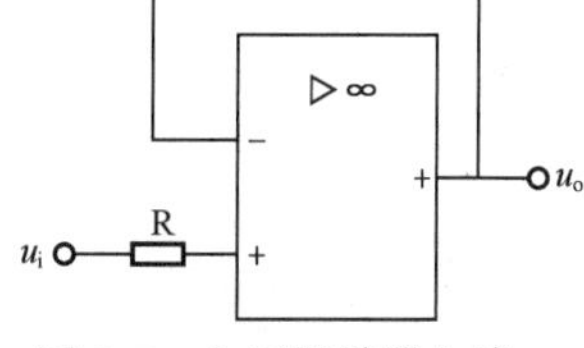

图 8-7　电压跟随器电路

(3) 双端输入差分运算电路

双端输入差分运算电路如图 8-8 所示。为保证电路的平衡性，

要求电路中 $R_N=R_P$。其中，$R_N=R_1//R_F$，$R_P=R_2//R_3$。

双端输入差分运算电路

令电路中电阻 $R_2=R_3$，可得同相端电位：

$$u_+=u_{i2}\frac{R_3}{R_2+R_3}=\frac{u_{i2}}{2}$$

根据“虚短”，则 $u_-=u_+=\frac{u_{i2}}{2}$，根据电路中各电流的参考方向可得 $i_1=\frac{u_{i1}-\frac{u_{i2}}{2}}{R_1}$，$i_f=\frac{\frac{u_{i2}}{2}-u_o}{R_F}$，且 $i_1=i_f$，因此有

$$\frac{u_{i1}-\frac{u_{i2}}{2}}{R_1}=\frac{\frac{u_{i2}}{2}-u_o}{R_F}$$

对上式整理可得

$$u_o=\frac{u_{i2}}{2}-\frac{u_{i1}R_F}{R_1}+\frac{u_{i2}R_F}{2R_1} \tag{8-6}$$

如果令电路中电阻 $R_1=R_F=R_2=R_3$，则式（8-6）可改写为

$$u_o=u_{i2}-u_{i1} \tag{8-7}$$

实现了输出对输入的差分减法运算。

微分运算电路

（4）微分运算电路

把反相比例运算电路中的输入电阻 R_i 用电容 C 代替，即成为微分运算电路，如图 8-9 所示。

图 8-8　双端输入差分运算电路

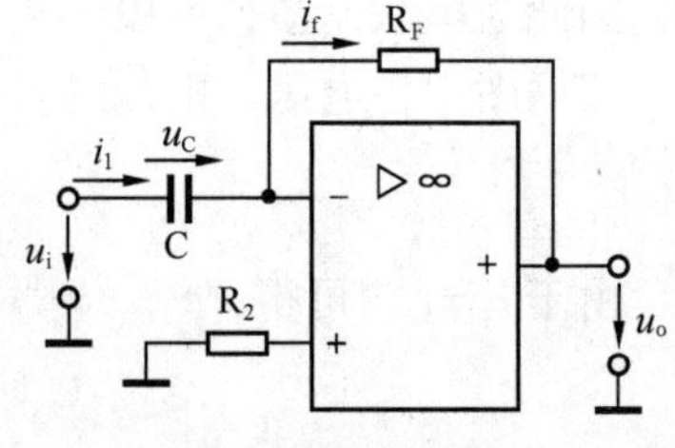

图 8-9　微分运算电路

当微分运算电路输入信号频率较高时，电容 C 的容抗减小，电路电压放大倍数增大，因此微分运算电路对输入信号中的高频干扰非常敏感。

微分运算电路也是反相输入电路，因此同样存在“虚地”现象。由电路图可看出电路中的输入电压 u_i 在数值上等于电容的极间电压 u_C，根据“虚断”又可得 $i_1=i_c=i_f$，即

$$i_1=C_1\frac{du_C}{dt}=C\frac{du_i}{dt}\qquad u_o=-i_fR_F=-i_1R_F$$

可得

$$u_o=-R_FC\frac{du_i}{dt} \tag{8-8}$$

实现了微分电路的输出电压正比于输入电压对时间的微分。

注意： 电路中的比例常数 R_FC 称为时间常数，用 $\tau=R_FC$ 表示，它决定了微分电路中电

容充、放电的快慢程度。

微分运算电路最初的作用就是将一个方波信号变为一个尖脉冲电压，如图 8-10 所示。因此微分运算电路的输出是作为电路的触发信号或是作为计时标记，对电路的要求也不高，一般要求前沿要陡、幅度要大、脉冲要尖等。

目前微分运算电路广泛应用于处理一些模拟信号。如医用电子仪器中，已测出生物电信号阻抗图、肌电图、脑电图、心电图等，就可用微分电路求出相应的阻抗微分图、肌电微分图、脑电微分图、心电微分图等，这些生物电流的微分图可反映出生物电的变化速率，在临床诊断上有着十分重要的意义。

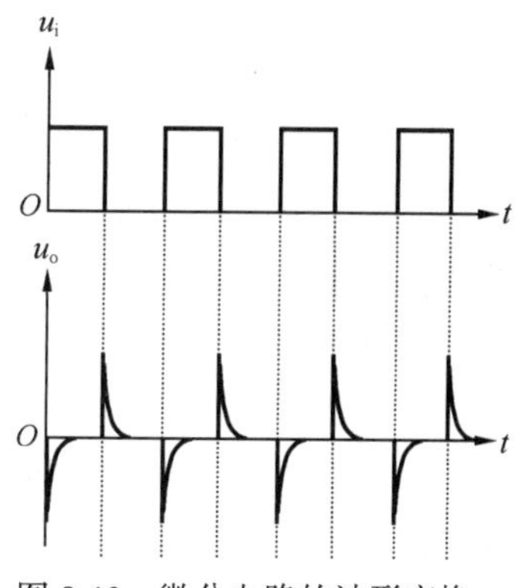

图 8-10　微分电路的波形变换

（5）积分运算电路

只要把微分运算电路中的 R_F 和 C 的位置互换，就构成了最简单的积分运算电路，如图 8-11 所示。注意积分运算电路作为反相输入电路，同样存在“虚地”现象。

显然，积分电路中有

$$u_o = -\frac{1}{C_F}\int i_f \mathrm{d}t$$

积分运算电路

根据“虚断”和“虚短”又可知 $i_f = i_1 = \frac{u_i}{R_1}$，代入上式可得

$$u_o = -\frac{1}{R_1 C_F}\int u_i \mathrm{d}t \tag{8-9}$$

可见，电路实现了输出电压 u_o 正比于输入电压 u_i 对时间的积分，其比例常数取决于积分时间常数 $\tau = R_1 C_F$，式中的负号表示输出电压与输入电压反相。

积分运算电路广泛应用于工业领域或其他领域，主要作用有：波形变换，可以把一个输入的方波转换成一个输出的等腰三角波或斜波；移相，将输入的正弦电压变换为输出的余弦电压；滤波，对低频信号增益大、对高频信号增益小，当信号频率趋于无穷大时增益为零。积分运算电路还可消除放大电路失调电压；在电子线路中用于延迟；将电压量变为时间量；应用于模/数（A/D）转换电路中及反馈控制中的积分补偿等场合。

（6）集成运放线性应用实例

应用实例 1——测振仪。测振仪的组成框图如图 8-12 所示。

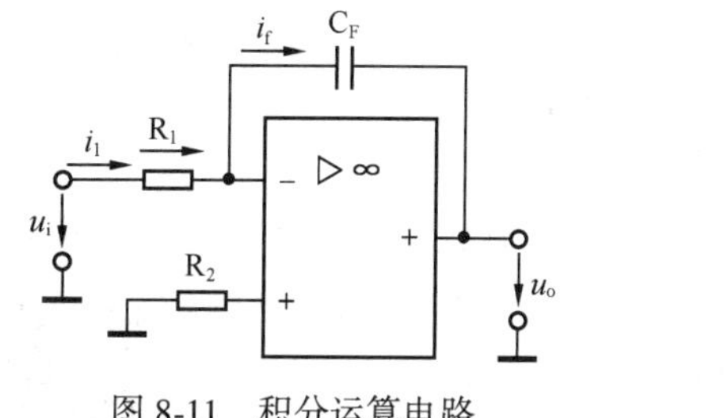

图 8-11　积分运算电路

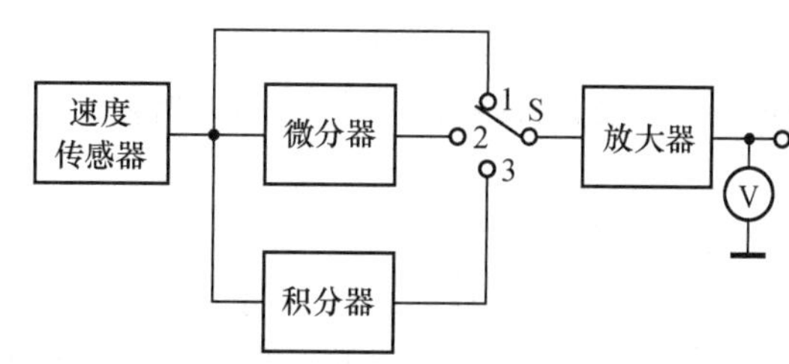

图 8-12　测振仪组成框图

测振仪用于测量物体振动时的位移、速度和加速度。设物体振动的位移为 x，振动的速度为 v，加速度为 a，则

$$v=\frac{\mathrm{d}x}{\mathrm{d}t},\ a=\frac{\mathrm{d}v}{\mathrm{d}t}=\frac{\mathrm{d}^2x}{\mathrm{d}t^2},\ x=\int v\mathrm{d}t$$

图 8-12 中速度传感器产生的信号与速度成正比，开关在位置“1”时，它可直接放大测量速度；开关在位置“2”时，速度信号经微分器进行微分运算再放大，可测量加速度 a；开关在位置“3”时，速度信号经积分器进行积分运算再一次放大，又可测量位移 x。在放大器的输出端，可接测量仪表或示波器进行观察和记录。

应用实例 2——光电转换电路。具体电路如图 8-13 所示。

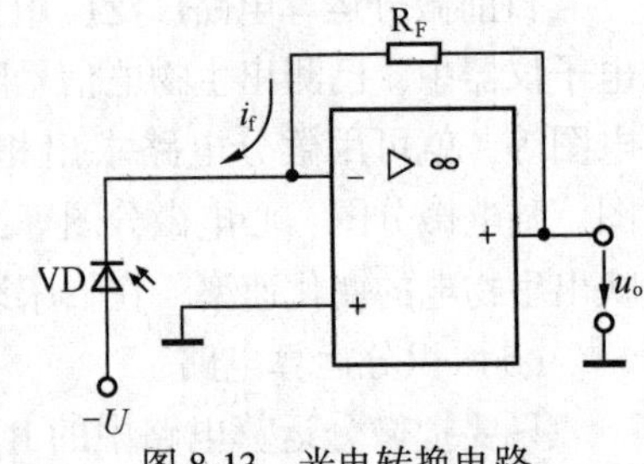

图 8-13　光电转换电路

光电传感器有光电二极管、光敏电阻、光电三极管和光电池等，它们都是电流器件。在光照作用下产生电流，将光信号转换成电信号，经放大后即可进行检测与控制。

光电二极管的结构在前面讲过，也是由一个 PN 结构成的，只是其 PN 结面积较大，以增加受光的面积；PN 结的结深很浅（小于 10^{-6}m），可提高光电转换效率。

光电二极管工作在反向状态。无光照时，其反向电流一般小于 0.1μA，常称为暗电流。光电二极管的反向电阻很大，高达几兆欧。有光照时，在光的激发下，反向电流随光照强度而增大，称为光电流，这时的反向电阻可降至几十欧以下。图 8-13 所示电路中，有光照时产生的光电流 i_f 由 u_o→R_F→VD→$-U$，这时集成运放的输出电压为 $u_o=i_f R_F$。

集成运放应用在非线性区的特点

2. 集成运放的非线性应用

（1）集成运放应用在非线性区的特点

① 集成运放应用在非线性电路时，处于开环或正反馈状态下。非线性应用中的运放本身不带负反馈，这一点与运放的线性应用有着明显的不同。

② 运放在非线性运用状态下，同相输入端和反相输入端上的信号电压大小不等，因此“虚短”的概念不再成立。当同相输入端信号电压 U_+大于反相输入端信号电压 U_-时，输出端电压 U_o 等于$+U_{oM}$；当同相输入端信号电压 U_+小于反相输入端信号电压 U_-时，输出端电压 U_o 等于$-U_{oM}$。

③ 非线性应用下的运放虽然同相输入端和反相输入端信号电压不等，但由于其输入电阻很大，所以输入端的信号电流仍可视为零值。因此，非线性应用下的运放仍然具有“虚断”的特点。

④ 非线性区的运放输出电阻仍可以认为是零值。此时运放的输出量与输入量之间为非线性关系，输出端信号电压或为正饱和值，或为负饱和值。

（2）集成运放的非线性应用

集成运放工作在非线性区可构成各种电压比较器和矩形波发生器等。其中，电压比较器的功能主要是对送到运放输入端的两个信号（模拟输入信号和基准电压信号）进行比较，并在输出端以高低电平的形式给出比较结果。

单门限电压比较器

① 单门限比较器。图 8-14（a）所示为单门限电压比较器的电路组成。把输入信号电压 u_i 接入反相输入端、门限电压（基准电压）U_R 接在同相输入端，当 $u_i<U_R$ 时，$u_o=+U_{oM}$；当 $u_i>U_R$ 时，$u_o=-U_{oM}$。由图8-14（b）所

示传输特性曲线还可看出，$u_i = U_R$ 是电路的状态转换点，因此，基准电压 U_R 也称为阈值（门限值）电压，单门限电压比较器的输入 u_i 达到门限值 U_R 时，输出电压 u_o 产生跃变［实际情况如图 8-14（b）中虚线所示］。

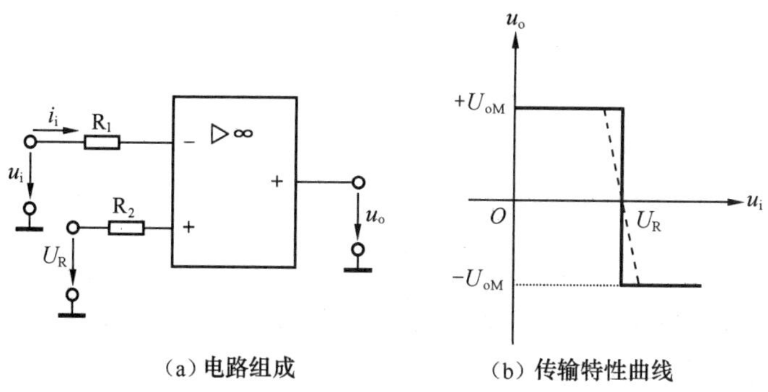

（a）电路组成　　（b）传输特性曲线

图 8-14　单门限电压比较器

实际应用中，输入模拟电压 u_i 也可接在集成运放的同相输入端，而基准电压 U_R 作用于运放的反相输入端，对应电路的工作特性也随之改变为：当 $u_i > U_R$ 时，$u_o = +U_{oM}$，当 $u_i < U_R$ 时，$u_o = -U_{oM}$。

单门限电压比较器的基准电压只有一个，当门限电压 $U_R = 0$ 时，输入电压每经过一次零值，输出电压就要产生一次跃变，这时的单门限比较器称为过零比较器，过零比较器的电路组成与传输特性曲线如图 8-15 所示。

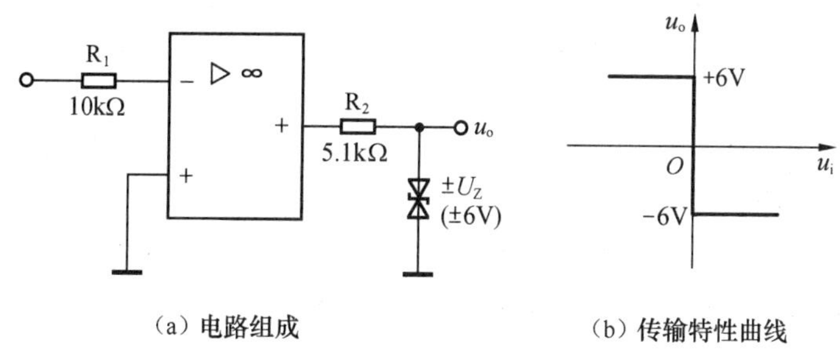

（a）电路组成　　（b）传输特性曲线

图 8-15　过零比较器

图 8-15（a）中输出端到“地”端之间连接的是双向稳压二极管，其稳压值 $U_Z = \pm 6V$，一方面它是过零比较器输出状态的数值，另一方面它对电路的输出还起着保护作用。过零比较器和其他形式的单门限比较器主要应用于波形变换、波形整形和整形检测等电路。

单门限比较器的优点是电路简单、灵敏度高，缺点是抗干扰能力较差，当输入信号上出现叠加干扰信号时，输出也随干扰信号在基准信号附近来回翻转。为提高其抗干扰能力，通常采用滞回电压比较器。

双门限电压比较器

② 滞回电压比较器。滞回电压比较器是一种能判断出两种控制状态的开关电路，广泛应用于自动控制系统的电路中。滞回电压比较器的电路组成如图 8-16（a）所示。显然，在单门限电压比较器的基础上，引入一个正反馈通道，由正反馈通道可将输出电压的一部分回送到运放的同相输入端，作为滞回电压比较器的门限电平，即图 8-16（a）中的 U_B，当输入电压 u_i 从小往大变化时，门限电平为 U_{B1}；当输入电压 u_i 从大往小变化时，门限电平为 U_{B2}。其电压传输特性曲线如图 8-16（b）所示。

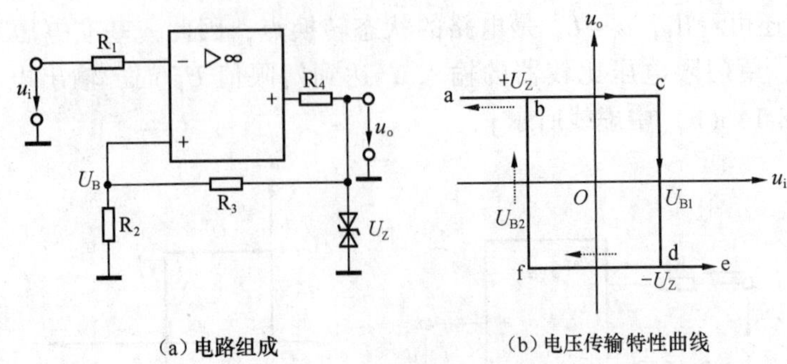

（a）电路组成　　（b）电压传输特性曲线

图 8-16　滞回电压比较器

开环状态下的滞电压比较器最大的缺点是抗干扰能力较差。由于集成运放的开环电压放大倍数 A_{u0} 极大，只要输入电压 u_i 在转换点附近有微小的波动时，输出电压 u_o 就会在 $\pm U_Z$（或 $\pm U_{OM}$）之间上下跃变；如果有干扰信号进入开环状态下的电压比较器，极易造成比较器产生误翻转，有效解决上述问题的办法就是引入适当的正反馈。

滞回电压比较器采用了正反馈网络，如图 8-16（a）所示。电路输出电压 u_o 经正反馈通道中的电阻 R_3 把输出回送至运放的同相输入端，由于“虚断”，R_2 和 R_3 构成串联形式，对输出量 $\pm U_Z$ 分压得到 $\pm U_B$，作为电压比较器的基准电压。正反馈网络中的 R_2 和 R_3 可加速集成运放在高、低输出电压之间的转换，使传输特性跃变陡度增大，使之接近垂直的理想状态。

观察图 8-16（b），当输入信号电压由 a 点负值开始增大时，输出电压 $u_o=+U_Z$，直到输入电压 $u_i=U_{B1}$ 时，电路输出状态由 $+U_Z$ 陡降至 $-U_Z$，正反馈的作用过程：$u_o\downarrow\rightarrow U_{B1}\downarrow\rightarrow(u_i-U_{B1})\uparrow\rightarrow u_o\downarrow$，电压传输特性由 a→b→c→d→e；当输入信号电压 u_i 由 e 点正值开始逐渐减小时，输出信号电压 u_o 等于 $-U_Z$，当输入电压 u_i 减小至 U_{B2} 时，u_o 由 $-U_Z$ 陡升至 $+U_Z$，正反馈的作用过程：$u_o\uparrow\rightarrow U_{B2}\uparrow\rightarrow(u_i-U_{B2})\downarrow\rightarrow u_o\uparrow$，电压传输特性由 e→f→b→a。

由于这种双门限的电压比较器在电压传输过程中具有滞回特性，因此称为滞回电压比较器。滞回电压比较器加入了正反馈网络，使输入从大往小变化和从小往大变化时存在回差电压，从而大大增强了电路的抗干扰能力。

方波发生器

③ 方波信号发生器。图 8-17 为方波信号发生器的电路图及波形图。由图 8-17（a）可看出，方波信号发生器就是在滞回电压比较器的基础上，在输出和反相端之间增加一条 RC 充放电反馈支路构成的。

（a）电路图　　（b）波形图

图 8-17　方波信号发生器

方波信号发生器输出端连接的双向稳压管对输出双向限幅，使 $u_o=\pm U_Z$。R_2 和 R_3 组成的正反馈电路为同相输入端提供基准电压 U_B；R_F、R_1 和 C 构成负反馈通道，为运放构成的方波发生器的反相输入端提供电压 u_C。集成运放接成滞回电压比较器，将负反馈通道的 u_C 与门限值 U_B 进行比较，根据比较结果来决定输出电压 u_o 的状态，当 $u_C>U_B$ 时，$u_o=-U_Z$，当 $u_C<U_B$ 时，$u_o=+U_Z$。

工作原理：当运放通电瞬间，电路中存在微弱的冲击电流，由冲击电流造成的电干扰，通过正反馈的积累，可使方波发生器的输出电压迅速达到$\pm U_Z$。假设方波发生器开始工作时 $u_o=+U_Z$，此时电容器 C 储能为零。输出通过负反馈通道 R_F 向电容器 C 充电，充电电流的方向如图 8-17（a）中实线箭头所示。随着充电过程的进行，u_C 按指数规律增大；与此同时，通过正反馈通道，在滞回比较器的同相输入端得到了基准电压 U_{B1}：

$$U_B=U_{B1}=+\frac{R_2}{R_2+R_3}U_Z$$

u_C 从零增大的充电过程中，不断和基准电压相比较，当充电至数值等于 U_{B1}时，滞回电压比较器状态发生翻转，$u_o=-U_Z$。通过正反馈通道，电路的基准电压迅速改变为

$$U_B=U_{B2}=-\frac{R_2}{R_2+R_3}U_Z$$

于是滞回电压比较器反相端电位高于同相端基准电压（同时高于输出电压），电容器 C 经 R_F 放电，放电电流的方向如图 8-17（a）中虚线箭头所示，u_C 按指数规律衰减。当 u_C 按指数规律放电结束为零时，u_C 仍高于输出电压和门限电平，因此继续通过 R_F 反向充电，电流方向不变，反向充电到数值等于 U_{B2}时，方波发生器的输出 u_o 状态再次翻转，跃变为 $+U_Z$，门限电平通过正反馈通道又变为 U_{B1}，电容器通过 R_F 又开始反向放电，反向放电的电流方向和正向充电的电流方向相同。如此周而复始，在方波发生器的输出端得到了连续的、幅值为$\pm U_Z$ 的方波电压，其波形图如图 8-17（b）所示。

检验学习 结果

1. 集成运放的线性应用主要有哪些特点？
2. “虚地”现象只存在于线性应用运放的哪种运算电路中？
3. 集成运放的非线性应用主要有哪些特点？
4. 画出滞回电压比较器的电压传输特性曲线，说明其工作原理。
5. 举例说明理想集成运放两条重要结论在运放电路分析中的作用。
6. 工作在线性区的集成运放，为什么要引入深度电压负反馈？而且反馈电路为什么要接到反相输入端？

技能 训练

集成运算放大器线性应用电路的研究。

1. 实训目的

① 进一步巩固和理解集成运算放大器线性应用的基本运算电路构成及功能。

② 加深对线性状态下集成运算放大器工作特点的理解。

2. 实训仪器设备

① 模拟电子实验台（或模拟电子实验箱）一套。

② 集成运放芯片μA741 两只。

③ 电阻、连接导线等其他相关设备若干。

3. 实训项目电路原理图

图 8-18 所示为电路原理图。

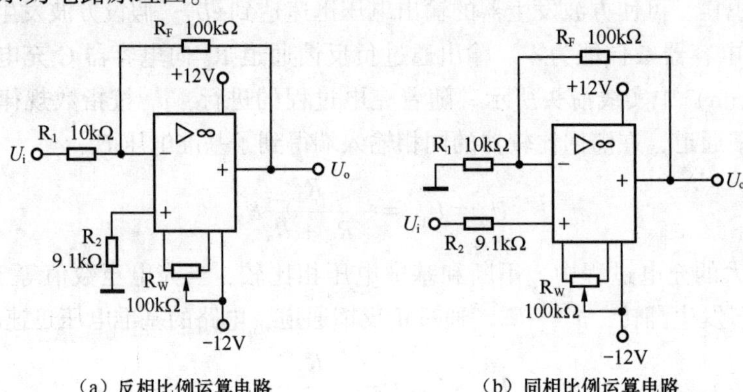

（a）反相比例运算电路　　　（b）同相比例运算电路

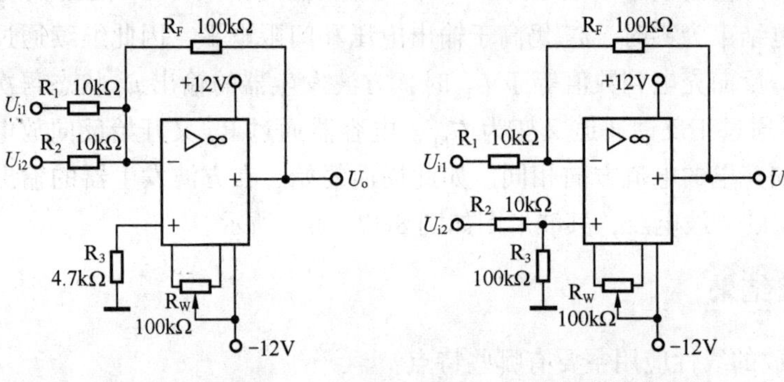

（c）反相加法运算电路　　　（d）减法运算电路

图 8-18　电路原理图

4. 实训原理

① 集成运放μA741 的芯片外形及引脚排列如图 8-19 所示。详细介绍见前文 8.1 节内容。

② 实验中各运算电路在图 8-18 所示参数设置下，相应运用公式如下。

图 8-18（a）: $U_o = \dfrac{R_F}{R_1}U_i$　　　平衡电阻 $R_2 = R_1//R_F$

图 8-18（b）: $U_o = \left(1 + \dfrac{R_F}{R_1}\right) U_i$　　　平衡电阻 $R_2 = R_1//R_F$

图 8-18（c）: $U_o = \left(\dfrac{R_F}{R_1}U_{i1} + \dfrac{R_F}{R_2}U_{i2}\right)$　　　$R_3 = R_1//R_2//R_F$

当 $R_1 = R_2 = R_F$ 时，有

$$U_o = -(U_{i1} + U_{i2})$$

图 8-18（d）：当 $R_1 = R_2$，$R_3 = R_F$ 时，有

$$U_o = \frac{R_F}{R_1}(U_{i2} - U_{i1})$$

若再有 $R_1 = R_2 = R_3 = R_F$，则

$$U_o = (U_{i2} - U_{i1})$$

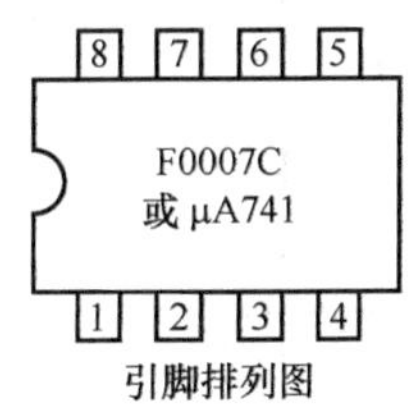

图 8-19　μA741 的芯片外形及引脚排列

5. 实训步骤

① 认识集成运放μA741 芯片上各引脚的位置及用途，小心插放在实验台或实验箱上的 8P 插座中，使之插入牢固。切忌引脚位置不能插错，正、负电源极性不能接反等，否则将会损坏集成块。

② 在实验台（或实验箱）直流稳压电源处调出+12V 和−12V 两个电压接入实验电路的芯片引脚 7 和引脚 4，除固定电阻外，可变电阻用万用表欧姆挡调出电路所需数值，与对应位置相连。

③ 按照图 8-18（a）电路连线。连接完毕首先调零和消振：使输入信号为零，然后调节调零电位器 R_W，用万用表直流电压挡监测输出，使输出电压也为零。

④ 输入 $U_i = 0.5V$ 的直流信号或 $f = 100Hz$、$U_i = 0.5V$ 的正弦交流信号，连接与固定电阻 R_1 的一个引出端，R_1 的另一个引出端与反相端相连。

⑤ 观测相应电路输出 U_o 的输出及示波器波形，验证输出是否对输入实现了比例运算，记录下来。

⑥ 分别按照图 8-18（b）、图 8-18（c）和图 8-18（d）各实验电路连接观测，认真分析电路输出和输入之间的关系是否满足各种运算，逐一记录下来。

6. 实训思考

① 为何要对实训电路预先调零？不调零对电路有什么影响？

② 在比例运算电路中，R_F 和 R_1 的大小对电路输出有何影响？

学海领航	了解老一辈电子工业科技人的艰苦奋斗历程，学习老一辈科技工作者爱国、奉献、奋斗、创新、勇攀高峰的时代精神，以科技兴国为主旨，深入学习更多的知识和技能以报效祖国。

检测题（共 100 分，120 分钟）

一、填空题（每空 0.5 分，共 20 分）

1. 若要集成运放工作在线性区，则必须在电路中引入________反馈；若要集成运放工作在非线性区，则必须在电路中引入________反馈或者在________状态下。集成运放工作在线性区的特点是________等于零和________等于零；工作在非线性区的特点：一是输出电压只具有________状态和净输入电流等于________；在运算放大器电路中，集成运放工作在________区，电压比较器工作在________区。

2. 集成运算放大器具有________和________两个输入端，相应的输入方式有________输入、________输入和________输入 3 种。

3. 理想运算放大器工作在线性区时有两个重要特点：一是差模输入电压________，称为________；二是输入电流________，称为________。

4. 理想集成运放的 A_{u0} = ________，r_i = ________，r_o = ________，K_{CMR} = ________。

5. ________比例运算电路中反相输入端为虚地，________比例运算电路中的两个输入端电位等于输入电压。________比例运算电路的输入电阻大，________比例运算电路的输入电阻小。

6. ________比例运算电路的输入电流等于零，________比例运算电路的输入电流等于流过反馈电阻中的电流。________比例运算电路的比例系数大于1，而________比例运算电路的比例系数小于零。

7. ________运算电路可实现 A_u>1 的放大器，________运算电路可实现 A_u<0 的放大器，________运算电路可将三角波电压转换成方波电压。

8. ________电压比较器的基准电压 U_R = 0 时，输入电压每经过一次零值，输出电压就要产生一次________，这时的比较器称为________比较器。

9. 集成运放的非线性应用常见的有________、________和________发生器。

10. ________比较器的电压传输过程中具有回差特性。

二、判断题（每小题1分，共10分）

1. 电压比较器的输出电压只有两种数值。（　）
2. 集成运放使用时不接负反馈，电路中的电压放大倍数称为开环电压放大倍数。（　）
3. “虚短”就是两点并不真正短接，但具有相等的电位。（　）
4. “虚地”是指该点与“地”点相接后，具有“地”点的电位。（　）
5. 集成运放不但能处理交流信号，也能处理直流信号。（　）
6. 集成运放在开环状态下，输入与输出之间存在线性关系。（　）
7. 同相输入和反相输入的运放电路都存在“虚地”现象。（　）
8. 理想运放构成的线性应用电路，电压放大倍数与运放本身的参数无关。（　）
9. 各种比较器的输出只有两种状态。（　）
10. 微分运算电路中的电容器接在电路的反相输入端。（　）

三、选择题（每小题2分，共20分）

1. 理想运放的开环电压放大倍数 A_{u0} 为（　），输入电阻为（　），输出电阻为（　）。

A. ∞　　B. 0　　C. 不定

2. 国产集成运放有3种封闭形式，目前国内应用最多的是（　）。

A. 扁平式　　B. 圆壳式　　C. 双列直插式

3. 由运放组成的电路中，工作在非线性状态的电路是（　）。

A. 反相放大器　　B. 差分放大器　　C. 电压比较器

4. 理想运放的两个重要结论是（　）。

A. “虚短”与“虚地”　　B. “虚断”与“虚短”　　C. 断路与短路

5. 集成运放一般分为两个工作区，它们分别是（　）。

A. 正反馈与负反馈　　B. 线性与非线性　　C. “虚断”和“虚短”

6.（　）输入比例运算电路的反相输入端为虚地点。

A. 同相　　B. 反相　　C. 双端

7. 集成运放的线性应用存在（　）现象，非线性应用存在（　）现象。

A. “虚地”　　B. “虚断”　　C. “虚断”和“虚短”

8. 各种电压比较器的输出状态只有（　　）。

A. 1 种　　B. 2 种　　C. 3 种

9. 基本积分电路中的电容器接在电路的（　　）。

A. 反相输入端　　B. 同相输入端　　C. 反相端与输出端之间

10. 分析集成运放的非线性应用电路时，不能使用的概念是（　　）。

A. “虚地”　　B. “虚短”　　C. “虚断”

四、简述题（共 20 分）

1. 集成运放一般由哪几部分组成？各部分的作用如何？（4 分）

2. 何谓“虚地”？何谓“虚短”？在什么输入方式下才有“虚地”？若把“虚地”真正接“地”，集成运放能否正常工作？（4 分）

3. 集成运放的理想化条件主要有哪些？（3 分）

4. 在输入电压从足够低逐渐增大到足够高的过程中，单门限比较器和滞回电压比较器的输出电压各变化几次？（3 分）

5. 集成运放的反相输入端为虚地时，同相端所接的电阻起什么作用？（3 分）

6. 应用集成运放芯片连成各种运算电路时，为什么首先要对电路进行调零？（3 分）

五、计算题（共 30 分）

1. 图 8-20 所示电路为应用集成运放组成的测量电阻的原理电路，试写出被测电阻 R_x 与电压表电压 U_o 的关系。（10 分）

2. 在图 8-21 所示电路中，已知 $R_1=2\text{k}\Omega$，$R_F=5\text{k}\Omega$，$R_2=2\text{k}\Omega$，$R_3=18\text{k}\Omega$，$U_i=1\text{V}$，求输出电压 U_o。（10 分）

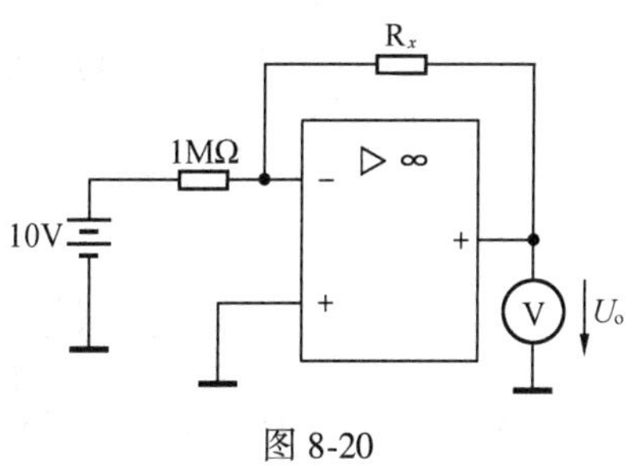

图 8-20

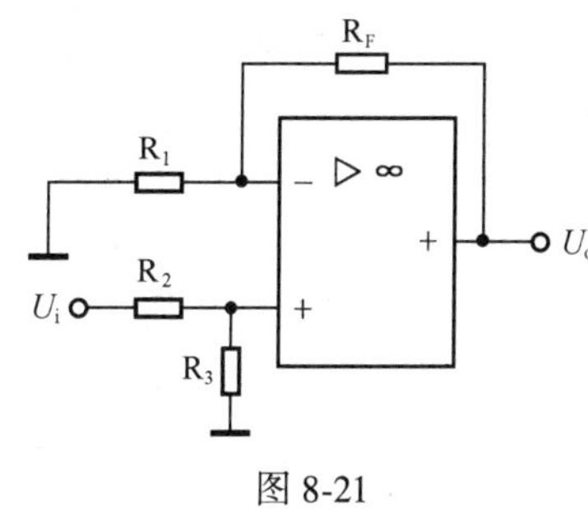

图 8-21

3. 在图 8-22 所示电路中，已知电阻 $R_F = 5R_1$，输入电压 $U_i=5\text{mV}$，求输出电压 U_o。（10 分）

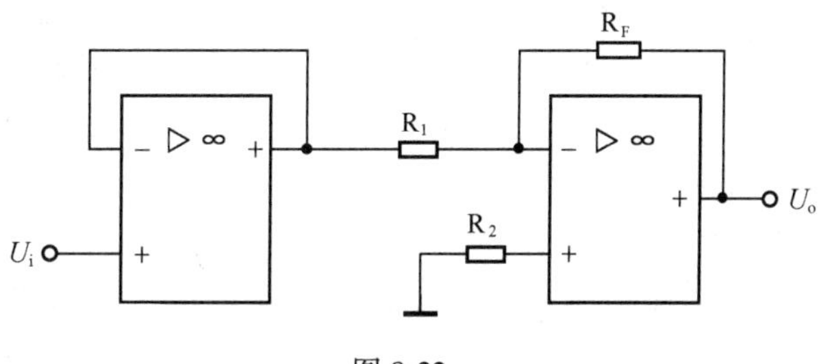

图 8-22

第9章 组合逻辑电路

随着微型计算机的迅速发展和广泛应用，数字电子技术迈进了一个新的阶段。如今，数字电子技术不仅广泛应用于现代数字通信、雷达、自动控制、遥测、遥控、数字计算机、数字测量仪表等各个领域，而且进入了千家万户的日常生活。本章主要介绍有关数字电子技术的基础知识。

目的和要求 门电路是构成组合逻辑电路的基本单元，学习中注意理解各种门的工作原理和逻辑功能；掌握逻辑代数的运算及其化简方法；熟悉组合逻辑电路的几种描述方法，掌握组合逻辑电路的分析步骤和方法；熟悉各类常用中规模集成逻辑部件的逻辑功能、工作原理及应用。

9.1 门电路

学习目标

了解数字电路的基本概念；熟悉各种门电路的组成及工作原理，了解集成电路应注意的事项；掌握各种门电路的逻辑功能。

1. 数字电路的基本概念

数字电路和模拟电路的分析方法不同，模拟电路分析时主要考虑输出信号与输入信号在振幅的大小、频率等方面的变化等基本关系。数字电路由于信号电平通常只有高、低两种，因此主要考虑输出、输入信号之间电平变化的规律、电平变化所需的条件等。

数字电路的基本概念

(1) 模拟信号与数字信号的区别

模拟电子电路中处理的对象是模拟信号。模拟信号是在时间上和数值上均做连续变化的电信号，如音频信号、射频信号、温度信号、压力信号等，这一类信号在正常情况下是不会突然跳变的。模拟电路是实现模拟信号的产生、放大、处理、控制等功能的电路。

模拟信号和数字信号

数字电路中处理的对象是数字信号，数字信号是在两个稳定状态之间做阶跃式变化的信号，数字信号在时间上和数值上都是离散的。用来实现数字信号的产生、变换、运算、控制等功能的电路称为数字电路。图9-1所示为典型的模拟信号波形和数字信号波形。实用中，计算机键盘输入的信号就是典型的数字信号。

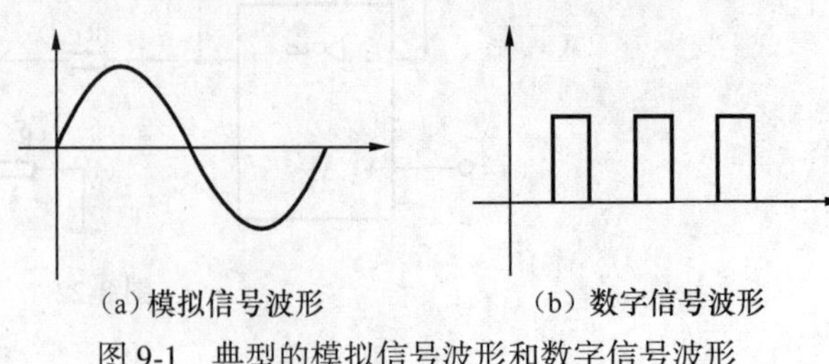

图9-1 典型的模拟信号波形和数字信号波形

(2) 数字电路的优点

数字电路与模拟电路相比，具有以下优点。

① 便于集成和系列化生产，成本低廉，使用方便。

② 工作准确可靠，精度高，抗干扰能力强。

③ 不仅能完成数值计算，还能完成逻辑运算和判断，运算速度快，保密性强。

④ 维修方便，故障的识别和判断较为容易。

（3）数字电路的分类

数字电路的种类很多，一般按下列几种方法来分类。

① 按电路组成有无集成元器件来分，数字电路可分为分立元件数字电路和集成数字电路。

② 按集成电路的集成度来分，数字电路可分为小规模集成电路（SSI）、中规模集成电路（MSI）、大规模集成电路（LSI）和超大规模集成电路（VLSI）。

③ 按构成电路的半导体器件来分，数字电路可分为双极型电路和单极型电路。

④ 按电路有无记忆功能来分，数字电路可分为组合逻辑电路和时序逻辑电路。

2. 基本门电路

逻辑代数的概念

（1）正逻辑与负逻辑

日常生活中我们会遇到很多结果完全对立而又互相依存的事件，如开关的“通”和“断”、电位的“高”和“低”、信号的“有”和“无”、元件的“工作”和“休息”等，它们都可以用逻辑的“真”和“假”来表示。所谓逻辑，就是事件的发生条件与结果之间所要遵循的规律。一般说来，事件的发生条件与产生的结果均为有限个状态，每一个和结果有关的条件都有满足或者不满足的可能，在逻辑中可以用“1”和“0”来表示。逻辑关系中的“1”和“0”不表示数字，仅表示状态。

在分析模拟电路的功能时，我们总是要找出输出信号和输入信号之间的关系，从而了解一个电路的特性及信号在传输时可能出现的情况。同样，在数字电路中，我们也要找出输出信号和输入信号之间的关系，即逻辑关系，所以数字电路也称为逻辑电路。在数字电路中，每一个端口的信号只允许有两种状态：高电平和低电平。因此，数字电路的分析方法和模拟电路完全不同。当用“1”表示高电平，“0”表示低电平时，称为正逻辑关系；反之称为负逻辑。在本书中，如无特别说明，均采用正逻辑。

基本逻辑关系

（2）“与”门电路

在逻辑关系中，最基本的逻辑关系有 3 种：“与”逻辑关系、“或”逻辑关系和“非”逻辑关系。

二极管与门

① “与”逻辑关系。当某一事件发生的所有条件都满足时，事件必然发生，至少有一个条件不满足时，事件绝不会发生。这种逻辑关系称为“与”逻辑，也叫作逻辑乘。

图 9-2　“与”逻辑关系举例

在图 9-2 所示电路中，当我们以灯亮作为事件发生的结果，以开关是否闭合作为事件发生的条件时，可以得到下面的结论：当有一个或一个以上的开关处于“断开”状态时，灯 F 就不会亮；只有所有的开关都处于“闭合”状态时，灯 F 才会亮。如果定义开关“闭合”为逻辑“1”，开关“断开”为逻辑“0”；灯“亮”为逻辑“1”，灯

“灭”为逻辑“0”，我们可得到表9-1所示的开关和灯之间的逻辑对应关系，并把这种用表格形式列出的逻辑关系叫作真值表。

表9-1　　逻辑“与”真值表

A	B	C	F
0	0	0	0
0	0	1	0
0	1	0	0
0	1	1	0
1	0	0	0
1	0	1	0
1	1	0	0
1	1	1	1

真值表中的A、B、C是逻辑关系中的输入变量，F是逻辑关系中的输出变量，如果用逻辑函数式表示上述输入变量和输出变量之间的逻辑关系，可表示为

$$F = A \cdot B \cdot C \tag{9-1}$$

式中的“·”是“与”逻辑运算符，在不发生混淆的条件下，该运算符可以略写。

②“与”门电路及其功能。图9-3（a）所示为“与”门原理电路，电路中二极管均为理想二极管。3个输入端信号只有高电平3V和低电平0V两种取值，电源 V_{CC} = +5V。

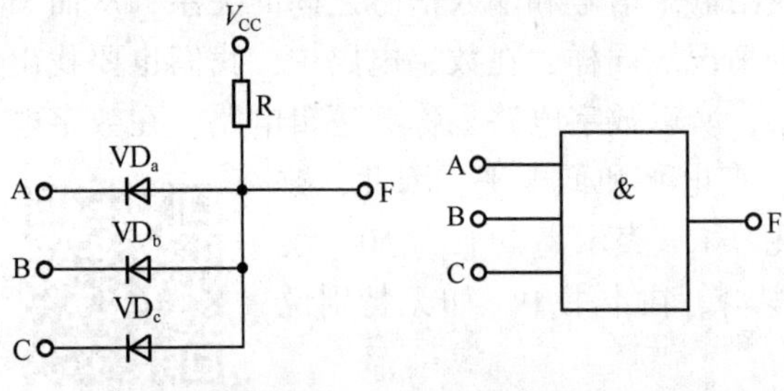

（a）“与”门原理电路　（b）“与”门电路逻辑符号

图9-3　“与”门原理电路及其逻辑符号

● 当输入端中至少有一个为低电平时，对于同阳极接法的二极管，由于 V_{CC} 高于输入端电位，必然有二极管导通。设A端为0V时，二极管 VD_a 阴极电位最低，因此 VD_a 首先快速导通，使输出端F点的电位钳位至“0”，则其他二极管由于反向偏置而处于截止状态。显然这一结果符合表9-1中的“有0出0”的“与”逻辑关系。

● 若电路中所有输入端的电位全部为高电平3V，则各二极管相当于并联，二极管全部导通，输出端电位被钳位在高电平3V上，这一结果与表9-1中的“全1出1”的“与”逻辑相符。

二极管或门

“与”门电路可用逻辑符号表示，如图9-3（b）所示，电路实现的逻辑功能可表述为：有0出0，全1出1。一个“与”门的输入端至少有两个，输出端为一个。

（3）“或”门电路

①“或”逻辑关系。当某一事件发生的所有条件中至少有一个条件满足时，事件必然发生，当全部条件都不满足时，事件绝不会发生。这种逻辑关系称为“或”逻辑关系，也

称为逻辑加。

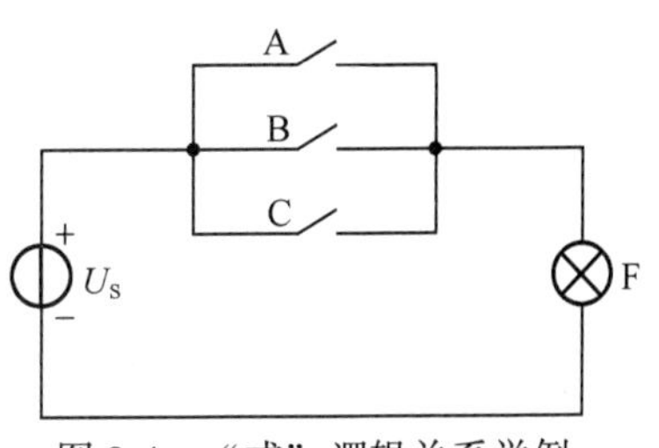

图 9-4　“或”逻辑关系举例

在图 9-4 所示电路中，当我们以灯亮作为事件发生的结果，以开关是否闭合作为事件发生的条件时，可以得到下面的结论：当有一个或一个以上的开关处于“闭合”状态时，灯 F 就会亮；当所有开关都处于“断开”状态时，灯 F 不会亮。

我们定义开关“闭合”为逻辑“1”，开关“断开”为逻辑“0”；灯“亮”为逻辑“1”，灯“灭”为逻辑“0”时，可得到开关和灯之间的逻辑对应关系，见表 9-2。

表 9-2　逻辑“或”真值表

A	B	C	F
0	0	0	0
0	0	1	1
0	1	0	1
0	1	1	1
1	0	0	1
1	0	1	1
1	1	0	1
1	1	1	1

“或”逻辑除了用真值表表示之外，同样可以用逻辑函数式进行表达：

$$F = A + B + C \tag{9-2}$$

式中，F 是输出变量；A、B、C 是输入变量。式中的“+”表示“或”逻辑运算符。

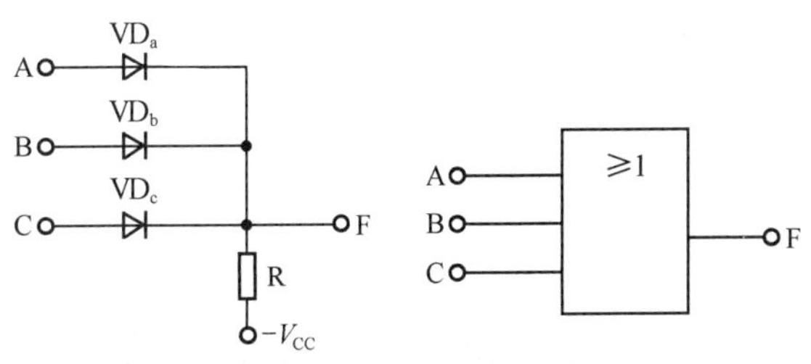

（a）“或”门原理电路　（b）“或”门电路逻辑符号
图 9-5　“或”门原理电路及其逻辑符号

②“或”门电路及其功能。图 9-5（a）所示为“或”门原理电路，电路中二极管均为理想二极管。3 个输入端信号只有高电平 3V 和低电平 0V 两种取值，电源 $-V_{CC}=-5V$。

● 当输入端中至少有一个为高电平时，对于共阴极接法的二极管，由于电源电位低于输入端电位，必然有二极管导通。当任一输入端为 3V 时，该端子上连接的二极管就会因其阳极电位最高而迅速导通，致使输出端 F 的电位被钳位至高电平 3V，其他二极管由于反向偏置而处于截止状态，从而实现了表 9-2 中的“有 1 出 1”功能。

晶体管非门

● 当输入端均为低电平 0V 时，电路中的所有二极管相当于并联而全部导通，输出端 F 点的电位被钳位至低电平 0V，实现了表 9-2 中的“全 0 出 0”功能。

“或”门电路的逻辑符号如图 9-5（b）所示。“或”门电路实现的逻辑功能可表述为：有1出1，全0出0。一个“或”门的输入端至少有两个，输出端为一个。

（4）“非”门电路

①“非”逻辑关系。当某一事件相关的条件不满足时，事件必然发生；当条件满足时，事件绝不会发生，这种逻辑关系称为“非”逻辑关系。

我们仍以灯亮作为事件发生的结果，以开关是否闭合作为事件发生的条件。在图 9-6 所示电路中，不难看出：开关处于“断开”状态时，灯 F 亮；开关处于“闭合”状态时，灯 F 不亮。如果定义开关“闭合”为逻辑“1”，开关“断开”为逻辑“0”；灯“亮”为逻辑“1”，灯“灭”为逻辑“0”，可得到开关和灯之间的逻辑对应关系，见表 9-3。

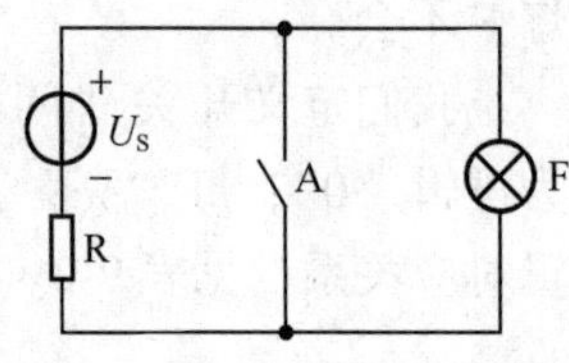

图 9-6　“非”逻辑关系举例

表 9-3　逻辑“非”真值表

A	F
1	0
0	1

表 9-3 所示的“非”逻辑关系也可以用下面的逻辑函数式表示：

$$F = \overline{A} \tag{9-3}$$

上式中输入变量 A 上面的“−”表示逻辑“非”运算符，可理解为“取反”。

②“非”门电路及其功能。图 9-7 所示的反相放大器电路实际上就是一个“非”门。设图中输入信号的两种取值分别为低电平 0V 和高电平 3V。

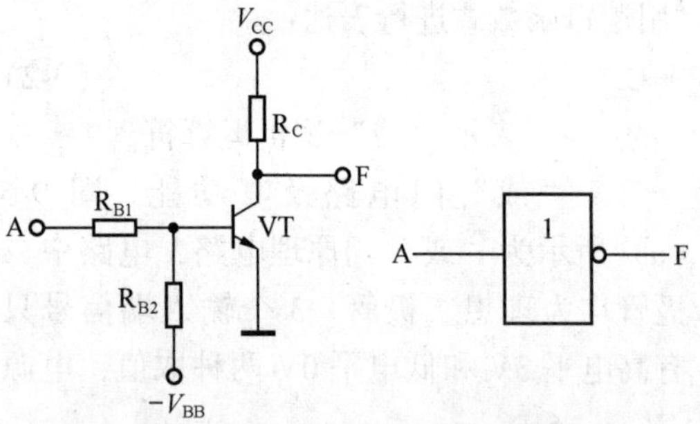

（a）“非”门原理电路　（b）“非”门电路逻辑符号

图 9-7　“非”门原理电路及其逻辑符号

- 当输入端为高电平 3V 时，三极管饱和导通，$i_C R_C \approx +V_{CC}$，输出端 F 点的电位约等于“0”V，实现了表 9-3 中的“有 1 出 0”功能。
- 当输入端为低电平 0V 时，三极管截止，输出端 F 点的电位约等于$+V_{CC}$，实现了表 9-3 中的“有 0 出 1”功能。

显然，反相器的输入和输出关系取高电平为逻辑“1”，低电平为逻辑“0”时，即可得到和逻辑“非”真值表完全相同的功能。“非”门的逻辑符号如图 9-7（b）所示，方框图右边的小圆圈表示“非”。一个“非”门只有一个输入端和一个输出端。

3. 复合门电路

为了扩大二极管和晶体管的应用范围，一般常在二极管门电路后接入晶体管“非”门电路，从而组成图 9-8 所示的各种形式的复合门电路。

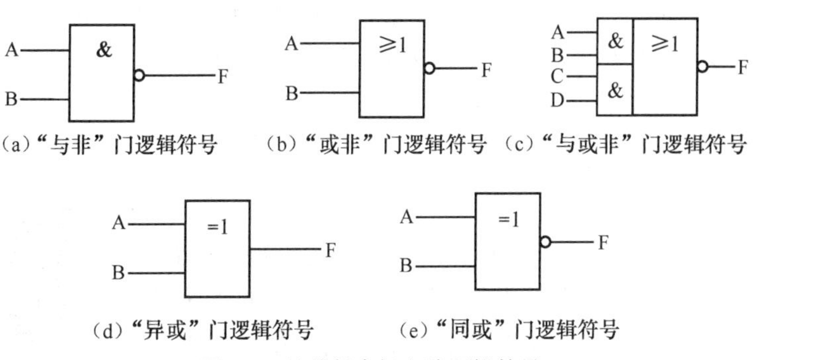

图 9-8　几种复合门电路逻辑符号

复合逻辑运算及复合门

(1) 与非门

一个与门的输出端和一个非门的输入端连接，就构成了一个与非门。与非门在数字电子技术中应用最普遍，其逻辑功能可描述为：当输入端中有一个或一个以上输入低电平时，输出端为高电平；当输入端全部为高电平时，输出端为低电平。显然，与非门是“与”逻辑的非运算，逻辑功能可概括为有 0 出 1，全 1 出 0。其对应的逻辑函数表达式为

$$F = \overline{AB} \tag{9-4}$$

与非门的逻辑符号如图 9-8（a）所示。

(2) 或非门

一个或门的输出端和一个非门的输入端连接，就构成了一个或非门。或非门的逻辑功能是：当输入端中有一个或一个以上输入高电平时，输出端为低电平；当输入端全部为低电平时，输出端为高电平，即有 1 出 0，全 0 出 1。其对应的逻辑函数表达式为

$$F = \overline{A + B} \tag{9-5}$$

或非门的逻辑符号如图 9-8（b）所示。

(3) 与或非门

两个或两个以上的与门输出端分别和一个或门的输入端相连接，或门的输出端和一个非门的输入端连接，就构成了一个与或非门。与或非门的逻辑功能是：当各与门的输入端中都有一个或者一个以上输入端为低电平时，输出端为高电平；当至少有一个与门的输入端全部为高电平时，输出端为低电平。其对应的逻辑函数表达式为

$$F = \overline{AB + CD} \tag{9-6}$$

与或非门的逻辑符号如图 9-8（c）所示。

(4) 异或门

异或门是一种有两个输入端和一个输出端的门电路。其逻辑功能是：当两个输入端的电平相同时，输出端为低电平；当两个输入端的电平相异时，输出端为高电平。这种逻辑功能可简述为：相异出 1，相同出 0。其对应的逻辑函数表达式为

$$F = \overline{A}B + A\overline{B} = A \oplus B \tag{9-7}$$

异或门的逻辑符号如图 9-8（d）所示。

(5) 同或门

同或门也是一种有两个输入端和一个输出端的门电路。其逻辑功能是：当两个输入端

的电平相同时，输出端为高电平；当两个输入端的电平相异时，输出端为低电平。这种逻辑功能可简述为：**相同出 1，相异出 0**。其对应的逻辑函数表达式为

$$F=\overline{A}\,\overline{B}+AB=\overline{A\oplus B} \tag{9-8}$$

同或门的逻辑符号如图 9-8（e）所示。

4. 集成门电路

集成逻辑门的结构组成

上面介绍的常见门电路，当用分立元件构成时，不但连线和焊点太多，而且电路的体积很大，导致电路的可靠性很差。随着电子技术的飞速发展和集成工艺的规模化生产，数字集成电路得到了广泛应用。数字集成电路只有电源、输入、输出、控制等引线，因此与分立电路相比，数字集成电路成本低、可靠性高且便于安装调试。目前使用的门电路均是集成逻辑门电路。

集成逻辑门电路按元件类型的不同可分为双极型逻辑门（TTL 集成逻辑门）和单极型逻辑门（CMOS 集成逻辑门）两大类。

（1）TTL 集成电路

TTL 集成与非门

TTL 是“晶体管-晶体管-逻辑电路”的简称。TTL 集成电路相继生产的产品有 74（标准）、74H（高速）、74S（肖特基）和 74LS（低功耗肖特基）4 个系列。其中，74LS 系列产品具有最佳的综合性能，是 TTL 集成电路的主流，也是应用最广泛的系列。

① TTL 与非门。在所有的集成电路中，与非门应用最为普遍。

a. 电路组成。典型的 TTL 与非门电路如图 9-9（a）所示，图 9-9（b）为它的逻辑符号。

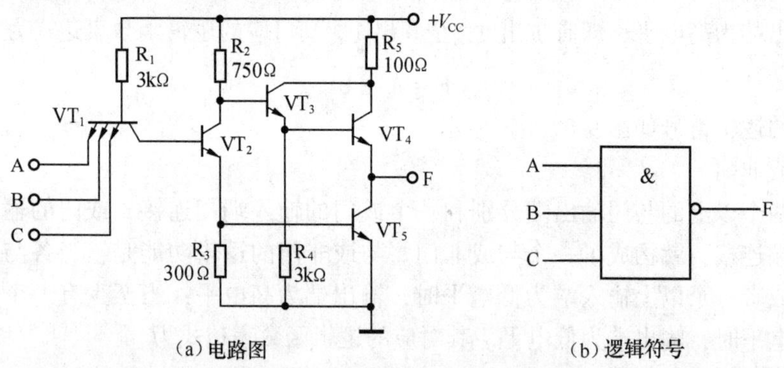

（a）电路图　　（b）逻辑符号

图 9-9　TTL 与非门的电路图与逻辑符号

可以看出，TTL 与非门由以下 3 部分组成。

输入级由多发射极三极管 VT_1 和电阻 R_1 组成。所谓多发射极三极管，可看作由多个晶体管的集电极和基极分别并接在一起，而发射极作为逻辑门的输入端。多个发射极的发射结可看作是多个钳位二极管，其作用是限制输入端可能出现的负极性干扰脉冲。VT_1 的引入不但加快了三极管 VT_2 储存电荷的消散，提高了 TTL 与非门的工作速度，而且实现了“与”逻辑作用。

中间级由电阻 R_2、R_3 和三极管 VT_2 组成。中间级又称为倒相级，其作用是从 VT_2 的集电极和发射极同时输出两个相位相反的信号，作为输出级中三极管 VT_3 和 VT_5 的驱动信号，同时控制输出级的 VT_4、VT_5 工作在截然相反的两个状态，以满足输出级互补工作的要求。三极管 VT_2 还可将前级电流放大以供给 VT_5 足够的基极电流。

输出级由三极管 VT_3、VT_4 和 VT_5 和电阻 R_4、R_5 组成推拉式互补输出电路。VT_5 导通时 VT_4 截止，VT_5 截止时 VT_4 导通。由于采用了推挽输出（又称图腾输出），因此不仅增强了负载能力，还提高了工作速度。

b. 工作原理。

● 当输入信号中至少有一个为低电平（0.3V）时，低电平所对应的 PN 结导通，VT_1 的基极电位被固定在 1V（0.3V+0.7V）上，而由“地”经 VT_5 发射结→VT_2 发射结→VT_1 的集电极，显然 VT_1 的集电极电位为 0.7+0.7=1.4（V），VT_1 的集电结处于反向偏置而无法导通，因而导致 VT_2、VT_5 截止。由于 VT_2 截止，所以其集电极电位约等于集电极电源+5V。这个+5V 电位可使 VT_3、VT_4 导通并处于深度饱和状态。因 R_2 和 I_{B3} 都很小，均可忽略不计，所以与非门输出端 F 点的电位：

$$V_F = U_{OH} = U_{CC} - I_{B3}R_2 - U_{BE3} - U_{BE4} \approx 5 - 0 - 0.7 - 0.7 \approx 3.6(\mathrm{V})$$

显然，该电路可实现“有 0 出 1”的“与非”逻辑功能。

● 当输入信号全部为高电平（3.6V）时，VT_1 的基极电位被钳制在 2.1V，而 VT_1 的集电极电位为 1.4V，显然 VT_1 处于“倒置”工作状态，此时集电结作为发射结使用。倒置情况下，VT_1 可向 VT_2 基极提供较大的电流，使得 VT_2 和 VT_5 均处于深度饱和状态。另外，电源经 R_1、VT_1 集电结向 VT_2 提供足够的基极电流，使 VT_2 饱和导通。VT_2 的发射极电流在电阻 R_3 上产生的压降又为 VT_5 提供足够的基极电流，使 VT_5 饱和导通，从而使与非门输出 F 点的电位等于 VT_5 的饱和输出值，即

$$V_F = 0.3\mathrm{V}$$

TTL 电路在输入全为高电平时，输出为低电平，符合与非门“全 1 出 0”的“与非”逻辑功能。

c. 外特性和主要参数。为了合理地选择和更好地使用集成器件，就必须了解其外部特性和参数。图 9-10 所示为 TTL 与非门的外特性，其参数是外特性的表示形式。TTL 与非门参数的测试要在一定条件下进行，一般遵循这样一些原则：不用的输入端悬空（悬空端子为高电平“1”）；输出高电平时不带负载；输出低电平时输出端应接规定的灌电流负载。TTL 与非门电路的主要参数有以下几个。

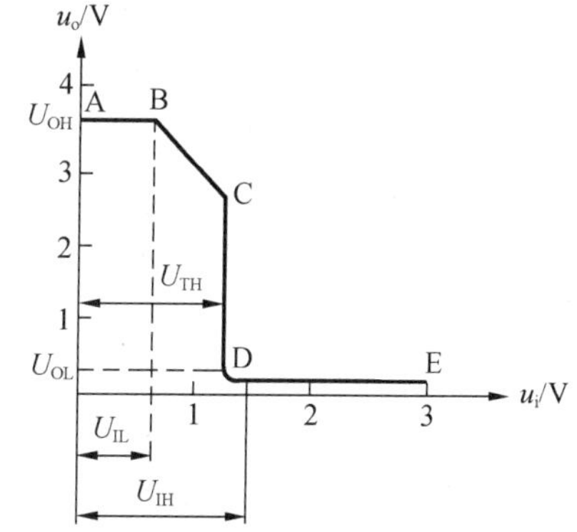

图 9-10　TTL 与非门的外特性

● 输出高电平 U_{OH}：是被测与非门一输入端接地、其余输入端开路时，输出端的电压值。一般 74 系列的 TTL 与非门输出高电平的典型值为 3.6V（产品规格为>3V）。

● 输出低电平 U_{OL}：是被测与非门一输入端接 1.8V、其余输入端开路、负载接 380Ω 的等效电阻时，输出端的电压值。其典型值为 0.3V（产品规格为<0.35V）。

● 关门电平 U_{OFF}：输出为 $0.9U_{OH}$ 时，所对应的输入电压称为关门电平 U_{OFF}。其典型值为 1V（产品规格为<0.8V）。

TTL 与非门的电压传输特性

关门电平和输入低电平的差值称为输入低电平噪声容限 U_{NL}，即 $U_{NL} = U_{OFF} - U_{IL}$。

● 开门电平 U_{ON}：输出为 0.35V 时，所对应的输入电压称为开门电平

U_{ON}。其典型值为1.4V（产品规格为>1.8V）。

输入高电平和开门电平的差值称为输入高电平噪声容限 U_{NH}，即 $U_{NH}=U_{IH}-U_{ON}$。

● 阈值电压 U_{TH}：电压传输特性转折区中点所对应的输入电压值，阈值电压是 VT_5 导通和截止的分界线，也是输出高、低电平的分界线，所以也称为门槛电压。在分析TTL与非门工作状态时，阈值电压 U_{TH} 很关键：输入电压小于该值时，可认为与非门截止，输出高电平；当输入电压大于该值时，可认为与非门饱和，输出低电平。一般TTL与非门阈值电压的典型值为1.4V。

● 扇出系数 N_0：门电路的输出端允许下一级接同类门电路的数目称为扇出系数。扇出系数反映了与非门最大负载能力。N_0 值越大，表明门电路的带负载能力越强（产品规格为4~8）。

集成OC门

② 集电极开路的TTL与非门。集电极开路的TTL与非门简称“OC门”，其电路图和逻辑符号如图9-11所示。

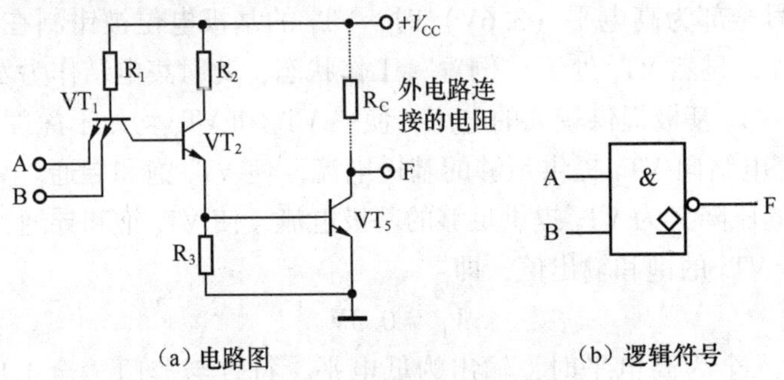

(a) 电路图　　(b) 逻辑符号

图9-11　OC门的电路图及逻辑符号

前面讲到的具有图腾结构的普通TTL与非门，使用时输出端不能长久接“地”或与电源短接。若输出端接“地”，则在门电路输出高电平时，流过有源负载 VT_3、VT_4 的电流很大，时间稍长就会被烧毁；若输出端接电源，则在门电路输出低电平时，VT_5 处于饱和状态，这时也会有很大的电流流过 VT_5，使它烧毁。因此，多个普通TTL门电路的输出端不能连接在一起，否则就会有一个很大的电流由输出为逻辑高电平的门流向输出为逻辑低电平的门，从而将门电路烧毁，即普通的TTL与非门无法实现“线与”的逻辑功能。

为解决TTL与非门电路的“线与”问题，人们研制出了OC门。OC门与普通TTL与非门的主要区别有以下两点。

● 没有 VT_3 和 VT_4 组成的射极跟随器，VT_5 的集电极是开路的。应用时将 VT_5 的集电极经外接电阻 R_C 接到电源 V_{CC} 和输出端之间，这时才能实现与非逻辑功能。

● 普通TTL与非门的输出是推挽输出，输出电阻都很小，不允许将两个普通TTL门的输出端直接连接在一起。但是OC门和输出端可以直接并接在一起，从而可实现“线与”的逻辑功能，如图9-12所示。

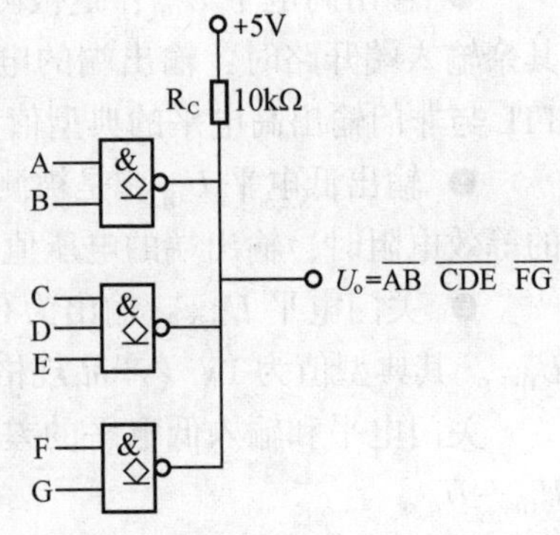

图9-12　OC门实现“线与”功能

③ 三态门。普通的TTL与非门有两个输出状态，即逻辑0和逻辑1，这两个状态都是低阻输出。三态门除具有这两个状态外，还有高阻输出的第三态，高阻态下三

态门的输出端相当于和其他电路断开。三态门的逻辑符号如图 9-13（b）所示。

图 9-13（a）为三态输出的 TTL 与非电路。可以看出，三态门是在普通 TTL 与非门电路的基础上增加一个控制端 EN 及其控制电路构成的。控制电路由两级反相器和一个钳位二极管构成。当 EN=1 时，二极管 VD_2 截止，此时三态门就是普通 TTL 与非门；当 EN=0 时，多发射极三极管 VT_1 饱和，VT_2、VT_4 截止，同时 VD_1 导通使 VT_3、VT_5 也截止。这时从外往输出端看去，电路呈现高阻态。三态门的逻辑功能真值表见表 9-4。

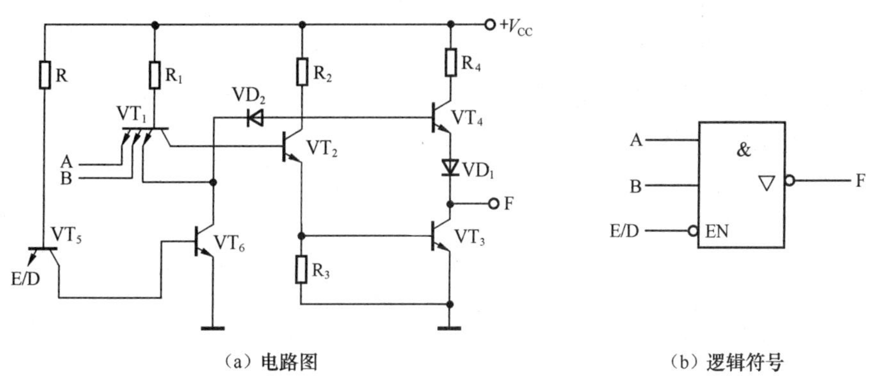

（a）电路图　　（b）逻辑符号

图 9-13　三态门的电路图与逻辑符号

表 9-4　三态门真值表

使能端	数据输入端		输出端
EN	A	B	F
1	0	0	1
1	0	1	1
1	1	0	1
1	1	1	0
0	×	×	高阻态

注：“×”表示悬空。

三态门在计算机系统中得到了广泛应用，其中一个重要用途是构成数据总线。当三态门处于禁止状态时，其输出呈现高阻态，可视为与总线脱离。利用分时传送原理，可以实现多组三态门挂在同一总线上进行数据传送，而某一时刻只允许一组三态门的输出在总线上发送数据，从而实现了用一根导线轮流传送多路数据。通常把用于传输多个门输出信号的导线叫作总线（母线），如图 9-14所示。

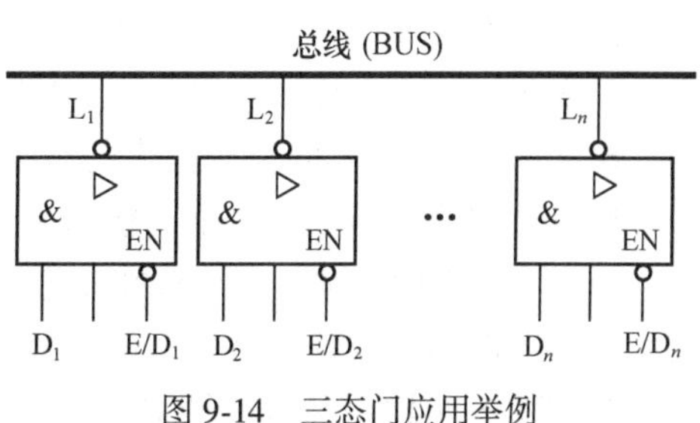

图 9-14　三态门应用举例

只要各控制端轮流地出现高电平（每一时刻只允许一个门正常工作），则总线上就轮流送出各个与非门的输出信号，由此可省去大量的机内连线。

④ TTL 集成电路使用时需注意的事项。

● TTL 门输入端口为“与”逻辑关系时，

多余的输入端可以悬空（但不能带开路长线）、接高电平、并接到一个已被使用的输入端上等。TTL 门输入端口为“或”逻辑关系时，多余的输入端可以接地、接低电平、并接到一个已被使用的输入端上。不用的引脚可以悬空但不可以接地。

TTL 集成逻辑门的使用注意事项

● 电源电压应根据门电路参数的要求选定。一般 TTL 门电路的电源电压应满足 5V±0.5V 的要求，几个输入端引脚可以并联连接。

● 具有图腾结构的几个 TTL 与非门输出端不能并联。

● 电路的输出端接容性负载时，应在电容之前接限流大电阻（≥2.7kΩ），避免出现在开机的瞬间，较大的冲击电流烧坏电路。

● TTL 集成电路的电源电压应满足±5V 的要求，输入信号电平应在 0~5V。

● 焊接时应选用 45W 以下的电烙铁，最好用中性焊剂，所用设备应接地良好。

CMOS 逻辑门的基本单元

（2）CMOS 集成电路

CMOS 集成电路是由 NMOS 管和 PMOS 管根据互补对称关系构成的 MOS 电路。CMOS 集成电路的优点是静态功耗很低，抗干扰能力强，稳定性好，开关速度较高，扇出系数大。虽然制造工艺复杂，但由于优点突出，在中、大规模集成电路得到了广泛应用。

① CMOS 反相器。

● 电路组成。在图 9-15 所示电路中，工作管 VT_1 是增强型 NMOS 管，负载管 VT_2 是 PMOS 管，两管的漏极 D 接在一起作为电路的输出端，两管的栅极 G 接在一起作为电路的输入端，VT_1 的源极 S_1 与其衬底相连并接地，VT_2 的源极 S_2 与其衬底相连并接电源 V_{DD}。

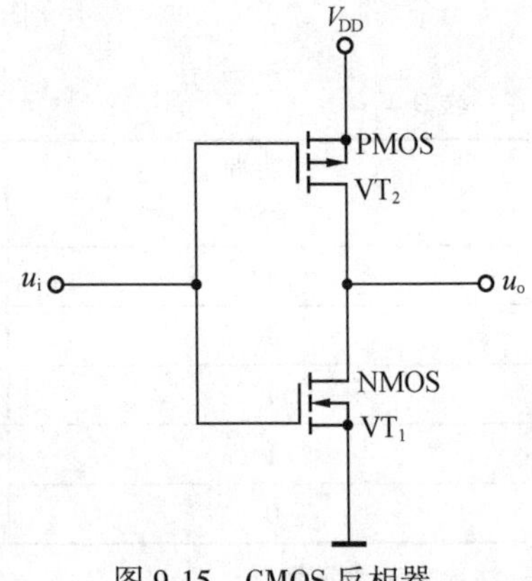

图 9-15　CMOS 反相器

● 工作原理。如果要使电路中的绝缘栅型场效应管形成导电沟道，VT_1 的栅源电压必须大于开启电压的值，VT_2 的栅源电压必须低于开启电压的值。所以，为使电路正常工作，电源电压 V_{DD} 必须大于两管开启电压的绝对值之和。

当输入电压 u_i 为低电平时，VT_1 的栅源电压小于开启电压，不能形成导电沟道，VT_1 截止，S_1 和 D_1 之间呈现很大的电阻；VT_2 的栅源电压大于开启电压，能够形成导电沟道，VT_2 导通，S_2 和 D_2 之间呈现较小的电阻。电路的输出约为高电平 V_{DD}。

当输入电压 u_i 为高电平 V_{DD} 时，VT_1 的栅源电压大于开启电压，形成导电沟道，VT_1 导通，S_1 和 D_1 之间呈现较小的电阻；VT_2 的栅源电压为 0V，不满足形成导电沟道的条件，VT_2 截止，S_2 和 D_2 之间呈现很大的电阻。电路的输出为低电平。

通过上述分析可知，电路的输出和输入之间满足“非”逻辑关系，所以该电路是非门。

由于在稳态时，VT_1 和 VT_2 中必然有一个管子是截止的，所以电源向电路提供的电流极小，电路的功率损耗很低。

② CMOS 传输门和模拟开关。

● 电路组成。当一个 PMOS 管和一个 NMOS 管并联时就构成一个传输门，如图 9-16 所示。其中，两管源极相接作为输入端，两管漏极相连作为输出端。两管的栅极作为控制端，加互为相反的控制电压 CP 和$\overline{\mathrm{CP}}$。PMOS 管的衬底接 V_{DD}，NMOS 管的衬底接地。由于 MOS 管的结构对称，源、漏极可以互换，所以输入端、输出端可以对换。传输门因此也可称为双向开关。

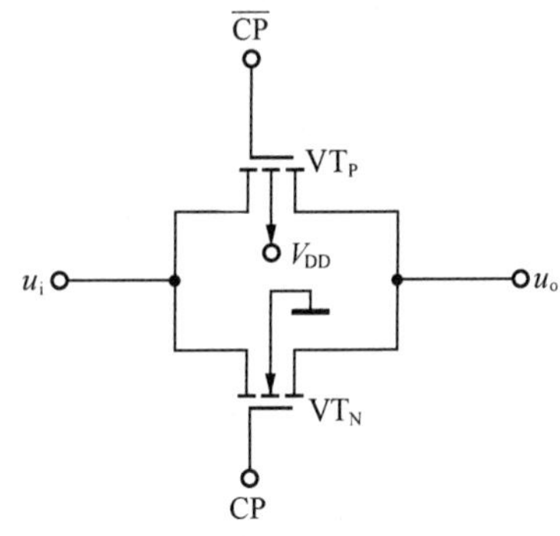

图 9-16　CMOS 传输门

● 工作原理。当控制端 CP 为高电平“1”，$\overline{\mathrm{CP}}$为低电平“0”时，传输门导通，数据可以从输入端传输到输出端，也可以从输出端传输到输入端，即传输门可以实现数据的双向传输。当控制端 CP 为低电平“0”，$\overline{\mathrm{CP}}$为高电平“1”时，传输门截止，不能传输数据。

传输门不但可以实现数据的双向传输，经改进后也可以组成单向传输数据的传输门，利用单向传输门还可以构成传送数据的总线。当传输门的控制信号由一个非门的输入和输出来提供时，又可构成一个模拟开关，其电路和原理在此不加论述。

③ CMOS 门电路的特点。

● CMOS 电路的工作速度比 TTL 电路低。

● CMOS 电路的带负载能力比 TTL 电路稍差。

● CMOS 电路的集成度比 TTL 电路的集成度高。

● CMOS 电路的抗干扰能力强。

CMOS 逻辑门特点及使用注意事项

● CMOS 电路的功耗比 TTL 电路小得多。门电路的功耗只有几毫瓦，中规模集成电路的功耗也不会超过 100μW。

● CMOS 电路的电源电压允许范围较大，为 3～18V。

● CMOS 电路适合于特殊环境下工作。

④ CMOS 集成电路使用时应注意的事项。

● CMOS 集成电路容易受静电感应而击穿，在使用和存放时应注意静电屏蔽，焊接时电烙铁应接地良好，尤其是 CMOS 集成电路多余不用的输入端不能悬空，应根据需要接地或接高电平。

● CMOS 集成电路的电源电压应在规定的电压范围（3～15V）内选定。电源电压的极性不能接反。为防止通过电源引入干扰信号，应根据具体情况对电源进行去耦和滤波。

● 同一芯片上的 CMOS 门，在输入相同时，输出端可以并联使用（目的是增大驱动能力），否则，输出端不许并联使用。

● CMOS 集成电路应在静电屏蔽下运输和存放。调试电路板时，开机时先接通电路板电源，后开信号源电源；关机时先关信号源电源，后断开电路板电源。严禁带电从插座上拔插器件。

CMOS 集成电路虽然出现较晚，但发展很快，更便于向大规模集成电路发展。其主要缺点是工作速度较低。

检验学习结果

1. 基本的逻辑运算有哪些？同或门和异或门的功能是什么？两者有联系吗？

2. 常用复合门电路的种类有哪些？它们的功能如何？
3. 通常集成电路可分为哪两大类？这两大类芯片使用时注意的事项相同吗？
4. 试述图腾结构的 TTL 与非门和 OC 门的主要区别。
5. 三态门和普通 TTL 与非门有什么不同？主要应用在什么场合？
6. CMOS 传输门具有哪些用途？
7. TTL 与非门多余的输入端能否悬空处理？CMOS 门呢？
8. 普通 TTL 门的输出端能否并联连接？CMOS 门呢？

技能训练

在数字电子实验装置上对各种集成门电路进行功能测试。

1. 实训目的

① 认识各种集成组合逻辑门集成芯片及其各引脚的功能。
② 学习和了解如何正确使用数字电路实验系统。
③ 进一步掌握集成门电路芯片的逻辑功能和学会其功能测试方法。
④ 了解 TTL、CMOS 两种集成门电路芯片的外引脚排列的区别及识别方法。

2. 常用集成逻辑门电路的引脚排列图

常用的集成逻辑门电路的引脚排列图如图 9-17 所示。

上述引脚排列图中，凡前面带有 74LS 的均为 TTL 集成电路，带有 CC40 的为 CMOS 集成电路。注意两种电路的引脚排列上的差异。

3. 实训注意事项及知识要点

① TTL、CMOS 集成电路外引线排列：TTL 集成门电路外引脚分别对应逻辑符号图中的输入、输出端，对于标准双列直插式的 TTL 集成电路，7 脚为电源地（GND），14 脚为电源正极(+5V)，其余引脚为输入和输出，若集成芯片引脚上的功能标号为 NC，则表示该引脚为空脚，与内部电路不连接。

② 外引脚的识别方法是，将集成块正面对准使用者，以凹口侧小标志点“·”为起始引脚 1，逆时针方向向前数 1，2，3，…，N 脚，使用时根据功能查找集成电路手册，即可知各引脚功能。

③ TTL 电路（OC 门和三态门除外）的输出端不允许并联使用，也不允许直接与+5V 电源或地线相连，否则将会使电路的逻辑混乱并损害元器件。

④ TTL 电路输入端外接电阻要慎重，要考虑输入端负载特性。针对不同的逻辑门，外电阻阻值有特别要求，否则会影响电路的正常工作。

⑤ 多余输入端的处理，输入端可以串入一个 1~10kΩ 的电阻或直接接在+（2.4~4.5）V 的电源上来获得高电平输入，直接接“地”为低电平输入。或门及或非门等 TTL 电路的多余输入端不能悬空，只能接“地”。与门、与非门等 TTL 电路的多余输入端可以悬空(相当于高电平)，但悬空时对地阻抗很高，容易受到外界干扰，因此，可将它们接电源或与其他输入端并联使用，但并联时对信号的驱动电流的要求增加了。

⑥ 严禁带电操作，应该在电路切断电源的时候，拔插集成电路，否则容易引起集成电路的损坏。

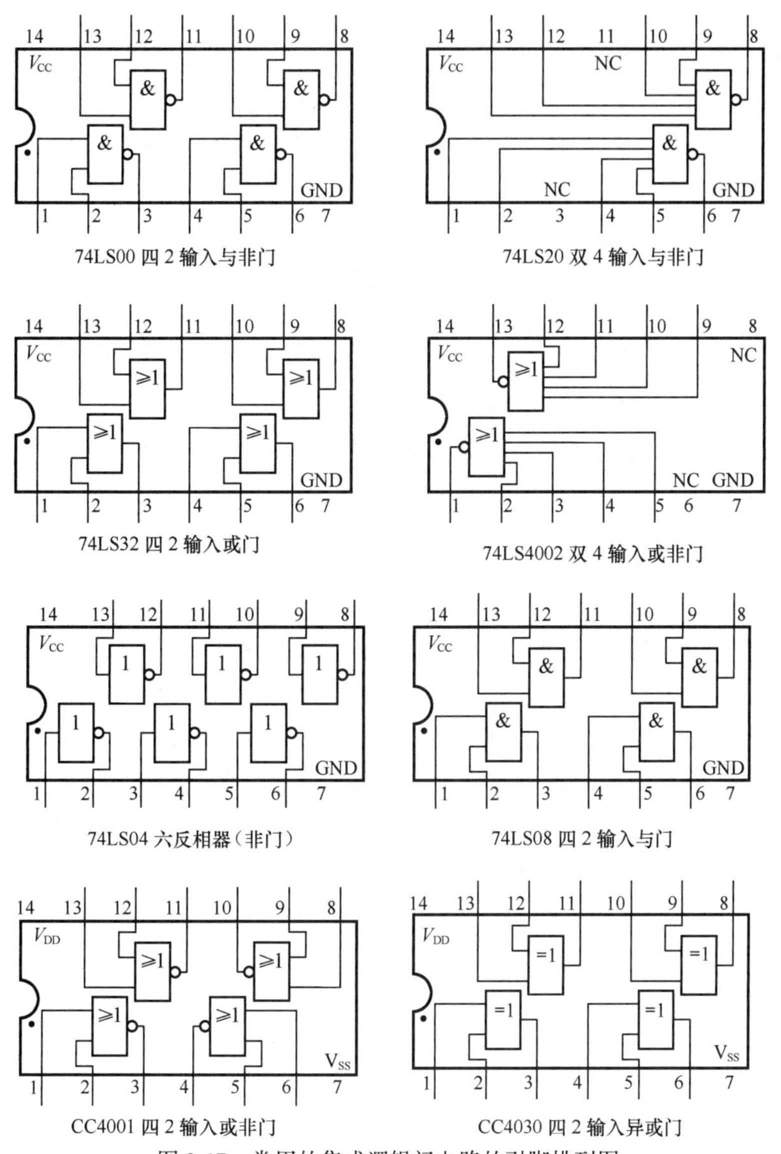

图 9-17　常用的集成逻辑门电路的引脚排列图

⑦ CMOS 集成电路的正电源端 V_{DD}接电源正极，V_{SS}接电源负极（通常接地），不允许反接。同样，在装接电路、拔插集成电路时，必须切断电源，严禁带电操作。

⑧ CMOS 集成电路多余的输入端不允许悬空，应按逻辑要求处理接电源或地，否则将会使电路的逻辑混乱并损害器件。

⑨ CMOS 集成电路器件的输入信号不允许超出电源电压范围，或者说输入端的电流不得超过 10mA。若不能保证这一点，必须在输入端串联限流电阻，CMOS 电路的电源电压应先接通，再接入信号，否则会破坏输入端的结构，关机时应先断输入信号再切断电源。

4. 实训步骤

① 在数字电子装置上找到相应的集成芯片的 14P 插座，把待测集成电路芯片插入。插入时注意引脚位置不能插反，否则会造成集成电路烧损的事故。

② 由于电路芯片上一般集成多个门，测试功能时只需对其中一个门测试就行了。注意同一个逻辑门的标号应相同。

③ 参看图 9-18 所示的连接方法对实验电路进行正确连接。集成电路芯片上逻辑门的输入端 A、B 应接于逻辑开关上：当逻辑开关向上扳时输出为高电平“1”，向下扳则为低电平“0”，逻辑开关作为逻辑门电路的输入信号端子。

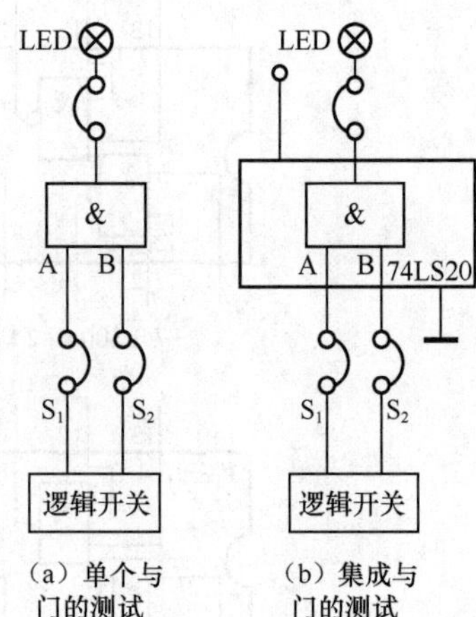

（a）单个与门的测试　（b）集成与门的测试

图 9-18　连接线路

④ 让待测逻辑门的输出端与 LED 输入电平相连：把待测门电路的输出端子插入逻辑电平输入的任意一个插孔内，当输出为高电平“1”时，插孔上面的 LED 发光二极管亮；如果输出为低电平“0”，插孔上面的 LED 发光二极管不亮。

⑤ 输入、输出全部连接完毕后，把芯片上的“地”端与电源“地”相连，把芯片上的正电源端与“+5V”直流电源相连。这时才能验证逻辑门的功能（如与门）。

a. 输入端 A 和 B 均输入低电平“0”，观察输出发光二极管的情况，记录下来。

b. A 输入“0”，B 输入“1”，观察输出发光二极管情况，记录下来。

c. A 输入“1”，B 输入“0”，观察输出发光二极管情况，记录下来。

d. A 输入“1”，B 输入“1”，观察输出发光二极管情况，记录下来。

根据检测结果得出结论，与门功能为“有 0 出 0，全 1 出 1”。

⑥ 以下各类门电路逻辑功能测试均按上述要求进行，逐个得出结论，并把测试结果填写在表 9-5中。

表 9-5　各类门电路逻辑功能测试记录

输　入		输　出				
		与门	或门	与非门	异或门	反相器
B（S_2）	A（S_1）	$Q=AB$	$Q=A+B$	$Q=\overline{AB}$	$Q=A\oplus B$	$Q=\overline{A}$
0	0					
0	1					
1	0					
1	1					

9.2　逻辑代数及其化简

学习目标

了解计数制和码制，以及它们之间的转换方法；熟悉逻辑代数的基本公式和常用定律；掌握逻辑函数的代数化简法和卡诺图化简法。

1. 计数制和码制

(1) 计数制

表示数时，仅用一位数码往往不够，必须用进位计数的方法组成多位数码。多位数码每一位的构成及从低位到高位的进位规则称为进位计数制，简称“计数制”。日常生活中，人们常用的计数制是十进制，而在数字电路中通常采用的是二进制，有时也采用八进制和十六进制。

（2）计数制中的两个重要概念

① 基数：各种计数进位制中数码的集合称为基，计数制中用到的数码个数称为基数。

如二进制有 0 和 1 两个数码，因此二进制的基数是 2；十进制有 0~9 这 10 个数码，所以十进制的基数是 10；八进制有 0~7 这 8 个数码，所以八进制的基数是 8；十六进制有 0~15 这 16 个数码，所以十六进制的基数是 16。

② 位权：任一计数制中的每一位数，其大小都对应该位上的数码乘上一个固定的数，这个固定的数称作各位的权，简称“位权”。位权是各种计数制中基数的幂。

例如，十进制数 $(2368)_{10}=2\times10^3+3\times10^2+6\times10^1+8\times10^0$。其中各位上的数码与 10 的幂相乘表示该位数的实际代表值，如 2×10^3 代表 2000，3×10^2 代表 300，6×10^1 代表 60，8×10^0 代表 8。而各位上的 10 的幂就是十进制数各位的权。

又如，二进制数 $(11011)_2=1\times2^4+1\times2^3+0\times2^2+1\times2^1+1\times2^0$。其中各位 2 的幂代表该位上二进制数码的位权。如 2^4 代表十进制数 16，2^3 代表十进制数 8，2^2 代表十进制数 4，2^1 代表十进制数 2，2^0 代表十进制数 1。

显然，各种计数制中的任意数只要按照上述按位权展开求和的方法，即可得到它们所对应的、人们最熟悉的十进制数。

（3）几种常用计数制的特点

① 十进制。十进制是人们最熟悉的一种计数制。十进制计数的特点如下。

- 十进制计数的基数是 10。
- 十进制数的每一位必定是 0、1、2、3、4、5、6、7、8、9 这 10 个数码中的一个。
- 低位数和相邻高位数之间的进位关系是“逢十进一”。
- 同一个数字符号在不同数位上代表的位权各不相同，位权是“10”的幂。

② 二进制。尽管计算机能够处理各类数据和信息，包括常用的十进制数，但计算机内部使用的数字符号只有“0”和“1”，即计算机内部使用的是二进制。计算机内部之所以采用二进制，是由于组成计算机的电子器件本身具有可靠稳定的“开”和“关”两种状态，恰好对应二进制的“0”和“1”两个数码，因此技术上容易实现信息量的存放、传递和处理，同时为计算机进行逻辑运算提供了有利条件。二进制计数的特点如下。

- 二进制计数的基数是 2。
- 二进制数的每一位必定是“0”或“1”两个数码中的一个。
- 低位数和相邻高位数之间的进位关系是“逢二进一”。
- 同一个数字符号在不同的数位上代表的位权各不相同，位权是“2”的幂。

③ 八进制和十六进制。二进制数的运算规则和电路的实现比较简单、方便，但一个较大的十进制数用二进制数表示时其位数太多，从而给数的读和写带来一定麻烦，而且容易出错。所以，人们又常用八进制或十六进制数来读、写二进制数。八进制数的特点如下。

- 八进制计数的基数是 8。

● 八进制数的每一位必定是0、1、2、3、4、5、6、7这8个数码中的一个。

● 低位数和相邻高位数之间的进位关系是“逢八进一”。

● 同一个数字符号在不同的数位上代表的位权各不相同，位权是“8”的幂。

十六进制的特点如下。

● 十六进制计数的基数是16。

● 十六进制数的每一位必定是0、1、2、3、4、5、6、7、8、9、A、B、C、D、E、F这16个数码中的一个。

● 低位数和相邻高位数之间的进位关系是“逢十六进一”。

● 同一个数字符号在不同的数位上代表的位权各不相同，位权是“16”的幂。

（4）各种计数制之间的转换

各种计数制转换为十进制显然十分方便，利用按位权展开求和的方法即可。而十进制数转换为二进制数或是其他进制的数则较为麻烦，其中十进制数转换为二进制数是各种数制之间转换的关键。

① 十进制转换为二进制时，整数部分的转换应用除2取余法。

【例9.1】求十进制数［47］$_{10}$转换的二进制数。

【解】

2 | 47 ………………………… 余1 …… k_0　最低位 k_0

2 | 23 ………………………… 余1 …… k_1

2 | 11 ………………………… 余1 …… k_2

2 | 5 ………………………… 余1 …… k_3

2 | 2 ………………………… 余0 …… k_4

1 ………………………………… k_5　最低位 k_5

即［47］$_{10}$=［$k_5k_4k_3k_2k_1k_0$］$_2$=［101111］$_2$

转换的过程首先是把待转换的十进制整数用2连除，直到无法再除为止，且每除一次记下余数1或0，然后把每次所得的余数从后向前排列，就可得到所对应的二进制整数。

② 十进制转换为二进制时，小数部分的转换应用乘2取整法。

【例9.2】求十进制小数［0.125］$_{10}$转换的二进制小数。

【解】利用乘2取整法：0.125×2=0.25…………取整数部分0

0.25×2=0.5…………取整数部分0

0.5×2=1………………取整数部分1

可得［0.125］$_{10}$=［0.001］$_2$

各种计数制之间的转换

转换的过程就是首先让十进制数中的小数乘以2，所得积的整数为小数点后第1位；保留积的小数部分继续乘2，所得积的整数为小数点后第2位；保留积的小数部分再继续乘2……依此类推，直到小数部分等于0或达到所需精度为止。

对上述结果用按位权展开求和方法进行验证：［0.001］$_2$=1×2^{-3}=［0.125］$_{10}$。

只要将十进制转换成相应的二进制，再转换成八进制和十六进制就容易多了。

【例9.3】把二进制数［101111］$_2$转换成八进制数和十六进制数。

【解】二进制数转换成八进制数的方法是：整数部分从小数点向左数，每3位二进制数码为一组，最后不足3位补0，读出3位二进制数对应的十进制数值，就是整数部分转换的八进制数；小数部分从小数点向右数，也是每3位二进制数码为一组，最后不足3位补0，读出3位二进制数对应的十进制数值，就是小数部分转换的八进制数值，即

$$[101111]_2 = [57]_8$$

验证：

$$[57]_8 = 5 \times 8^1 + 7 \times 8^0 = 40 + 7 = [47]_{10}$$

二进制数转换成十六进制数的方法是：整数部分从小数点向左数，每 4 位二进制数码为一组，最后不足 4 位补 0，读出 4 位二进制数对应的十进制数值，就是整数部分转换的十六进制数；小数部分从小数点向右数，也是每 4 位二进制数码为一组，最后不足 4 位补 0，读出 4 位二进制数对应的十进制数值，就是小数部分转换的十六进制数值，即

$$[00101111]_2 = [2F]_{16}$$

验证：

$$[2F]_{16} = 2 \times 16^1 + 15 \times 16^0 = 32 + 15 = [47]_{10}$$

各种计数制之间的对照表见表 9-6。

表 9-6　各种计数进制对照表

十　进　制	二　进　制	八　进　制	十 六 进 制
0	0000	0	0
1	0001	1	1
2	0010	2	2
3	0011	3	3
4	0100	4	4
5	0101	5	5
6	0110	6	6
7	0111	7	7
8	1000	10	8
9	1001	11	9
10	1010	12	A
11	1011	13	B
12	1100	14	C
13	1101	15	D
14	1110	16	E
15	1111	17	F

（5）二进制代码

数字系统是一种处理离散信息的系统。这些离散的信息可能是十进制数、字符或其他特定信息（如电压、压力、温度及其他物理量）。但是，数字系统只能识别和处理二进制数码，因此，数字系统中的所有信息都要用“0”和“1”组成的二进制数码来表示，我们把这些代表某种特定信息的二进制数码称为**代码**。下面介绍几种常用的代码。

码制与编码

BCD（Binary Coded Decimal）是用 4 位二进制编码 $b_3b_2b_1b_0$ 来表示十进制数中的 0~9 这 10 个数码的方法。因为 4 位二进制代码有 $2^4 = 16$ 种组合状态，若从中取出 10 种组合表示 0~9 的十进制数就可有多种方式。表 9-7 所示为常用的几

种二-十进制 BCD 码。

表 9-7　　常用的几种二-十进制 BCD 码

十进制数 \ 代码种类	8421 码	2421 码	余 3 码	格雷码
0	0000	0000	0011	0000
1	0001	0001	0100	0001
2	0010	0010	0101	0011
3	0011	0011	0110	0010
4	0100	0100	0111	0110
5	0101	1011	1000	0111
6	0110	1100	1001	0101
7	0111	1101	1010	0100
8	1000	1110	1011	1100
9	1001	1111	1100	1101
10	1010 非法	冗余码	冗余码	1111
11	1011 非法			1100
12	1100 非法			1000
13	1101 非法			1011
14	1110 非法			1001
15	1111 非法			1000
权	$2^3 2^2 2^1 2^0$	$2^1 2^2 2^1 2^0$	无权	无权

从表 9-7 中可看出，8421 码的位权从高位到低位分别为 8、4、2、1 固定不变，故称为 8421 码，也称为恒权代码，是有权码中用得最多的一种。

2421 码也是有权码中的一种恒权码。2421 码的特点是码中的 0 和 9、1 和 8、2 和 7、3 和 6、4 和 5 的编码互为反码（即各位取反所得为反码）。

余 3 码是一种无权码。由于每一个余 3 码所表示的二进制数正好比对应的 8421 码所表示的二进制数多余 3，故而称为余 3 码。由表 9-7 还可看出，余 3 码中的 0 和 9、1 和 8、2 和 7、3 和 6、4 和 5 的编码也互为反码。

以上 3 种 BCD 码的代码只对应十进制的 0~9，剩余编码为无效码，无效码也叫作冗余码。

表 9-7 最后一列的 4 位二进制代码称为格雷码。格雷码属于无权码，格雷码有多种代码形式。表 9-7 中所示的是最常用的 4 位循环格雷码，特点是相邻两个代码之间仅有一位不同，其余各位均相同。当电路按格雷码计数时，每次状态更新仅有一位代码发生变化，从而减少了出错的可能性。格雷码不仅相邻两个代码之间仅有一位的取值不同，而且首、尾两个代码也仅有一位不同，构成一个“循环”，故称为循环码。此外，格雷码还具有“反射性”，如 0 和 15，1 和 14，2 和 13，……，7 和 8 都只有一位不同，所以格雷

码又称为反射码。

逻辑函数的基本公式、定律和规则

2. 逻辑函数及其化简

分析数字电路中输出和输入变量之间逻辑关系的工具是逻辑代数，也称为布尔代数。根据逻辑问题归纳出来的逻辑代数式往往不是最简逻辑表达式，对逻辑函数进行化简和变换，可以得到最简的逻辑函数式和所需要的形式，设计出最简洁的逻辑电路。这对于节省元器件，优化生产工艺，降低成本和提高系统的可靠性，提高产品在市场的竞争力都是非常重要的。因为只有当表达式最简单时，构成的逻辑电路才是最经济的。显然逻辑函数式的化简直接关系到数字电路的复杂程度和性能指标。

(1) 逻辑代数的公式、定律和逻辑运算规则

① 逻辑代数的基本公式：

$$A \cdot 0 = 0 \quad A \cdot 1 = A \quad A \cdot \overline{A} = 0 \quad A \cdot A = A$$

$$A + 0 = A \quad A + 1 = 1 \quad A + \overline{A} = 1 \quad A + A = A$$

② 逻辑代数的基本定律：

交换律：$A + B = B + A$　　$AB = BA$

结合律：$(A + B) + C = A + (B + C)$　　$(AB)C = A(BC)$

分配律：$A(B + C) = AB + AC$　　$A + BC = (A + B)(A + C)$

反演律：$\overline{AB} = \overline{A} + \overline{B}$　　$\overline{A + B} = \overline{A} \cdot \overline{B}$

非非律：$\overline{\overline{A}} = A$

③ 逻辑代数的常用公式：

$$A + AB = A \qquad A(A + B) = A$$

$$A + \overline{A}B = A + B \qquad A(\overline{A} + B) = AB$$

$$AB + A\overline{B} = A \qquad (A + B)(A + \overline{B}) = A$$

④ 逻辑代数的运算规则。逻辑代数在运算时应先括号内后括号外，也可利用分配律将括号去掉；括号内的逻辑式可以先进行运算，也可以利用反演律进行变换；先“与”运算后“或”运算。

(2) 逻辑函数的代数化简法

逻辑函数的代数化简法

代数化简法就是应用逻辑代数的公理、定理及规则对已有逻辑表达式进行逻辑化简的工作。逻辑函数在化简过程中，通常化简为最简与或式。最简与或式的一般标准是，表达式中的“与”项最少，每个“与”项中的变量个数最少。代数化简法最常用的方法有以下几种。

① 并项法。利用公式 $AB + A\overline{B} = A$ 将两项合并为一项，消去一个变量。

【例 9.4】 化简逻辑函数 $F = AB + AC + A\overline{B}\,\overline{C}$。

【解】 $$F = AB + AC + A\overline{B}\,\overline{C} = A(B + C) + A\overline{B + C} = A$$

② 吸收法。利用公式 $A + AB = A$，将多余项 AB 吸收掉。

【例 9.5】 化简逻辑函数 $F = AB + A\overline{C} + A\overline{B}\,\overline{C}$。

【解】 $$F = AB + A\overline{C} + A\overline{B}\,\overline{C} = AB + A\overline{C}$$

③ 消去法。利用公式 $A + \overline{A}B = A + B$， 消去与项$\overline{A}B$中的多余因子$\overline{A}$。

【例 9.6】化简逻辑函数 $F = AB + \overline{A}C + \overline{B}C$。

【解】 $$F = AB + \overline{A}C + \overline{B}C = AB + C\,\overline{AB} = AB + C$$

④ 配项法。利用公式 $A + \overline{A} = 1$， 将某一项配因子 $A + \overline{A}$， 然后将一项拆为两项，再与其他项合并化简。

【例 9.7】化简逻辑函数 $F = AB + \overline{A}C + BC$。

【解】
$$\begin{aligned} F &= AB + \overline{A}C + BC \\ &= AB + \overline{A}C + ABC + \overline{A}BC \\ &= AB(1 + C) + \overline{A}C(1 + B) \\ &= AB + \overline{A}C \end{aligned}$$

采用代数法化简逻辑函数时，所用的具体方法不是唯一的，最后的表示形式也可能稍有不同，但各种最简结果的与或式乘积项数相同，乘积项中变量的个数对应相等。

（3）逻辑函数的卡诺图化简法

采用公式法化简时，需熟练掌握逻辑代数化简公式，并具备一定的技巧。下面介绍的卡诺图化简法，对于通常不多于 4 个逻辑变量的逻辑函数，化简时比较直观、简洁，也较容易掌握。

最小项的概念

① 最小项的概念。一个具有 n 个逻辑变量的与或表达式中，若每个变量以原变量或反变量形式仅出现一次，就可组成 2^n 个“与”项，我们把这些“与”项称为 n 个变量的最小项，分别记为 m_n。

例如，两个变量 A、B，它们最多能构成 2^2 个最小项：$\overline{A}\,\overline{B}$、$A\overline{B}$、$\overline{A}B$、$AB$；三变量 A、B、C 最多能构成 2^3 个最小项：$\overline{A}\,\overline{B}\,\overline{C}$、$\overline{A}\,\overline{B}C$、$\overline{A}B\overline{C}$、$\overline{A}BC$、$A\overline{B}\,\overline{C}$、$A\overline{B}C$、$AB\overline{C}$、$ABC$；四变量最多能构成 2^4 个最小项…… 显然，对 n 个变量，最多可构成 2^n 个最小项。

② 卡诺图表示法。卡诺图是一种平面方格阵列图，它将最小项按相邻原则排列到小方格内。卡诺图的画图规则是，任意两个几何位置相邻的最小项之间，只允许有一个变量的取值不同。

根据画图规则，图 9-19 中分别画出了二、三、四变量的卡诺图。卡诺图中的“0”表示对应逻辑变量的反变量（带有非号的逻辑变量），“1”表示原变量。

A \ B	0	1
0	m_0	m_1
1	m_2	m_3

（a）二变量卡诺图

A \ BC	00	01	11	10
0	m_0	m_1	m_3	m_2
1	m_4	m_5	m_7	m_6

（b）三变量卡诺图

AB \ CD	00	01	11	10
00	m_0	m_1	m_3	m_2
01	m_4	m_5	m_7	m_6
11	m_{12}	m_{13}	m_{15}	m_{14}
10	m_8	m_9	m_{11}	m_{10}

（c）四变量卡诺图

图 9-19 二、三、四变量卡诺图

由图 9-19 不难看出，相邻行（列）之间的变量组合中，仅有一个变量不同，同一行（列）两端的小方格中，也是仅有一个变量不同，即同一行（列）两端的小方格具有几何位置相邻的特点。同一行（列）变量组合的排列顺序为 00→01→11→10。

③ 用卡诺图表示逻辑函数。用卡诺图表示逻辑函数时，将函数中出现的最小项在对应卡诺图方格中填入 1，没有的项填 0（或不填），所得图形即为该函数的卡诺图。

卡诺图表示法

【例 9.8】画出逻辑函数 $F = AB + A\overline{C} + A\overline{B}\,\overline{C}$ 的卡诺图。

【解】此三变量逻辑函数的卡诺图如图 9-20 所示。

【例 9.9】画出逻辑函数 F=∑m(0，3，4，6，7，12，14，15) 的卡诺图。

【解】该逻辑函数式已直接给出包含的所有最小项，因此直接按照各最小项的位置在方格内填写“1”即可，如图 9-21 所示。

A \ BC	00	01	11	10
0	0	0	0	0
1	1	0	1	1

图 9-20　例 9.8 卡诺图

AB \ CD	00	01	11	10
00	1		1	
01	1		1	1
11	1		1	1
10				

图 9-21　例 9.9 卡诺图

④ 用卡诺图化简逻辑函数。由于卡诺图的画法满足几何相邻原则，因此相邻小方格中的最小项仅有一个变量不同。根据公式 $AB+A\overline{B}=A$，可将两项合并为一项，同时消去一个互非的变量。

用卡诺图化简逻辑函数

合并最小项的规律：处于同一行或同一列两端的两个相邻小方格，同时为“1”时可合并为一项，同时消去一个互非的变量；4 个小方格组成一个大方块，或组成一行（列），或在相邻两行（列）的两端，或处于四角时，可以合并为一项，同时消去两个互非的变量；8 个小方格组成一个长方形，或处于两边的两行（列）时，可合并为一项，同时消去 3 个互非的变量；如果逻辑变量数为 5 个或 5 个以上，在用卡诺图化简时，合并的小方格应组成正方形或长方形，同时满足相邻原则。

利用卡诺图化简逻辑函数式的步骤如下。

① 根据变量的数目，画出相应方格数的卡诺图。

② 根据逻辑函数式，把所有为“1”的项画入卡诺图中。

③ 用卡诺圈把相邻最小项进行合并，合并时就遵照卡诺圈最大化原则。

④ 根据所圈的卡诺圈，消除圈内全部互非的变量，每一个圈作为一个“与”项，将各“与”项相或，即为化简后的最简与或表达式。

【例 9.10】化简例 9.9 中的逻辑函数 F=∑m(0，3，4，6，7，12，14，15)。

【解】此逻辑函数的卡诺图填写在前面已经完成，利用卡诺图化简如图 9-22 所示。

卡诺图中 m_0 和 m_4 几何相邻，可用一个卡诺圈将它们圈起来。由于此卡诺圈中只有变量 B 是互非的，所以 B 被消去，保留其余 3 个变量 $\overline{A}\,\overline{C}\,\overline{D}$。$m_3$ 和 m_7 几何相邻，也可用一个卡诺圈把它们圈起来。由于此卡诺圈中也是只有变量B互非，因此消去B后保留其余3个变量$\overline{A}CD$。显然，卡诺圈圈住 $2^1=2$ 个最小项时，可消去1个互非的变量。卡诺图中 m_6、m_7、m_{14} 和 m_{15} 几何相邻，因此可用一个卡诺圈把它们圈起来。此卡诺圈中变量A和D互非，因此消去A和D后保留其余两个变量BC。卡诺图中还有 m_4、m_{12}、m_6 和 m_{14} 几何相邻，可用两个半圈构成一个卡诺圈将它们圈起来（卡诺图可视为球状的）。由于此卡诺圈中变量A和C是互非的，所以A和C被消去，保留其余两个变量 $B\overline{D}$。上述操作过程中，卡诺圈圈住 $2^2=4$ 个最小项时，可消去2个互非的变量。依此类推，卡诺圈若圈住 $2^3=8$ 个最小项，可消去3个互非的变量……若圈住 2^n 个最小项，就可消去 n 个互非的变量。

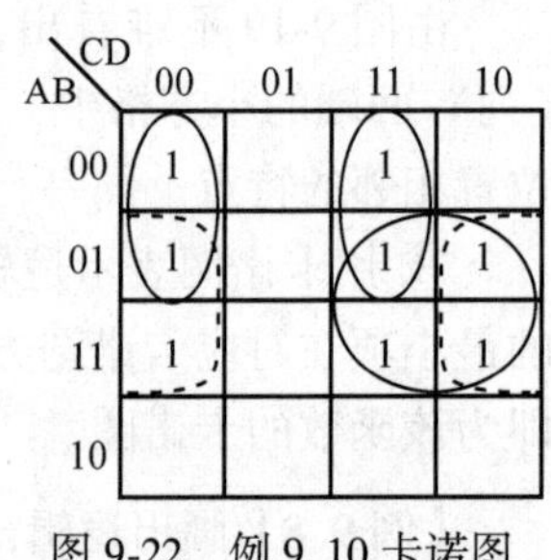

图9-22　例9.10卡诺图

例9.10的化简结果为 $F=\overline{A}\,\overline{C}\,\overline{D}+\overline{A}CD+BC+B\overline{D}$。

卡诺图化简法对变量在4个以下的逻辑函数式效果较好，变量太多时由于卡诺图的方格数太多，卡诺图化简的优越性也就体现不出来了。因此，利用卡诺图化简逻辑函数，通常只用于不超过4个变量的逻辑函数式。

【例9.11】 用卡诺图化简 $F=A\overline{B}\,\overline{C}D+AB\overline{C}\,\overline{D}+A\overline{B}+A\overline{D}+A\overline{B}C$。

【解】 将函数 $F=A\overline{B}\,\overline{C}D+AB\overline{C}\,\overline{D}+A\overline{B}+A\overline{D}+A\overline{B}C$ 填入卡诺图中：填写 $A\overline{B}\,\overline{C}D$ 时，找出AB为10的行和CD为01的列，在它们交叉点对应的小方格内填1；填写 $AB\overline{C}\,\overline{D}$ 时，找出AB为11的行和CD为00的列，在它们交叉点对应的小方格内填1；填写 $A\overline{B}$ 时，找出AB=10的行，每个小方格内填入1；填写 $A\overline{D}$ 时，找出A=1的行和D=0的列，在它们交叉点对应的小方格内填入1；填写 $A\overline{B}C$ 时，找出AB=10的行和C=1的列，在它们交叉点对应的小方格内填入1。然后按合并原则用卡诺圈圈项化简，如图9-23所示。

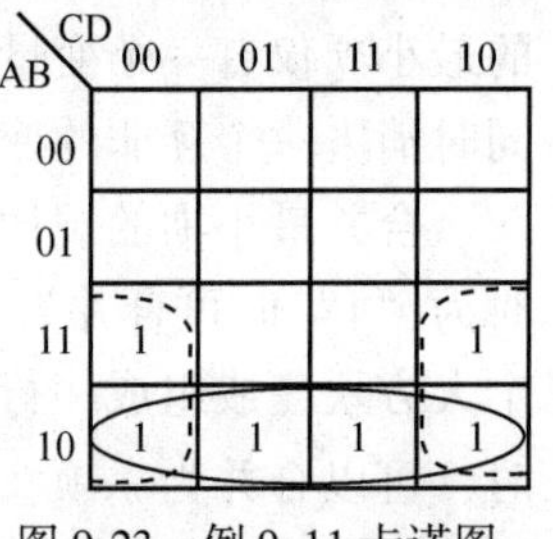

图9-23　例9.11卡诺图

化简后得 $F=A\overline{B}+A\overline{D}$。

（4）带有约束项的逻辑函数的化简

如果一个有 n 个变量的逻辑函数，它的最小项数为 2^n 个，但在实际应用中可能仅用一部分，另外一部分禁止出现或者出现后对电路的逻辑状态无影响时，称这部分最小项为无关最小项，也叫作约束项，用d表示。

由于无关最小项对最终的逻辑结果不产生影响，因此在化简的过程中，可以根据化简的需要将这些约束项看作1或者0。约束项在卡诺图中填写时一般用“×”表示。

【例9.12】 用卡诺图化简 $F=\sum m(1,3,5,7,9)+\sum d(10,11,12,13,14,15)$，其中 $\sum d(10,11,12,13,14,15)$ 表示约束项。

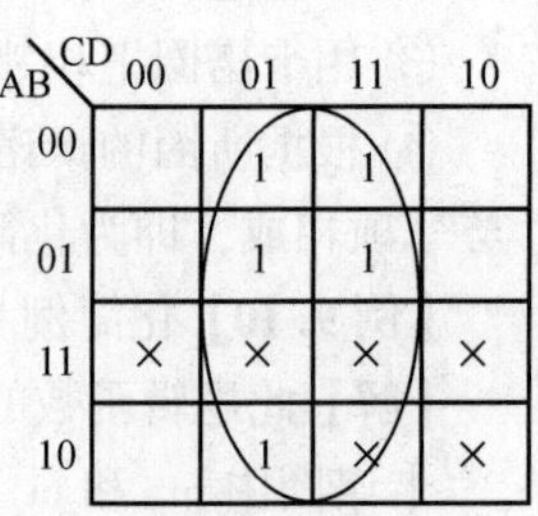

图9-24　例9.12卡诺图

【解】 先做出此函数的卡诺图，如图9-24所示。利用约束项化简时，根据需要将 m_{11}、m_{13}、m_{15}对应的方格看作 1，m_{10}、m_{12}、m_{14}看作 0 时，只需圈一个卡诺圈即可。

合并后得最简函数：F =D。

利用约束项化简的过程中，应注意尽量不要将不需要的约束项也画入圈内，否则得不到函数的最简形式。

3. 组合逻辑电路的分析

根据给定的逻辑电路，找出其输出信号和输入信号之间的逻辑关系，确定电路逻辑功能的过程叫作组合逻辑电路的分析。组合逻辑电路的一般分析步骤如下。

组合逻辑电路的分析

① 根据已知逻辑电路图用逐级递推法写出对应的逻辑函数表达式。

② 用公式法或卡诺图法对写出的逻辑函数式进行化简，得到最简逻辑表达式。

③ 根据最简逻辑表达式，列出相应的逻辑电路真值表。

④ 根据真值表找出电路可实现的逻辑功能，并加以说明，以理解电路的作用。

【例 9. 13】 分析图 9-25 所示逻辑电路的功能。

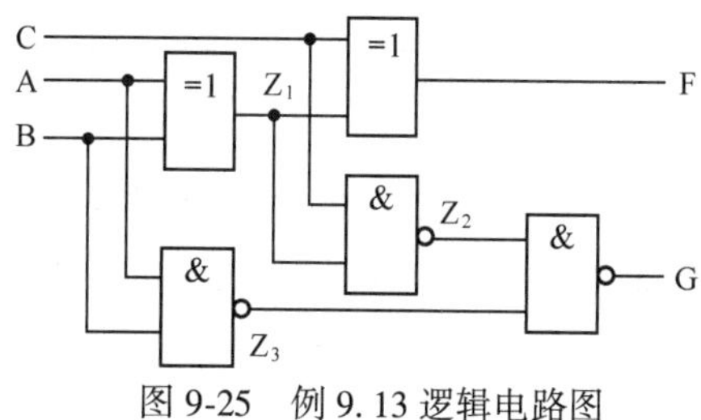

图 9-25　例 9. 13 逻辑电路图

【解】 ① 对该逻辑电路图用逐级递推法写出输出 F 和 G 的逻辑函数表达式：

$$Z_1 = A \oplus B$$

$$Z_2 = \overline{(A \oplus B)C}$$

$$Z_3 = \overline{AB}$$

$$F = C \oplus (A \oplus B)$$

$$\begin{aligned} G &= \overline{\overline{(A \oplus B)C} \cdot \overline{AB}} \\ &= (A \oplus B)C + AB \end{aligned}$$

② 用代数法化简逻辑函数：

$$\begin{aligned} F &= C \oplus (A \oplus B) \\ &= C\,\overline{A\bar{B} + \bar{A}B} + \bar{C}(A\bar{B} + \bar{A}B) \\ &= C[(\bar{A} + B)(A + \bar{B})] + A\bar{B}\bar{C} + \bar{A}B\bar{C} \\ &= \bar{A}\bar{B}C + ABC + A\bar{B}\bar{C} + \bar{A}B\bar{C} \end{aligned}$$

$$\begin{aligned} G &= (A \oplus B)C + AB \\ &= C(A\bar{B} + \bar{A}B) + AB \end{aligned}$$

$$= A\overline{B}C + \overline{A}BC + AB$$
$$= AC + BC + AB$$

③ 列出真值表，见表9-8。

表9-8　例9.13电路真值表

输入			输出	
A	B	C	F	G
0	0	0	0	0
0	0	1	1	0
0	1	0	1	0
0	1	1	0	1
1	0	0	1	0
1	0	1	0	1
1	1	0	0	1
1	1	1	1	1

④ 逻辑功能分析。观察真值表可得出电路的特点是：当输入信号中有两个或两个以上“1”时，输出G为“1”，其他为“0”；当输入信号中“1”的个数为奇数时，输出F为“1”，其他为“0”。如果认为A和B分别是被加数和加数，C是低位的进位数，则F是按二进制数计算时本位的和，G是向高位的进位数。由此说明该电路是一个一位全加器。

4. 组合逻辑电路设计

根据给定的逻辑功能，写出最简的逻辑函数式，并根据逻辑函数式构成相应组合逻辑电路的过程称为组合逻辑电路的设计。显然，设计与分析互为逆过程。

组合逻辑电路的设计

组合逻辑电路设计的一般步骤如下。

① 根据给出的条件和最终实现的功能，首先定出逻辑变量和逻辑函数，并用相应字母表示出来，然后用0和1各表示一种状态，由此找出逻辑变量和逻辑函数之间的关系。

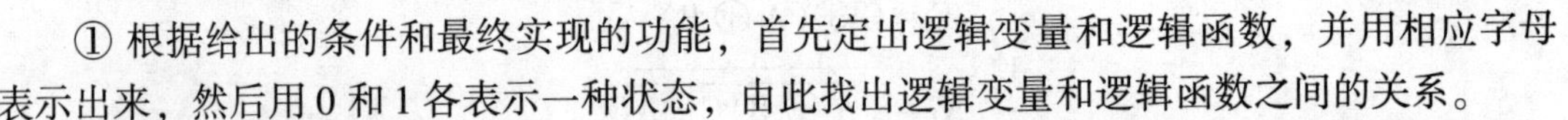

② 根据逻辑变量和逻辑函数之间的关系列出真值表，根据真值表写出逻辑表达式。

③ 化简逻辑函数。

④ 根据最简逻辑表达式画出相应逻辑电路。

【例9.14】 设计一个多数表决器，3人参加表决，多数通过，少数否决。

【解】 ① 逻辑变量和逻辑函数及其状态的设置。根据题目的要求，表决人对应输入逻辑变量，设用A、B、C表示；表决结果对应输出逻辑函数，用字母F表示。

设输入为“1”时，表示同意，为“0”时表示否决；输出为“1”时为通过，为“0”时提案被否决。

② 列出相应真值表，见表9-9。

表 9-9　　例 9.14 电路真值表

输入			输出
A	B	C	F
0	0	0	0
0	0	1	0
0	1	0	0
0	1	1	1
1	0	0	0
1	0	1	1
1	1	0	1
1	1	1	1

③ 写出逻辑函数表达式并化简。由于真值表中的每一行对应一个最小项，所以将输出为“1”的最小项用“与”项表示后进行逻辑加，即可得到逻辑函数的最小项表达式。在写最小项时，逻辑变量为“0”时用反变量表示，为“1”时用原变量表示。

在真值表中输出逻辑函数共有 4 个 1，所以最小项表达式共有 4 个，它们是：011→$\overline{A}BC$；101→$A\overline{B}C$；110→$AB\overline{C}$；111→ABC，即 $F=\overline{A}BC+A\overline{B}C+AB\overline{C}+ABC$。

用卡诺图化简如图 9-26 所示，化简结果得

$$F = AB + BC + CA$$

④ 根据逻辑函数式可画出逻辑电路图。

由于实际制作逻辑电路的过程中，一块集成芯片上往往有多个同类门电路，所以在构成具体逻辑电路时，通常只选用一种门电路，而且一般选用与非门的较多。因此，此多数表决器电路的逻辑函数式可利用反演律，很容易得到与非-与非式，即

$$F = \overline{\overline{AB + BC + CA}} = \overline{\overline{AB} \cdot \overline{BC} \cdot \overline{CA}}$$

这样，我们就得到了图 9-27 所示的由 4 个与非门构成的多数表决器逻辑电路。

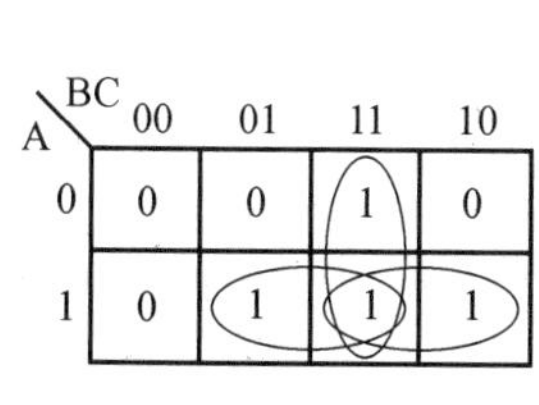

图 9-26　例 9.14 卡诺图

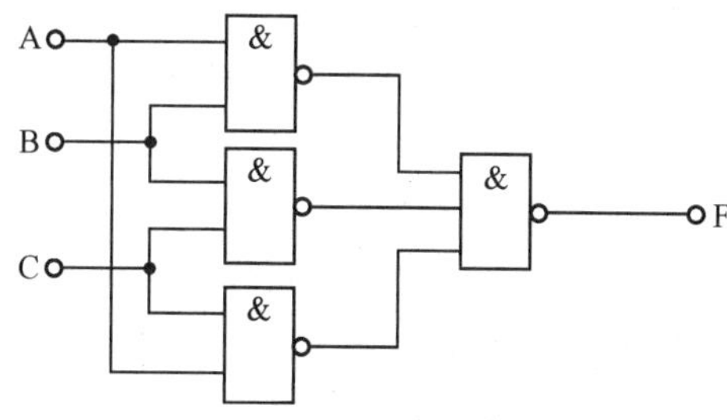

图 9-27　例 9.14 电路图

由于中、大规模集成电路的出现，组合逻辑电路在设计概念上也随之发生了很大变化，现在已经有了逻辑功能很强的组合逻辑器件，灵活地应用它们，将会使组合逻辑电路在设计时事半功倍。在 9.3 节中，将介绍一些常用的组合逻辑器件。

检验学习结果

1. 完成下列数制的转换：

(1) $(256)_{10}$ = (　　　　　)$_2$ = (　　　　　)$_{16}$；

(2) $(B7)_{16}=(\qquad)_2=(\qquad)_{10}$;

(3) $(10110001)_2=(\qquad)_{16}=(\qquad)_8$。

2. 用真值表证明$\overline{A\cdot B}=\overline{A}+\overline{B}$。

3. 将 $F=A\overline{B}+\overline{A}(B\overline{C}+\overline{B}C)$ 写成最小项表达式。

4. 将 $F=AB\overline{C}+\overline{A}BC+AC$ 化为最简与或式。

5. 用卡诺图化简下列逻辑函数：

(1) $F=A\overline{B}C+ABC\overline{D}+A(B+\overline{C})+BC$;

(2) $F(A, B, C, D)=\sum m(0, 1, 4, 5, 6, 12, 13)$。

6. 输出 F、G 和输入 A、B、C 之间的逻辑关系的真值表见表 9-8，写出其关系式并画出相应与非门构成的逻辑电路图。

7. 分析图 9-28 所示电路的逻辑功能。

8. 设计一个三变量判奇电路。

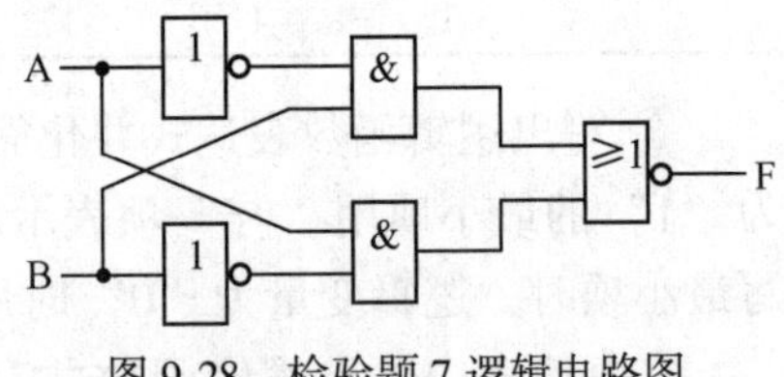
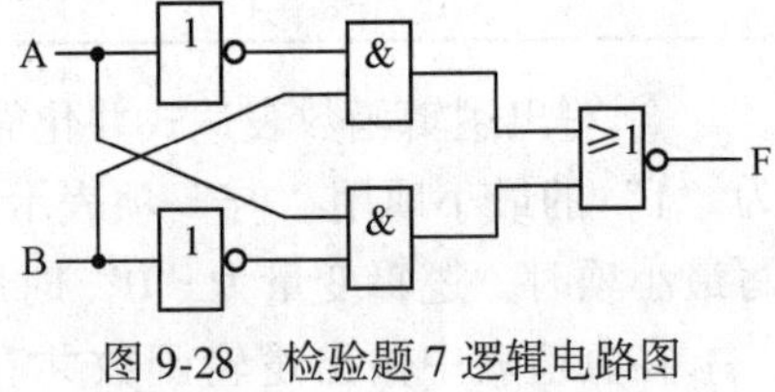

图 9-28　检验题 7 逻辑电路图

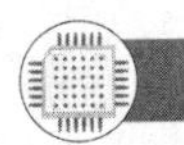

9.3　常用的组合逻辑电路器件

了解编码器、译码器、数值比较器、数据选择器等典型中规模组合逻辑标准器件的逻辑功能与使用方法。

1. 编码器

编码器

把若干个 0 和 1 按一定规律编排起来的过程称为编码。通过编码获得的不同二进制数的组合称为代码。代码是计算机能够识别的、用来表示某一对象或特定信息的数字符号。

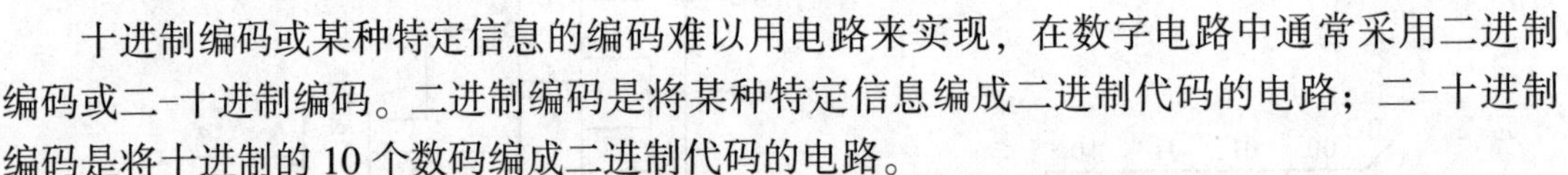

十进制编码或某种特定信息的编码难以用电路来实现，在数字电路中通常采用二进制编码或二–十进制编码。二进制编码是将某种特定信息编成二进制代码的电路；二–十进制编码是将十进制的 10 个数码编成二进制代码的电路。

在数字系统中，当编码器同时有多个输入有效时，常要求输出不但有意义，而且应按事先编排好的优先顺序输出，即要求编码器只对其中优先权最高的一个输入信号进行编码，具有此功能的编码器称为优先编码器。

优先编码器电路中，允许同时输入两个以上的编码信号。只不过优先编码器在设计时已经将所有的输入信号按优先顺序排了队，当几个输入信号同时出现时，优先编码器只对其中优先权最高的一个输入信号进行编码。

优先编码器

(1) 10 线–4 线优先编码器 74LS147

10 线–4 线优先编码器是将十进制数码转换为二进制代码的组合逻辑电路。74LS147 优先编码器的引脚排列图和惯用符号图如图 9-29 所示。

74LS147 是一个 16 脚的集成芯片，其中 15 脚为空脚，$\overline{I}_1\sim\overline{I}_9$为输入信号端，$\overline{A}\sim\overline{D}$为输

出端。输入和输出均为低电平有效。

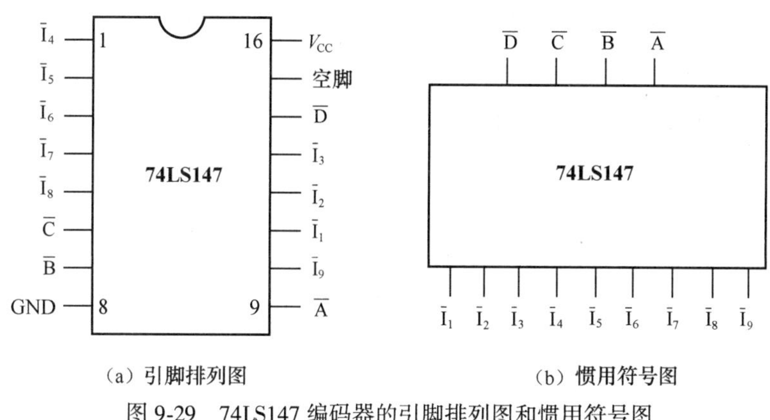

（a）引脚排列图　　（b）惯用符号图

图 9-29　74LS147 编码器的引脚排列图和惯用符号图

74LS147 的真值表见表 9-10。从真值表中可以看出，当无输入信号时，输出端全部为高电平“1”，表示输入的十进制数码为 0 或者表示无输入信号。当$\overline{I}_9$ 输入低电平“0”时，不论其他输入端是否有输入信号输入，输出均为 0110（1001 的反码）。再根据其他输入端的输入情况可以得出相应的输出代码，$\overline{I}_9$的优先级别最高，$\overline{I}_1$的优先级别最低。

表 9-10　74LS147 编码器真值表

输入									输出			
$\overline{I}_1$	$\overline{I}_2$	$\overline{I}_3$	$\overline{I}_4$	$\overline{I}_5$	$\overline{I}_6$	$\overline{I}_7$	$\overline{I}_8$	$\overline{I}_9$	$\overline{D}$	$\overline{C}$	$\overline{B}$	$\overline{A}$
×	×	×	×	×	×	×	×	×	1	1	1	1
×	×	×	×	×	×	×	×	0	0	1	1	0
×	×	×	×	×	×	×	0	1	0	1	1	1
×	×	×	×	×	×	0	1	1	1	0	0	0
×	×	×	×	×	0	1	1	1	1	0	0	1
×	×	×	×	0	1	1	1	1	1	0	1	0
×	×	×	0	1	1	1	1	1	1	0	1	1
×	×	0	1	1	1	1	1	1	1	1	0	0
×	0	1	1	1	1	1	1	1	1	1	0	1
0	1	1	1	1	1	1	1	1	1	1	1	0

（2）8 线-3 线优先编码器 74LS148

74LS148 芯片是一种优先编码器。在优先编码器中优先级别高的信号排斥优先级别低的信号，具有单方面排斥的特性。74LS148 的引脚排列图和惯用符号图如图 9-30 所示。图中$\overline{I}_0$ ~ $\overline{I}_7$为输入信号端，$\overline{Y}_0$ ~ $\overline{Y}_2$为输出端，$\overline{S}$为使能输入端，$\overline{O}_E$为使能输出端，$\overline{G}_S$为片优先编码输出端。

在表示输入、输出端的字母上，“非”号表示低电平有效。

当使能输入端$\overline{S}$ = 1 时，电路处于禁止编码状态，所有的输出端全部输出高电平“1”；

当使能输入端$\overline{S}=0$时，电路处于正常编码状态，输出端的电平由$\overline{I}_0\sim\overline{I}_7$的输入信号而定。$\overline{I}_7$的优先级别最高，$\overline{I}_0$的优先级别最低。

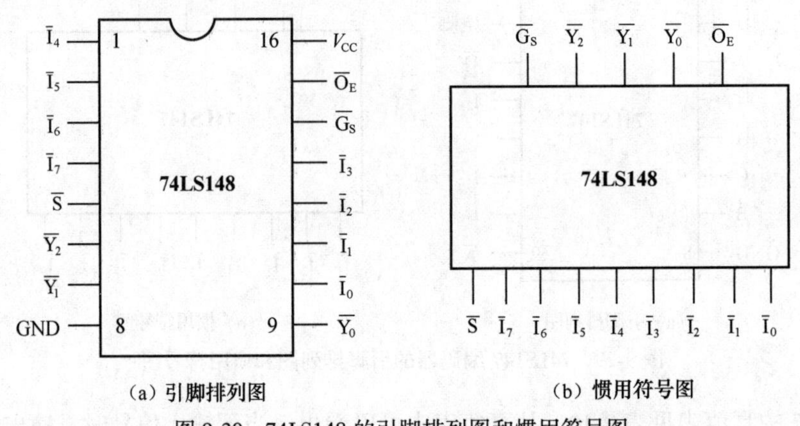

（a）引脚排列图　　（b）惯用符号图

图 9-30　74LS148 的引脚排列图和惯用符号图

使能输出端$\overline{O}_E=0$时，表示电路处于正常编码同时又无输入编码信号的状态。

74LS148 编码器的真值表见表 9-11。

表 9-11　74LS148 编码器真值表

输入									输出				
$\overline{S}$	$\overline{I}_0$	$\overline{I}_1$	$\overline{I}_2$	$\overline{I}_3$	$\overline{I}_4$	$\overline{I}_5$	$\overline{I}_6$	$\overline{I}_7$	$\overline{Y}_2$	$\overline{Y}_1$	$\overline{Y}_0$	$\overline{G}_S$	$\overline{O}_E$
1	×	×	×	×	×	×	×	×	1	1	1	1	1
0	1	1	1	1	1	1	1	1	1	1	1	1	0
0	×	×	×	×	×	×	×	0	0	0	0	0	1
0	×	×	×	×	×	×	0	1	0	0	1	0	1
0	×	×	×	×	×	0	1	1	0	1	0	0	1
0	×	×	×	×	0	1	1	1	0	1	1	0	1
0	×	×	×	0	1	1	1	1	1	0	0	0	1
0	×	×	0	1	1	1	1	1	1	0	1	0	1
0	×	0	1	1	1	1	1	1	1	1	0	0	1
0	0	1	1	1	1	1	1	1	1	1	1	0	1

从真值表中可以解读出优先编码器 74LS148 输出和输入之间的关系。

74LS148 使能端主要用作本块编码器芯片工作状态的控制：当使能端$\overline{S}=0$时允许编码；当$\overline{S}=1$时各输出端及$\overline{O}_E$、$\overline{G}_S$均封锁，编码被禁止。使能输出端$\overline{O}_E$是选通输出端，级联应用时，高位片的$\overline{G}_S$端与低位片的$\overline{S}$端连接起来，可以扩展优先编码功能。$\overline{G}_S$为优先扩展输出端，级联应用时可作输出位的扩展端。

利用使能端的作用，可以用两块 74LS148 扩展为 16 线–4 线优先编码器，如图 9-31 所示。

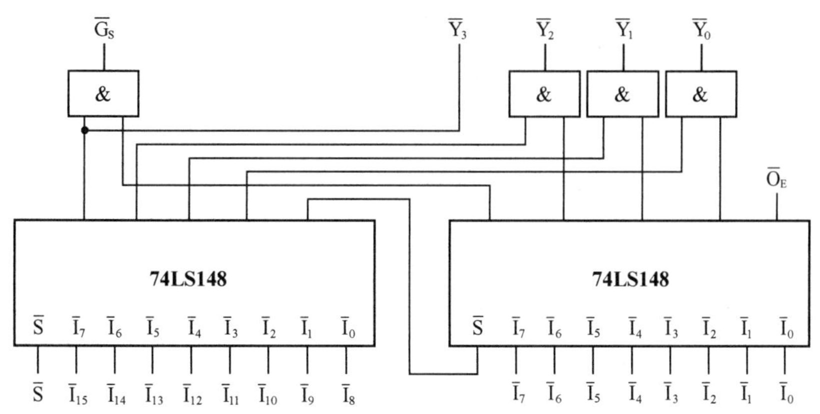

图 9-31　74LS148 优先编码器的功能扩展

当高位芯片的使能输入端为“0”时，允许对$\overline{I}_8 \sim \overline{I}_{15}$编码，当高位芯片有编码信号输入时，$\overline{O}_E$为 1，它控制低位芯片处于禁止状态；当高位芯片无编码信号输入时，$\overline{O}_E$为 0，低位芯片处于编码状态。高位芯片的$\overline{G}_S$端作为输出信号的高位端，输出信号的低 3 位由两块芯片的输出端对应位相“与”后得到。在有编码信号输入时，两块芯片只能有一块工作于编码状态，输出也是低电平有效，相“与”后就可以得到相应的编码输出信号。

二进制译码器

2. 译码器

译码和编码的过程相反，译码器的作用是把给定的二进制代码“翻译”成对应的特定信息或十进制数码，使输出端有人们熟悉的信号输出。译码器在数字系统中不仅用于代码的转换、终端的数字显示，还用于数据分配、存储器寻址和组合控制信号等。

译码器可分为变量译码器、代码变换译码器和显示译码器。我们主要介绍变量译码器和显示译码器的外部工作特性和应用。

（1）变量译码器 74LS138

变量译码器

74LS138 是一个有 16 个引脚的变量译码器，具有电源端，“地”端，3 个输入端 A_2、A_1、A_0，8 个输出端$\overline{Y}_7 \sim \overline{Y}_0$，3 个使能端 G_1、$\overline{G}_{2A}$、$\overline{G}_{2B}$。其引脚排列图和惯用符号图如图 9-32 所示。其真值表见表 9-12。

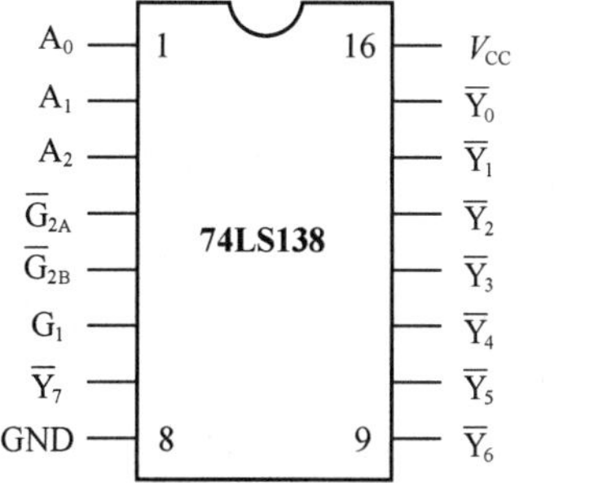

（a）引脚排列图

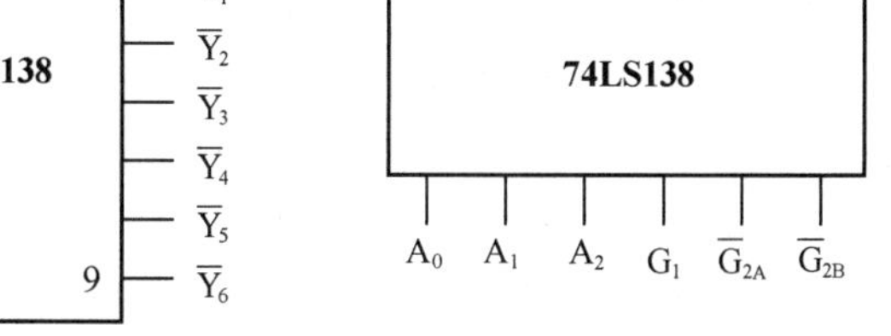

（b）惯用符号图

图 9-32　74LS138 的引脚排列图和惯用符号图

表 9-12　　　　74LS138 译码器真值表

输入					输出							
G_1	$\overline{G}_{2A}$ $\overline{G}_{2B}$	A_2	A_1	A_0	$\overline{Y}_0$	$\overline{Y}_1$	$\overline{Y}_2$	$\overline{Y}_3$	$\overline{Y}_4$	$\overline{Y}_5$	$\overline{Y}_6$	$\overline{Y}_7$
×	1	×	×	×	1	1	1	1	1	1	1	1
0	×	×	×	×	1	1	1	1	1	1	1	1
1	0	0	0	0	0	1	1	1	1	1	1	1
1	0	0	0	1	1	0	1	1	1	1	1	1
1	0	0	1	0	1	1	0	1	1	1	1	1
1	0	0	1	1	1	1	1	0	1	1	1	1
1	0	1	0	0	1	1	1	1	0	1	1	1
1	0	1	0	1	1	1	1	1	1	0	1	1
1	0	1	1	0	1	1	1	1	1	1	0	1
1	0	1	1	1	1	1	1	1	1	1	1	0

从真值表可看出，当输入使能端 G_1 为低电平“0”时，无论其他输入端为何值，输出全部为高电平“1”；当输入使能端$\overline{G}_{2A}$和$\overline{G}_{2B}$中至少有一个为高电平“1”时，无论其他输入端为何值，输出全部为高电平“1”；当 G_1 为高电平“1”、$\overline{G}_{2A}$和$\overline{G}_{2B}$同时为低电平“0”时，由 A_2、A_1、A_0 决定输出端中输出低电平“0”的一个输出端，其他输出为高电平“1”（将输入 A_2、A_1、A_0 看作二进制数，它所代表的十进制数就是低电平输出端的下标）。两片 74LS138 可以构成 4 线–16 线译码器，连接方法如图 9-33 所示。

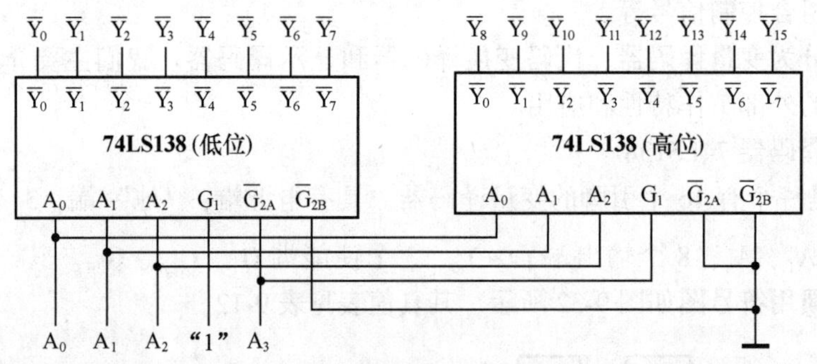

图 9-33　两片 74LS138 译码器扩展成 4 线–16 线译码器连线图

A_3、A_2、A_1、A_0 为扩展后电路的信号输入端，$\overline{Y}_{15}$ ~ $\overline{Y}_0$ 为输出端。当输入信号最高位 $A_3=0$时，高位芯片被禁止，$\overline{Y}_{15}$~$\overline{Y}_8$输出全部为“1”，低位芯片被选中，低电平“0”输出端由 A_2、A_1、A_0 决定。当 $A_3=1$ 时，低位芯片被禁止，$\overline{Y}_7$~$\overline{Y}_0$输出全部为“1”，高位芯片被选中，低电平“0”输出端由 A_2、A_1、A_0 决定。

用 74LS138 还可以实现三变量或者二变量的逻辑函数。因为变量译码器的每一个输出端的低电平都与输入逻辑变量的一个最小项相对应，所以将逻辑函数变换为最小项表达式时，只要从相应的输出端取出信号，送入与非门的输入端，与非门的输出信号就是要求的逻辑函数。

【例 9.15】已知函数 $F = \overline{A}B + \overline{B}C + A\overline{C}$，试用译码器 74LS138 实现。

【解】F 的最小项表达式为

$$F = \overline{A}BC + \overline{A}B\overline{C} + A\overline{B}C + \overline{A}\,\overline{B}C + AB\overline{C} + A\overline{B}\,\overline{C}$$

$$= \sum m(1,\ 2,\ 3,\ 4,\ 5,\ 6)$$

逻辑电路如图 9-34 所示。

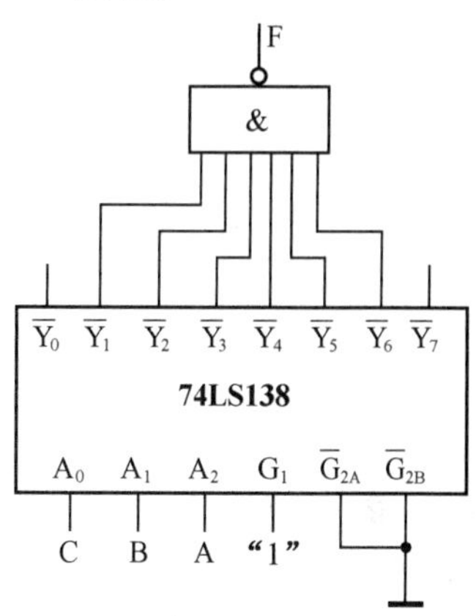

图 9-34 例 9.15 逻辑电路图

（2）显示译码器

显示译码器是将二进制代码变换成显示器件所需特定状态的逻辑电路。

① 数码显示器。数码显示器是常用的显示器件之一。常用的数码显示器也叫作数码管，类型有半导体发光二极管（LED）数码显示器和液晶数码显示器（LCD）。用 7 段（或 8 段，含小数点）显示单元做成“日”字形，用来显示 0~9 这 10 个数码，如图 9-35 所示。

数码显示器在结构上分为共阴极和共阳极两种，共阴极结构的数码显示器需要高电平驱动才能显示；共阳极结构的数码显示器需要低电平驱动才能显示。所以，驱动数码显示器的译码器，除逻辑关系和连接要正确外，电源电压和驱动电流应在显示器规定的范围内，不得超过显示器允许的功耗。

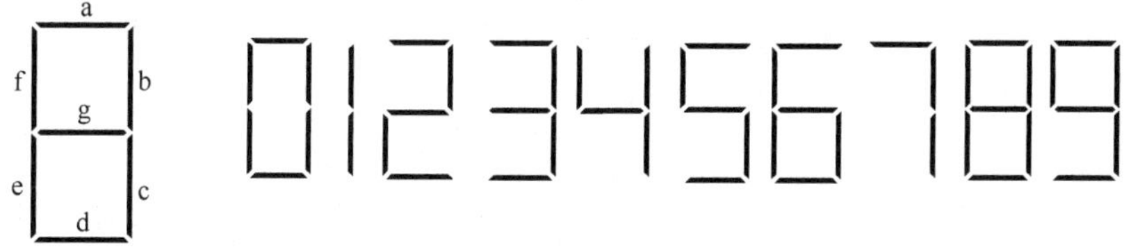

图 9-35 7 段数码显示器原理图

TS547 是一个共阴极 LCD 7 段数码显示器。引脚和发光段的关系见表 9-13（h 为小数点）。

表 9-13 引脚和发光段的关系

引 脚	1	2	3	4	5	6	7	8	9	10
功 能	e	d	地	c	h	b	a	地	f	g

② 7 段显示译码器。7 段显示译码器用来与数码管相配合，把以二进制 BCD 码表示的数字信号转换为数码管所需的输入信号。下面通过对 74LS48 集成芯片的分析，了解这一类集成逻辑器件的功能和使用方法。

74LS48 是一个 16 脚的集成器件，除电源、接地端外，有 4 个输入端 A_3、A_2、A_1、A_0，输入 4 位二进制 BCD 码，高电平有效；7 个输出端 a~g，内部的输出电路有上拉电阻，可以直接驱动共阴极数码管；3 个使能端$\overline{LT}$、$\overline{BI}/\overline{RBO}$和$\overline{RBI}$。其集成芯片引脚排列图和惯用符号图如图 9-36所示。

74LS48 的逻辑功能如下。

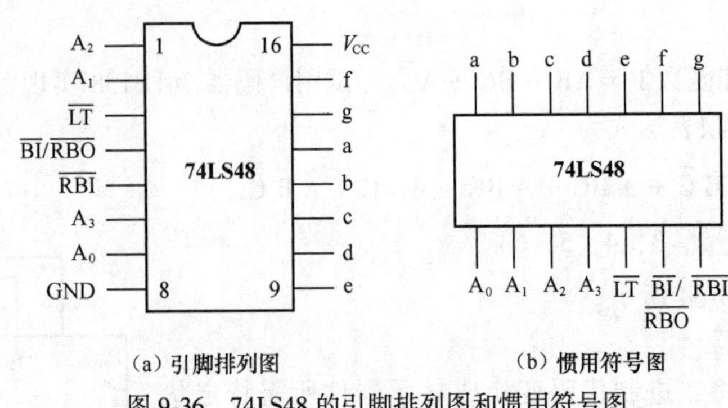

（a）引脚排列图　　（b）惯用符号图

图 9-36　74LS48 的引脚排列图和惯用符号图

● 灯测试端$\overline{LT}$：当$\overline{LT}=0$、$\overline{BI}=1$ 时，不论其他输入端为何种电平，所有的输出端全部输出“1”，驱动数码管显示数字 8。所以$\overline{LT}$端可以用来测试数码管是否发生故障、输出端和数码管之间的连接是否接触不良。正常使用时，$\overline{LT}$应处于高电平或者悬空。

● 灭灯输入端$\overline{BI}$：当$\overline{BI}=0$ 时，不论其他输入端为何种电平，所有的输出端全部输出为低电平“0”，数码管不显示。

● 动态灭零输入端$\overline{RBI}$：当$\overline{LT}=\overline{BI}=1$、$\overline{RBI}=0$ 时，若 $A_3A_2A_1A_0=0000$，所有的输出端全部输出为“0”，数码管不显示；若 A_3、A_2、A_1、A_0 输入其他代码组合，则译码器正常输出。

● 灭零输出端$\overline{RBO}$：$\overline{RBO}$和灭灯输入端$\overline{BI}$连在一起。$\overline{RBI}=0$ 且 $A_3A_2A_1A_0=0000$ 时，$\overline{RBO}$输出为“0”，表明译码器处于灭零状态。在多位显示系统中，利用$\overline{RBO}$输出的信号，可以将整数前部（将高位的$\overline{RBO}$连接相邻低位的$\overline{RBI}$）和小数尾部（将低位的$\overline{RBO}$连接相邻高位的$\overline{RBI}$）多余的 0 灭掉，以便读取结果。

正常工作状态下，$\overline{LT}$、$\overline{BI}/\overline{RBO}$、$\overline{RBI}$悬空或接高电平，在 A_3、A_2、A_1、A_0 端输入一组 8421BCD 码，在输出端可得到一组 7 位的二进制代码，代码组送入数码管，数码管就可以显示与输入相对应的十进制数。

74LS48 的真值表见表 9-14。

表 9-14　　74LS48 真值表

$\overline{LT}$	$\overline{RBI}$	$\overline{BI}/\overline{RBO}$	A_3 A_2 A_1 A_0	a b c d e f g	功能显示
0	×	1	× × × ×	1 1 1 1 1 1 1	试灯
×	×	0	× × × ×	0 0 0 0 0 0 0	熄灭
1	0	0	0 0 0 0	0 0 0 0 0 0 0	灭零
1	1	1	0 0 0 0	1 1 1 1 1 1 0	显示 0
1	×	1	0 0 0 1	0 1 1 0 0 0 0	显示 1
1	×	1	0 0 1 0	1 1 0 1 1 0 1	显示 2
1	×	1	0 0 1 1	1 1 1 1 0 0 1	显示 3
1	×	1	0 1 0 0	0 1 1 0 0 1 1	显示 4
1	×	1	0 1 0 1	1 0 1 1 0 1 1	显示 5

续表

$\overline{LT}$	$\overline{RBI}$	$\overline{BI}/\overline{RBO}$	A_3 A_2 A_1 A_0	a b c d e f g	功 能 显 示
1	×	1	0 1 1 0	1 0 1 1 1 1 1	显示 6
1	×	1	0 1 1 1	1 1 1 0 0 0 0	显示 7
1	×	1	1 0 0 0	1 1 1 1 1 1 1	显示 8
1	×	1	1 0 0 1	1 1 1 1 0 1 1	显示 9
1	×	1	1 0 1 0	0 0 0 1 1 0 1	显示⊏
1	×	1	1 0 1 1	0 0 1 1 0 0 1	显示⊐
1	×	1	1 1 0 0	0 1 1 1 1 1 0	显示⊔
1	×	1	1 1 0 1	1 0 0 1 0 1 1	显示⊆
1	×	1	1 1 1 0	0 0 0 1 1 1 1	显示⊢
1	×	1	1 1 1 1	0 0 0 0 0 0 0	无显示

一般时间显示电路中的小时位连接方法如图 9-37 所示。在图中，当十位输入数码“0”时，应灭零；而个位输入数码“0”时，应显示。

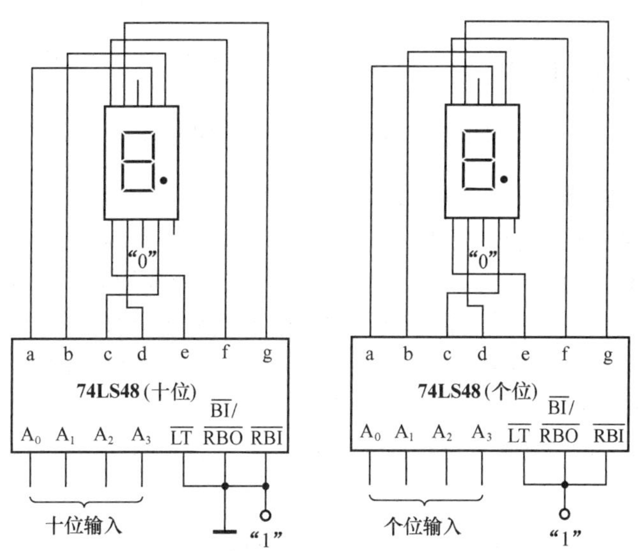

图 9-37　时间显示电路中的小时位连接方法

3. 数值比较器

在数字系统中，特别是在计算机中都需具有运算功能，一种简单的运算就是比较两个数 A 和 B 的大小。数值比较器就是对 A、B 两数进行比较，根据比较的结果决定下一步的操作。具有这种功能的电路，称为数值比较器。

（1）一位数值比较器

当对两个一位二进制数 A 和 B 进行比较时，数值比较器的比较结果有 3 种情况：A<B、A=B和 A>B。其比较关系见表 9-15。

表 9-15　　一位数值比较器真值表

A	B	$Y_{A<B}$	$Y_{A=B}$	$Y_{A>B}$
0	0	0	1	0
0	1	1	0	0
1	0	0	0	1
1	1	0	1	0

由表 9-14 可以得到一位数值比较器输出和输入之间的关系如下：

$$Y_{A<B} = \overline{A}B$$

$$Y_{A=B} = \overline{A}\,\overline{B} + AB = \overline{\overline{A}B + A\overline{B}}$$

$$Y_{A>B} = A\overline{B}$$

由上式可画出相对应的逻辑电路图，如图 9-38 所示。

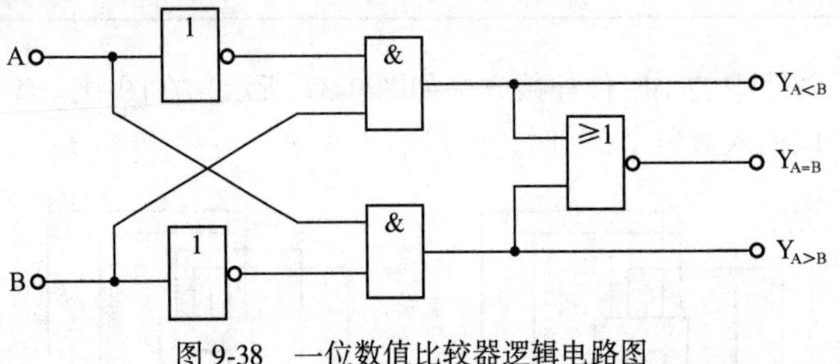

图 9-38　一位数值比较器逻辑电路图

（2）集成数值比较器

常用的集成数值比较器有 74LS85（四位数值比较器）、74LS521（八位数值比较器）等。下面通过对 74LS85 的分析了解这一类集成逻辑器件的使用方法。

74LS85 是一个 16 脚的集成逻辑器件，它的引脚排列图如图 9-39 所示，其输入和输出均为高电平有效。除了 2 个四位二进制数的输入端和 3 个比较结果的输出端外，还增加了 3 个低位比较结果的输入端，用作比较器“扩展”比较位数。

采用两块 74LS85 芯片级联，可构成八位数值比较器。两片 74LS85 级联的位数扩展图如图 9-40 所示。

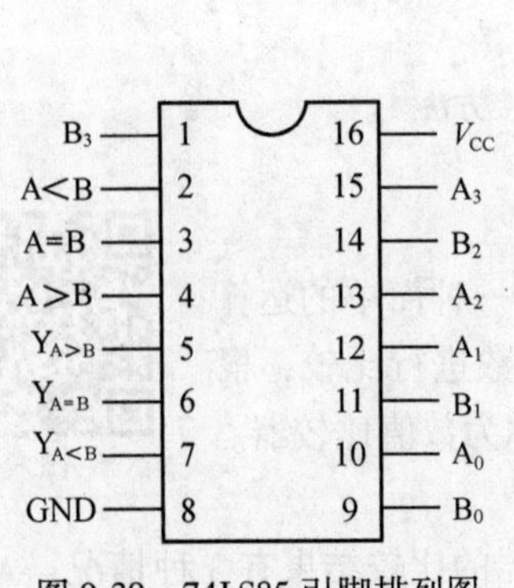

图 9-39　74LS85 引脚排列图

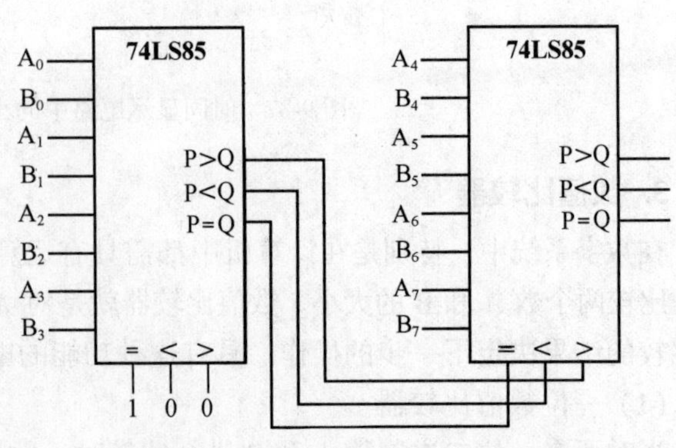

图 9-40　两片 74LS85 级联的位数扩展图

由图 9-40 可看出，两块集成芯片采用串联连接形式，低 4 位的比较结果作为高 4 位的条件：将低位的输出端和高位的比较输入端对应相连，高位芯片的输出端作为整个八位数值比较器的比较结果输出端。这种串联连接的扩展方法结构简单，但运算速度低。

74LS85 的位数扩展也可采用并联扩展两级比较法。并联扩展各组的比较是并行进行的，因此运算速度比级联扩展快。

4. 数据选择器

数据选择器

在多路数据传送过程中，能够根据需要将其中任意一路挑选出来的电路，称为数据选择器，也叫作多路开关。

例如，4 选 1 数据选择器，其示意框图如图 9-41 所示。

其输入信号的四路数据通常用 D_0、D_1、D_2、D_3 来表示；两个选择控制信号分别用 A_1、A_0 表示；输出信号用 Y 表示，Y 可以是 4 路输入数据中的任意一路，由选择控制信号 A_1、A_0 来决定。

当 $A_1A_0 = 00$ 时，$Y = D_0$；当 $A_1A_0 = 01$ 时，$Y = D_1$；当 $A_1A_0 = 10$ 时，$Y = D_2$；当 $A_1A_0 = 11$ 时，$Y = D_3$。其对应的真值表见表 9-16。

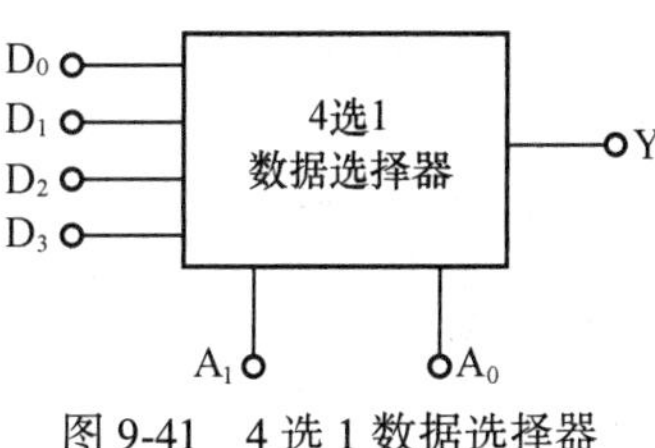

图 9-41　4 选 1 数据选择器示意框图

表 9-16　4 选 1 数据选择器真值表

输　入			输　出
D	A_1	A_0	Y
D_0	0	0	D_0
D_1	0	1	D_1
D_2	1	0	D_2
D_3	1	1	D_3

由真值表可得到 4 选 1 数据选择器的逻辑表达式为

$$Y = D_0\overline{A_1}\,\overline{A_0} + D_1\overline{A_1}A_0 + D_2A_1\overline{A_0} + D_3A_1A_0$$

由逻辑表达式可画出对应的逻辑电路图，如图 9-42 所示。

集成数据选择器的规格较多，常用的数据选择器型号有 74LS151、CT4138 8 选 1 数据选择器，74LS153、CT1153 双 4 选 1 数据选择器，74LS150 16 选 1 数据选择器等。集成数据选择器的引脚排列图及真值表均可在电子手册中查找到，关键是要能够看懂真值表，理解其逻辑功能，正确选用型号。图 9-43 所示为集成数据选择器 74LS153 的引脚排列图。

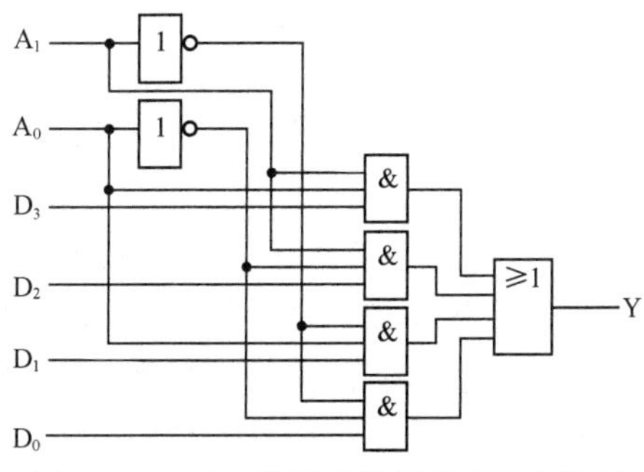

图 9-42　4 选 1 数据选择器的逻辑电路图

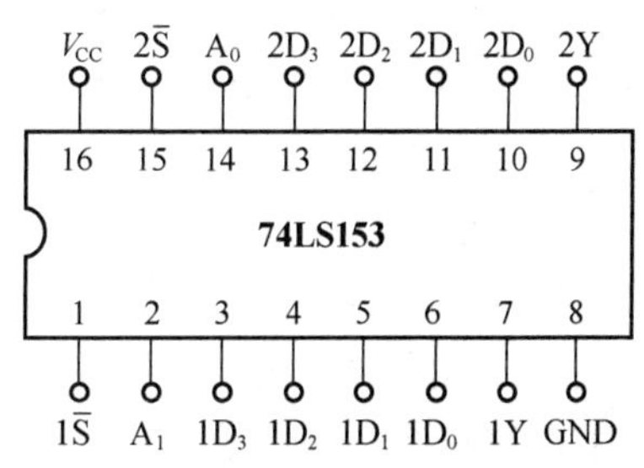

图 9-43　74LS153 的引脚排列图

集成数据选择器 74LS153 中，$D_0 \sim D_3$ 是输入的 4 路信号；A_0、A_1 是地址选择控制端；$\bar{S}$是选通控制端；Y 是输出端。输出端 Y 可以是 4 路输入数据中的任意一路。

检验学习 结果

1. 何谓编码？优先编码器中“优先”二字如何理解？

2. 译码器的输入量是什么？输出量又是什么？试画出 7 段数码显示器对应 7 个发光二极管的符号图。

3. 常用的集成数值比较器有哪些型号？扩展连接方式一般采用哪两种？各有何特点？

4. 数据选择器能实现的功能是什么？集成数据选择器 74LS153 中，$D_0 \sim D_3$ 是什么端子？A_0、A_1 又是什么端子？

5. 数据选择器的输出端 Y 由电路中的什么信号来控制？

技能 训练

编码、译码及数码显示电路的研究。

（1）实训目的

① 通过拨码开关的应用，进一步理解二进制编码输入信息与输出编码数值的关系。

② 掌握 3 线-8 线译码器 74LS138 逻辑功能的测试方法，并掌握其各引脚功能。

③ 熟悉数码显示管的工作原理及其典型应用。

（2）实训主要仪器设备

① 数字电子实验装置一套。

② 集成电路 74LS138、74LS145、74LS248 各一片。

③ 数码显示管 LC5011-11。

④ 其他相关设备与导线。

（3）实训电路原理图

实训电路原理图如图 9-44 所示。

图 9-44（a）所示为 3 线-8 线译码器 74LS138 的功能测试电路；图 9-44（b）所示为 74LS48（或 CC4511）BCD 码 7 段译码驱动器的功能测试电路。

（4）拨码开关的编码原理及应用

数字电子实验装置上通常都带有拨码开关，拨码开关中间的 4 个数码均为十进制数 0~9，单击某个十进制数码上面的“+”号和下面的“-”号时，十进制数码依序加“1”或依序减“1”。

拨码开关实际上就是典型的二-十进制编码器，其 4 个十进制数码通过各自内部的编码功能，每个数码均向外引出 4 个接线端子 A、B、C、D，A、B、C、D 所输出的组合表示与十进制数码相对应的二进制 BCD 码，这些 BCD 码在实训电路中作为译码器的输入二进制信息。

（5）译码器及其应用

译码器是一种多输入多输出的组合逻辑电路，其功能是将每个输入的代码进行“翻译”，译成对应的输出高、低电平信号。译码器在数字系统中有广泛的用途，不仅用于代码的转换、终端的数字显示，还用于数据分配、存储器寻址和组合控制信号等。不同的功能可选用不同种类的译码器。

① 变量译码器。变量译码器又称二进制译码器，用来表示输入变量的状态，如 2 线-4

线、3 线-8 线和 4 线-16 线译码器。若有 n 个输入变量，则对应 2^n 个不同的组合状态，可构成 2^n 个输出端的译码器供其使用。而每一个输出所代表的函数对应于 n 个输入变量的最小项。常用的变量译码器有 74LS138 等。

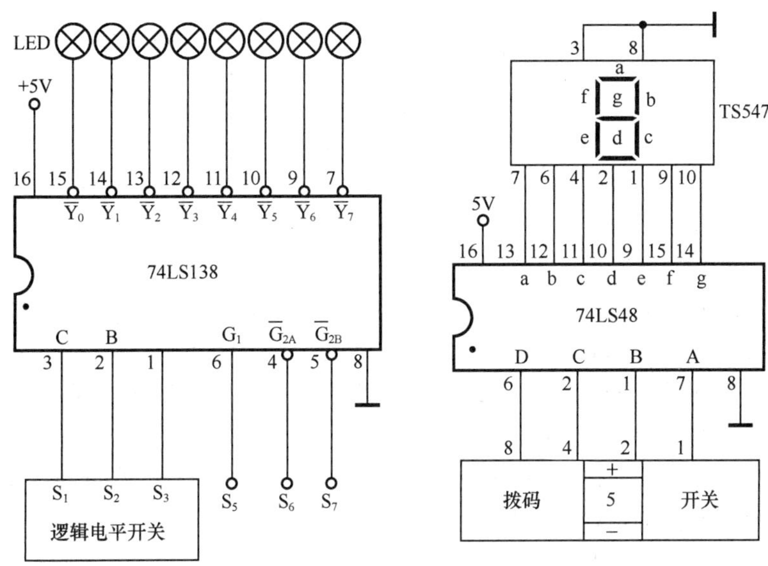

(a) 74LS138 逻辑功能测试图　　(b) 74LS48 逻辑功能测试图

图 9-44　实训电路原理图

② 码制变换译码器。码制变换译码器用于一个数据的不同代码之间的相互转换，如 BCD 码二-十进制译码器/驱动器 74LS145 等。

③ 显示译码器。显示译码器用来驱动各种数字、文字或符号的显示器，如共阴极 BCD 7 段显示译码器/驱动器 74LS48 等。

④ 数码显示电路-译码器的应用。

常见的数码显示器有半导体数码管（LED）和液晶显示器（LCD）两种。其中，LED 又分为共阴极和共阳极两种类型。半导体数码管和液晶显示器都可以用 TTL 和 CMOS 集成电路驱动。显示译码器的作用就是将 BCD 代码译成数码管所需要的驱动信号。

（6）实训步骤

① 把集成电路芯片 74LS138 插入实验装置上面的 16P 插座内，按照实训电路原理图［见图 9-44（a）］所示连线：输入的三位二进制代码用逻辑电平开关实现，输出显示由 LED 逻辑电平实现。注意芯片的引脚位置不能接错。

② 接通+5V 电源后，按照其逻辑功能表输入不同的三位二进制代码，观察输出情况，记录在表 9-17 中。

表 9-17　　74LS138 3 线-8 线译码器功能表

输入端					输出端							
S_1	$\overline{S}_2+\overline{S}_3$	A_2	A_1	A_0	Y_0	Y_1	Y_2	Y_3	Y_4	Y_5	Y_6	Y_7
×	1	×	×	×								
0	×	×	×	×								
1	0	0	0	0								

续表

输入端					输出端							
S_1	$\overline{S}_2+\overline{S}_3$	A_2	A_1	A_0	Y_0	Y_1	Y_2	Y_3	Y_4	Y_5	Y_6	Y_7
1	0	0	0	1								
1	0	0	1	0								
1	0	0	1	1								
1	0	1	0	0								
1	0	1	0	1								
1	0	1	1	0								
1	0	1	1	1								

③ 关闭实训装置上的电源后，小心拔掉74LS138芯片，换成集成电路芯片74LS48插入16P插座内，按照图9-44（b）所示连线：输入的四位二进制代码用拨码开关实现，输出接于LED 7段数码显示管的对应端子上。实训中所用数码管是共阴极还是共阳极应搞清楚，两者的接法是不同的，这点一定要注意。

④ 接通+5V电源后，用拨码开关进行编码，向74LS48输入不同的BCD代码，观察数码管的输出显示情况，记录在表9-18中。

表9-18　　74LS48 真值表

$\overline{LT}$	$\overline{RBI}$	$\overline{BI}/\overline{RBO}$	A_3　A_2　A_1　A_0	a b c d e f g	功能显示
0	×	1	× × × ×	1 1 1 1 1 1 1	试灯
×	×	0	× × × ×	0 0 0 0 0 0 0	熄灭
1	0	0	0 0 0 0	0 0 0 0 0 0 0	灭0
1	1	1	0 0 0 0	1 1 1 1 1 1 0	显示____
1	×	1	0 0 0 1	0 1 1 0 0 0 0	显示____
1	×	1	0 0 1 0	1 1 0 1 1 0 1	显示____
1	×	1	0 0 1 1	1 1 1 1 0 0 1	显示____
1	×	1	0 1 0 0	0 1 1 0 0 1 1	显示____
1	×	1	0 1 0 1	1 0 1 1 0 1 1	显示____
1	×	1	0 1 1 0	1 0 1 1 1 1 1	显示____
1	×	1	0 1 1 1	1 1 1 0 0 0 0	显示____
1	×	1	1 0 0 0	1 1 1 1 1 1 1	显示____
1	×	1	1 0 0 1	1 1 1 1 0 1 1	显示____

⑤ 实训电路中选用的TS547是一个共阴极LED 7段数码显示管。引脚和发光段的关系见表9-13，其中h为小数点。

⑥ 分析实训结果的合理性，如与教材上所述功能严重不符时，应查找原因重做。

(7) 实训思考

① 显示译码器与变量译码器的根本区别在哪里？

② 如果LED数码管是共阳极的，与共阴极数码管的连接形式有何不同？

学海领航	通过对钱学森“国为重、家为轻，科学最重、名利最轻。五年归国路、十年两弹成”的爱国情怀和科学创新精神学习和了解，注重培养创新进取精神和民族自强的家国情怀，增强使命感和担当精神。

检测题（共 100 分，120 分钟）

一、填空题（每空 0.5 分，共 22 分）

1. 在时间上和数值上均作连续变化的电信号称为________信号；在时间上和数值上离散的信号叫作________信号。

2. 在正逻辑的约定下，“1”表示________电平，“0”表示________电平。

3. 数字电路中，输入信号和输出信号之间的关系是________关系，所以数字电路也称为________电路。在________关系中，最基本的关系是________、________和________关系，对应的电路称为________门、________门和________门。

4. 功能为有 1 出 1、全 0 出 0 的门电路称为________门；________功能的门电路是异或门；实际中________门应用的最为普遍。

5. 三态门除了________态、________态，还有第 3 种状态，________态。

6. 使用________门可以实现总线结构；使用________门可实现“线与”逻辑。

7. 一般 TTL 门和 CMOS 门相比，________门的带负载能力强，________门的抗干扰能力强。

8. 最简与或表达式是指在表达式中________最少，且________也最少。

9. 在化简的过程中，约束项可以根据需要看作________或________。

10. TTL 门输入端口为________逻辑关系时，多余的输入端可________处理；TTL 门输入端口为________逻辑关系时，多余的输入端应接________；CMOS 门输入端口为“与”逻辑关系时，多余的输入端应接________电平；具有“或”逻辑端口的 CMOS 门多余的输入端应接________电平，即 CMOS 门的输入端不允许________。

11. 用来表示各种计数制数码个数的数称为________，同一数码在不同数位所代表的________不同。十进制计数各位的________是 10，________是 10 的幂。

12. ________BCD 码和________码是有权码；________码和________码是无权码。

13. 卡诺图是将代表________的小方格按________原则排列而构成的方块图。

二、判断题（每小题 1 分，共 8 分）

1. 组合逻辑电路的输出只取决于输入信号的现态。 （ ）

2. 3 线-8 线译码器电路是三-八进制译码器。 （ ）

3. 已知逻辑功能，求解逻辑表达式的过程称为逻辑电路的设计。 （ ）

4. 编码电路的输入量一定是人们熟悉的十进制数。 （ ）

5. 74LS138 集成芯片可以实现任意变量的逻辑函数。 （ ）

6. 组合逻辑电路中的每一个门实际上都是一个存储单元。 （ ）

7. 74 系列集成芯片是双极型的，CC40 系列集成芯片是单极型的。 （ ）

8. 无关最小项对最终的逻辑结果无影响，因此可任意视为 0 或 1。 （ ）

三、选择题（每小题2分，共20分）

1. 逻辑函数中的逻辑“与”和它对应的逻辑代数运算关系为（　　）。

A. 逻辑加　　B. 逻辑乘　　C. 逻辑非

2. 十进制数100对应的二进制数为（　　）。

A. 1011110　　B. 1100010　　C. 1100100　　D. 11000100

3. 和逻辑式$\overline{AB}$表示不同逻辑关系的逻辑式是（　　）。

A. $\overline{A}+\overline{B}$　　B. $\overline{A}\cdot\overline{B}$　　C. $\overline{A}\cdot B+\overline{B}$　　D. $A\overline{B}+\overline{A}$

4. 八输入端的编码器按二进制数编码时，输出端的个数是（　　）。

A. 2个　　B. 3个　　C. 4个　　D. 8个

5. 四输入的译码器，其输出端最多为（　　）。

A. 4个　　B. 8个　　C. 10个　　D. 16个

6. 当74LS148的输入端$\overline{I}_0\sim\overline{I}_7$按顺序输入11011101时，输出端$\overline{Y}_2\sim\overline{Y}_0$为（　　）。

A. 101　　B. 010　　C. 001　　D. 110

7. 一个两输入端的门电路，当输入为1和0时，输出不是1的门是（　　）。

A. 与非门　　B. 或门　　C. 或非门　　D. 异或门

8. 多余输入端可以悬空使用的门是（　　）。

A. 与门　　B. TTL与非门　　C. CMOS与非门　　D. 或非门

9. 数字电路中机器识别和常用的数制是（　　）。

A. 二进制　　B. 八进制　　C. 十进制　　D. 十六进制

10. 能驱动7段数码管显示的译码器是（　　）。

A. 74LS48　　B. 74LS138　　C. 74LS148　　D. TS547

四、简述题（共8分）

1. 组合逻辑电路有何特点？分析组合逻辑电路的目的是什么？简述分析步骤。（4分）

2. 何谓编码？何谓译码？二进制编码和二–十进制编码有何不同？（4分）

五、分析题（共12分）1. 图9-45所示为u_A、u_B两输入端门的输入波形，试画出对应下列门的输出波形。（4分）

（1）与门

（2）与非门

（3）或非门

（4）异或门

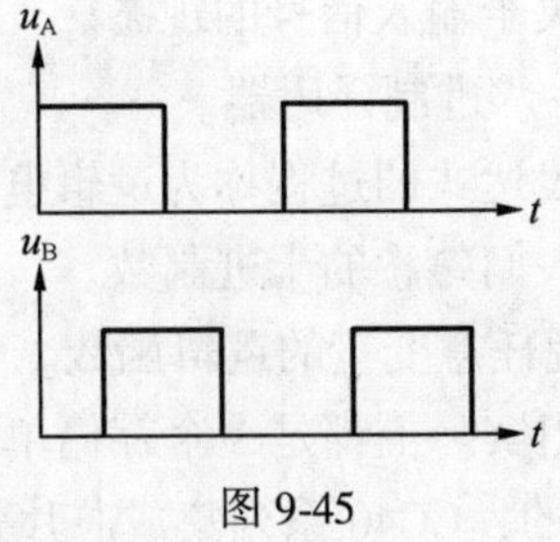

图9-45

2. 写出图 9-46 所示逻辑电路的逻辑函数表达式。(8 分)

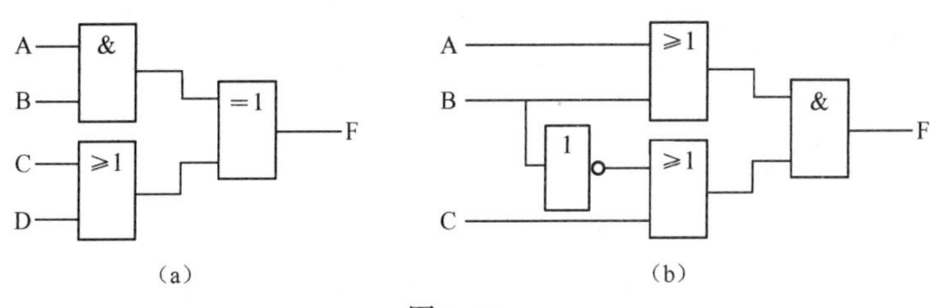

图 9-46

六、计算题(共 22 分)

1. 化简下列逻辑函数。(16 分)

(1) $F = (A + \bar{B})C + \bar{A}B$　　(2) $F = A\bar{C} + \bar{A}B + BC$

(3) $F = \bar{A}\bar{B}C + \bar{A}BC + AB\bar{C} + \bar{A}\bar{B}\bar{C} + ABC$　　(4) $F = \overline{A + \overline{BC}} + AB + B\bar{C}D$

(5) $F = (A + B)C + \bar{A}C + \overline{AB + \bar{B}C}$　　(6) $F = \bar{A}B + B\bar{C} + \bar{B}\bar{C}$

(7) $F = (A, B, C, D) = \sum m(0, 1, 6, 7, 8, 12, 14, 15)$

(8) $F = (A, B, C, D) = \sum m(0, 1, 5, 7, 8, 14, 15) + \sum d(3, 9, 12)$

2. $(365)_{10} = (\qquad)_2 = (\qquad)_8 = (\qquad)_{16}$ (3 分)

3. $(11101.1)_2 = (\qquad)_{10} = (\qquad)_8 = (\qquad)_{16}$ (3 分)

七、设计题(共 8 分)

1. 画出实现逻辑函数 $F = AB + A\bar{B}C + \bar{A}C$ 的逻辑电路。(4 分)

2. 设计一个三变量一致的逻辑电路。(4 分)

*** 八、附加题**

用与非门设计一个组合逻辑电路,完成如下功能:只有当 3 个裁判(包括裁判长)或裁判长和一个裁判认为杠铃已举起并符合标准时,按下按键,使灯亮(或铃响),表示此次举重成功,否则表示举重失败。

第10章 触发器和时序逻辑电路

时序逻辑电路与组合逻辑电路并驾齐驱，是数字电路的两大重要分支。时序逻辑电路的显著特点就是，电路任何一个时刻的输出状态不仅取决于当时的输入信号，还与电路原来的状态有关。因此，时序逻辑电路必须含有具有记忆能力的存储器件。

触发器具有记忆功能，常用来保存二进制信息，是构成时序逻辑电路的基本单元。时序逻辑电路通常由触发器和组合逻辑电路构成，其中触发器必不可少，而组合逻辑电路可有可无。计数器、寄存器与移位寄存器是时序逻辑电路的具体应用，本章将重点讨论。

时序逻辑电路的概念

目的和要求　了解基本触发器的功能及其分析方法；熟悉RS触发器、D触发器、JK触发器、T触发器、T′触发器的工作原理及逻辑功能，理解触发器的记忆作用；掌握各种触发器功能的4种描述方法；熟悉时序逻辑电路的基本分析方法和步骤；理解同步、异步时序逻辑电路的特点；掌握计数器、寄存器的概念和功能，熟悉它们的分析方法。

10.1　触发器

学习目标

了解基本RS触发器、钟控RS触发器、JK触发器、D触发器、T触发器和T′触发器的电路结构和工作原理；熟悉各种触发器的状态变化与触发脉冲的对应关系，理解其逻辑功能及应用；掌握描述触发器功能的逻辑表达式、真值表、状态图及时序图的表示方法。

1. 基本RS触发器

触发器是可以记忆一位二值信号的逻辑电路部件。根据逻辑功能的不同，触发器可以分为RS触发器（包括基本RS触发器和钟控RS触发器）、JK触发器、D触发器、T触发器和T′触发器。

基本RS触发器是任何结构复杂的触发器都必须包含的一个组成单元，它可以由两个与非门（或两个或非门）交叉连接构成。

基本RS触发器的结构组成与工作原理

图10-1所示由两个与非门构成的基本RS触发器有 $\overline{R}$ 和 $\overline{S}$ 两个输入端及Q和 $\overline{Q}$ 两个输出端。正常工作条件下，两个输出端的逻辑关系互非，所以常用一个字母表示输出状态。如Q=1、$\overline{Q}$=0时，称触发器的状态为“1”态；Q=0、$\overline{Q}$=1时，称触发器的状态为“0”态。

（1）基本RS触发器的工作原理

① 当输入端 $\overline{R}$=0、$\overline{S}$=1时，与非门1“有0出1”，所以 $\overline{Q}$=1；$\overline{Q}$=1反馈到门2输入端，则门2的两个输入端都为1，与非门2“全1出0”，则Q=0。无论触发器原来状态如

何，只要符合上述输入条件，触发器均为置 0 功能。因此常把$\overline{R}$称为清零端。

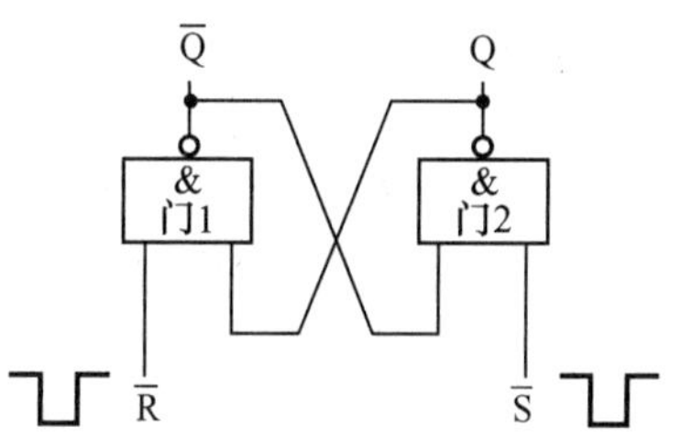

图 10-1　与非门构成的基本 RS 触发器

② 当输入端$\overline{R}=1$、$\overline{S}=0$ 时，与非门 2“有 0 出 1”，所以 Q=1；Q=1 反馈到门 1 输入端，则与非门 1“全 1 出 0”，所以$\overline{Q}=0$。无论触发器原来状态如何，只要符合上述输入条件，触发器均为置 1 功能。因此常把$\overline{S}$称为置 1 端。

③ 当输入端$\overline{R}=1$、$\overline{S}=1$ 时，若触发器原来的状态为 Q=0、$\overline{Q}=1$，在反馈线作用下，与非门 1“有 0 出 1”，输出端$\overline{Q}$仍为 1；与非门 2 则“全 1 出 0”，输出端 Q 仍为 0。

若触发器原态 Q=1、$\overline{Q}=0$，在反馈线作用下，与非门 2“有 0 出 1”，输出端 Q 仍为 1，与非门 1 则“全 1 出 0”，$\overline{Q}$端仍为 0。

显然，只要输入端$\overline{R}=1$、$\overline{S}=1$，无论触发器原来状态如何，均实现保持功能。

④ 当输入端$\overline{R}=0$、$\overline{S}=0$ 时，两个与非门均会“有 0 出 1”，这种情况显然破坏了输出端 Q 和$\overline{Q}$的互非性，从而造成逻辑混乱，使基本 RS 触发器不能正常工作。触发器的这种输入状态称为不定态。不定态在电路中禁止发生。

（2）基本 RS 触发器逻辑功能的描述

基本 RS 触发器的功能描述

触发器的逻辑功能通常可用特征方程、功能真值表、状态图和时序波形图等进行描述。

① 特征方程。表示触发器次态 Q^{n+1} 与输入及现态 Q^n 之间关系的逻辑表达式，称为触发器的特征方程。特征方程在时序逻辑电路的分析和设计中均有应用。图 10-1 所示的基本 RS 触发器的特征方程为

$$\begin{cases}Q^{n+1}=\overline{\overline{S}}+\overline{R}Q^n\\ \overline{R}+\overline{S}=1\quad（约束条件）\end{cases}\tag{10-1}$$

由于基本 RS 触发器不允许输入同时为低电平，因此加一个约束条件。

② 功能真值表。功能真值表以表格的形式反映了触发器从现态 Q^n 向次态 Q^{n+1}转移的规律。这种方法很适合在时序逻辑电路的分析中使用。

基本 RS 触发器的功能真值表见表 10-1。

表 10-1　基本 RS 触发器的功能真值表

$\overline{S}$	$\overline{R}$	Q^n	Q^{n+1}	功　能
1	0	0 或 1	0	置 0
0	1	0 或 1	1	置 1
1	1	0 或 1	0 或 1	保持
0	0	0 或 1	不定	禁止

③ 状态图。描述触发器的状态转换关系及转换条件的图形称为状态图，如图 10-2 所示。状态图是一种有向图，用圆圈表示时序逻辑电路的状态，用箭头表示状态转换方向，

箭头旁边标注出状态转换的条件。在时序逻辑电路的分析和设计中，状态图是一个重要的工具。由于触发器都是双稳态器件，因此仅有“0”和“1”两种状态，对应状态图中也仅有两个圆圈。

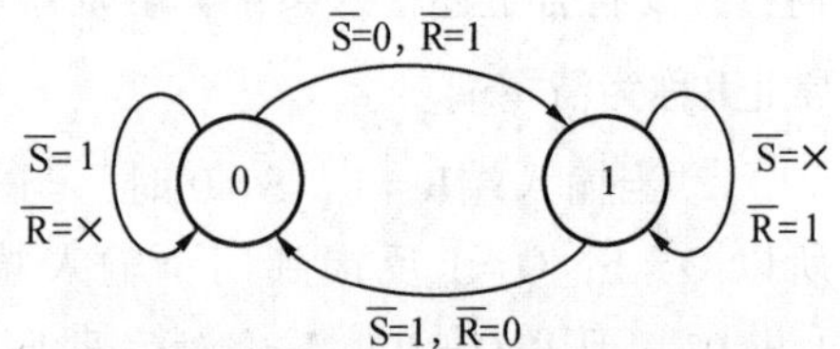

图 10-2 基本 RS 触发器的状态图

④ 时序波形图。反映触发器输入信号取值和状态之间对应关系的图形称为时序波形图。时序波形图是以波形图的形式直观地表示触发器特性和工作状态的一种方法，在时序逻辑电路的分析中经常使用。基本 RS 触发器的时序波形图如图 10-3 所示。

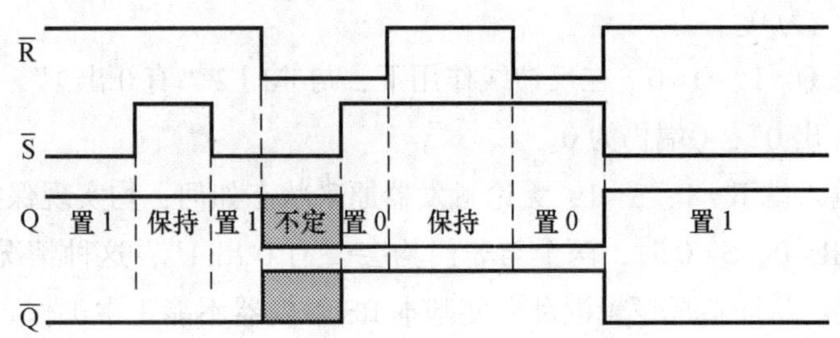

图 10-3 基本 RS 触发器的时序波形图

在数字电路中，凡根据输入信号 R、S 情况的不同，具有置 0、置 1 和保持功能的电路，都称为 RS 触发器。常用的集成 RS 触发器芯片有 74LS279 和 CC4044，它们的引脚排列图如图 10-4所示。

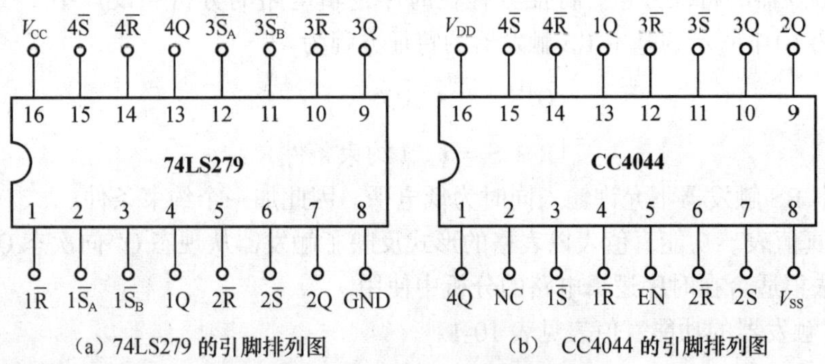

（a）74LS279 的引脚排列图　（b） CC4044 的引脚排列图

图 10-4 集成 RS 触发器引脚排列图

2. 钟控 RS 触发器

当一个逻辑电路中有多个触发器时，为了使各触发器的输出状态只在规定的时刻发生变化，特引入时钟脉冲信号 CP 作为触发器的触发控制信号。具有时钟脉冲控制端的 RS 触发器称为钟控 RS 触发器，也称同步 RS 触发器。钟控 RS 触发器的状态变化不仅取决于输入信号的变化，还受时钟脉冲 CP 的控制。因此，多个触发器在统一的时钟脉冲 CP 控制下可协调工作。其逻辑电路如图 10-5 所示。

钟控 RS 触发器的结构组成和动作特点

(1) 钟控 RS 触发器的工作原理

钟控 RS 触发器由 4 个与非门组成，门 1、门 2 组成基本 RS 触发器，其中 $\overline{R}_D$ 叫直接清零端，$\overline{S}_D$ 叫直接置位端；门 3、门 4 组成引导触发门，其中 R、S 为输入端，时钟脉冲 CP 作为钟控 RS 触发器的控制输入端。

钟控 RS 触发器的工作原理

钟控 RS 触发器与基本 RS 触发器的最大不同点就是电路输出状态的变化只能在 CP = 1 期间发生。因此，只要 CP = 0，不论 R、S 为何电平，电路均保持原来的状态不变。

当时钟脉冲 CP = 1 到来时，钟控 RS 触发器的输出状态取决于输入端 R 和 S。具体分析如下。

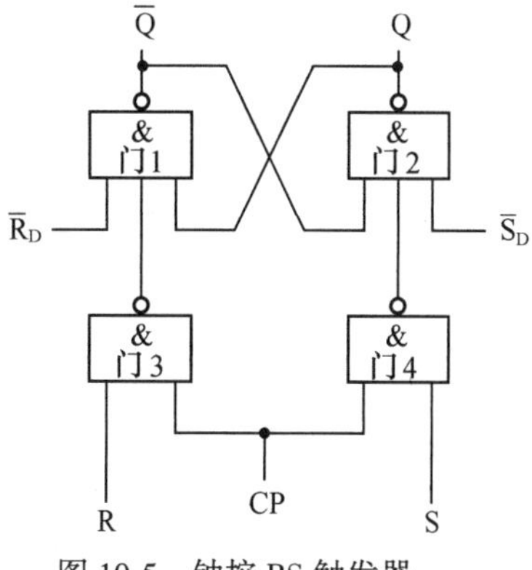

图 10-5　钟控 RS 触发器

① 当 R = 0、S = 0 时，引导触发门 3 和门 4 均“有 0 出 1”，基本 RS 触发器无论原来状态如何，均保持原来状态不变，即触发器具有保持功能。

② 当 R = 1、S = 0 时，引导触发门 3“全 1 出 0”，门 4“有 0 出 1”，则基本 RS 触发器门 1“有 0 出 1”，门 2“全 1 出 0”，输出次态 $Q^{n+1} = 0$。即无论钟控 RS 触发器原态如何，只要在 CP = 1 期间 R = 1、S = 0，触发器均实现置 0 功能。因此，R 称作清零端，高电平有效。

③ 当 R = 0、S = 1 时，引导触发门 3“有 0 出 1”，门 4“全 1 出 0”，则基本 RS 触发器门 1“全 1 出 0”，门 2“有 0 出 1”，输出次态 $Q^{n+1} = 1$。即无论钟控 RS 触发器原态如何，只要在CP = 1期间 R = 0、S = 1，触发器均实现置 1 功能。因此，S 也叫置 1 端，高电平有效。

④ 当 R = 1、S = 1 时，引导触发门 3 和门 4 都将“全 1 出 0”，门 1 和门 2 都会“有 0 出 1”，由此破坏了两个输出端的互非状态，造成触发器输出次态不定。因此，这种情况是电路的禁止态。

(2) 钟控 RS 触发器逻辑功能的描述

钟控 RS 触发器的功能描述

① 特征方程

$$\begin{cases} Q^{n+1} = S + \overline{R}Q^n \\ SR = 0 \qquad \text{（约束条件）} \end{cases} \tag{10-2}$$

② 功能真值表。钟控 RS 触发器的功能真值表见表 10-2。

表 10-2　钟控 RS 触发器的功能真值表

S	R	Q^n	Q^{n+1}	功　能
0	1	0 或 1	0	置 0
1	0	0 或 1	1	置 1
0	0	0 或 1	0 或 1	保持
1	1	0 或 1	不定	禁止

③ 状态图。钟控 RS 触发器的状态图如图 10-6 所示。

④ 时序波形图。钟控 RS 触发器是受时钟脉冲 CP 控制的触发器。只要时钟脉冲 CP≠1，无论输入为何种状态，触发器的输出均不发生变化，即保持原来的状态不变；当时钟脉冲 CP＝1 时，输出将随着输入的变化而发生改变，其时序波形图如图 10-7 所示。

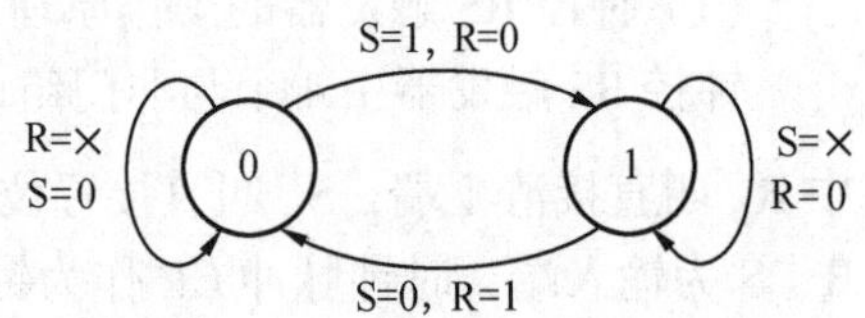

图 10-6　钟控 RS 触发器的状态图

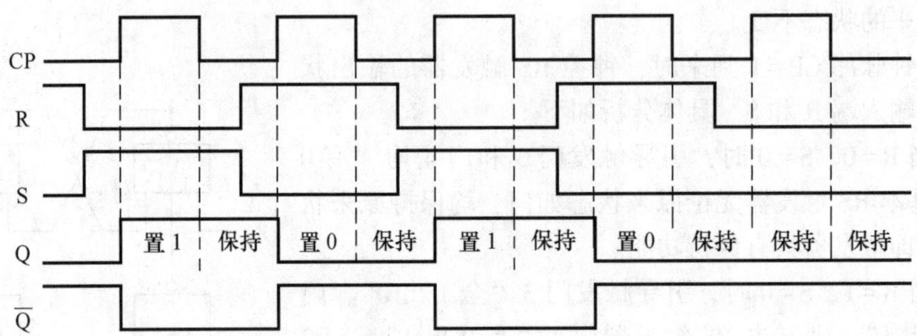

图 10-7　钟控 RS 触发器的时序波形图

钟控 RS 触发器采用的是电位触发方式，此类触发器存在的主要问题就是在时钟脉冲 CP＝1期间，若输入端 R 或 S 发生多次变化，输出将随着输入而相应发生多次翻转，这种情况下一般无法确切地判断触发器的状态，由此造成触发器工作的不可靠。我们把一个 CP 脉冲为 1 期间触发器发生多次翻转的情况称为空翻。

空翻现象

为确保数字系统的可靠工作，要求触发器在一个 CP 脉冲期间最多翻转一次，即不允许空翻现象的出现。为此，人们研制出了边沿触发方式的主从型 JK 触发器和维持阻塞型的 D 触发器等。这些触发器由于只在时钟脉冲边沿到来时发生翻转，从而有效地抑制了空翻现象。

JK 触发器的结构组成

3. JK 触发器

边沿触发方式的主从型 JK 触发器是目前功能较完善、使用灵活和通用性较强的一种能够抑制“空翻”现象的触发器。

（1）JK 触发器的电路组成

图 10-8 所示为主从型 JK 触发器的结构原理图。图中门 1～门 4 构成了从触发器，其输入通过一个非门和 CP 脉冲相连；门 5～门 8 构成了主触发器，主触发器直接与 CP 脉冲相连；从触发器的 Q 端与门 7 的一个输入相连，$\overline{Q}$端和门 8 的一个输入端相连，构成两条反馈线；$\overline{R}_D$ 和$\overline{S}_D$ 是直接清 0 端和直接置 1 端，触发器正常工作时它们悬空为“1”。

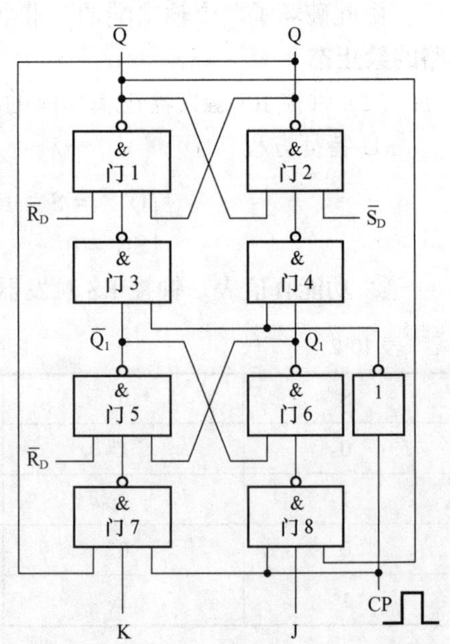

图 10-8　主从型 JK 触发器结构原理图

（2）JK 触发器的工作原理

JK 触发器的工作原理

在 CP = 1 期间，从触发器由于$\overline{CP}$ = 0 被封锁，使输出端不能发生变化；而主触发器在CP = 1期间，其输出次态随着 JK 输入端的变化而改变。

当 CP 下降沿到来时，主触发器由于 CP = 0 被封锁，在 CP = 1 期间的最后输出状态被记忆下来，并作为输入被从触发器接收（CP 下降沿到来时，$\overline{CP}$由 0 跳变到 1，从而主触发器被触发工作），因此，Q_1^{n+1} 端作为从触发器的 J 输入端，$\overline{Q_1^{n+1}}$作为从触发器的 K 输入端，Q^{n+1}的状态根据它们的情况而发生相应变化。

JK触发器的动作特点

下降沿之后的$\overline{CP}$ = 1 期间，由于主触发器被封锁而从触发器的输入状态不再发生变化，因此触发器保持下降沿时的状态不变。因此，这种主从型 JK 触发器只在 CP 脉冲下降沿到来时触发工作，从而有效地抑制了“空翻”现象，保证了触发器工作的可靠性。

这种边沿触发的主从型 JK 触发器，在时钟脉冲 CP 下降沿到来时，其输出、输入端子之间的对应关系如下。

① 当 J = 0、K = 0 时，触发器无论原态如何，次态 $Q^{n+1} = Q^n$，保持功能。

② 当 J = 1、K = 0 时，触发器无论原态如何，次态 $Q^{n+1} = 1$，置 1 功能。

③ 当 J = 0、K = 1 时，触发器无论原态如何，次态 $Q^{n+1} = 0$，置 0 功能。

④ 当 J = 1、K = 1 时，触发器无论原态如何，次态 $Q^{n+1} = \overline{Q^n}$，翻转功能。

JK 触发器的特征方程为

$$Q^{n+1} = J\overline{Q^n} + \overline{K}Q^n \qquad (10\text{-}3)$$

（3）常用集成 JK 触发器

集成 JK 触发器

实际应用中大多采用集成 JK 触发器。常用的集成芯片型号有 74LS112（下降沿触发的双 JK 触发器）、CC4027（上升沿触发的双 JK 触发器）和 74LS276 四 JK 触发器（共用置 1、清 0 端）等。74LS112 双 JK 触发器每块芯片包含两个具有复位、置位端的下降沿触发的 JK 触发器，通常用于缓冲触发器、计数器和移位寄存器电路中。74LS112 双 JK 触发器的引脚排列图如图 10-9（a）所示。CC4027 双 JK 触发器的引脚排列图如图 10-9（b）所示。

（a）74LS112 的引脚排列图　　（b）CC4027 的引脚排列图

图 10-9　两种集成 JK 触发器的引脚排列图

图 10-9 中，74LS112 是 TTL 型集成电路芯片；CC4027 是 CMOS 型集成电路芯片。引脚排列图中字符前的数字相同时，表示为同一个 JK 触发器的端子。表 10-3 为 74LS112 双 JK

触发器功能真值表。

表 10-3　　74LS112 双 JK 触发器功能真值表

控制端			输入端		原态	次态	功能
$\overline{S}_D$	$\overline{R}_D$	CP	J	K	Q^n	Q^{n+1}	触发器
0	1	×	×	×	×	1	置 1
1	0	×	×	×	×	0	置 0
0	0	×	×	×	×	不定	禁止
1	1	↓	0	0	0 或 1	0 或 1	保持
1	1	↓	0	1	0 或 1	0	置 0
1	1	↓	1	0	0 或 1	1	置 1
1	1	↓	1	1	0 或 1	1 或 0	翻转

集成 JK 触发器的状态图如图 10-10 所示。

JK 触发器同样可以用时序波形图表示其功能。只是需要注意，输出状态的变化总是发生在时钟脉冲下降沿处。图 10-11 所示为 JK 触发器的时序波形图举例。

JK 触发器的功能描述

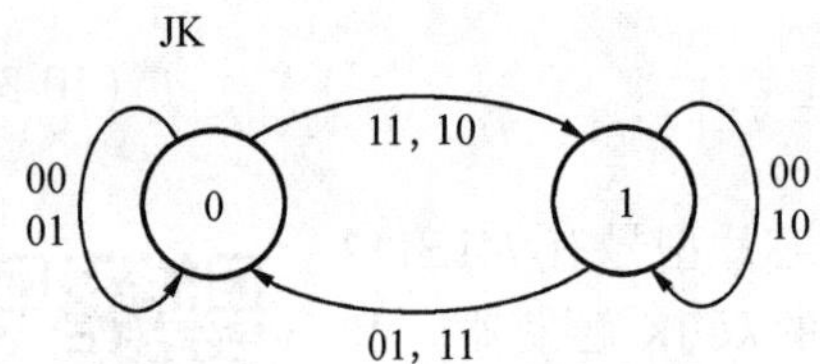

图 10-10　集成 JK 触发器的状态图

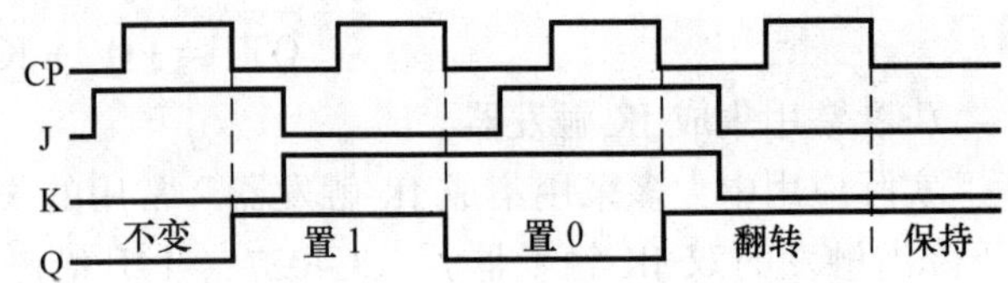

图 10-11　JK 触发器时序波形图

JK 触发器的逻辑符号图如图 10-12 所示。

逻辑符号中 CP 引线上端的“∧”符号表示边沿触发，无此“∧”符号表示电位触发；CP 脉冲引线端既有“∧”符号又有小圆圈时，表示触发器状态变化发生在时钟脉冲下降沿到来时刻；只有“∧”符号没有小圆圈时，表示触发器状态变化发生在时钟脉冲上升沿时刻。$\overline{S}_D$ 和 $\overline{R}_D$ 引线端处的小圆圈仍然表示低电平有效。

JK 触发器的特点如下。

① 边沿触发，即 CP 边沿到来时，状态发生翻转。

② 具有置 0、置 1、保持、翻转 4 种功能，无钟控 RS 触发器的空翻现象。

③ 使用方便灵活，抗干扰能力极强，工作速度很高。

4. D 触发器

维持阻塞型 D 触发器是只有一个输入端的边沿触发方式的触发器。D 触发器分为上升沿触发和下降沿触发两种。D 触发器的次态只取决于时钟脉冲触发边沿到来前控制信号 D 端的状态。维持阻塞型 D 触发器的结构原理图如图 10-13 所示。

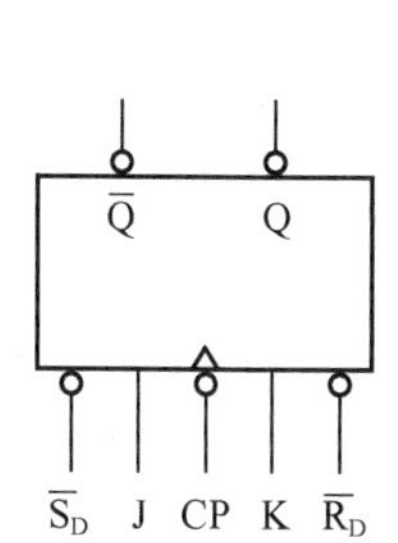

图 10-12 JK 触发器逻辑符号图

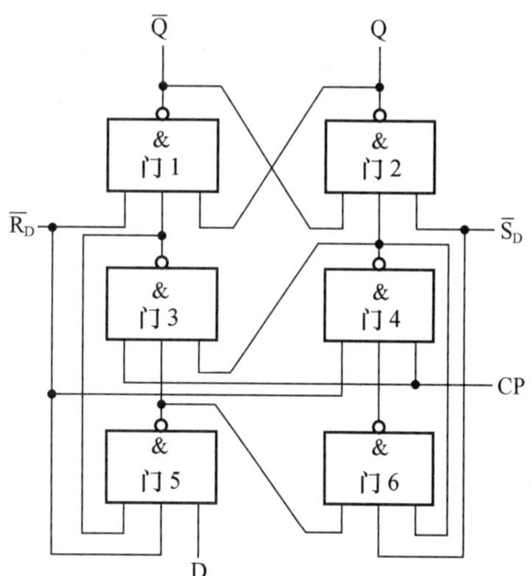

图 10-13 维持阻塞型 D 触发器结构原理图

图 10-13 中，门 1～门 4 构成钟控 RS 触发器，门 5 和门 6 构成输入信号的导引门，D 是输入信号端。直接置 0 端$\overline{R}_D$ 和置 1 端$\overline{S}_D$ 正常工作时要保持高电平。

（1）D 触发器的工作原理

维持阻塞型 D 触发器利用电路内部反馈来实现边沿触发。当 CP = 0 时，门 3 和门 4 的输出为 1，使钟控 RS 触发器的状态维持不变。此时，门 6 的输出等于 D，门 5 的输出等于$\overline{D}$。

当 CP 上升沿到来时刻，钟控 RS 触发器触发打开，门 5、门 6 在 CP = 0 时的输出状态被记忆下来并送入门 3 和门 4。下面分两种情况讨论。

① 若 D = 1，则门 6 输出为 1，门 4 “全 1 出 0”，门 3 “有 0 出 1”，则门 2 “有 0 出 1”，即 $Q^{n+1} = 1$；门 1 此时 “全 1 出 0”，D 触发器两个输出端子保持互非，置 1 功能。

② 若 D = 0，则门 6 输出为 0，门 4 “有 0 出 1”，门 3 “全 1 出 0”，则门 2 “全 1 出 0”，即 $Q^{n+1} = 0$；门 1 此时 “有 0 出 1”，D 触发器两个输出端子仍保持互非，置 0 功能。

显然，无论触发器原来状态如何，维持阻塞型 D 触发器的输出随着输入 D 的变化而变化，且在时钟脉冲上升沿到来时触发。由维持阻塞型 D 触发器的逻辑电路图可看出，触发器的状态在 CP 上升沿到来时可以维持原来的输入信号 D 作用的结果，而输入信号的变化在此时被有效地阻塞掉了。这正是维持阻塞名称的由来。

（2）集成 D 触发器及其功能描述

D 触发器的动作特点和集成 D 触发器

国内生产的 D 触发器主要是维持阻塞型，在时钟脉冲的上升沿触发翻转。常用的集成电路有 74LS74 双 D 触发器、74LS75 四 D 触发器和 74LS176 六 D 触发器等。图 10-14 所示为常用的 74LS74 的引脚排列图及逻辑符号。

① 特征方程：

$$Q^{n+1} = D^n \tag{10-4}$$

② 功能真值表。上升沿触发的 D 触发器功能真值表见表 10-4。

由真值表可看出，D 触发器具有**置 0** 和**置 1** 两种功能。D 触发器的应用非常广泛，常用于数字信号的寄存、移位寄存、分频、波形发生等。

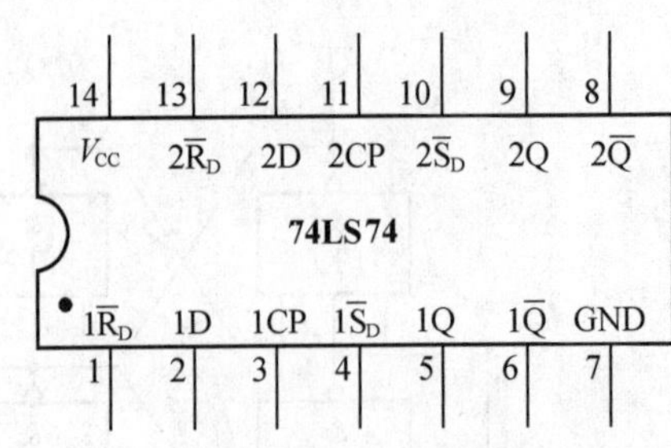

（a）74LS74 引脚排列图

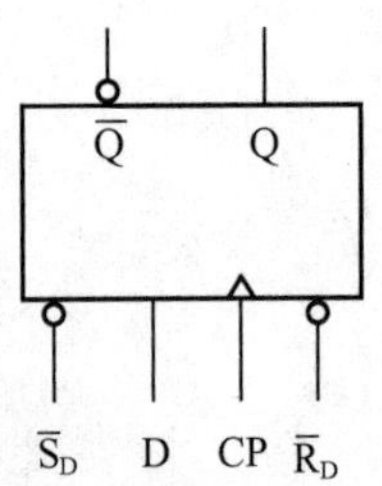

（b）逻辑符号

图 10-14　74LS74 的引脚排列图及逻辑符号

表 10-4　上升沿触发的 D 触发器功能真值表

控制端			输入端	原态	次态	功能
$\overline{S}_D$	$\overline{R}_D$	CP	D	Q^n	Q^{n+1}	触发器
0	1	×	×	×	1	置 1
1	0	×	×	×	0	置 0
0	0	×	×	×	不定	禁止
1	1	↑	0	0 或 1	0	置 0
1	1	↑	1	0 或 1	1	置 1

（3）状态图

D 触发器的状态图如图 10-15 所示。

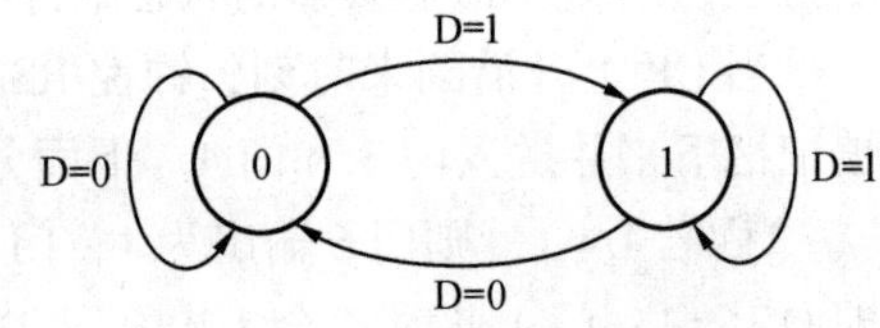

图 10-15　D 触发器的状态图

5. T 触发器和 T′触发器

（1）T 触发器

在数字电路中，凡在 CP 时钟脉冲控制下，根据输入信号取值的不同，只具有“保持”和“翻转”功能的电路，均称为 T 触发器。显然，把一个 JK 触发器的控制端 J 和 K 连接在一起即可构成一个 T 触发器。当 T=0 时，相当于 J=K=0，触发器为保持功能；当 T=1 时，相当于 J=K=1，触发器为翻转功能。T 触发器的功能真值表见表 10-5。

T 触发器和 T′触发器

表 10-5　T 触发器功能真值表

控制端			输入端	原态	次态	功能
$\overline{S}_D$	$\overline{R}_D$	CP	T	Q^n	Q^{n+1}	触发器
0	1	×	×	×	1	置 1
1	0	×	×	×	0	置 0
1	1	↓	0	0 或 1	0 或 1	保持
1	1	↓	1	0 或 1	1 或 0	翻转

（2）T′触发器

在数字电路中，凡每来一个时钟脉冲就翻转一次的电路，都称为 T′触发器。显然，让 T 触发器恒输入“1”时就构成一个 T′触发器。其功能真值表见表 10-6。

表 10-6　　T′触发器功能真值表

控制端			输入端	原态	次态	功能
$\overline{S}_D$	$\overline{R}_D$	CP	T′	Q^n	Q^{n+1}	触发器
0	1	×	×	×	1	置 1
1	0	×	×	×	0	置 0
1	1	↓	1	0 或 1	1 或 0	翻转

由功能真值表可看出，T′触发器所具有的逻辑功能只有翻转一种。

综上所述，触发器是数字电路中极其重要的基本单元。触发器有两个稳定状态，在外界信号作用下，可以从一个稳态转变为另一个稳态；无外界信号作用时状态保持不变。因此，触发器可以作为二进制存储单元使用。

触发器的逻辑功能可以用特性方程、功能真值表、状态图和时序波形图等多种方式来描述。触发器的特性方程是表示其逻辑功能的重要逻辑函数，在分析和设计时序电路时常用来作为判断电路状态转换的依据。

同一种功能的触发器，可以用不同的电路结构形式来实现；反过来，同一种电路结构形式，也可以构成具有不同功能的各种类型触发器。

检验学习结果

1. 何谓触发器的“空翻”现象？造成“空翻”的原因是什么？“空翻”和“不定”状态有何区别？如何有效解决“空翻”问题？
2. 试述各类触发器具有的逻辑功能。
3. 写出 JK 触发器的特征方程式，并画出其功能真值表和状态图。
4. 写出 D 触发器的特征方程式，并画出其功能真值表和状态图。
5. 试说明如何根据逻辑符号来判别触发器的触发方式。

技能训练

集成触发器的功能测试。

1. 实训目的

① 掌握由与非门、或非门组成基本 RS 触发器的方法。

② 进一步了解和熟悉各类集成触发器的引脚功能及其功能测试方法。

③ 了解 D 触发器和 JK 触发器构成 T 触发器和 T′触发器的方法。

2. 实训主要仪器设备

① 数字电子实训装置一台（包括+5V 直流电源、单次时钟脉冲源、逻辑电平开关和逻辑电平显示器等）。

② 74LS74（或 CC4013）双 D 集成触发器电路，74LS112（或 CC4027）双 JK 集成触发器电路，74LS00（或 CC4011）与非门集成电路、或非门集成电路各一只。

③ 相关实训设备及连接导线若干。

3. 实训步骤

① 按照图 10-16 所示，用两个与非门交叉连接构成一个基本 RS 触发器。在输入端分别输入 00、01、10、11，观测电路的逻辑功能，并填写在表 10-7 中。

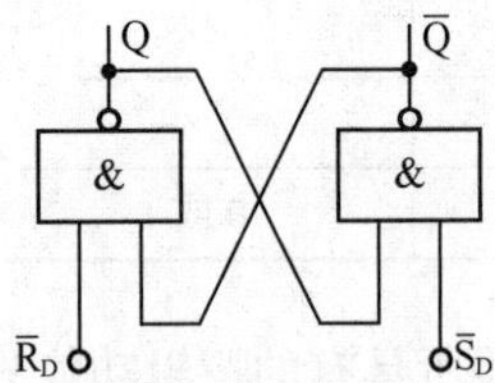

图 10-16　与非门构成的基本 RS 触发器

表 10-7　　基本 RS 触发器功能测试表

$\overline{R}_D$	$\overline{S}_D$	Q	$\overline{Q}$
1	1→0		
	0→1		
1→0	1		
0→1			
0	0		

② 用或非门构成基本 RS 触发器，实训电路自拟。在输入端分别输入 00、01、10、11，观测电路的逻辑功能。

③ 测试 D 触发器的逻辑功能。实际应用中 D 触发器的型号很多，TTL 型有 74LS74（双 D）、74LS174（六 D）、74LS175（四 D）、74LS377（八 D）等；CMOS 型有 CD4013（双 D）、CD4042（四 D）。本实训选用上升沿触发的 74LS74 芯片，其引脚排列如图 10-17 所示。

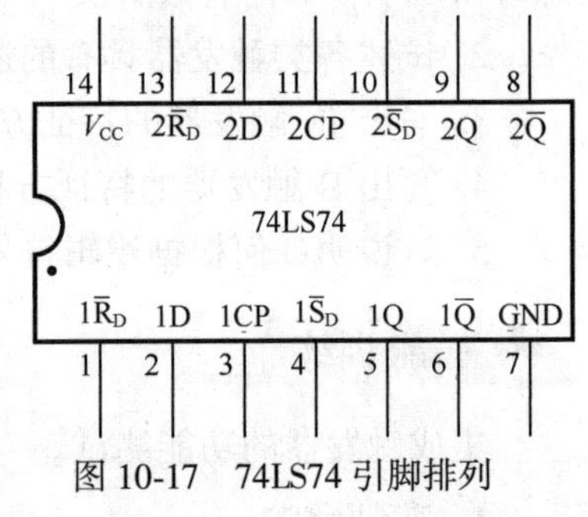

图 10-17　74LS74 引脚排列

选择其中的一个 D 触发器作为功能测试对象。引脚 14 与实训装置台上的+5V 直流电源相连，引脚 7 与“地”相连；把引脚 2、引脚 1 和引脚 4 均与逻辑电平开关相连，引脚 3 连接在实训装置中的单次脉冲源上，引脚 5 和引脚 6 分别与 LED 逻辑电平输入相连。按照表 10-8 测试 D 触发器的逻辑功能。

表 10-8　　D 触发器功能测试表

D	CP	Q^{n+1}	
		$Q^n=0$	$Q^n=1$
0	↑		
	↓		
1	↑		
	↓		

④ 测试 JK 触发器的逻辑功能。实际应用中 TTL 型 JK 触发器有 74LS107、74LS112（双 JK 下降沿触发，带清零）、74LS109（双 JK 上升沿触发，带清零）、74LS111（双 JK，带数据锁定）等；CMOS 型 JK 触发器有 CD4027（双 JK 上升沿触发）等。本次实训选用 74LS112 集成电路芯片，其引脚排列如图 10-9（a）所示。

与 D 触发器功能测试步骤类似：选择双 JK 触发器 74LS112 中同一标号的一个，把两个输入端、清 0 端、置 1 端均与逻辑电平开关输出相连，两个互非输出接到 LED 逻辑显示电平输入上，引脚 1（或引脚 13）与实训装置上面的单次时钟脉冲源相连，按照表 10-9 输入，观察上升沿和下降沿到来时触发器的输出情况，结果填写在表 10-9 中。

表 10-9　JK 触发器功能测试表

J	K	CP	Q^{n+1}	
			$Q^n=0$	$Q^n=1$
0	0	↓		
		↑		
0	1	↓		
		↑		
1	0	↓		
		↑		
1	1	↓		
		↑		

⑤ 把 D 触发器和 JK 触发器分别构成 T 触发器和 T′触发器后进行功能测试，实训电路自拟。观察输入不同时其输出情况，记录在自拟的表中。

4. 实训思考

① $\overline{R}_D$ 和 $\overline{S}_D$ 为什么不允许出现 $\overline{R}_D+\overline{S}_D=0$ 的情况？正常工作情况下，$\overline{R}_D$ 和 $\overline{S}_D$ 应为何态？

② 用可组成数据开关的逻辑电平输出开关能否作为触发器的时钟脉冲信号？为什么？

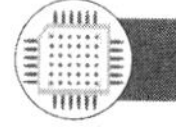

10.2 计数器

学习目标

了解典型时序逻辑电路计数器的结构组成，熟悉其工作原理，掌握计数器的功能及其逻辑电路的分析方法；理解复位和预置的概念及差别。

计数器是时序逻辑电路的具体应用，用来累计并寄存输入脉冲个数，计数器的基本组成单元是各类触发器。

计数器的种类很多，按其工作方式的不同可分为同步计数器和异步计数器；按进位制可分为二进制计数器、十进制计数器和任意进制计数器；按功能又可分为加计数器、减计数器和加/减可逆计数器等。计数器中的“数”是用触发器的状态组合来表示的。在计数脉冲（一般采用时钟脉冲 CP）作用下，使一组触发器的状态逐个转换成不同的状态组合，以此表示数的增加或减少来达到计数目的。

1. 二进制计数器

当时序逻辑电路的触发器位数为 n，电路状态按二进制数的自然态序循环，经历 2^n 个独立状态时，称此电路为二进制计数器。

二进制计数器除按同步、异步分类外，还可按计数的增减规律分为加计数器、减计数器和可逆计数器。

【例 10.1】图 10-18 所示的时序逻辑电路，其输出信号由各触发器的 Q 端输出。设触发器初始为“0”态，试分析该电路的逻辑功能。

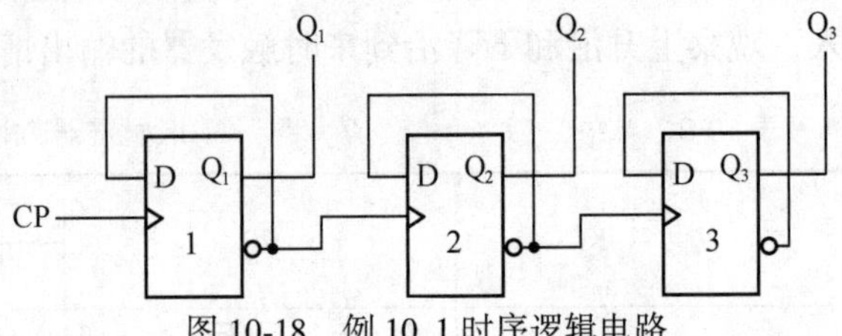

图 10-18　例 10.1 时序逻辑电路

【解】(1) 判断电路类型

该时序逻辑电路除 CP 时钟脉冲外，无其他输入信号，且各触发器的时钟脉冲不同，因此判断是莫尔型（时序逻辑电路中如果除 CP 时钟脉冲外，无其他输入信号，则属于莫尔型；若有其他输入信号，则称米莱型）的异步时序逻辑电路。

(2) 写出时序逻辑电路分析时所需的相应方程

该时序逻辑电路的各位均为 CP 上升沿到来时发生状态翻转的 D 触发器，因此电路的驱动方程为

$$D_3 = \overline{Q}_3 \quad D_2 = \overline{Q}_2 \quad D_1 = \overline{Q}_1$$

将驱动方程代入各位触发器的次态方程，可得

$$Q_3^{n+1} = D_3^n = \overline{Q}_3^n \quad Q_2^{n+1} = D_2^n = \overline{Q}_2^n \quad Q_1^{n+1} = D_1^n = \overline{Q}_1^n$$

电路的时钟方程为

$$CP_3 = \overline{Q}_2 \quad CP_2 = \overline{Q}_1 \quad CP_1 = CP$$

(3) 根据上述方程对电路进行分析

若电路初始状态为“000”时，第 1 个 CP 脉冲上升沿到来时，根据触发器 1 的次态方程可得 $Q_1^{n+1} = D_1^n = \overline{Q}_1^n = 1$，触发器 1 的状态由 0 翻转为 1，此变化使 CP_2 出现下降沿，因此触发器 2 状态不变，触发器 3 的状态因 CP_3 不变也不发生变化。$Q_3Q_2Q_1$ 由初始状态 000 变为 001。

第 2 个 CP 脉冲上升沿到来时，触发器 1 的状态再次翻转，$Q_1^{n+1}=0$；触发器 2 由于得到一个上升沿的 CP_2 而发生状态翻转，有 $Q_2^{n+1}=D_2^n=\overline{Q}_2^n=1$，此变化使 CP_3 出现下降沿，因此触发器 3 状态不变，$Q_3Q_2Q_1$ 由 001 变为 010。

第 3 个 CP 脉冲上升沿到来时，触发器 1 状态又发生翻转，$Q_1^{n+1}=1$；CP_2 出现下降沿，触发器 2 状态不变；因 Q_2 不变，CP_3 也不变化，$Q_3Q_2Q_1$ 由 010 变化为 011。

第 4 个 CP 脉冲上升沿到来时，触发器 1 的状态又翻转到 $Q_1^{n+1}=0$；$\overline{Q}_1$ 的变化使 CP_2 出现上升沿，触发器 2 状态也发生翻转，$Q_2^{n+1}=0$，$\overline{Q}_2$ 的变化使 CP_3 出现上升沿，触发器 3 的状态翻转为 $Q_3^{n+1}=1$，$Q_3Q_2Q_1$ 由 011 变为 100……直到第 8 个 CP 脉冲上升沿到来时，

$Q_3Q_2Q_1$ 由 111 又重新转换为 000 状态。以后电路将周而复始地重复上述循环。

以上推导结果可用状态转换真值表表示，见表 10-10。

表 10-10　　　例 10.1 逻辑电路状态转换真值表

CP_0	CP_1	CP_2	Q_3^n　Q_2^n　Q_1^n	Q_3^{n+1}　Q_2^{n+1}　Q_1^{n+1}
1↑	1↑	1↑	0　0　0	0　0　1
2↑	2↓	2↑	0　0　1	0　1　0
3↑	3↑	3↑	0　1　0	0　1　1
4↑	4↓	4↓	0　1　1	1　0　0
5↑	5↑	5↑	1　0　0	1　0　1
6↑	6↓	6↑	1　0　1	1　1　0
7↑	7↑	7↑	1　1　0	1　1　1
8↑	8↓	8↓	1　1　1	0　0　0

由表 10-10 可知，电路中的各位触发器状态变化的规律是：每来一个 CP 脉冲上升沿，触发器 1 的状态就会翻转一次；每当 Q_1 出现下降沿时，触发器 2 的状态翻转一次；每当 Q_2 出现下降沿时，触发器 3 的状态翻转一次。另外，计数器运行时所经历的状态通常都是周期性的，总是在有限个状态中循环，通常将一次循环所包含的状态总数称为计数器的"模"。所以，该时序逻辑电路是一个异步三位二进制模 8 加计数器。

异步三位二进制模 8 计数器的状态转换还可用图 10-19 所示的状态转换图来表示。

对例 10.1 的异步时序逻辑电路进行分析时，首先要看触发器的触发脉冲有无有效的触发边沿或有效触发电平，只有出现有效触发信号时，才能根据这一时刻的触发器输入信号利用次态方程求出变化后的新状态。

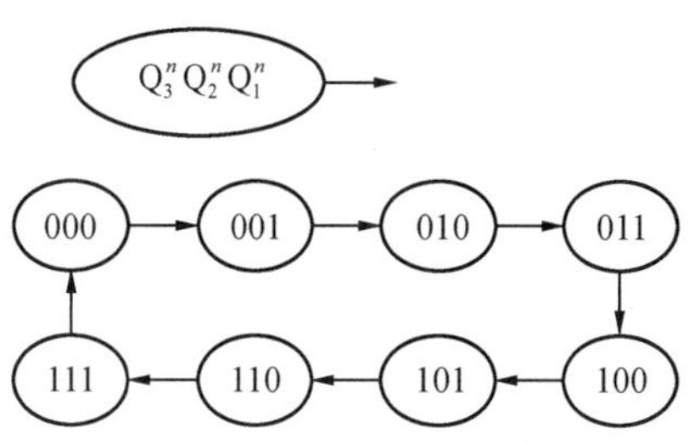

图 10-19　例 10.1 状态转换图

由例 10.1 可知，时序逻辑电路的一般分析步骤如下。

① 确定时序逻辑电路的类型。根据电路中各位触发器是否共用一个时钟脉冲 CP 触发电路，判断电路是同步时序逻辑电路还是异步时序逻辑电路。若电路中各位触发器共用一个时钟脉冲 CP 触发，为同步时序逻辑电路；若各位触发器的 CP 脉冲端子不同，如例 10.1 所示电路，就为异步时序逻辑电路。根据时序逻辑电路除 CP 端子外是否还有输入信号判断电路是米莱型还是莫尔型，如有其他输入信号端子时，为米莱型时序逻辑电路；如例 10.1 所示电路没有其他输入端子，因此为莫尔型时序逻辑电路。

② 根据已知时序逻辑电路，分别写出相应的驱动方程、次态方程、输出方程（注：莫尔型时序逻辑电路没有输出方程），当所分析电路属于异步时序逻辑电路时，还需要写出各位触发器的时钟方程。

③ 根据次态方程、时钟方程或输出方程，填写状态转换真值表或状态转换图。

④ 根据分析结果和状态转换真值表（或状态转换图），得出时序逻辑电路的逻辑功能。

【例 10.2】 分析图 10-20 所示时序逻辑电路的功能，说明其用途，设电路的初始状态为"111"。

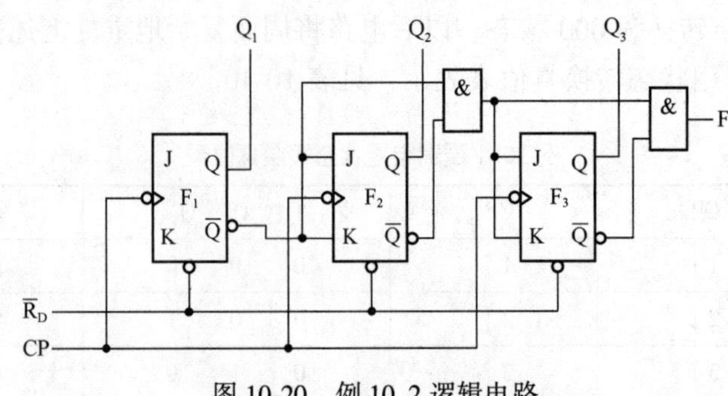

图 10-20　例 10.2 逻辑电路

【解】① 电路中各位触发器时钟脉冲为同一个 CP 输入端，具有同时翻转的条件，而且电路中除了 3 位触发器外，还有 2 个与门，因此判断该电路为米莱型的同步时序逻辑电路。

② 电路的驱动方程为

$$J_1 = K_1 = 1 \quad J_2 = K_2 = \overline{Q}_1^n \quad J_3 = K_3 = \overline{Q}_1^n \cdot \overline{Q}_2^n$$

电路的输出方程为

$$F = \overline{Q}_1^n \cdot \overline{Q}_2^n \cdot \overline{Q}_3^n$$

电路的次态方程为

$$Q_1^{n+1} = \overline{Q}_1^n$$

$$Q_2^{n+1} = \overline{Q}_1^n \cdot \overline{Q}_2^n + Q_1^n \cdot Q_2^n = \overline{Q_1^n \oplus Q_2^n}$$

$$Q_3^{n+1} = \overline{(Q_1^n + Q_2^n)}\,Q_3^n + (Q_1^n + Q_2^n)\overline{Q}_3^n$$

$$= \overline{(Q_1^n + Q_2^n) \oplus Q_3^n}$$

③ 根据上述方程，填写相应状态转换真值表，见表 10-11。

表 10-11　　例 10.2 逻辑电路状态转换真值表

CP	Q_3^n Q_2^n Q_1^n	F	Q_3^{n+1} Q_2^{n+1} Q_1^{n+1}
1↓	1　1　1	0	1　1　0
2↓	1　1　0	0	1　0　1
3↓	1　0　1	0	1　0　0
4↓	1　0　0	0	0　1　1
5↓	0　1　1	0	0　1　0
6↓	0　1　0	0	0　0　1
7↓	0　0　1	0	0　0　0
8↓	0　0　0	1	1　1　1

④ 由真值表可看出，此电路为同步二进制模 8 减计数器，电路每完成一个循环，输出 F 为“1”。

由例 10.2 可以看出，与异步计数器相比，虽然 n 位二进制计数器无论是同步还是异步，均由 n 个处于计数工作状态的触发器组成，但是同步计数器中往往含有门电路，因此电路结构比异步计数器要复杂得多。异步计数器采用的是串行计数，工作速度较低；同步计数器的各位触发器受同一时钟脉冲 CP 控制，决定各触发器状态（J、K 状态）条件是并行产生的，因此输出也是并行的，与异步计数器比较，计数速度提高很多。

例 10.1 和例 10.2 二进制计数器构成的时序逻辑电路，其基本单元均为具有记忆功能的双稳态触发器，构成时序逻辑电路的存储电路部分，而且存储电路的输出大多反馈到时序逻辑电路的输入端，并与输入信号一起共同决定电路的输出。

显然，时序逻辑电路和组合逻辑电路在分析方法上有很大差异。

2. 十进制计数器

日常生活中人们习惯于十进制的计数规则，当利用计数器进行十进制计数时，就必须构成满足十进制计数规则的电路。十进制计数器是在二进制计数器的基础上得到的，因此也称为二-十进制计数器。

用 4 位二进制代码代表十进制的每一位数时，至少要用 4 个触发器才能实现。最常用的二进制代码是 8421BCD 码。8421BCD 码取前面的“0000～1001”表示十进制的 0~9 这 10 个数码，后面的“1010～1111” 6 个数在 8421BCD 码中称为无效码。因此，采用 8421BCD 码计数至第 10 个时钟脉冲时，十进制计数器的输出即从“1001”跳变到“0000”，完成一次计数循环。下面以十进制同步加计数器为例，介绍这类逻辑电路的工作原理。

（1）十进制同步加计数器的组成

图 10-21 所示为十进制同步加计数器的电路。电路中含有“清零”端$\overline{R}_D$，因只有 CP 输入端子，所以为莫尔型时序逻辑电路。

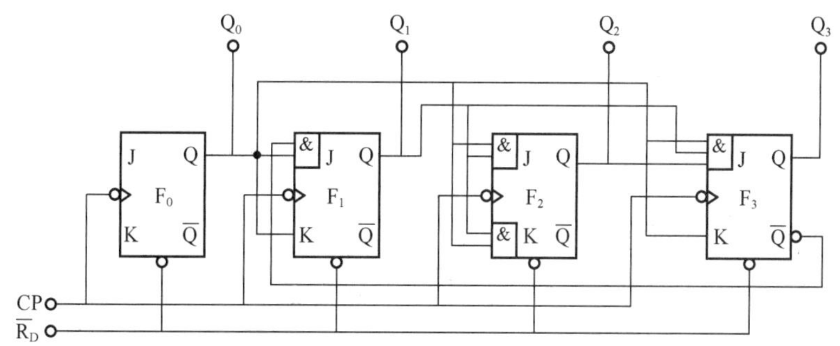

图 10-21　十进制同步加计数器的电路

（2）计数工作原理

图 10-21 中各位触发器的驱动方程为

$$J_0 = K_0 = 1$$

$$J_1 = Q_0^n \overline{Q_3^n} \quad K_1 = Q_0^n$$

$$J_2 = K_2 = Q_0^n Q_1^n$$

$$J_3 = Q_0^n Q_1^n Q_2^n \quad K_3 = Q_0^n$$

电路的次态方程为

$$Q_0^{n+1} = \overline{Q_0^n}$$

$$Q_1^{n+1} = Q_0^n \overline{Q_3^n}\, \overline{Q_1^n} + \overline{Q_0^n} Q_1^n$$

$$Q_2^{n+1} = Q_0^n Q_1^n \overline{Q_2^n} + \overline{Q_0^n Q_1^n} Q_2^n$$

$$Q_3^{n+1} = Q_0^n Q_1^n Q_2^n \overline{Q_3^n} + \overline{Q_0^n} Q_3^n$$

将各位触发器的现态代入次态方程，可得到该逻辑电路的次态值。这种逻辑关系可用状态转换真值表（见表 10-12）和状态转换图（见图 10-22）进行表述。

表 10-12　　十进制逻辑电路状态转换真值表

CP	Q_3^n	Q_2^n	Q_1^n	Q_0^n	Q_3^{n+1}	Q_2^{n+1}	Q_1^{n+1}	Q_0^{n+1}
1↓	0	0	0	0	0	0	0	1
2↓	0	0	0	1	0	0	1	0
3↓	0	0	1	0	0	0	1	1
4↓	0	0	1	1	0	1	0	0
5↓	0	1	0	0	0	1	0	1
6↓	0	1	0	1	0	1	1	0
7↓	0	1	1	0	0	1	1	1
8↓	0	1	1	1	1	0	0	0
9↓	1	0	0	0	1	0	0	1
10↓	1	0	0	1	回零进位			
无效码	1	0	1	0	1	0	1	1
	1	0	1	1	0	1	0	0
	1	1.	0	0	1	1	0	1
	1	1	0	1	0	1	0	0
	1	1	1	0	1	1	1	1
	1	1	1	1	0	1	0	0

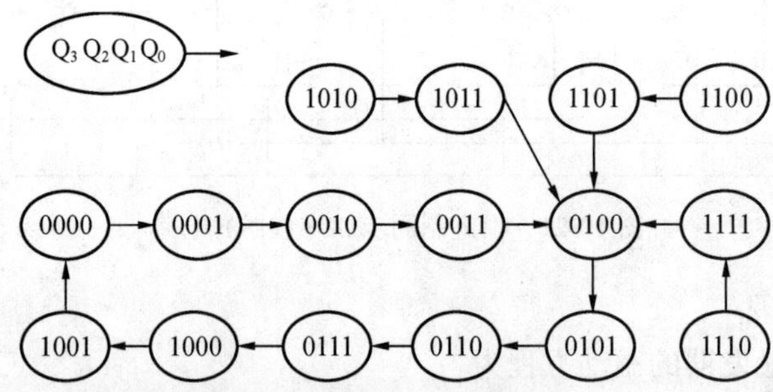

图 10-22　十进制同步加计数器状态转换图

从状态转换真值表和状态转换图都可看出，该电路每来 10 个时钟脉冲，状态从 0000 开始，经 0001，0010，0011，…，1001，又返回 0000 形成模 10 循环计数器。而不在循环内的 1010、1011、1100 等 6 个无效状态只可能在电源刚接通时出现，只要电路一开始工作，由状态转换图可知，电路很快就会进入有效循环体中的某一状态，此后这些无效的非循环状态就不可能再现。因此，图 10-22 所示的莫尔型模 10 计数器电路是一个具有自启动能力的十进制同步加计数器。

所谓自启动能力，指时序逻辑电路中某计数器中的无效码，若在开机时出现，不用人工或其他设备的干预，计数器能够很快自行进入有效循环体，使无效码不再出现的能力。

3. 集成计数器及其应用

计数器在控制、分频、测量等电路中应用非常广泛，所以具有计数功能的集成电路型号也较多。常用的集成芯片有 74LS161、74LS90、74LS197、74LS160、74LS92 等。下面以 74LS161、74LS90 为例，介绍集成计数器电路的功能及正确使用方法。

（1）集成芯片 74LS90 的引脚功能及正确使用

74LS90 是一个 14 脚的集成电路芯片，其内部是一个二进制计数器和一个五进制计数器，下降沿触发。其引脚排列图如图 10-23（a）所示，图 10-23（b）所示为其逻辑功能示意图。

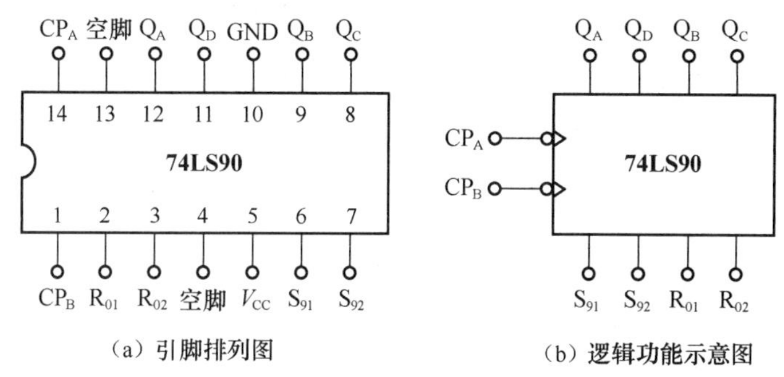

（a）引脚排列图　　（b）逻辑功能示意图

图 10-23　74LS90 芯片的引脚排列图及逻辑功能示意图

① 引脚功能。

引脚 1——五进制计数器的时钟脉冲输入端。

引脚 2、3——直接复位（清零）端。

引脚 4、13——空脚。

引脚 5——电源（+5V）。

引脚 6、7——直接置 9 端。

引脚 9、8、11——五进制计数器的输出端。

引脚 10——接地端。

引脚 12——二进制计数器的输出端。

引脚 14——二进制计数器的时钟脉冲输入端。

② 计数电路的构成。

● 74LS90 在使用时，若时钟脉冲端由引脚 14CP_A 输入，由引脚 12Q_A 输出，即构成一个二进制计数器。

● 当 74LS90 的时钟脉冲端由引脚 1CP_B 输入，由引脚 9Q_B、引脚 8Q_C、引脚 11Q_D（由低位到高位排列）输出时，可构成一个五进制计数器。

● 74LS90 还可构成十进制计数器。当计数脉冲由引脚 14CP_A 输入，引脚 12Q_A 直接和引脚 1CP_B 相连，输出端就构成 8421BCD 计数器。输出由高到低的排列顺序为引脚 11、8、9、12。当计数脉冲由引脚 1CP_B 输入，引脚 11Q_D 和引脚 14CP_A 直接相连，又可构成一个 5421BCD 计数器。输出由高到低的排列顺序为引脚 12、11、8、9。构成以上两种二–十进制计数器的连接方法如图 10-24 所示。

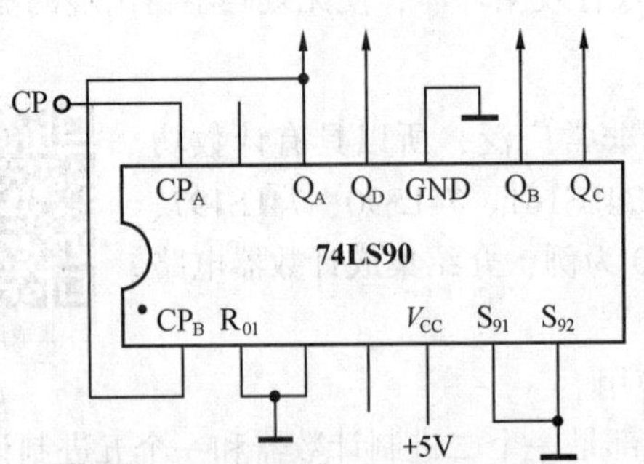

（a）8421BCD码二-十进制计数器

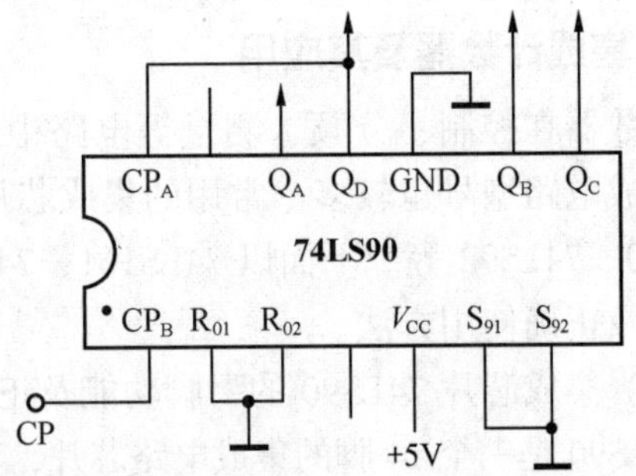

（b）5421BCD码二-十进制计数器

图 10-24 74LS90 构成十进制计数器的两种连接方法

③ 功能真值表。74LS90 的逻辑功能真值表见表 10-13。

表 10-13 74LS90 的逻辑功能真值表

输入						输出			
R_{01}	R_{02}	S_{91}	S_{92}	CP_A	CP_B	Q_D	Q_C	Q_B	Q_A
1	1	0	×	×	×	0	0	0	0
1	1	×	0	×	×	0	0	0	0
×	×	1	1	×	×	1	0	0	1
×	0	×	0	↓	0	二进制计数			
×	0	0	×	0	↓	五进制计数			
0	×	×	0	↓	Q_0	8421BCD 码十进制计数			
0	×	0	×	Q_1	↓	5421BCD 码十进制计数			

由真值表可看出，74LS90 的两个复位端 R_{01} 和 R_{01} 同时为“1”时，计数器清零；两个置 9 端 S_{91} 和 S_{92} 在 8421BCD 码情况下同时为“1”时，引脚 $11Q_D$ 和引脚 $12Q_A$ 输出为“1”，引脚 $8Q_C$ 和引脚 $9Q_B$ 输出为“0”，即电路直接置 9。正常计数时，两个清零端和两个置 9 端中都必须至少有一个为低电平“0”。

（2）集成芯片 74LS161 的引脚功能及正确使用

集成计数器 74LS161 是一个 16 脚的芯片，上升沿触发，具有异步清零、同步预置数、进位输出等功能。其引脚排列图如图 10-25 所示。

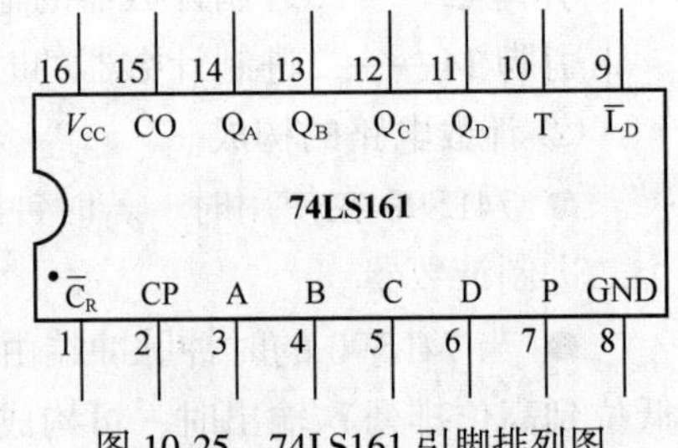

图 10-25 74LS161 引脚排列图

① 引脚功能。

引脚 1——直接清零端 $\overline{C}_R$。

引脚 2——时钟脉冲输入端 CP。

引脚 3、4、5、6——预置数据信号输入端 A、B、C、D。

引脚 7、10——输入使能端 P 和 T。

引脚 8——“地”端 GND。

引脚 9——同步预置数控制端 $\overline{L}_D$。

引脚 11、12、13、14——数据输出端 Q_D、Q_C、Q_B、Q_A，由高位到低位。

引脚 15——进位输出端 CO。

引脚 16——电源端 V_{CC}。

② 功能真值表。74LS161 功能真值表见表 10-14。

表 10-14　　74LS161 功能真值表

清　零	预　置	使　能	时　钟	预置数据输入	输　出	工作模式
$\overline{C}_R$	$\overline{L}_D$	P　T	CP	D　C　B　A	Q_D Q_C Q_B Q_A	
0	×	×　×	×	×　×　×　×	0　0　0　0	异步清零
1	0	×　×	↑	d_3　d_2　d_1　d_0	d_3　d_2　d_1　d_0	同步置数
1	1	0　×	×	×　×　×　×	保持	数据保持
1	1	×　0	×	×　×　×　×	保持	数据保持
1	1	1　1	↑	×　×　×　×	计数	加法计数

由功能真值表可看出，74LS161 集成芯片的控制输入端与电路功能之间的关系如下。

● 只要$\overline{C}_R$输入低电平“0”，无论其他输入端如何，数据输出端 $Q_DQ_CQ_BQ_A=0000$，电路工作状态为“异步清零”。

● 当 $\overline{C}_R=1$、$\overline{L}_D=0$ 时，在时钟脉冲 CP 上升沿到来时，数据输出端 $Q_DQ_CQ_BQ_A=DCBA$，其中 DCBA 为预置输入数值，这时电路功能为“同步预置数”。

● 当 $\overline{C}_R=\overline{L}_D=1$ 时，若使能端 P 和 T 中至少有一个为低电平“0”，无论其他输入端为何电平，数据输出端 $Q_DQ_CQ_BQ_A$ 的状态保持不变。此时的电路为“保持”功能。

● 当 $\overline{C}_R=\overline{L}_D=P=T=1$ 时，在时钟脉冲作用下，电路处于“计数”工作状态。计数状态下，$Q_DQ_CQ_BQ_A=1111$ 时，进位输出 CO=1。

③ 构成任意进制的计数器。用集成 74LS161 芯片可构成任意进制的计数器。图 10-26 所示为构成任意进制时的两种连接方法。

● 反馈清零法。图 10-26（a）所示为反馈清零法构成十进制计数器的电路连接图。所谓反馈清零法，就是利用芯片的复位端和门电路，跳越 $M-N$ 个状态，从而获得 N 进制计数器。从图 10-26（a）可看出，当计数至 1001 时，通过与非门引出一个“0”信号直接进入清零端$\overline{C}_R$，使计数器归零。

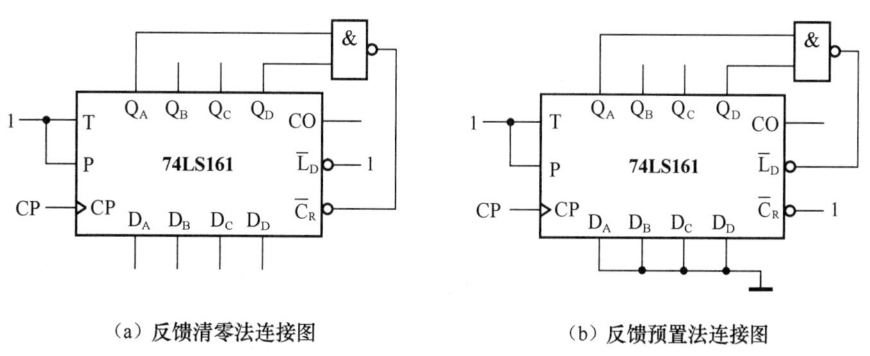

（a）反馈清零法连接图　　（b）反馈预置法连接图

图 10-26　用 74LS161 构成任意进制计数器的两种连接法

● 反馈预置法。用反馈预置法构成其他进制计数器时，要根据预置数和计数器的进制大小来选择反馈信号。要构成 N 进制计数器，则应将（预置数+N-1）所对应二进制代码中的“1”取出送入与非门的输入端，与非门的输出接 74LS161 的 $\overline{L}_D$ 端。而预置数接至 $Q_DQ_CQ_BQ_A$ 端。图 10-26（b）所示是用反馈预置法构成的十进制计数器。其中预置数为 0000，反馈信号为 1001。利用反馈预置法构成的同步预置数计数器不存在无效态。

（3）集成芯片的扩展使用

如果需要构成多位十进制计数器电路时，就要将两个（或多个）集成计数器芯片级联。例如，将两个 74LS90 芯片级联后扩展使用构成二十四进制计数器的方法如图 10-27 所示。将高位芯片的时钟脉冲输入端 CP_A 接至低位芯片的最高位信号输出端 Q_D，低位芯片的 CP_A 端作为电路时钟脉冲的输入端，两芯片的 Q_A 端均直接和各自的 CP_B 相连，使其形成三位二进制输出的十进制数进位关系；把两个芯片中的置 9 端直接与“地”相连，让低位芯片的输出 Q_C 和高位芯片的输出 Q_B 分别连接在与非门的输入端子上，而两芯片的清零端并在一起连接在与非门的输出端上，当高位芯片 Q_B 和低位芯片 Q_C 均为高电平“1”时，对应二进制数“24”，使与非门“全 1 出 0”，驱使清零端工作，电路归零。显然，这是利用反馈清零法达到二十四进制计数器的实例。

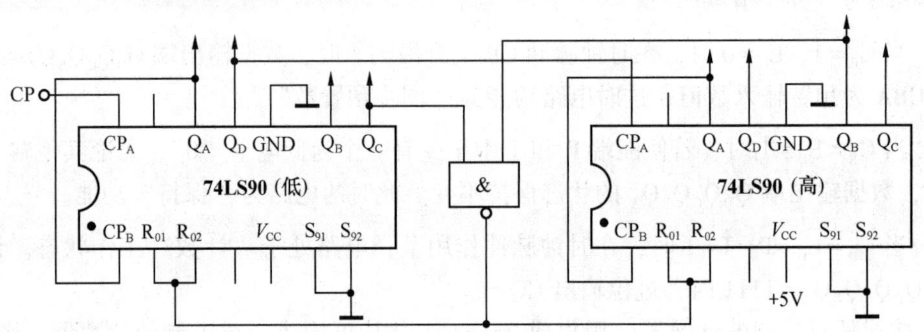

图 10-27 74LS90 构成二十四进制计数器的方法

集成 74LS161 芯片的功能扩展实例如图 10-28 所示。当两个 74LS161 芯片构成八位同步二进制计数器时，可将低位芯片的两个使能端 P 和 T 连在一起恒接“1”，CO 端直接与高位芯片的使能端 P 相连；高位芯片的使能端 T 恒接高电平“1”；两个芯片的清零端和预置数端分别连在一起接高电平“1”，端子 CP 连一起与时钟输入信号相连，从而构成同步二进制计数器。

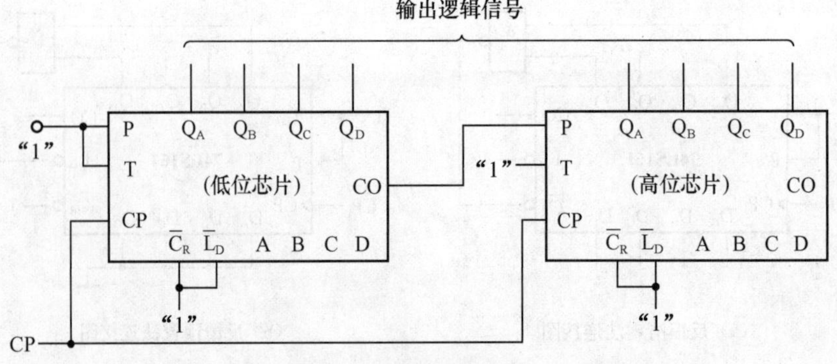

图 10-28 74LS161 构成的八位同步二进制计数器

如果用反馈清零法或反馈预置数法将 74LS161 芯片构成任意进制的计数器时，其方法和 74LS90 所采用的方法相同，在此不加赘述。

检验学习结果

1. 如何区分同步时序逻辑电路和异步时序逻辑电路？如何判断和区分米莱型电路和莫尔型电路？

2. 何谓计数器的“自启动”能力？

3. 试用 74LS90 集成计数器构成一个十二进制计数器，要求用反馈预置法实现。

4. 试用 74LS161 集成计数器构成一个六十进制计数器，要求用反馈清零法实现。

5. 试述时序逻辑电路的分析步骤。

技能训练

计数器功能测试及应用。

1. 实训目的

① 熟悉和掌握用集成触发器构成计数器的方法。

② 了解和初步掌握中规模集成计数器的功能测试方法及实际应用。

③ 掌握用中规模集成计数器构成任意进制计数器的方法。

2. 实训主要仪器设备

① 数字电子实训装置一套（应包括+5V 直流电源、单次时钟脉冲源和连续时钟脉冲源、逻辑电平开关和逻辑电平显示输出和译码显示电路装置等）。

② 74LS74（或 CC4013）双 D 集成触发器芯片 2 只，74LS192（或 CC40192）集成计数器芯片 3 只，74LS00（或 CC4011）四 2 输入与非门集成电路 1 只，74LS20（或 CC4012）双四输入与非门 1 只。

③ 相关实验设备及连接导线若干。

3. 实训步骤

① 用 CC4013 或 74LS74 D 触发器构成四位二进制异步加计数器。其电路原理图如图 10-29 所示。

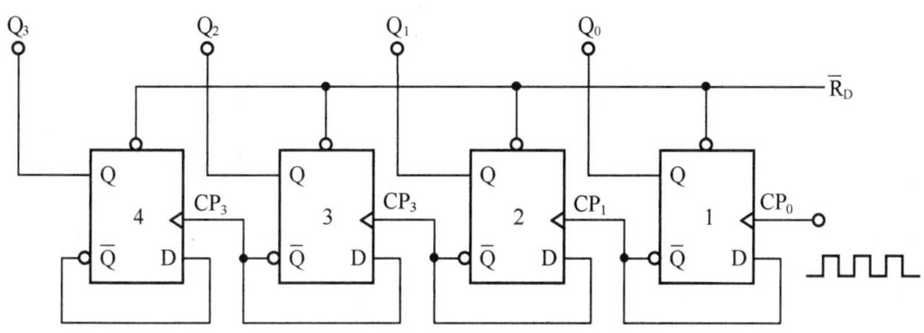

图 10-29　四位二进制异步加计数器电路原理图

图 10-29 所示的电路是由四位 D 触发器构成的异步二进制加计数器。连接特点是把 4 只 D 触发器都接成 T′触发器，使每只触发器的 D 输入端均与输出的 $\overline{Q}$ 端相连，接于相邻高

位触发器的 CP 端作为其时钟脉冲输入。

若把图 10-29 稍加改动，就可得到四位 D 触发器构成的二进制减计数器。改动中只需把高位的 CP 端从与低位触发器 $\overline{Q}$ 端相连改为与低位触发器的 Q 端相连即可。连线时应注意异步清零端 $\overline{R}_D$ 接至逻辑电平开关上，将低位 CP_U端接单次脉冲源，输出端 Q_3、Q_2、Q_1、Q_0接 LED 逻辑电平显示端，各异步置位端 $\overline{S}_D$ 接高电平“1”。

② 异步清零后，逐个送入单次脉冲，观察并列表记录 $Q_3 \sim Q_0$ 的状态。

③ 将单次脉冲源改为 1Hz 的连续时钟脉冲源，观察 $Q_3 \sim Q_0$ 的状态。

④ 把图 10-29 所示电路中低位触发器的 Q 端与高一位的 CP 端相连接，构成减计数器，重新按照上述步骤实验观察，并列表记录 $Q_3 \sim Q_0$ 的状态。

⑤ 中规模的十进制计数器功能测试。74LS192（或 CC40192）是 16 脚的同步集成计数器电路芯片，具有双时钟输入、清除和置数等功能，其引脚排列图及逻辑符号图如图 10-30 所示。

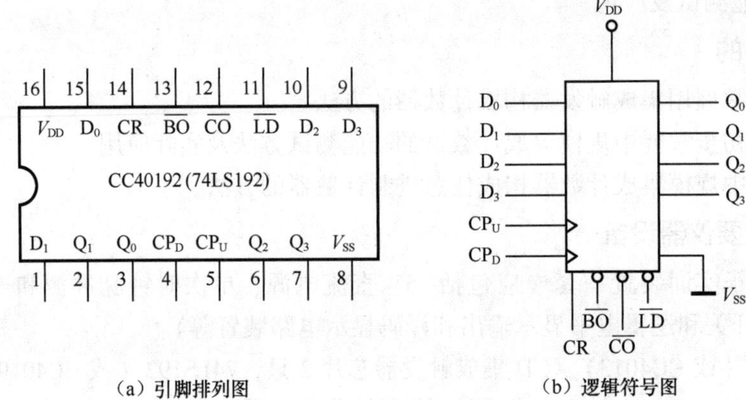

（a）引脚排列图　　（b）逻辑符号图

图 10-30　74LS192（或 CC40192）引脚排列图及逻辑符号图

CC40192 与 74LS192 的功能及引脚排列相同，两者可互换使用。测试方法按照表 10-15 进行，把测试结果与该表相对照。

表 10-15　CC40192 与 74LS192 功能测试

输入								输出				功能
CR	$\overline{LD}$	CP_U	CP_D	D_3	D_2	D_1	D_0	Q_3	Q_2	Q_1	Q_0	
1	×	×	×	×	×	×	×	0	0	0	0	异步清零
0	0	×	×	d	c	b	a	d	c	b	a	同步置数
0	1	↑	1	×	×	×	×	8421BCD 码递增				加计数
0	1	1	↑	×	×	×	×	8421BCD 码递减				减计数

⑥ 用反馈清零法获得任意进制的计数器。若要获得某一个 N 进制计数器，可采用 M 进制计数器（必须满足 $M > N$）利用反馈清零法实现。例如，用一片 CC40192 获得一个六进制计数器，可按图 10-31 连接。

原理：当计数器计数至四位二进制数“0110”时，其两个为“1”的端子连接于与非门，“全 1 出 0”功能，再经过一个与非门“有 0 出 1”直接进入清零端 CR，计数器清零，重新从 0 开始循环，实现了六进制计数。

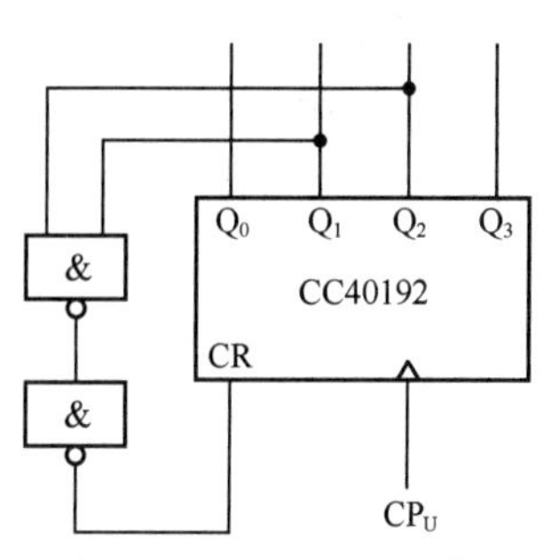

图 10-31 用 CC40192 获得六进制计数器

⑦ 用反馈预置法获得任意进制的计数器。用 3 个 CC40192 可获得 421 进制计数器，如图 10-32 所示。

原理：当高位片出现“0100”、次高位片出现“0010”、低位片出现“0001”时，3 个“1”被送入与非门“全 1 出 0”，这个“0”被送入由两个与非门构成的 RS 触发器的置“1”端，使 $\overline{Q}$ 端输出的“0”送入 3 个芯片的置数端 $\overline{LD}$，由于 3 个芯片的数据端均与“地”相连，因此各计数器输出被“反馈置零”。计数器重新从“0000 0000 0000”计数，直到再来一个“0100 0010 0001”回零重新循环计数。

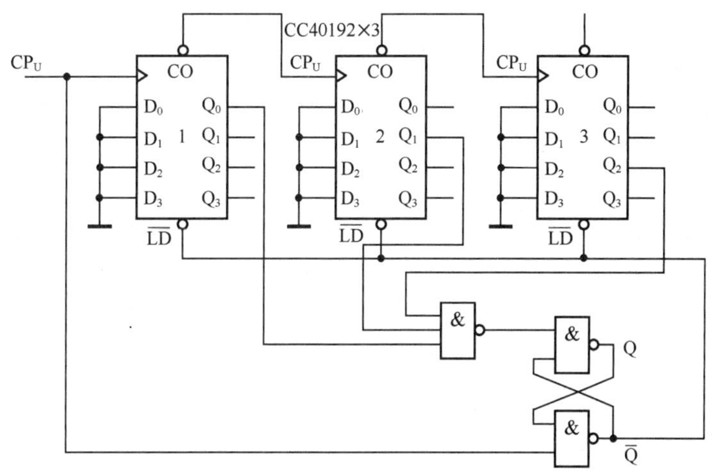

图 10-32 用 3 个 CC40192 获得 421 进制计数器

⑧ 用两片 CC40192 集成电路构成一个特殊的十二进制计数器。在数字钟里，时针的计数是以 1～12 进行循环的。显然这个计数中没有“0”，那么就无法用一片集成电路实现，用两片 CC40192 构成十二进制计数器的电路如图 10-33 所示。

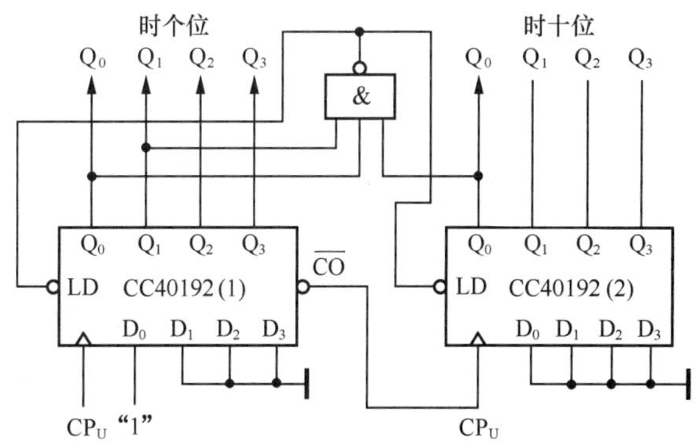

图 10-33 CC40192 构成十二进制计数器的电路

原理：芯片 1 为低位芯片，芯片 2 为高位芯片，两个芯片级联，即让芯片 1 的进位输出端 $\overline{CO}$作为高位芯片的时钟脉冲输入，接于高位芯片的加计数时钟脉冲端 CP_U 上。低位芯片的预置数为“0001”，因此计数初始数为“1”。当低位芯片输出为8421BCD码的有效码最高数“1001”后，再来一个时钟脉冲就产生一个进位脉冲，这个进位脉冲进入高位片使其输出从“0000”翻转为“0001”，低位片继续计数，当又计数至“0011”时，与高位片的“0001”同时送入与非门，使与非门输出“全1出0”，这个“0”进入两个芯片的置数端 $\overline{LD}$，于是计数器重新从“0000 0001”开始循环。

4. 实训思考题

如何用反馈清零法和反馈预置法分别设计一个七进制计数器？

10.3 寄存器

了解寄存器、移位寄存器的基本概念；理解寄存器的工作原理和输入输出方式；熟悉寄存器、移位寄存器的实际用途；重点掌握74LS194双向移位寄存器各引脚的作用及控制关系。

寄存器是可用来存放数码、运算结果或指令的电路。寄存器是计算机的重要部件，通常由具有存储功能的多位触发器组合起来构成。一位触发器可以存储一个二进制代码，存放 n 个二进制代码的寄存器，需用 n 位触发器来构成。

按照功能的不同，寄存器可分为数码寄存器和移位寄存器两大类。数码寄存器只能并行送入数据，需要时也只能并行输出。移位寄存器中的数据可以在移位脉冲作用下依次右移或左移，数据既可以并行输入、并行输出，也可以串行输入、串行输出，还可以并行输入、串行输出，串行输入、并行输出，使用十分灵活，用途也很广。

1. 数码寄存器

数码寄存器

数码寄存器又称数据缓冲储存器或数据锁存器，其功能是接收、存储和输出数据，主要由触发器和控制门组成。n 个触发器可以储存 n 位二进制数据。

图10-34所示为由D触发器组成的数码寄存器。

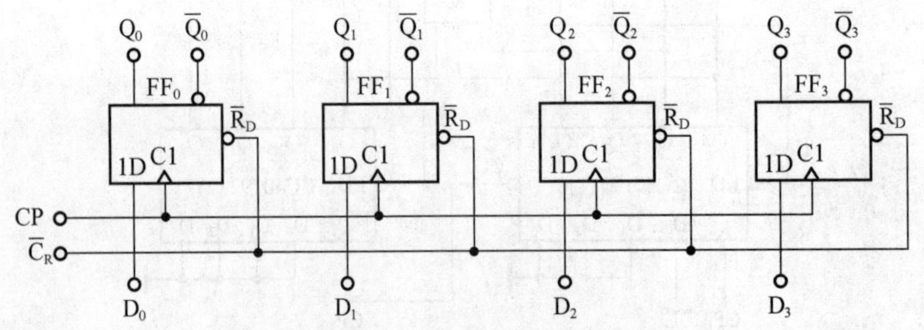

图10-34　D触发器组成的数码寄存器

其工作原理是：当异步复位端 $\overline{C}_R$ 为低电平时，数码寄存器清零，输出 $Q_3Q_2Q_1Q_0=0000$。当 $\overline{C}_R$ 为高电平时，若送数脉冲控制信号CP的上升沿没有到来时，数码寄存器保持原来的状态不变；若送数脉冲控制信号 CP 的上升沿到来时，数码寄存器将需要寄存的数据 D_3、D_2、D_1、D_0 并行送入寄存器中寄存，此时对应的输出 $Q_3Q_2Q_1Q_0=D_3D_2D_1D_0$。

构成数码寄存器的常用芯片有四位双稳锁存器 74LS77、八位双稳锁存器 74LS100、六位寄存器 74LS174 等。其中锁存器属于电平触发，在送数状态下，输入端送入的数据电位不能变化，否则将发生“空翻”。图 10-35 所示为 74LS174 的引脚排列图，芯片内 6 个触发器共用一个上升沿时刻触发的时钟脉冲 CP 和一个低电平有效的异步清零脉冲 $\overline{C}_R$。

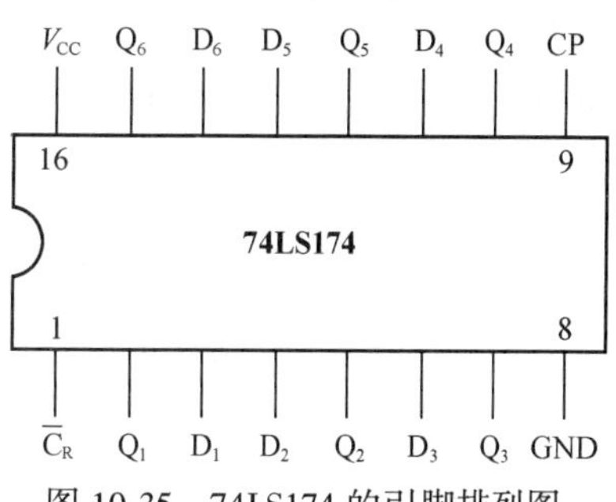

图 10-35 74LS174 的引脚排列图

2. 移位寄存器

移位寄存器是计算机和各种数字系统中的重要部件，应用十分广泛。例如，在串行运算器中，需要用移位寄存器把 N 位二进制数依次送入全加器中进行运算，运算结果又需一位一位地存入移位寄存器中。在有些数字系统中，还经常需要进行串行数据和并行数据之间的相互转换、传送，这些都必须用移位寄存器来实现。

移位寄存器

常用的移位寄存器有左移移位寄存器、右移移位寄存器和双向移位寄存器。

图 10-36 所示为四位单向右移移位寄存器的逻辑电路图。由图 10-36 可看出，后一位触发器的输入总是和前一位触发器的输出相连，四位触发器时钟脉冲为同一个，构成同步时序逻辑电路，当输入信号从第一位触发器 FF_0 输入一个高电平“1”时，其输出 Q_0 在时钟脉冲上升沿到来时移入这个“1”，其他 3 位触发器同时移入前一位的输出，好比它们的输出同时向右移动一位。

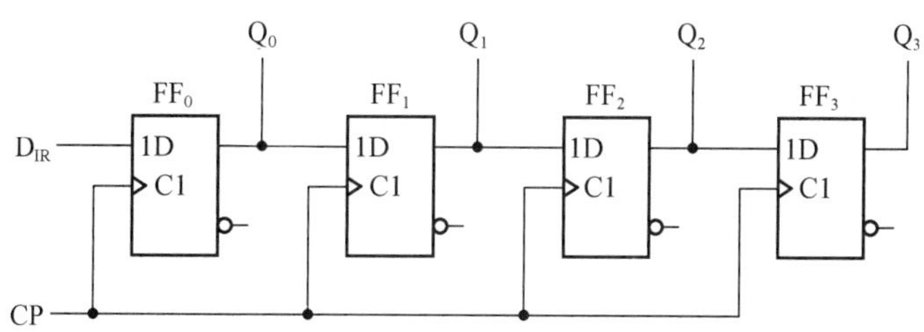

图 10-36 四位单向右移移位寄存器

例如，设右移移位寄存器的现态是 $Q_0^nQ_1^nQ_2^nQ_3^n=0101$，输入端 $D_{IR}=1$。当第 1 个 CP 脉冲上升沿到达后，$Q_0^{n+1}=D_{IR}=1$，相当于输入数据 D_{IR} 被移入触发器 FF_0 中；FF_1 的次态则相当于 FF_0 的现态“0”被移入，即 $Q_1^{n+1}=Q_0^n=0$。同理，FF_2 的现态移入 FF_3 中，FF_3 内原来的“1”被移出（或称溢出），如图 10-37 所示。

图 10-37 右移示意图

上例中的 D_{IR} 称为串行输入数据端，经历 4 个移位脉冲后，寄存器中原来储存的数据被全部移出，变为 D_{IR} 在 4 次时钟脉冲下送入的输入数据。Q_0、Q_1、Q_2、Q_3 在每一个时钟脉冲信号输入下都可以同时观察到被移入的新数据，称为并行输出端；而从 FF_3 的 Q_3 端观察或取出依次被移出的数据，则称为串行输出。

实际应用中，若需要将寄存器中的二进制信息向左或向右移动，即可选用双向移位寄存器。74LS194是典型的四位TTL型集成双向移位寄存器芯片，具有双向移位、并行输入、保持数据和清除数据等功能。其引脚排列图及逻辑功能示意图如图10-38所示。其中，$\overline{C}_R$为异步清零端，优先级别最高；S_1、S_0为控制端；D_L为左移数据输入端；D_R为右移数据输入端；A、B、C、D为并行数据输入端；$Q_A \sim Q_D$为并行数据输出端；CP为移位时钟脉冲。

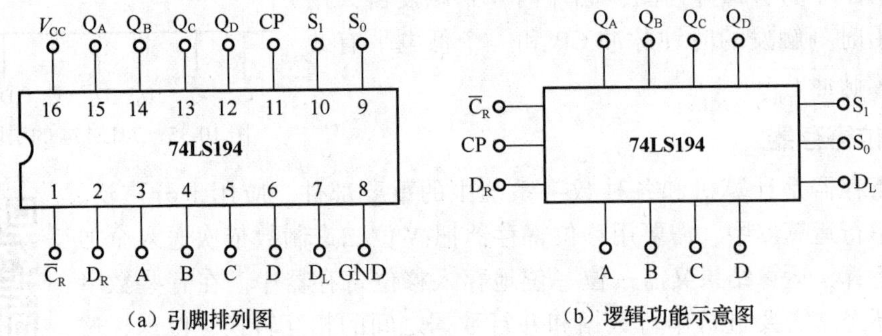

图10-38　74LS194引脚排列图及逻辑功能示意图

74LS194集成芯片的功能真值表见表10-16。

① 异步清零。当$\overline{C}_R$为0时，不论其他输入端输入何种电平信号，各触发器均复位，各位触发器输出端Q均为0，这称为清零功能。要工作在其他状态，$\overline{C}_R$必须为1。

表10-16　74LS194集成芯片的功能真值表

$\overline{C}_R$	S_1	S_0	CP	功　能
0	×	×	×	清零
1	0	0	×	静态保持
1	0	0	↑	动态保持
1	0	1	↑	右移移位
1	1	0	↑	左移移位
1	1	1	↑	并行输入

② 保持功能。只要移位时钟脉冲CP无上升沿出现，触发器的状态就始终不变，这称为静态保持功能；当$S_1S_0=00$时，在移位时钟脉冲CP上升沿作用下，各触发器将各自的输出信号重新送入触发器，各触发器的次态输出为$Q_A^{n+1}Q_B^{n+1}Q_C^{n+1}Q_D^{n+1}=Q_A^nQ_B^nQ_C^nQ_D^n$，这称为动态保持功能。

③ 右移移位。当$S_1S_0=01$时，在移位时钟脉冲CP上升沿作用下，电路完成右移移位过程，各触发器的次态输出为$Q_A^{n+1}Q_B^{n+1}Q_C^{n+1}Q_D^{n+1}=D_RQ_A^nQ_B^nQ_C^n$，这称为右移移位功能。

④ 左移移位。当$S_1S_0=10$时，在移位时钟脉冲CP上升沿作用下，电路完成左移移位过程，各触发器的次态输出为$Q_A^{n+1}Q_B^{n+1}Q_C^{n+1}Q_D^{n+1}=Q_B^nQ_C^nQ_D^nD_L$，这称为左移移位功能。

⑤ 并行输入。当$S_1S_0=11$时，在移位时钟脉冲CP上升沿作用下，并行数据输入端的数据A、B、C、D被送入4个触发器，触发器的次态输出为$Q_A^{n+1}Q_B^{n+1}Q_C^{n+1}Q_D^{n+1}=ABCD$，这称为并行输入功能。

3. 移位寄存器的应用

移位寄存器应用很广，可构成移位寄存器型计数器、顺序脉冲发生器、串行累加器及数据转换器等。此外，移位寄存器在分频、序列信号发生、数据检测、模数转换等领域中也获得了应用。

（1）构成环形计数器

将移位寄存器的串行输出端和串行输入端连接在一起，就构成了环形计数器。图 10-39（a)所示为 74LS194 芯片构成的具有自启动能力的四位环形计数器逻辑电路图，图 10-39（b）所示为其相应的时序波形图。

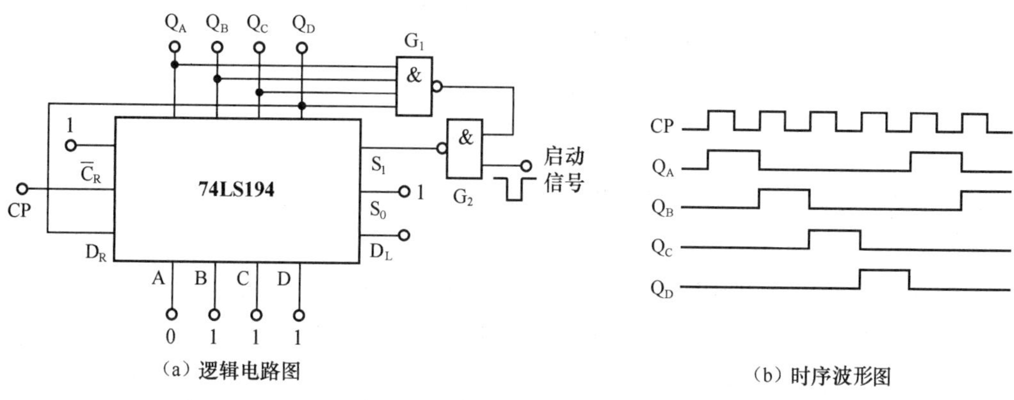

（a）逻辑电路图　　（b）时序波形图

图 10-39　74LS194 构成的四位环形计数器逻辑电路图及时序波形图

移位寄存器构成环形计数器时，正常工作过程中清零端状态始终要保持高电平“1”，并且将单向移位寄存器的串行输入端 D_R 和串行输出端 Q_D 相连，构成一个闭合的环。实现环形计数时，必须设置适当的初态，且输出 $Q_AQ_BQ_CQ_D$ 端初始状态不能完全一致（即不能全为“1”或“0”），这样电路才能实现计数，环形计数器的进制数 N 与移位寄存器内的触发器个数 n 相等，即 $N=n$。

工作原理分析：根据起始状态设置的不同，在输入计数脉冲 CP 的作用下，环形计数器的有效状态可以循环移位一个“1”，也可以循环移位一个“0”。即当连续输入 CP 脉冲时，环形计数器中各个触发器的 Q 端（或 $\overline{Q}$ 端）将轮流出现矩形脉冲。

四位移位寄存器的循环状态一般有 16 个，但构成环形计数器后只能从这些循环时序中选出一个来工作，这就是环形计数器的工作时序，也称为正常时序或有效时序。其他未被选中的循环时序称为异常时序或无效时序。例如，上述分析的环形计数器只循环一个“1”，因此不用经过译码就可从各位触发器的 Q 端得到顺序脉冲输出。

当由于某种原因使电路的工作状态进入到 12 个无效状态中的一个时，74LS194 构成的四位环形计数器将实现自启动。实现自启动的方法是利用与非门作为反馈电路。

当输出信号由任何一个 Q 端取出时，可以实现对时钟信号的四分频。图 10-40 所示为四位环形计数器的状态转换图。

（2）构成扭环形计数器

用移位寄存器构成的扭环形计数器的结构特点是：将输出触发器的反向输出端 $\overline{Q}$ 与数据输入端相连接，如图 10-41 所示。

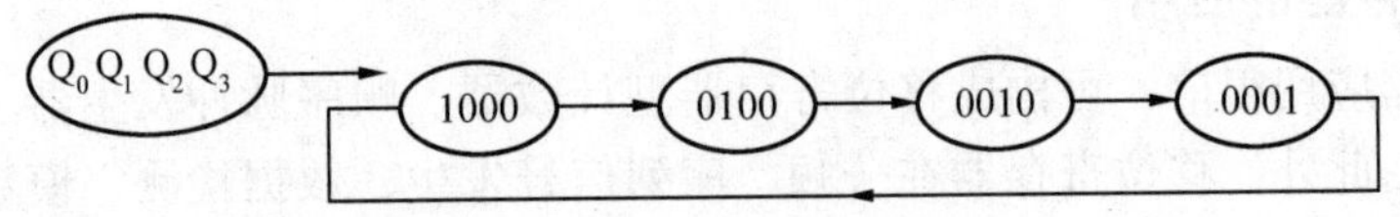

图 10-40　四位环形计数器状态转换图

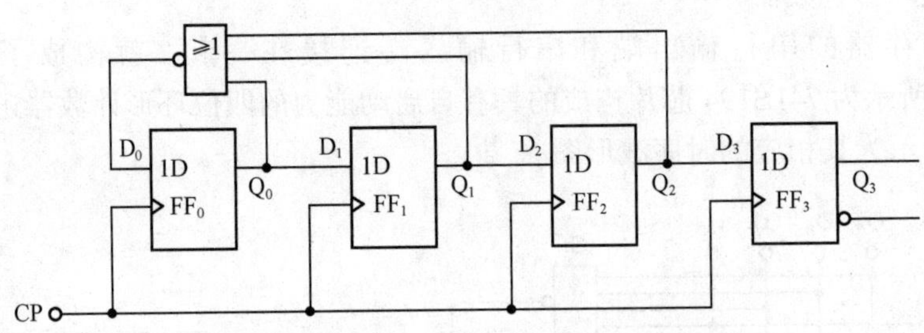

图 10-41　能自启动的四位环形计数器

实现扭环形计数器时，不必设置初态。扭环形计数器的进制数 N 与移位寄存器内的触发器个数 n 满足 $N=2n$ 的关系。环形计数器是从 Q_D 端反馈到 D 端，而扭环形计数器则是从 $\overline{Q}_D$ 端反馈到 D 端，从 Q_D 端扭向 $\overline{Q}_D$ 端，故得名“扭环”。扭环形计数器也称约翰逊计数器。

当扭环形计数器的初始状态为 0000 时，在移位脉冲的作用下，按图 10-42 形成状态循环，一般称为有效循环；若初始状态为 0100，将形成另一状态循环，称为无效循环。所以，该计数器不能自启动。

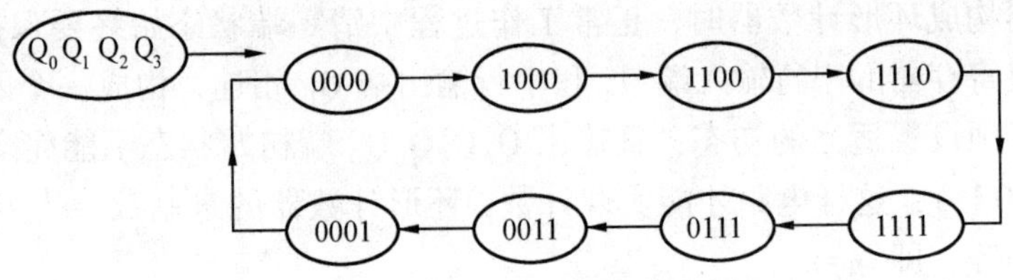

图 10-42　四位扭环形计数器状态转换图

为了实现电路的自启动，根据无效循环的状态特征 0101 和 1101，首先保证当 $Q_3=0$ 时，$D_0=1$；然后当 $Q_2Q_1=01$ 时，不论 Q_3 为何逻辑值，$D_0=1$。据此添加反馈逻辑电路，$D_0=\overline{Q}_3+\overline{Q}_2Q_1=\overline{Q_3\ \overline{\overline{Q}_2Q_1}}$，得到能实现自启动的四位扭环形计数器，如图 10-43 所示。

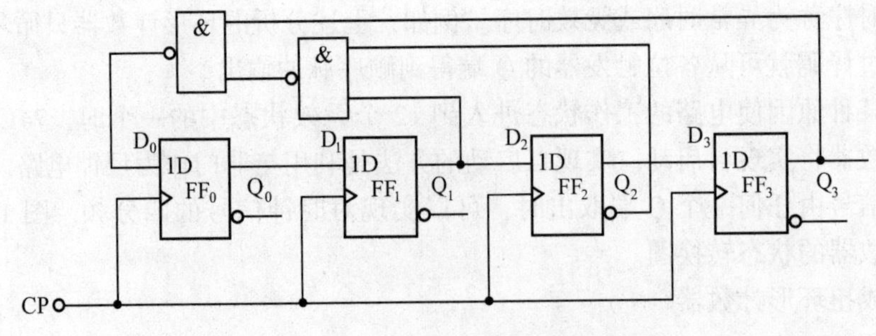

图 10-43　能自启动的四位扭环形计数器

扭环形计数器解决了环形计数器的计数利用率不高的问题，从图 10-43 可以看出四位触发器构成的扭环形计数器的有效循环状态个数是 8。每来一个 CP 脉冲，扭环形计数器中只有一个触发器翻转，并且在 CP 作用下，这个“1”在扭环形计数器中循环。

检验学习结果

1. 如何用 JK 触发器构成一个单向移位寄存器？
2. 环形计数器初态的设置可以有哪几种？
3. 相同位数的触发器下，移位寄存器构成的环形计数器和扭环形计数器的有效循环数相同吗？各为多少？
4. 数码寄存器和移位寄存器有什么区别？
5. 什么是寄存器的并行输入、串行输入、并行输出、串行输出？

技能训练

移位寄存器实训。

1. 实训目的

① 熟悉中规模四位双向移位寄存器的使用方法及功能测试。

② 进一步了解移位寄存器的应用。

2. 实训主要仪器设备

① 数字电子实训装置一套（包括+5V 直流电源、单次时钟脉冲源和连续时钟脉冲源、逻辑电平开关和 LED 逻辑电平等）。

② 74LS194（或 CC40194）芯片 2 只，74LS30（或 CC4068）芯片 1 只，74LS00（或 CC4011）集成芯片 1 只。

③ 相关实验设备及连接导线若干。

3. 实验步骤及相关知识要点

① 测试 CC40194（或 74LS194）四位双向寄存器的逻辑功能。

实验选用 CC40194 或 74LS194 四位双向通用移位寄存器（两者功能相同，可互换使用），其逻辑符号及引脚排列如图 10-44 所示。

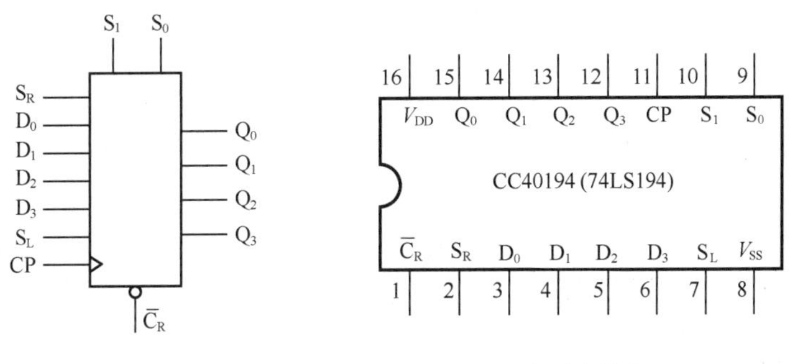

（a）逻辑符号　　（b）引脚排列

图 10-44　CC40194（74LS194）逻辑符号及引脚排列

其中，引脚1为直接无条件清零端$\overline{C}_R$，引脚2为右移串行输入端S_R，引脚6、5、4、3分别为并行输入端D_3、D_2、D_1、D_0，引脚7为左移串行输入端S_L，引脚8为负电源端或“地”端，引脚9和引脚10为操作模式控制端S_0和S_1，引脚11为时钟脉冲控制端CP，引脚12~15为并行输出端Q_3、Q_2、Q_1、Q_0，引脚16为正电源端，接+5V直流电压。

CC40194有5种不同的操作模式：即并行送数寄存、右移（方向由$Q_0 \rightarrow Q_3$）、左移（方向由$Q_3 \rightarrow Q_0$）、保持及清零。CC40194中S_1、S_0和$\overline{C}_R$端的控制作用见表10-17。

表10-17　　CC40194中S_1、S_0和$\overline{C}_R$端的控制作用

功　能	输　入										输　出			
	CP	$\overline{C}_R$	S_1	S_0	S_R	S_L	D_0	D_1	D_2	D_3	Q_0	Q_1	Q_2	Q_3
清除	×	0	×	×	×	×	×	×	×	×	0	0	0	0
送数	↑	1	1	1	×	×	a	b	c	d	a	b	c	d
右移	↑	1	0	1	D_{SR}	×	×	×	×	×	D_{SR}	Q_0	Q_1	Q_2
左移	↑	1	1	0	×	D_{SL}	×	×	×	×	Q_1	Q_2	Q_3	D_{SL}
保持	↑	1	0	0	×	×	×	×	×	×	Q_0^n	Q_1^n	Q_2^n	Q_3^n
保持	↓	1	×	×	×	×	×	×	×	×	Q_0^n	Q_1^n	Q_2^n	Q_3^n

按图10-45连线。

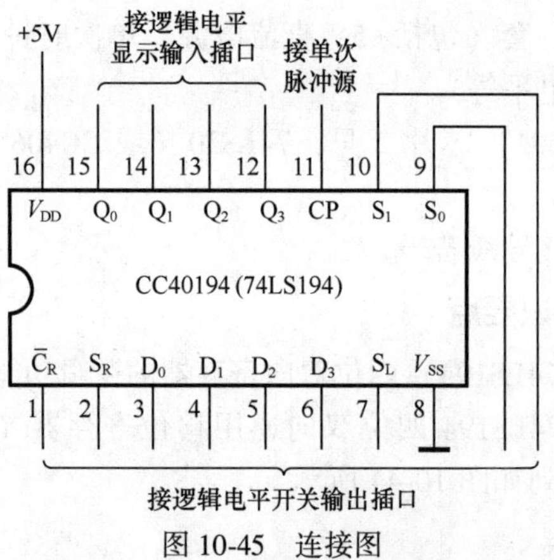

图10-45　连接图

在图10-45中，$\overline{C}_R$、S_1、S_0、S_L、S_R、D_0、D_1、D_2、D_3分别接至逻辑电平开关的输出插口；Q_0、Q_1、Q_2、Q_3接至逻辑电平显示输入插口。CP端接单次脉冲源。按表10-18所规定的输入状态，逐项进行测试，并将测试结果填入表10-18中。

表10-18　　测试输入状态

清　除	模　式		时钟	串　行		输　入	输　出	功能总结
–	S_1	S_0	CP	S_L	S_R	D_0 D_1 D_2 D_3	Q_0 Q_1 Q_2 Q_3	
0	×	×	×	×	×	× × × ×		
1	1	1	↑	×	×	a b c d		

续表

清　　除	模　　式		时钟	串　　行		输　　入	输　　出	功能总结
1	0	1	↑	×	0	× × × ×		
1	0	1	↑	×	1	× × × ×		
1	0	1	↑	×	0	× × × ×		
1	0	1	↑	×	0	× × × ×		
1	1	0	↑	1	×	× × × ×		
1	1	0	↑	1	×	× × × ×		
1	1	0	↑	1	×	× × × ×		
1	1	0	↑	1	×	× × × ×		
1	0	0	↑	×	×	× × × ×		

② 构成环形计数器。移位寄存器应用很广，可构成移位寄存器型计数器、顺序脉冲发生器、串行累加器，可用作数据转换，即把串行数据转换为并行数据，或把并行数据转换为串行数据等。本实验研究移位寄存器用作环形计数器和数据的串、并行转换。

把移位寄存器的输出反馈到它的串行输入端，就可以进行循环移位，如图 10-46 所示。把输出端 Q_3和右移串行输入端 S_R相连接，设初始状态 $Q_0Q_1Q_2Q_3$ = 1000，则在时钟脉冲作用下 $Q_0Q_1Q_2Q_3$将依次变为 0100→0010→0001→1000→……，见表 10-19。

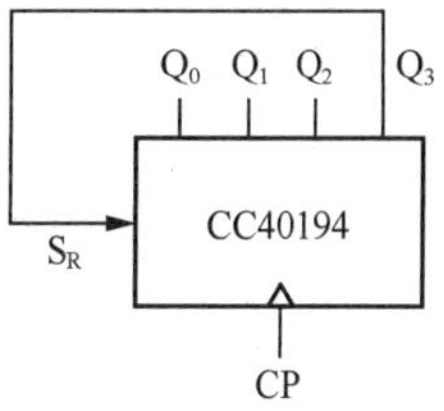

图 10-46　环形计数器

表 10-19　　在时钟脉冲作用下 $Q_0Q_1Q_2Q_3$的状态

CP	Q_0	Q_1	Q_2	Q_3
0	1	0	0	0
1	0	1	0	0
2	0	0	1	0
3	0	0	0	1

可见这是一个具有 4 个有效状态的计数器，这种类型的计数器通常称为环形计数器。图10-46所示环形计数器可以作为输出在时间上有先后顺序的脉冲，也可作为顺序脉冲发生器。

自拟实验线路用并行送数法预置寄存器为某二进制数码（如 0100），然后进行右移循环，观察寄存器输出端状态的变化，记入表 10-20 中。

表 10-20　　寄存器输出端状态

CP	Q_0	Q_1	Q_2	Q_3
0	0	1	0	0
1				
2				
3				
4				

③ 实现数据的串/并行转换。串/并行转换是指串行输入的数码，经转换电路之后转换成并行输出。图 10-47 所示为用两片 CC40194（74LS194）四位双向移位寄存器组成的七位串/并行数据转换电路。

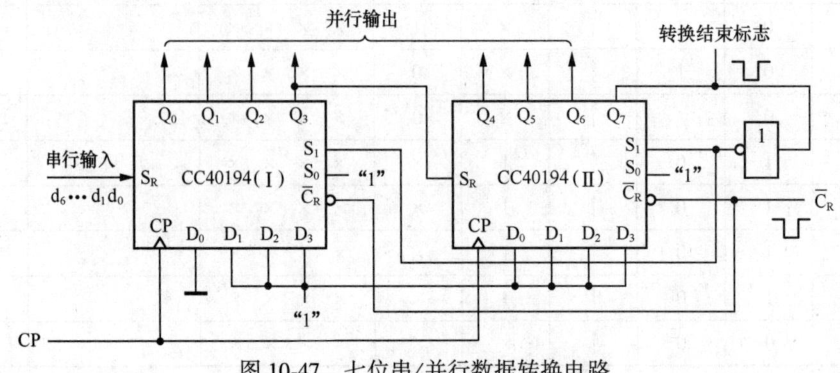

图 10-47　七位串/并行数据转换电路

电路中，S_0端接高电平 1，S_1受 Q_7控制，两片寄存器连接成串行输入右移工作模式。Q_7是转换结束标志。当 $Q_7 = 1$ 时，S_1 为 0，使之成为 $S_1S_0 = 01$ 的串入右移工作方式；当 $Q_7 = 0$ 时，$S_1 = 1$，有 $S_1S_0 = 10$，则串行送数结束，标志着串行输入的数据已转换成并行输出了。

串/并行转换的具体过程如下。

转换前，$\overline{C}_R$ 端加低电平，使Ⅰ、Ⅱ两片寄存器的内容清零，此时 $S_1S_0 = 11$，寄存器执行并行输入工作方式。当第 1 个 CP 脉冲到来后，寄存器的输出状态 $Q_0 \sim Q_7$ 为 01111111，与此同时 S_1S_0变为 01，转换电路变为执行串入右移工作方式，串行输入数据由Ⅰ片的 S_R端加入。随着 CP 脉冲的依次加入，输出状态的变化可列成表 10-21。

表 10-21　　CP 脉冲后输出状态的变化值

CP	Q_0	Q_1	Q_2	Q_3	Q_4	Q_5	Q_6	Q_7	说明
0	0	0	0	0	0	0	0	0	清零
1	0	1	1	1	1	1	1	1	送数
2	d_0	0	1	1	1	1	1	1	右移操作 7 次
3	d_1	d_0	0	1	1	1	1	1	
4	d_2	d_1	d_0	0	1	1	1	1	
5	d_3	d_2	d_1	d_0	0	1	1	1	
6	d_4	d_3	d_2	d_1	d_0	0	1	1	
7	d_5	d_4	d_3	d_2	d_1	d_0	0	1	
8	d_6	d_5	d_4	d_3	d_2	d_1	d_0	0	
9	0	1	1	1	1	1	1	1	送数

由表 10-21 可见，右移操作 7 次之后，Q_7变为 0，S_1S_0又变为 11，说明串行输入结束。这时，串行输入的数码已经转换成了并行输出了。

当再来一个 CP 脉冲时，电路又重新执行一次并行输入，为第 2 组串行数码转换做好了准备。

按前面的电路图接线，进行右移串入、并出实验，串入数码自定；改接线路用左移方式实现并行输出。自拟表格并记录。

④ 实现数据的并行输入、串行输出。图 10-48 所示为用两片 CC40194（74LS194）组成的七位并/串行转换电路，图中有两只与非门 G_1 和 G_2，电路工作方式同样为右移。

寄存器清零后，加一个转换启动信号（负脉冲或低电平）。此时，由于方式控制 S_1S_0 为 11，转换电路执行并行输入操作。当第 1 个 CP 脉冲到来后，Q_0 ~ Q_7 的状态为 D_0 ~ D_7，并行输入数码存入寄存器，从而使得 G_1 输出为 1，G_2 输出为 0，结果 S_1S_0 变为 01，转换电路随着 CP 脉冲的加入，开始执行右移串行输出，随着 CP 脉冲的依次加入，输出状态依次右移，待右移操作 7 次后，Q_0 ~ Q_6 的状态都为高电平 1，与非门 G_1 输出为低电平，G_2 输出为高电平，S_1S_0 又变为 11，表示并/串行转换结束，且为第 2 次并行输入创造了条件。转换过程见表 10-22。

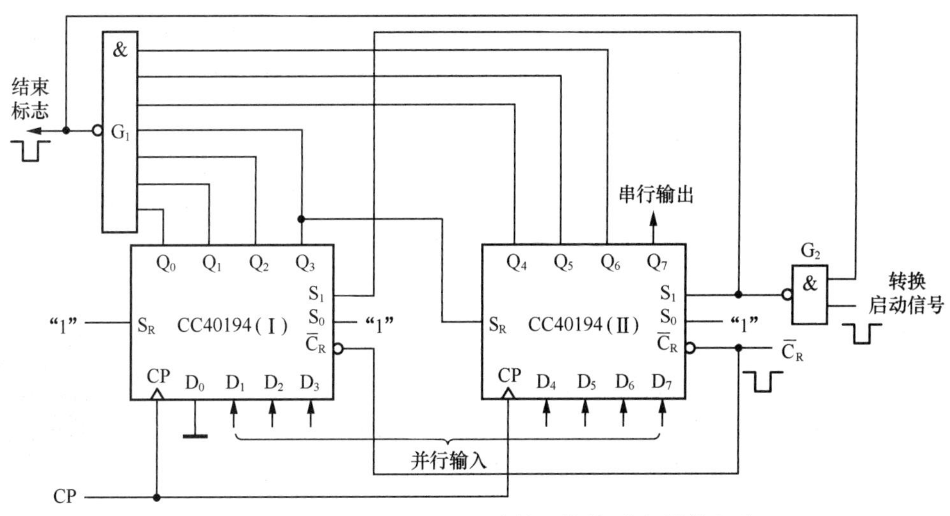

图 10-48　用两片 CC40194 组成的七位并/串行转换电路

表 10-22　　七位并/串行转换电路的转换过程

CP	Q_0	Q_1	Q_2	Q_3	Q_4	Q_5	Q_6	Q_7	串行输出						
0	0	0	0	0	0	0	0	0							
1	0	D_1	D_2	D_3	D_4	D_5	D_6	D_7							
2	1	0	D_1	D_2	D_3	D_4	D_5	D_6	D_7						
3	1	1	0	D_1	D_2	D_3	D_4	D_5	D_6	D_7					
4	1	1	1	0	D_1	D_2	D_3	D_4	D_5	D_6	D_7				
5	1	1	1	1	0	D_1	D_2	D_3	D_4	D_5	D_6	D_7			
6	1	1	1	1	1	0	D_1	D_2	D_3	D_4	D_5	D_6	D_7		
7	1	1	1	1	1	1	0	D_1	D_2	D_3	D_4	D_5	D_6	D_7	
8	1	1	1	1	1	1	1	0	D_1	D_2	D_3	D_4	D_5	D_6	D_7
9	0	D_1	D_2	D_3	D_4	D_5	D_6	D_7							

中规模集成移位寄存器，其位数往往以 4 位居多，当需要的位数多于 4 位时，可把几片移位寄存器用级联的方法来扩展位数。

实训时按图 10-48 连线，进行右移并入、串出实验，并入数码自定；再改接线路用左移方式实现串行输出。自拟表格并记录。

4. 实训分析思考题

① 在对 CC40194 进行送数后，若要使输出端改成另外的数码，是否一定要使寄存器清零？

② 使寄存器清零，除采用 $\overline{C}_R$ 输入低电平外，可否采用右移或左移的方法？可否使用并行送数法？若可行，如何进行操作？

10.4 555 定时电路

学习目标

了解 555 定时器的电路结构组成，理解其工作原理和能够实现的功能；掌握利用 555 定时器构成施密特触发器的方法，了解施密特触发器的特点及其应用。

555 定时电路是一种双极型中规模集成电路，只要在外部配上适当阻容元件，就可以方便地构成脉冲产生、整形和变换电路，如多谐振荡器、单稳态触发器及施密特触发器等。由于它的性能优良，使用灵活方便，因而在波形的产生与变换、测量与控制、定时、仿声、电子乐器及防盗报警等方面获得了广泛应用。

1. 电路的组成

555 定时器电路有 TTL 集成定时器电路和 CMOS 集成定时器电路，其功能完全一样，不同之处是前者的驱动力大于后者。图 10-49 所示为 CMOS 集成定时器 CC7555 的逻辑电路图。该电路主要由分压器、比较器、RS 触发器、MOS 开关管和输出缓冲器等几个部分组成。

555 定时电路的组成

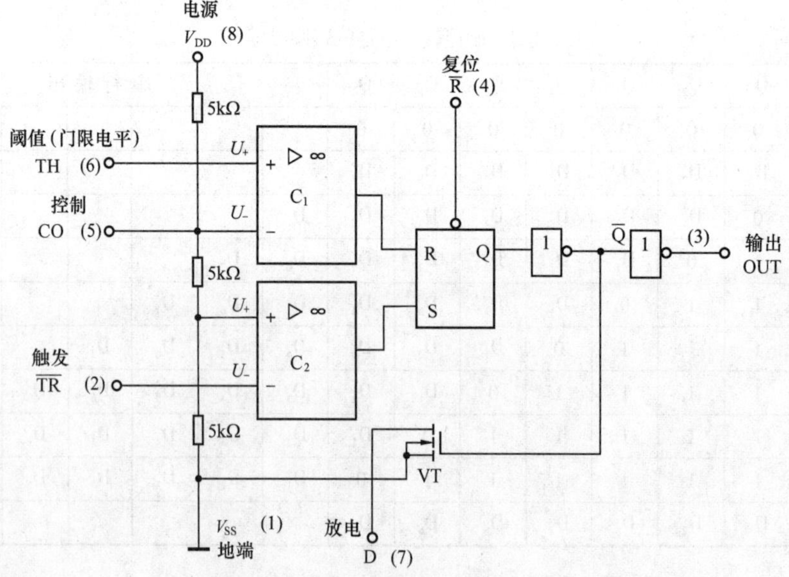

图 10-49 CMOS 集成定时器 CC7555 逻辑电路图

电路各部分的作用如下。

（1）电阻分压器

3 个 5kΩ 的电阻串联起来即构成电阻分压器，555 定时器也因此而得名。电阻分压器为电压比较器 C_1 和 C_2 提供两个基准电压。比较器 C_1 的基准电压是 $2V_{DD}/3$，C_2 的基准电压是 $V_{DD}/3$。如果在控制端外加一控制电压时，则可改变两个电压比较器的基准电压。

（2）电压比较器

C_1 和 C_2 是两个结构完全相同的高精度电压比较器，分别由两个开环的集成运放构成。比较器 C_1 的反相输入端接基准电压，同相端 TH 称为高触发端。比较器 C_2 的同相输入端 U_+ 接基准电压，反相输入端 U_- 为低触发端 $\overline{TR}$。

（3）基本 RS 触发器

基本 RS 触发器由两个或非门组成，R 和 S 两个输入端子均为高电平有效。电压比较器的输出控制触发器输出端的状态：C_1 输出高电平时，RS 触发器输出为“0”；C_2 输出高电平时，RS 触发器输出为“1”。$\overline{R}$ 端子是专门设置的可从外部直接清零的复位端，定时器正常工作时应将此引脚置 1。

（4）MOS 开关管

MOS 开关管 VT 是一个 N 沟道的 CMOS 管，其状态受 $\overline{Q}$ 端的控制，当 $\overline{Q}$ 为“0”时，栅极电压为低电平，VT 截止；当 $\overline{Q}$ 为“1”时，栅极电压为高电平，VT 导通饱和。当开关管漏极 D（引脚 7）经一电阻 R 接电源 V_{DD} 时，则开关管的输出与集成定时器 CC7555 的输出逻辑状态相同。

（5）输出缓冲器

两级反相器构成了 555 定时电路的输出缓冲器，用来提高输出电流以增强定时器的带负载能力。同时输出缓冲器还可隔离负载对定时器的影响。

图 10-50 所示为集成定时器 CC7555 的引脚排列图。

V_{DD}　D　TH　CO

8　7　6　5

CC7555

1　2　3　4

V_{SS}　$\overline{TR}$　OUT　$\overline{R}$

图 10-50　CC7555 引脚排列图

图中 8 个引脚的名称和作用分别如下。

引脚 1：V_{SS}——接地端（或负电源端）。

引脚 2：$\overline{TR}$——低触发输入端（阈值电压）。

引脚 3：OUT——输出端。

引脚 4：$\overline{R}$——直接清零端。

引脚 5：CO——电压控制端。通过其输入不同的电压值来改变比较器的基准电压；不用时，要经 0.01μF 的电容器接“地”。

引脚 6：TH——高触发输入端（阈值电压）。

引脚 7：D——放电端。外接电容器，当 VT 导通时，电容器由 D 经 VT 放电。

引脚 8：V_{DD}—— 正电源端。

2. 工作原理

555定时器的工作原理

定时器的工作状态取决于电压比较器 C_1、C_2，它们的输出控制着 RS 触发器和开关管 VT 的状态。当高触发端 TH 的电压高于 $2V_{DD}/3$ 这个上门限电平的阈值电压时，上比较器 C_1 输出为高电平，使 RS 触发器置“0”，即

$Q=0$、$\overline{Q}=1$，开关管 VT 导通；当低触发端$\overline{TR}$的电压低于 $V_{DD}/3$ 这个下门限电平的阈值电压时，下比较器 C_2 输出为高电平，使 RS 触发器置“1”，即$Q=1$、$\overline{Q}=0$，开关管 VT 截止。

若 TH 端电压高于 $2V_{DD}/3$ 或$\overline{TR}$端电压低于 $V_{DD}/3$ 时，两个比较器 C_1 和 C_2 的输出均为“0”，开关管 VT 和定时器输出端将保持原状态不变。CC7555 的功能可绘制成真值表，见表 10-23。

表 10-23　　CC7555 定时器的功能真值表

高触发端 TH	低触发端$\overline{TR}$	复位端$\overline{R}$	输出端 OUT	开关管 VT
×	×	0	0	导通
$>2V_{DD}/3$	$>V_{DD}/3$	1	0	导通
$<2V_{DD}/3$	$>V_{DD}/3$	1	原态	原态
$<2V_{DD}/3$	$<V_{DD}/3$	1	1	截止

3. 555 定时器应用实例

用 555 定时器可以组成产生脉冲和对信号整形的各种单元电路，如施密特触发器、单稳态触发器和多谐振荡器等。

只要把 555 定时器的引脚 2 和引脚 6 连接在一起，就可构成一个施密特触发器，如图 10-51 所示。

由 555 定时器构成的施密特触发器可以把缓慢变化的输入波形变换成边沿陡峭的矩形波输出，主要用于波形变换和整形。其电路特点是：能够把变化非常缓慢的输入脉冲波形整形成适合于数字电路需要的矩形脉冲，而且电路传输过程中具有回差特性。施密特触发器的电压传输特性如图 10-52 所示。

555 定时器构成单稳态触发器

555 定时器构成多谐振荡器

从图 10-52 可以看出，所谓的回差特性，就是当输入电压从小到大变化的开始阶段，输出电压为高电平“1”，当输入电压增大至基准电压 U_+时，输出电压由“1”跳变到低电平“0”并保持；当输入电压从大到小变化时，初始阶段对应的输出电压为低电平“0”，当输入电压减小至 U_-时，输出电压由“0”跳变到高电平“1”并保持。

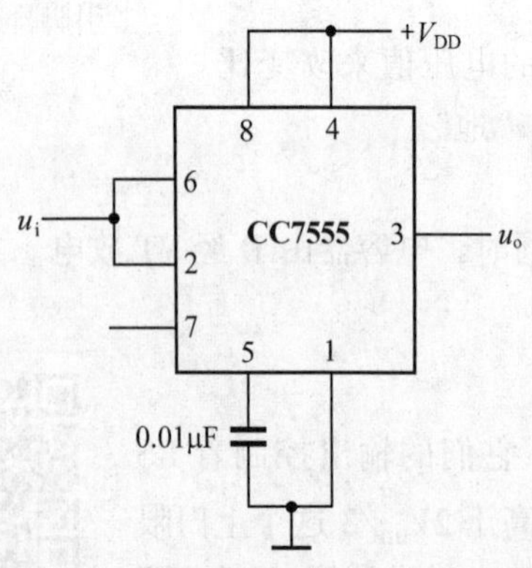

图 10-51　555 定时器构成的施密特触发器

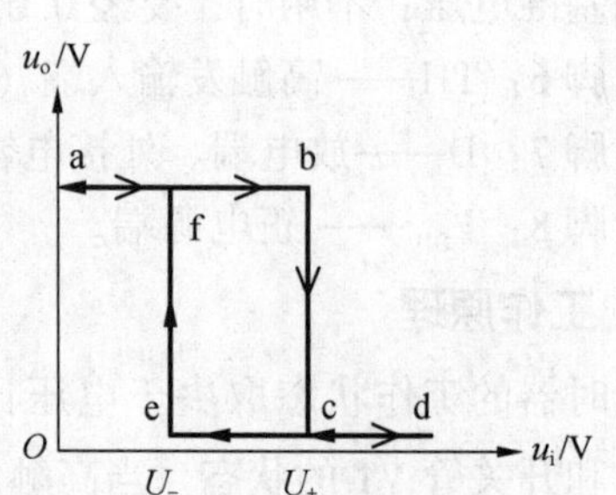

图 10-52　施密特触发器的电压传输特性

利用施密特触发器输出电平会发生跃变的特点，可对电路中输入的电信号进行波形整形、幅度鉴别及波形变换等。

【**例 10.3**】画出由 555 定时器构成的施密特电路的电路图。若已知输入波形如图 10-53 所示，试画出电路的输出波形。如引脚 5 接 10kΩ 电阻，再画出输出波形。

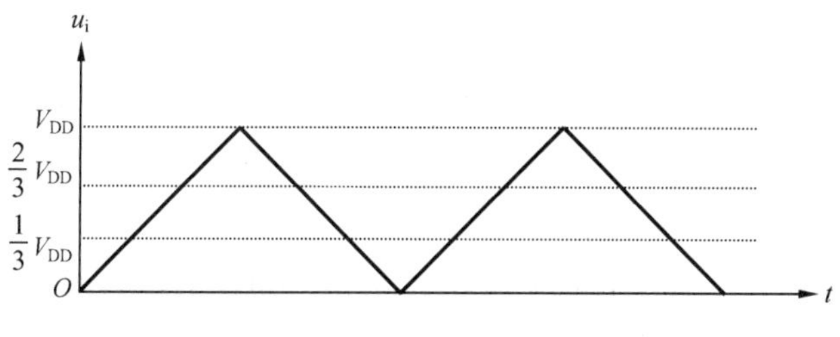

图 10-53　例 10.3 输入波形图

【**解**】题目要求的施密特电路的电路图如图 10-51 所示。电路的输出波形如图 10-54（a）所示。当引脚 5 接 10kΩ 电阻时，就改变了 555 定时器的基准电压，即改变了施密特电路的回差电压，此时 $U_+=V_{DD}/2$，$U_-=V_{DD}/4$，输出波形的宽度发生了变化，如图 10-54（b）所示。

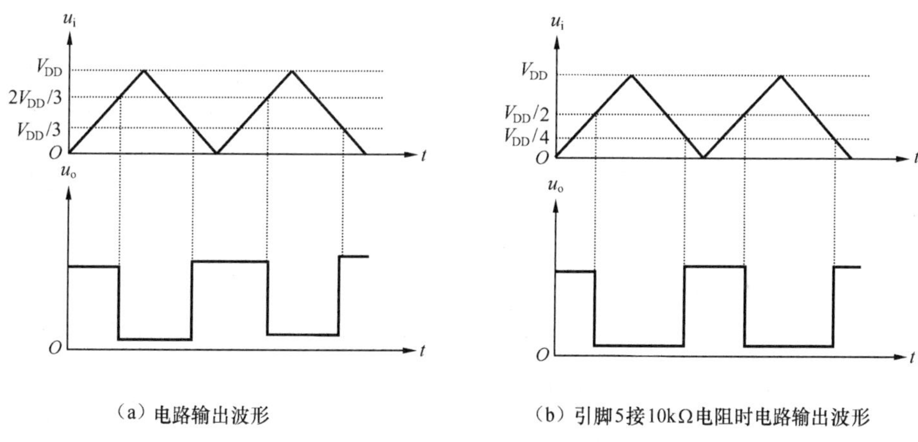

（a）电路输出波形　　（b）引脚5接10kΩ电阻时电路输出波形

图 10-54　例 10.3 输出波形图

555 定时器还可以用作单稳态触发器和多谐振荡器。单稳态触发器只有一个暂稳态、一个稳态。在外加触发信号作用下，单稳态触发电路能够从稳态翻转到暂稳态，经过一段时间又能自动返回到稳态，电路处于暂稳态的时间是单稳态触发电路输出脉冲的宽度，其大小取决于电路本身的参数，而与触发信号无关。多谐振荡器又称无稳态电路。在状态变换时，触发信号不需要由外部输入，而是由电路中的 RC 电路提供；状态的持续时间也由 RC 电路决定。

检验学习 结果

1. 555 定时电路由哪几部分组成？各部分的作用是什么？
2. 施密特电路主要有哪些用途？其电压的传输特性有何特点？
3. 555 定时电路中的两个电压比较器工作在开环还是闭环情况下？

技能训练

利用数字电子实验装置进行555定时器电路的功能测试及应用研究。

1. 实训目的

① 进一步熟悉555定时器的组成及工作原理。

② 掌握用定时器构成单稳态电路、多谐振荡电路和施密特触发电路的方法。

③ 进一步学习用示波器对波形进行定量分析，测量波形的周期、脉宽和幅值等。

2. 实训主要仪器设备

① 数字电子实训装置一套（包括+5V直流电源、单次时钟脉冲源和连续时钟脉冲源、音频信号源、数字频率计和LED逻辑电平等）。

② 双踪示波器。

③ 555芯片2只，100kΩ电位器1只；5kΩ电阻3只；0.01 μF电容器3只，0.1 μF、10 μF、100 μF电容器各1只。

④ 8Ω/0.25W扬声器1只。

3. 实训步骤及相关知识要点

① 测试555定时器的功能。555定时器电路的功能见表10-24。

表10-24　555定时器电路的功能

低触发端 $\overline{TR}$	高触发端TH	清零端 $\overline{R}$	放电端D	OUT输出
	$>2V_{CC}/3$	1	导通	0
$>V_{CC}/3$	$<2V_{CC}/3$	1	保持	保持
$<V_{CC}/3$	×	1	截止	1
×	×	0	导通	0

TTL集成555定时器的外引线排列如图10-55所示。

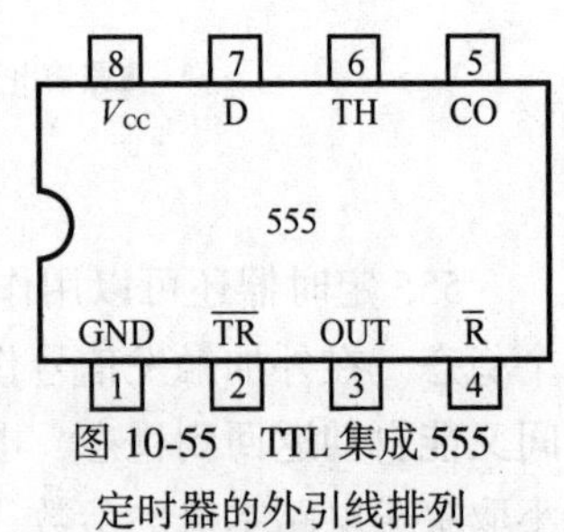

图10-55　TTL集成555定时器的外引线排列

555定时器内部由上、下两个电压比较器、3个5kΩ电阻、1个RS触发器、1个开关管VT及功率输出级组成。比较器C_1的反相输入端⑤接到由3个5kΩ电阻组成的分压网络的$2V_{CC}/3$处，同相输入端⑥为阈值电压输入端。比较器C_2的同相输入端接到分压电阻网络的$V_{CC}/3$处，反相输入端②为触发电压输入端，用来启动电路。两个比较器的输出端控制RS触发器。RS触发器设置有复位端$\overline{R}$④，当复位端处于低电平时，输出端③为低电平。控制电压端⑤是比较器C_1的基准电压端，通过外接元件或电压源可改变控制端的电压值，即可改变比较器C_1、C_2的参考电压。不用时可将它与地之间接一个0.01μF的电容，以防止干扰电压引入。555定时器的电源电压范围是+4.5～+18V，输出电流可达100～200mA，能直接驱动小型电动机、继电器和低阻抗扬声器。555定时器电路原理及连线图如图10-56所示。

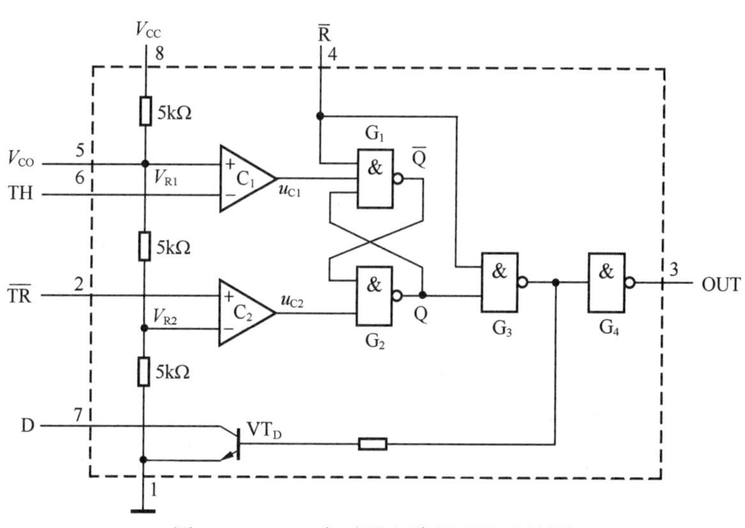

图 10-56　555 定时器电路原理及连接图

其中引脚 1 是“地”端，与实训装置上的“地”相连；引脚 2 是低触发端；引脚 6 是高触发端，分别与输入信号相连；引脚 3 是电路输出端，与 LED 逻辑电平显示相连；引脚 4 是清零端，与逻辑电平开关相连；引脚 5 是电路的控制电压端；引脚 7 是放电端；引脚 8 是电源端。

② 用 555 定时器构成单稳态电路。单稳态电路的组成和波形图如图 10-57 所示。

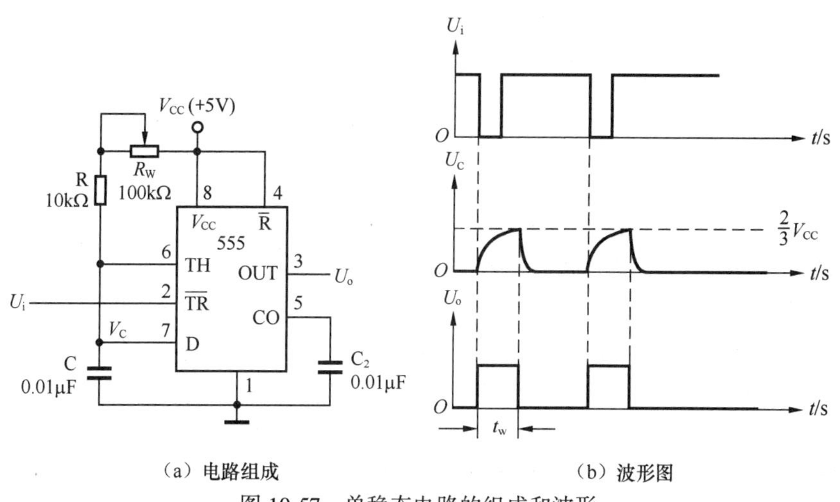

（a）电路组成　　（b）波形图

图 10-57　单稳态电路的组成和波形

当电源接通后，V_{CC}通过电阻 R 向电容 C 充电，待电容上电压 U_C 上升到 $2V_{CC}/3$ 时，RS 触发器置 0，即输出 U_o 为低电平，同时电容 C 通过 VT 放电。当触发端②的外接输入信号电压 $U_i<V_{CC}/3$ 时，RS 触发器置 1，即输出 U_o 为高电平，同时，VT 截止。电源 V_{CC}再次通过 R 向 C 充电。输出电压维持高电平的时间取决于 RC 的充电时间，当 $t=t_W$ 时，电容上的充电电压为

$$u_C = V_{CC}(1-e^{-\frac{t_W}{RC}}) = \frac{2}{3}V_{CC}$$

所以输出电压的脉宽：

$$t_W = RC\ln 3 \approx 1.1RC$$

一般 R 取 1kΩ~10MΩ，C>1000pF。

值得注意的是，t 的重复周期必须大于 t_W，才能保证放一个正倒置脉冲起作用。由上式可知，单稳态电路的暂态时间与 V_{CC} 无关。因此用 555 定时器组成的单稳电路可以作为精密定时器。

当 C = 0.01μF 时，选择合理输入信号 U_i 的频率和脉宽，调节 R_W 以保证 $t>t_W$，使每一个正倒置脉冲起作用。加输入信号后，用示波器观察 U_i、U_C 以及 U_o 的电压波形，比较它们的时序关系，绘出波形，并在图中标出周期、幅值、脉宽等。

③ 555 定时器构成施密特触发器。施密特触发器电路图和波形图如图 10-58 所示，其回差电压为 $V_{CC}/3$。按图 10-58 所示电路组装施密特触发器。输入电压为 U_i = 3V，f = 1kHz 的正弦波。用示波器观察并描绘 U_i 和 U_o 波形。注明周期和幅值，并在图上直接标出上限触发电平、下限触发电平，算出回差电压。

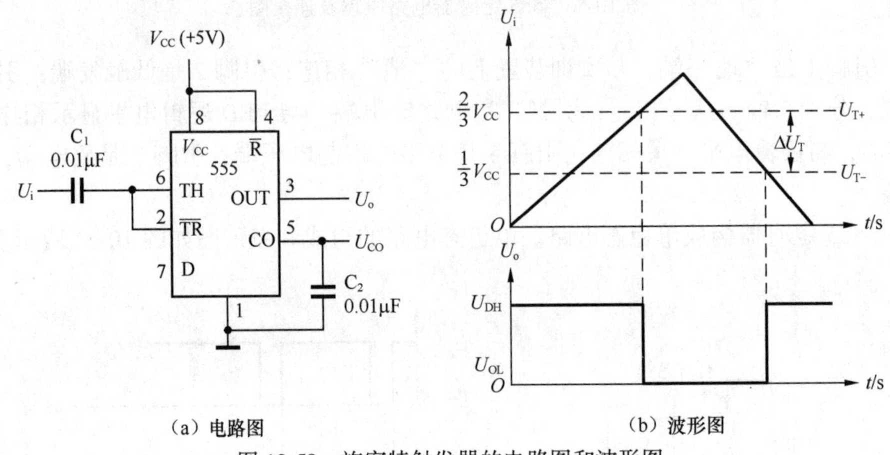

（a）电路图　　（b）波形图

图 10-58　施密特触发器的电路图和波形图

当输入电压大于 $2V_{CC}/3$ 时输出低电平，当输入电压小于 $V_{CC}/3$ 时输出高电平，若在电压控制端⑤外接可调电压 U_{CO}（1.5~5V），可以改变回差电压 ΔU_T。

施密特触发器可方便地把非矩形波变换为矩形波，如三角波到方波。

施密特触发器可以将一个不规则的矩形波转换为规则的矩形波。

施密特触发器可以选择幅度达到要求的脉冲，滤掉小幅的杂波。

④ 在施密特电路中，在电压控制端⑤分别外接 2V、4V 电压，在示波器上观察该电压对输出波形的脉宽、上下限触发电平及回差电压的影响。

⑤ 用两片 555 定时器构成变音信号发生器。变音信号发生器能按一定规律发出两种不同的声音。这种变音信号发生器是由两个多谐振荡器组成。一个振荡频率较低，另一个振荡频率受其控制。适当调整其电路参数，可使声音达到满意的效果。

用两片 555 定时器构成变音信号发生器电路如图 10-59 所示。

4. 实训分析思考题

在变音信号发生器实验中，若将前级的输出信号加到后一级的放电端⑦，声音将会如何变化？

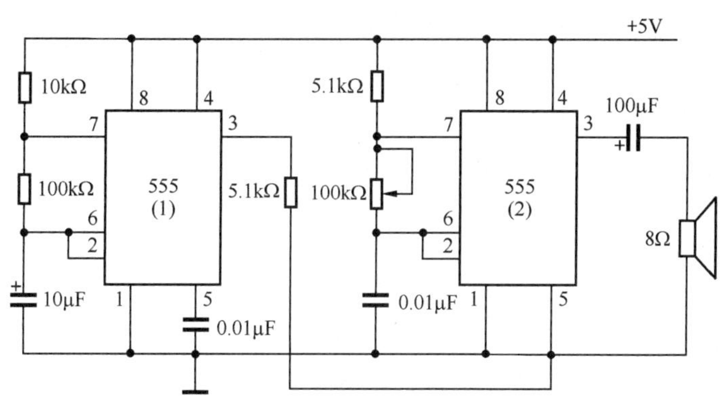

图 10-59　用两片 555 定时器构成的变音信号发生器电路

学海领航	通过对中国工程院院士——金怡濂事迹的了解，注重培养探索未知的科学精神、科技报国的家国情怀。

检测题（共 100 分，120 分钟）

一、填空题（每空 0.5 分，共 20 分）

1. 两个与非门构成的基本 RS 触发器的功能有________、________和________。电路中不允许两个输入端同时为________，否则将出现逻辑混乱。

2. ________触发器具有“空翻”现象，且属于________触发方式的触发器；为抑制“空翻”，人们研制出了________触发方式的 JK 触发器和 D 触发器。

3. JK 触发器具有________、________、________和________4 种功能。欲使 JK 触发器实现 $Q^{n+1}=\overline{Q}^n$ 的功能，则输入端 J 应接________，K 应接________。

4. D 触发器的输入端子有________个，具有________和________的功能。

5. 时序逻辑电路的输出不仅取决于________的状态，还与电路________的现态有关。

6. 组合逻辑电路的基本单元是________，时序逻辑电路的基本单元是________。

7. 触发器的逻辑功能通常可用________、________、________和________4 种方法来描述。

8. JK 触发器的次态方程为________；D 触发器的次态方程为________。

9. 寄存器可分为________寄存器和________寄存器，集成 74LS194 属于________移位寄存器。用四位移位寄存器构成环形计数器时，有效状态共有________个；若构成扭环形计数器时，其有效状态是________个。

10. 构成一个六进制计数器最少要采用________位触发器，这时构成的电路有________个有效状态，________个无效状态。

11. 施密特触发器具有________特性，主要用于脉冲波形的________和________。

12. 74LS161 是一个________个引脚的集成计数器，用它构成任意进制的计数器时，通常可采用________法和________法。

二、判断题（每小题 1 分，共 10 分）

1. 仅具有保持和翻转功能的触发器是 RS 触发器。（　）

2. 使用3个触发器构成的计数器最多有8个有效状态。（　）
3. 同步时序逻辑电路中各触发器的时钟脉冲CP不一定相同。（　）
4. 利用一个74LS90可以构成一个十二进制的计数器。（　）
5. 用移位寄存器可以构成8421BCD码计数器。（　）
6. 555电路的输出只能出现两个状态稳定的逻辑电平之一。（　）
7. 施密特触发器的作用就是利用其回差特性稳定电路。（　）
8. 莫尔型时序逻辑电路中只有触发器而没有门电路。（　）
9. 十进制计数器是用十进制数码“0~9”进行计数的。（　）
10. 利用集成计数器芯片的预置数功能可获得任意进制的计数器。（　）

三、选择题（每小题2分，共20分）

1. 描述时序逻辑电路功能的两个必不可少的重要方程式是（　）。
   A. 次态方程和输出方程　　B. 次态方程和驱动方程
   C. 驱动方程和特性方程　　D. 驱动方程和输出方程
2. 由与非门组成的基本RS触发器不允许输入的变量组合$\overline{S}\,\overline{R}$为（　）。
   A. 00　　B. 01　　C. 10　　D. 11
3. 按各触发器的状态转换与时钟脉冲CP的关系分类，计数器可为（　）计数器。
   A. 同步和异步　　B. 加计数和减计数　　C. 二进制和十进制
4. 按计数器的进位制或循环模数分类，计数器可为（　）计数器。
   A. 同步和异步　　B. 加、减　　C. 二进制、十进制或任意进制
5. 四位移位寄存器构成扭环形计数器是（　）计数器。
   A. 四进制　　B. 八进制　　C. 十六进制
6. 存在空翻问题的触发器是（　）。
   A. D触发器　　B. 钟控RS触发器
   C. 主从型JK触发器　　D. 维持阻塞型D触发器
7. 利用中规模集成计数器构成任意进制计数器的方法是（　）。
   A. 复位法　　B. 预置数法　　C. 级联复位法
8. 不产生多余状态的计数器是（　）。
   A. 同步预置数计数器　　B. 异步预置数计数器
   C. 复位法构成的计数器
9. 数码可以并行输入、并行输出的寄存器有（　）。
   A. 移位寄存器　　B. 数码寄存器　　C. 两者皆有
10. 改变555定时电路的电压控制端CO的电压值，可改变（　）。
   A. 555定时电路的高、低输出电平　　B. 开关管的开关电平
   C. 比较器的阈值电压　　D. 置0端$\overline{R}$的电平值

四、简述题（共10分）

1. 时序逻辑电路和组合逻辑电路的区别有哪些？（2分）
2. 何谓“空翻”现象？抑制“空翻”可采取什么措施？（3分）
3. 试述时序逻辑电路的分析步骤。（3分）
4. 试述米莱型时序逻辑电路和莫尔型时序逻辑电路的最大区别。（2分）

五、计算分析题（共 40 分）

1. 试用 74LS161 集成芯片构成十二进制计数器，要求采用反馈预置法实现。(7 分)

2. 电路及时钟脉冲、输入端 D 的波形如图 10-60 所示，设起始状态为“000”。试画出各触发器的输出时序波形图，并说明电路的功能。(10 分)

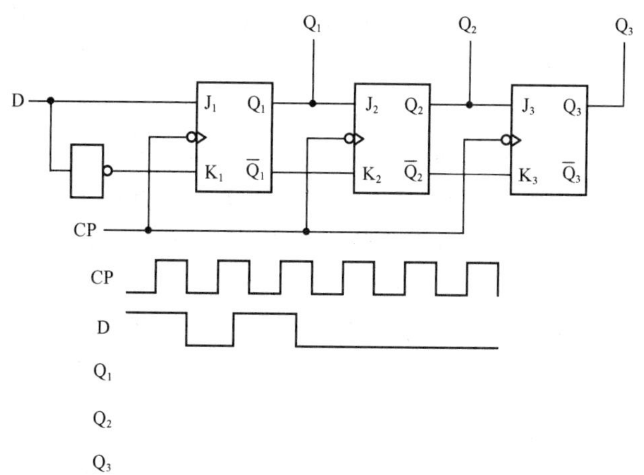

图 10-60

3. 写出图 10-61 所示逻辑图中各电路的次态方程。(每图 3 分，共 18 分)

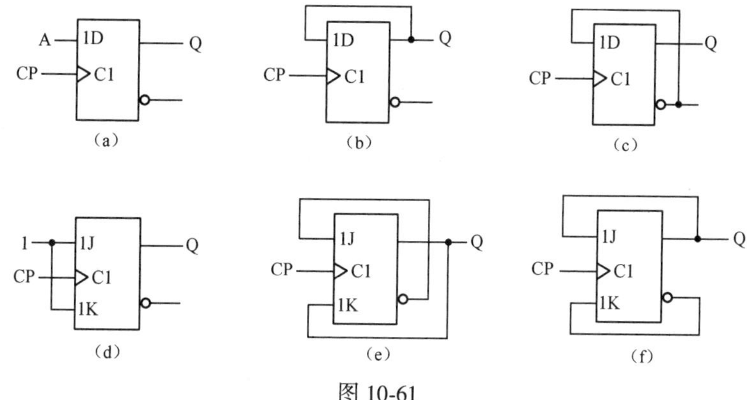

图 10-61

4. 根据表 10-25 所示状态转换真值表画出状态转换图和有效循环时序波形图。(5 分)

表 10-25　　状态转换真值表

Q_2^n	Q_1^n	Q_0^n	Q_2^{n+1}	Q_1^{n+1}	Q_0^{n+1}
0	0	0	0	1	0
0	0	1	1	0	0
0	1	0	1	0	1
0	1	1	0	1	0
1	0	0	0	1	0
1	0	1	1	1	0
1	1	0	0	1	0
1	1	1	0	1	1

参 考 文 献

[1] 余孟尝．数字电子技术基础简明教程[M]．2 版．北京：高等教育出版社，1998.
[2] 邹逢兴．集成数字电子技术[M]．北京：电子工业出版社，2005.
[3] 邹逢兴．电工电子技术导论[M]．北京：电子工业出版社，2004.
[4] 王佩珠，张惠民．模拟电路与数字电路[M]．北京：经济科学出版社，1999.
[5] 邹逢兴．集成模拟电子技术[M]．北京：电子工业出版社，2005.
[6] 曾祥富，张龙兴，童士宽．电子技术基础[M]．北京：高等教育出版社，1996.
[7] 张友汉．数字电子技术基础[M]．北京：高等教育出版社，2004.
[8] 吕国泰，吴项．电子技术[M]．2 版．北京：高等教育出版社，2001.